SQL Server 2008
数据库基础及应用

主　编　徐　鹏　满　娜　于艳杰
副主编　赵恩铭　赵弘宇　周雪妍

中国水利水电出版社
www.waterpub.com.cn

内 容 提 要

本书以理论够用、案例实用、实践第一为原则，使读者能够快速、轻松地掌握 SQL Server 数据库技术的基础与高级应用。本书内容包括数据库系统基础、SQL Server2008 简介、数据库管理、数据库表的管理、数据库的查询、T-SQL 语言、索引和视图、存储过程和触发器、安全管理、数据库的备份恢复、SQL Server 自动化和事务、SQL Server 与 ADO.NET 集成、报表、数据库管理应用实例和数据库开发应用实例。

本书内容广泛翔实，适用于高等院校教学使用，可以作为数据库初学者的入门教材，也可以作为培养数据库系统工程师的培训教材，同样适合作为 SQL Server 程序员的参考资料。

图书在版编目（CIP）数据

SQL Server 2008数据库基础及应用 / 徐鹏，满娜，于艳杰主编. -- 北京 ：中国水利水电出版社，2010.5
ISBN 978-7-5084-7502-8

Ⅰ．①S… Ⅱ．①徐… ②满… ③于… Ⅲ．①关系数据库－数据库管理系统，SQL Server 2008 Ⅳ．①TP311.138

中国版本图书馆CIP数据核字(2010)第088667号

书　　名	SQL Server 2008 数据库基础及应用
作　　者	主编 徐 鹏 满 娜 于艳杰 副主编 赵恩铭 赵弘宇 周雪妍
出版发行	中国水利水电出版社 （北京市海淀区玉渊潭南路 1 号 D 座　100038） 网址：www.waterpub.com.cn E-mail：sales@waterpub.com.cn 电话：（010）68367658（营销中心）
经　　售	北京科水图书销售中心（零售） 电话：（010）88383994、63202643 全国各地新华书店和相关出版物销售网点
排　　版	中国水利水电出版社微机排版中心
印　　刷	北京瑞斯通印务发展有限公司
规　　格	184mm×260mm　16 开本　31.5 印张　747 千字
版　　次	2010 年 5 月第 1 版　2010 年 5 月第 1 次印刷
印　　数	0001—3000 册
定　　价	**58.00** 元

前　言

目前，SQL 是一个功能强大的数据库语言，是关系数据库管理系统的标准语言。SQL 语句通常用于完成一些数据库的操作任务，例如在数据库中更新数据，或者从数据库中检索数据。使用 SQL 的常见关系数据库管理系统有：Oracle、Microsoft SQL Server、Access 等，本书主要讲解 SQL Server2008 的基础应用和实战技巧。

本书主要有三个特点：第一是理论扎实，本书对数据库基础理论的讲解丰富翔实，专门利用一章进行讲解，对初学者十分实用；第二是注重实践，本书对每个知识点都有丰富的示例，可以使学习者准确地理解和掌握知识点；第三是注重细节，本书对 SQL Server 2008 的细节讲述清晰、具体。

本书共 15 章：第 1 章、第 2 章由哈尔滨学院于艳杰编写；第 3 章、第 4 章由哈尔滨学院满娜编写；第 5 章、第 6 章由哈尔滨学院周雪妍编写；第 7 章、第 8 章由哈尔滨学院徐鹏编写；第 9 章、第 10 章、第 11 章由哈尔滨工程大学赵恩铭编写；第 12 章、第 13 章、第 14 章由黑龙江省教育学院赵弘宇编写；第 15 章由哈尔滨学院冯阿芳、李欣等编写。

在本书的编写过程中，贾宗福教授、张宏静教授等提出了许多宝贵意见，付出了辛勤劳动，在此表示感谢。在编写本书过程中，参阅和借鉴了相关教材和专著，在此向各位原编著者表示感谢。由于编者水平有限，书中难免出现一些缺点和错误，敬请广大读者批评指正。

编者

2010 年 3 月

目 录

前言

第1章 数据库系统基础 ……………………………………………… 1
1.1 数据库概述 ………………………………………………… 1
1.2 数据库的种类及数据模型 ………………………………… 3
1.3 关系数据库 ………………………………………………… 7
1.4 小结 ………………………………………………………… 8

第2章 SQL Server 2008 简介 ………………………………………… 10
2.1 SQL Server 发展历史和版本 ……………………………… 10
2.2 Microsoft SQL Server 2008 数据平台愿景 ……………… 12
2.3 SQL Server 2008 的安装 ………………………………… 18
2.4 小结 ………………………………………………………… 37

第3章 数据库管理 …………………………………………………… 38
3.1 了解 SQL Server 数据库 ………………………………… 38
3.2 使用 SQL Server 管理平台创建数据库 ………………… 44
3.3 T-SQL 命令创建数据库 …………………………………… 57
3.4 数据库的其他操作 ………………………………………… 68
3.5 数据库快照 ………………………………………………… 71
3.6 小结 ………………………………………………………… 71

第4章 数据库表的管理 ……………………………………………… 72
4.1 了解表 ……………………………………………………… 72
4.2 数据类型 …………………………………………………… 73
4.3 使用 SQL Server 管理平台创建表 ……………………… 80
4.4 T-SQL 命令创建表 ………………………………………… 93
4.5 表数据的操作 ……………………………………………… 96
4.6 小结 ………………………………………………………… 114

第5章 数据库的查询 ………………………………………………… 115
5.1 使用 SELECT 子句选择列 ……………………………… 117
5.2 使用 WHERE 子句选择行 ……………………………… 122

5.3 FROM 子句 ·· 137

5.4 连接查询 ·· 141

5.5 数据汇总 ·· 146

5.6 排序 ·· 154

5.7 SELECT 语句的其他子句 ······························ 156

5.8 在查询设计器中设计查询 ······························ 157

5.9 小结 ·· 161

第 6 章 T-SQL 语言 ·· 162

6.1 T-SQL 语法基础 ·· 162

6.2 常量和变量 ·· 163

6.3 运算符与表达式 ·· 167

6.4 程序流程 ·· 171

6.5 函数 ·· 183

6.6 游标 ·· 192

6.7 小结 ·· 202

第 7 章 索引和视图 ·· 203

7.1 索引的体系结构 ·· 203

7.2 创建索引 ·· 205

7.3 管理索引 ·· 211

7.4 管理视图 ·· 214

7.5 利用视图修改数据 ······································ 221

7.6 索引视图 ·· 223

7.7 小结 ·· 224

第 8 章 存储过程和触发器 ·································· 226

8.1 存储过程的基本使用 ···································· 226

8.2 触发器 ·· 236

8.3 触发器的类型 ·· 244

8.4 小结 ·· 248

第 9 章 安全管理 ·· 250

9.1 安全管理概述 ·· 250

9.2 SQL Server 服务器的安全性 ························· 252

9.3 数据库的安全性 ·· 267

9.4 数据对象的安全性 ······································ 280

9.5 SQL Server Profiler 对数据库的跟踪 ················ 284

9.6　小结 287

第 10 章　数据库的备份恢复 288

10.1　备份恢复数据的原理 288

10.2　创建和使用备份设备 294

10.3　完全数据库备份与恢复 296

10.4　差异数据库备份与恢复 309

10.5　日志备份与恢复 311

10.6　数据文件和文件组备份与恢复 317

10.7　系统数据库的备份与恢复 321

10.8　数据库的复制 321

10.9　数据的导入导出 327

10.10　小结 333

第 11 章　SQL Server 自动化和事务 334

11.1　自动化基础 334

11.2　配置数据库邮件 335

11.3　操作员 345

11.4　警报 346

11.5　作业 354

11.6　维护计划向导 362

11.7　事务 377

11.8　小结 382

第 12 章　SQL Server 与 ADO.NET 集成 383

12.1　.NET Framework 简介 383

12.2　ADO.NET 概述 383

12.3　ADO.NET 与 ADO 的比较 385

12.4　命名空间 385

12.5　SqlConnection 对象 386

12.6　SqlCommand 对象 392

12.7　SqlDataReader 对象 396

12.8　SqlDataAdapter 对象 399

12.9　DataSet 对象 402

12.10　小结 409

第 13 章　报表 410

13.1　报表服务概述 410

13.2　创建报表 ·· 417

13.3　发布报表到服务器 ·· 425

13.4　报表生成器 Report Builder ··· 427

13.5　报表管理 ·· 444

13.6　小结 ·· 457

第 14 章　数据库管理应用实例 ·· 458

14.1　创建数据库 ··· 458

14.2　设置数据库安全性 ·· 463

14.3　配置自动化管理任务 ··· 465

14.4　小结 ·· 474

第 15 章　数据库开发应用实例 ·· 475

15.1　开发数据库对象 ·· 477

15.2　XML 开发 ··· 481

15.3　.NET Framework 开发 ··· 487

15.4　Service Broker 开发 ·· 489

15.5　小结 ·· 494

参考文献 ·· 495

第1章 数据库系统基础

1.1 数据库概述

数据库技术是计算机领域的一个重要分支，随着计算机应用的普及，数据库技术变得越来越重要，掌握数据库系统基础知识是应用数据库技术的前提。

1.1.1 数据库的发展

计算机技术的高速发展被认为是人类进入信息时代的标志。在信息时代，人们需要对大量的信息进行加工处理，在这一过程中形成了专门的信息处理理论及数据库技术。从某种意义上说，数据库技术正是计算机技术和信息技术相结合的产物，它是信息处理或数据处理的核心，是研究数据共享的一门科学；同时，也是计算机科学的一个重要分支。

数据处理也称为信息处理，就是利用计算机对各种类型的数据进行处理。它包括对数据的采集、整理、存储、分类、排序、检索、维护、加工、统计和传输等一系列操作过程。数据处理的目的是从大量的原始数据中获得所需要的资料并提取有用的数据成分，作为行为和决策的依据。

数据管理技术的发展可以大致分为人工管理、文件管理、数据库系统管理三个阶段。

1. 人工管理阶段

人工管理方式出现在计算机应用于数据管理的初期。由于没有必要的软件、硬件环境的支持，用户只能直接在裸机上操作。用户的应用程序中不仅要设计数据处理的方法，还要指明数据在存储器上的存储地址。在这一管理方式下，用户的应用程序与数据之间相互结合、不可分割，当数据有所变动时程序也必须随之改变，独立性极差；另外，各程序之间的数据不能互相传递，缺少共享性，因而这种管理方式既不灵活也不安全，编程效率极差。

2. 文件管理阶段

文件管理方式是把有关的数据组织成一种文件，这种数据文件可以脱离程序而独立存在，有一个专门的文件管理系统实施统一管理。文件管理系统是一个独立的系统软件，它是应用程序与数据文件之间的一个接口。在这一管理方式下，应用程序通过文件管理系统对数据文件中的数据进行加工处理，应用程序的数据具有一定的独立性，比手工管理方式先进了一步。但是，数据文件仍高度依赖于其应用程序，不能被多个程序所共享。由于数据文件之间不能建立任何联系，因而数据的通用性仍然较差，冗余量大。

3. 数据库系统管理阶段

数据库系统管理方式即对所有的数据实行统一规划管理，形成一个数据中心，构成一个数据仓库，数据库中的数据能够满足所有用户的不同要求，供不同用户共享。在这一管理方式下，应用程序不再只与一个孤立的数据文件相对应，可以取整体数据集的某个子集作为逻辑文件与其相对应，通过数据库管理系统实现逻辑文件与物理数据之间的映射。在数据库系统管理的系统环境下，应用程序对数据的管理和访问灵活方便，而且数据与应用程序之间完全独立，使程序的编制质量和效率都有所提高，由于数据文件之间可以建立关联关系，数据的冗余大大减少，数据的共享性显著增强。

1.1.2　数据库系统

数据库系统（Database System）是采用数据库技术构建的复杂计算机系统。它综合了计算机硬件、软件、数据集合和数据库管理人员，遵循数据库规则，向用户和应用程序提供信息服务的集成系统。由数据库、软件系统、硬件系统和数据库管理员四大要素相互紧密结合和依靠，为各类用户提供信息服务。

1. 数据库

数据库是为人们解决特定问题而服务的，以一定组织结构存储在一起的，各种应用相关的数据的集合。它包含了数据库管理系统要处理的全部数据。其内容主要分为两个部分：一是物理数据库，记载了所有数据；二是数据字典，描述了不同数据之间的关系和数据组织的结构。

2. 软件系统

软件系统包括了数据库管理系统（DBMS）、操作系统（Operating System）、应用程序开发工具及各种应用程序。

数据库管理系统是整个数据库系统的核心，所有对数据库的操作（如查询、增加、删除、新建、更新等）都要通过 DBMS 的分析，由它调用操作系统的相关部分来执行。操作系统创建并维持 DBMS 的运行环境，而开发工具制作出来的程序就是应用程序。普通用户都是通过应用程序方便地使用数据库，而不必理会数据库操作的细节，因为这一切都由应用程序和 DBMS 代劳。

图 1.1 详细描述了应用程序通过 DBMS 和操作系统访问（读取）数据库的过程。

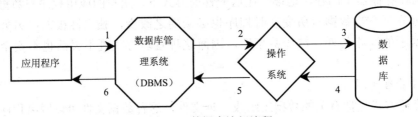

图 1.1　数据库访问流程

1）应用程序需要数据，向数据库管理系统发出读取数据的请求，此请求在用户程序中是一条读取记录的 DML 语句。

2）数据库管理系统接到应用程序的请求，判断此操作是否在用户权限范围内，若是，则将 DML 语句转换成数据库内部记录的格式，确定要读取的记录在存储器上的物理地址，然后向操作系统发送读取记录的命令及相关的地址信息。

3）操作系统执行该命令，打开数据库文件，按照上一步提供的地址信息读取相应记录。

4）二进制记录信息从数据库中读出，并发送到操作系统的系统缓冲区，供 DBMS 调用。

5）DBMS 从系统缓冲区中取得二进制的系统信息，并将取得的信息转换成应用程序所要求的格式。

6）应用程序接受从 DBMS 中取得所需数据，继续运行下一步操作。

需要注意的是，一种数据库一般只支持一种或者两种操作系统。但近几年，人们越来越认识到跨平台作业的重要性，因而许多大型数据库都同时支持好几种操作系统。

3. 硬件系统

硬件系统是指支持数据库系统运行的全部硬件，一般由中央处理器、内存、外存等硬件设备组成。不同的数据库对硬件系统的要求有所不同。

4. 数据库管理员

数据库管理员（Database administrator，简称 DBA），是专门负责数据库系统设计、运行和维护的专职人员。他们在数据库系统的规划、设计、运行阶段都担任重要的任务。在数据库系统的规划设计阶段，DBA 创建数据模式，并根据此数据模式决定数据库的内容和结构，在运行维护阶段，DBA 对不同的用户授予不同的权限，并监督用户对数据库的使用；在管理方面，DBA 运用数据库管理系统提供的实用程序进行数据库的装配、维护、日志、恢复、统计分析等工作，运用数据字典了解系统的运行情况，并将系统的相关变化记录到数据字典。

1.2　数据库的种类及数据模型

1.2.1　数据处理的抽象描述

不同的领域，数据的描述也有所不同。人们在研究和处理数据的过程中，常常把数据的描述分为三个世界：现实世界、信息世界、机器世界。这三个世界间的转换过程，就是将客观现实的信息反映到计算机数据库中的过程。

1. 现实世界

客观存在的世界就是现实世界，它独立于人们的思想之外。现实世界存在无数事务，每一个客观存在的事务可以看做是一个个个体，个体有很多项特征。比如，电视机就有价格、品牌、可视面积大小、是否彩色等特征。不同的人，只会关心其中的一部分特征，而一定领域内的个体有着相同的特征。

2. 信息世界

信息世界是现实世界在人们头脑中的反映，人的思维将现实世界的数据抽象化和概念化，并用文字符号表示出来，就形成了信息世界。

人们在研究信息世界过程中常常用如下术语。

1）实体（entity）。客观存在且可以互相区别的事务。如：一名学生，一台电脑，一本书，一场聚会。实体是信息世界的基本单位，相同类型的实体集合称为实体集。

2）属性（attribute）。个体的某一特征称为属性。一个实体可以有多个属性，每一个属性都有其取值类型和取值范围。

3）键（key）。能在一个实体集中唯一标识一个实体的属性称为键。键可以只包含一个属性，也可以同时包含多个属性。

4）联系（relation）。实体之间相互作用，互相制约的关系称为实体集的联系，也称为关系。实体之间的联系有四种：一对一关系、一对多关系、多对一关系、多对多关系。

3. 机器世界

机器世界又称为数据世界，信息世界中的信息经过抽象和组织，以数据形式存储在计算机中，就称为机器世界。与信息世界一样，机器世界也有其常用的、用来描述数据的术语，这些术语与信息世界中术语有着对应的关系。

1）字段（field）。字段也称为数据项（item），标记实体的一个或多个属性，在表中每一列称为一个字段。字段与信息世界的属性相对应。例如在学生情况表中，学生就是一个实体，它包含了"学号、姓名、班级、年龄、性别"等字段。

2）记录（record）。记录是有一定逻辑关系的字段的组合，它与信息世界中的实体相对应，一个记录可以描述一个实体。

3）关键字（keyword）。能够唯一区分不同记录并且不含有多余的字段，则称该字段为关键字。

4）文件（file）。文件是一类记录的集合，它与信息世界的实体集相对应。文件的存储形式有很多种，例如顺序文件、索引文件等。

4. 三个世界的转换

从现实世界到信息世界再到机器世界，事务被一层层抽象，符号化，逻辑化。表 1.1 表示了转换过程中的逻辑联系。

表 1.1　　　　　　　　　　　三个世界信息描述的对应关系

现实世界	信息世界	机器（数据）世界
事务	实体集	文件
	实体	记录
特征	属性	字段（数据项）
唯一特征	键	关键字

1.2.2　数据模型

一个完整的数据模型必须包括数据结构、数据操作及完整性约束三个部分。数据结构描述实体之间的构成和联系；数据操作是指对数据库的查询和更新操作；数据的完整性约束则是指施加在数据上的限制和规则。

数据模型分为两种：一种是信息模型，它反映了信息从现实世界到信息世界的转化，不涉及计算机软硬件的具体细节，而注重于符号表达和用户的理解能力，典型的信息模型有著名的"实体—联系模型"；另一种是结构数据模型，它反映了信息从信息世界到机器世界的转换，描述了计算机中数据的逻辑结构，还涉及到信息在存储器上的具体组织。

1. 信息模型

最典型的信息模型就是实体—联系模型（Entity-Relation Model，简称 ER 模型）。ER 模型用图形描述了实体、属性和联系三要素，具体作图方法如下。

1）用矩形框表示实体，在框内写上实体的名字。

2）用菱形框表示实体间的联系，用线段连接菱形框与矩形框，并在线段上注明联系的类型（一对一、一对多、多对一、多对多）。

3）用椭圆框表示实体的属性，并在框内写上属性的名称。

关于选课的 ER 图如图 1.2 所示。图中的联系只有一种。实际上实体集之间的联系可能有多种，实体集内部也可能有联系，但是人们一般只选取自己关心的联系。联系也可以是在多于两个实体集之间发生。因此，同一个问题可能会得到不同的 ER 图。这就要求建模人员在建模过程中紧密联系实际问题，尽量贴近用户的需要，设计出既符合实际，又能够很好地转换为与数据库管理系统关联的结构数据模型。

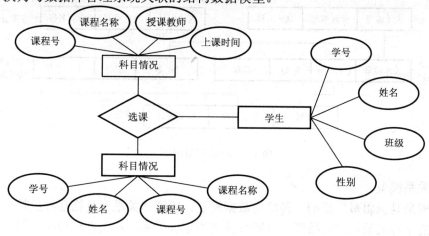

图 1.2 信息模型示例

2. 结构数据模型

结构数据模型是机器世界的数据模型，常见的结构数据模型有层次模型、网状模型以及关系模型。采用以上模型之一构建的数据库管理系统则分别被称做层次数据库系统、网状数据库系统以及关系数据库系统。

（1）层次模型

层次模型表示数据间的从属关系结构，是一种以记录某一事物的类型为根结点的有向树结构。根结点在上，层次最高；子结点在下，逐层排列。其主要特征是：层次模型的每一个子结点有且只有一个父结点；根结点没有父结点。

所以父结点和子结点的关系是 1∶M 的关系，如果要表达 M∶N 的关系则需要借助其他方法。层次模型的示例如图 1.3 所示。

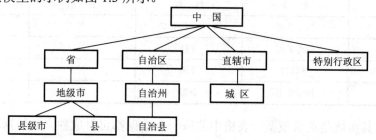

图 1.3 层次模型示例

（2）网状模型

网状模型是层次模型的扩展，它表示多个从属关系的层次结构，呈现一种交叉关系的网络结构。网状模型是以记录为结点的网络结构。其主要特征是：有一个以上的结点无双亲；至少有一个结点有多个双亲。

网络模型中结点之间的联系是多对多的联系，这是网络模型的典型特点，如果需要一对多关系，则需对原模型进行分解。网状模型的示例如图 1.4 所示。

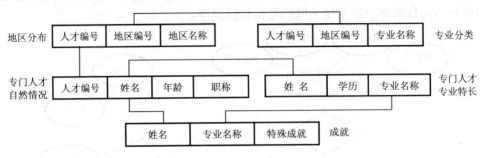

图 1.4　网状模型示例

（3）关系模型

关系模型是应用最广泛的一种结构数据模型。所谓"关系"是指那种虽具有相关性而非从属性的平行的数据之间按照某种联系排列的集合关系。在关系模型中，用二维表来描述客观事物属性的关系。

例如，有数据记录如下：张红，女，40 岁；王鹏，男，51 岁；李强，男，35 岁；赵影，女，45 岁。这四组数据之间是平行的，从层次从属角度看是无关系的，但假如我们知道他们是同一个部门的工作人员，就可以建立一张二维表，见表 1.2。

表中的这些数据虽然是平行的，不代表从属关系，但它们构成了某部门工作人员的属性关系结构。同样，也可以假设上述四组数据不是来自同一个部门，他们所从事的专业也不同，如此便构成了某地区专门人才基本情况表，又可以建立一张二维表，见表 1.3。

表 1.2　某部门专门人才基本情况表

姓名	性别	年龄
张红	女	40
王鹏	男	51
李强	男	35
赵影	女	45

表 1.3　　　　　某地区专门人才基本情况表

部　门	专　业	姓　名	性　别	年　龄
高等院校	信息管理	张红	女	40
高等院校	软件工程	王鹏	男	51
高等院校	计算机	李强	男	35
高等院校	国际贸易	赵影	女	45

以上两种其实就是关系模型。表格中的每一个数据都可看成独立的数据项，它们共同构成了该关系的全部内容。

表格中的每一列称为一个字段（field），一个字段表示实体集的一个属性。每一字段由若干相同类型的数据项组成，竖向列出实体集的诸种属性。一般在表格的第一行（即每列的列首）标示属性类型的名称，称字段名。

表格中的每一行称为一个记录（record），用来表示关系模型中若干平行的、相对独立的实体事物。每一记录由若干数据项（字段）组成，横向排列该实体的诸种属性。

从总体上说，以竖向的数据项（属性）分类的若干个记录的集合，构成一个关系模型，或称为一个关系（relation），对所有字段的定义构成这个表的数据结构。

关系模型的主要特点如下。

● 关系中每一数据项不可再分，是最基本的单位。
● 每一列数据项是同属性的。列数根据需要而设，且各列的顺序是任意的。
● 每一横行记录由一个实体的诸多属性项构成。记录的顺序也可以是任意的。
● 一个关系是一张二维表，不允许有相同的字段名。

建立在二维表格上的运算主要有以下三个。

● 筛选，即在二维表格中导出满足某种要求的数据记录。
● 投影，即根据一定的要求只保留原来二维表格中的某些记录的某些字段。
● 连接，即把两个二维表格通过一定的约束条件连接为一个二维表格。

连接包括横向和纵向两种。其中纵向连接（在此一般为增加）改变二维表的记录内容，横向连接则会改变二维表的数据结构。

关系数据库有很多独特的优点，因此现今流行的大型数据库管理系统，如 Oracle、Sybase、Informix 等都是利用关系型结构来建立数据库系统。Visual FoxPro 6.0 就是一个基于个人计算机的优秀的关系型数据库产品。

1.3 关系数据库

1.3.1 基本术语

关系：关系就是一张规则的、没有重复行或重复列的二维表格，每个关系用关系名表示。在 Visual FoxPro 中，一个关系对应一个表文件，其扩展名为.DBF。

元组：关系中的每一行称为一个元组。在 Visual FoxPro 中，一个元组对应表中的一条记录。

属性：关系中的每一列称为属性，每一个属性都有属性名和属性值。在 Visual FoxPro 中，一个属性对应表中一个字段，属性名对应字段名，属性值对应字段值。

域：属性的取值范围称为域。

关键字：关系中能够唯一区分不同元组的属性或属性组合，称为该关系的一个关键字。

候选关键字：凡在关系中能够唯一区分不同元组的属性或属性组合，都可以称为候选关键字，关系中候选关键字可以有多个。

主关键字：在候选关键字中选定其中一个作为关键字，则称该候选关键字为该关系的主关键字，关系中主关键字只能有一个。

外部关键字：关系中某个属性或属性组合不是该关系的关键字，而是另一个关系的主关键字，则此属性或属性的组合称为外部关键字。

关系数据库：基于关系模型建立的数据库就是关系数据库。关系数据库中可以包含若干个关系，每个关系包含若干个属性和属性对应的域。

1.3.2　关系运算

1. 选择运算

选择运算是从指定的关系中选择某些元组形成一个新的关系，被选择的元组是用满足某个逻辑条件来指定的。

选择运算在表中是关于行的运算，从指定的二维表中选择满足条件的行构成新的关系。

例：从表 1.3 中选择性别是"男"的元组，组成一个新的关系，如图 1.5 所示。

部门	专业	姓名	性别	年龄
高等院校	软件工程	王鹏	男	51
高等院校	计算机	李强	男	35

图 1.5　关系的选择运算示例

2. 投影运算

投影运算是对指定的关系进行投影操作，根据指定的关系分两步产生一个新关系。

- 选择指定的属性，形成一个可能含有重复行的表格；
- 删除重复行，形成新的关系。

投影运算是关于表中列的运算，从指定的二维表中抽取某些列，并去掉重复行后构成新的关系。

专业	姓名	年龄
信息管理	张红	40
软件工程	王鹏	51
计算机	李强	35
国际贸易	赵影	45

图 1.6　关系的投影运算示例

例：从表 1.3 中，选择专业、姓名和年龄，组成一个新的关系，如图 1.6 所示。

3. 连接

连接运算由连接属性控制，连接属性是出现在不同关系中的公共属性。连接运算是按连接属性值相等的原则将两个关系拼接成一个新的关系。

1.3.3　数据完整性

数据完整性是为保证数据库中数据的正确性和相容性，对关系模型提出的某种约束条件和规则。数据完整性通常包括实体完整性、域完整性和参照完整性。

1. 实体完整性

实体完整性是通过关系的主关键字实现的，要求关系的主关键字不能取"空值"，以保证关系中的数据具有唯一性的特性，即在一个关系中不允许有重复的数据。

2. 域完整性

域完整性包括关系中属性的定义及属性的取值范围等约束规则。

3. 参照完整性

参照完整性是定义建立关系之间关系的主关键字与外部关键字引用的约束条件。

1.4　小结

1）数据库系统（Database System）是采用数据库技术构建的复杂计算机系统。它综合了计算机硬件、软件、数据集合和数据库管理人员，遵循数据库规则，向用户和应用程序提供信息服务的集成系统。由数据库、软件系统、硬件系统和数据库管理人员四大要素相互紧密结合和依靠，为各类用户提供信息服务。

2）三个世界信息描述的对应关系见表 1.1。

3）常见的结构数据模型有层次模型、网状模型以及关系模型。它描述了计算机中数据的逻辑结构，还涉及到信息在存储器上的具体组织。

4）关系模型是应用最广泛的一种结构数据模型。在关系模型中，用二维表来描述客观事物属性的关系。表格中的每一列称为一个字段（field），一个字段表示实体集的一个属性，表格中的每一行称为一个记录（record）。

第 2 章　SQL Server 2008 简介

SQL Server 2008 作为微软新一代的数据库管理产品，建立在 SQL Server 2005 的基础上，在性能、稳定性、易用性方面都有相当大的改进。SQL Server 2008 是一个重大的产品版本，它推出了许多新的特性和关键的改进，使得它成为至今为止的最强大和最全面的 SQL Server 版本。SQL Server 2008 包含了许多技术，包括 IIS7、新的管理工具、WCF、工作流、Windows CardSpace、PowerShell、虚拟化、事务化文件系统等。

2.1　SQL Server 发展历史和版本

2.1.1　SQL Server 发展历史

SQL Server 是 Microsoft 公司的一个关系数据库管理系统，但说起它的历史，却要从 Sybase 开始的。SQL Server 从 20 世纪 80 年代后期开始开发，最早起源于 1987 年的 Sybase SQL Server。SQL Server 最初是由 Microsoft、Sybase 和 Ashton-Tate 三家公司共同开发的，1988 年，Microsoft 公司、Sybase 公司和 Aston-Tate 公司把该产品移植到 OS/2 上。后来 Aston-Tate 公司退出了该产品的开发，而 Microsoft 公司、Sybase 公司则签署了一项共同开发协议，这两家公司的共同开发结果是发布了用于 Windows NT 操作系统的 SQL Server，1992 年，将 SQL Server 移植到了 Windows NT 平台上。

1994 年，微软公司和 Sybase 公司分道扬镳。到 1995 年，微软公司发布了 SQL Server 6.0。在这个版本中，微软公司引入了数据复制功能，也是业界第一家引入数据复制功能的数据库产品。随后又推出了 SQL Server 6.5，也取得了巨大的成功。SQL Server 6.0 和 SQL Server 6.5 可以说是微软公司独立开发的第一代数据库产品，它们在市场上的反响表明 SQL Server 产品的成功。

随后，在 1998 年，微软公司又发布了 SQL Server 7.0。SQL Server 7.0 开始进军企业级数据库市场。2000 年，微软公司又推出了 SQL Server 2000。这两种数据产品，现在已经成为全球中小型企业主要使用的数据库产品，也获得了巨大的成功。值得注意的是，在这两个版本中，微软公司将联机分析处理（OLAP）、数据的抽取/转换/加载（ETL）、报表和数据挖掘引入了数据库产品中，成为业界的领先者。

后来，经过了长达 5 年的开发和研制，微软公司在 2005 年发布了 SQL Server 2005。这个产品在无论在可管理性、安全性、性能，还是高可用性方面较以前的产品有了大幅提升，并且，它在开发和商业智能方面也提供了前所未有的方便性。

微软公司在 2008 年 2 月 19 日发布了测试期的 SQL Server 2008 数据库服务器的新版 CTP。微软公司表示，目前已经有 10 万个测试者参与了这一 CTP 项目，微软公司计划在第二季度发布 SQL Server 2008 的 RC（release candidate）版，第三季度发放 RTM（release to manufacturing）。2008 年 2 月 27 日，微软公司整体发布其商用软件系列，包括 Visual Studio、

Windows Server 和 SQL Server。可以说，SQL Server 2008 是完全可以承载关键业务数据的企业级数据库平台，在市场占有绝对的主导地位。

SQL Server 2008 以更安全、更具延展性、更高的管理能力，而成为一个全方位企业资料、数据管理平台，其功能说明如下。

1. 保护数据库咨询

SQL Server 2008 本身提供对整个数据库、数据表与 Log 加密的机制，并且程序存取加密数据库时，完全不需要修改任何程序。

2. 花费更少的时间在服务器的管理操作

SQL Server 2008 采用一种 Policy Based 管理 Framework，来取代现有的 Script 管理，如此可以花更少的时间在进行例行性管理与操作的时间。而且透过 Policy Based 的统一政策，可以同时管理数千部的 SQL Server，以达成企的一致性管理，DBA 可以不必一台一台 SQL Server 去设定新的组态或管理设定。

3. 增加应用程序稳定性

SQL Server 2008 面对企业重要关键性应用程序时，提供比 SQL Server 2005 更高的稳定性，并简化数据库失败复原的工作，甚至将进一步提供加入额外 CPU 或内存而不会影响应用程序的功能。

4. 系统执行效能最佳化与预测功能

SQL Server 2008 继续在数据库执行效能与预测功能上投资，不但进一步强化执行效能，并且加入自动收集数据可执行的资料，将其存储在一个中央资料的容器中，而系统针对这些容器中的资料提供了现成的管理报表，可以让 DBA 管理者比较系统现有执行效能与先前历史效能的比较报表，让管理者可以进一步作管理与分析决策。

2.1.2 SQL Server 2008 版本

根据应用程序的需要，安装要求会有所不同。SQL Server 的不同版本能够满足企业和个人对性能、运行以及价格的不同要求。安装哪些 SQL Server 组件还取决于具体需要。下面内容将帮助了解如何在 SQL Server 的不同版本和可用组件中做出最佳选择。

微软推出的 SQL Server 2008 根据不同用户的需求，主要的版本有以下四种：

- MS SQL Server 2008 开发版。
- MS SQL Server 2008 学习版。
- MS SQL Server 2008 企业版。
- MS SQL Server 2008 标准版。

各版本之间，在数据库集群特性支持、数据库支持最大内存、数据库应用开发特性、数据库发行许可等方面略有区分，本节不进行详细介绍，只介绍 MS SQL Server 2008 开发版数据库基本参数（表 2.1），其他版本，读者可以参照其他资料。

表 2.1　　　　　　　　MS SQL Server 2008 开发版数据库基本参数

MS SQL Server 2008 开发版	数 据 库 基 本 参 数
数据库版本号	SQL Server 2008
数据库发布日期	2008

MS SQL Server 2008 开发版	数 据 库 基 本 参 数
数据库版本类型	开发版
数据库类型	商业版
数据库操作系统类型	Windows
数据库支持并发数	没有限制
数据库集群特性支持	故障转移集群是一个高可用解决方案，它使用 Microsoft Windows & reg；Clustering Services 创建容错虚拟服务器，一旦数据库服务器宕机，便可提供快速故障转移
数据库支持最大 CPU	4
数据库 64 位 CPU 支持	IA64 最低要求 733MHz 或更快的 Itanium 处理器或更高处理器；X64 最低要求 1 GHz 或更快的 AMD Opteron、AMD Athlon 64、具有 Intel EM64T 支持的 Intel Xeon、具有 EM64T 支持的 Intel Pentium IV
数据库支持最大内存	操作系统最大
数据库支持最大尺寸	32 TB
数据库 XML 特性支持	XML 数据类型和 XQuery 之类的先进功能使组织能够无缝地连接内部和外部系统。SQL Server 2008 将完全支持关系型和 XML 数据，这样企业可以以最适合其需求的格式来存储、管理和分析数据。对于那些已存在的和新兴的开放标准，如超文本传输协议（HTTP）、XML、简单对象访问
数据库安全特性支持	在身份验证空间中，强制执行 SQL Server 登录密码的策略，根据在不同范围上指定的权限来提供更细的粒度，允许所有者和架构的分离
数据库管理特性支持	SQL Server Management Studio 通过提供一个集成的管理控制台来监视和管理 SQL Server 关系数据库、Integration Services、Analysis Services、Reporting Services、Notification Services 以及在数量众多的分布式服务器和数据库上的 SQL Server Mobile Edit
数据备份恢复特性	镜像备份、在线恢复、只复制备份、部分备份
数据库容灾特性	新的、速度更快的恢复选项可以改进 SQL 服务器数据库的可用性。管理人员将能够在事务日志向前滚动之后，重新连接到正在恢复的数据库
数据仓库特性	端到端的集成商业智能平台，Integration Services、Analysis Services、Reporting Services 与 Microsoft Office System 的集成
数据库应用开发特性	CLR/.NET Framework 集成，Transact SQL 增强，Visual Studio 集成，用户自定义类型和聚合，SQL 管理对象，XML 和 Web Services，Service Broker 分布式应用程序框架
数据库发行许可	处理器许可证方式。基于这种模式，由运行 SQL Server 的操作系统环境所访问的任意物理或虚拟处理器都需要购买一份许可证。拥有这种许可证即无需再购买设备或用户客户端访问许可证（CAL）

2.2　Microsoft SQL Server 2008 数据平台愿景

在现今数据的世界里，公司要获得成功和不断发展，需要定位主要的数据趋势的愿景。微软的这个数据平台愿景帮助公司满足这些数据爆炸和下一代数据驱动应用程序的需求。微软将继续投入和发展以下的关键领域来支持他们的数据平台愿景：关键任务企业数据平台、动态开发、关系数据和商业智能。

许多因素致使产生了信息存储爆炸。有了新的信息类型，并且公司的数字信息的数量在急剧增长。同时，磁盘存储的成本显著地降低了，使得公司投资的每一美元可以存储更多的数据。用户必须快速地在大量的数据中找到相关的信息。此外，他们想在任何设备上使用这个信息，并且计划每天使用，例如 Microsoft Office 系统应用程序。对数据爆炸和用户期望值增加的管理为公司制造了许多挑战。

Microsoft SQL Server 2008 数据平台愿景提供了一个解决方案来满足这些需求，这个解决方案就是公司可以使用、存储和管理许多数据类型，包括 XML、e-mail、时间/日历、文件、文档、地理等，同时提供一个丰富的服务集合来与数据交互作用：搜索、查询、数据分析、报表、数据整合和强大的同步功能。

Microsoft SQL Server 2008 给出了如图 2.1 所示的愿景。

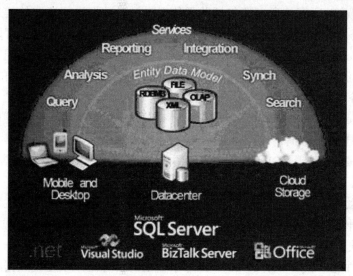

图 2.1　Microsoft SQL Server 2008 数据平台愿景

这个平台有以下特点：

- 可信任的：公司可以以很高的安全性、可靠性和可扩展性来运行他们最关键任务的应用程序。
- 高效的：公司可以降低开发和管理他们的数据基础设施的时间和成本。
- 智能的：提供了一个全面的平台，可以在用户需要的时候给他发送观察和信息。

2.2.1　可信任特性

在今天数据驱动的世界中，公司需要继续访问他们的数据。SQL Server 2008 为关键任务应用程序提供了强大的安全特性、可靠性和可扩展性。

1. 保护信息

在 SQL Server 2005 的基础之上，SQL Server 2008 做了以下方面的增强来扩展它的安全性。

（1）简单的数据加密

SQL Server 2008 可以对整个数据库、数据文件和日志文件进行加密，而不需要改动应用程序。进行加密使公司可以满足遵守规范和关注数据隐私的要求。简单的数据加密的好处包括使用任何范围或模糊查询搜索加密的数据、加强数据安全性以防止未授权的用户访间、还有数据加密。这些可以在不改变已有的应用程序的情况下进行。

（2）外键管理

SQL Server 2008 为加密和密钥管理提供了一个全面的解决方案。为了满足不断发展的对数据中心的信息的更强安全性的需求，公司投资给供应商来管理公司内的安全密钥。SQL Server 2008 通过支持第三方密钥管理和硬件安全模块（HSM）产品为这个需求提供了很好的支持。

（3）增强了审查

SQL Server 2008 使用户可以审查其数据的操作，从而提高了遵从性和安全性。审查不只包括对数据修改的所有信息，还包括关于什么时候对数据进行读取的信息。SQL Server 2008 具有像服务器中加强的审查的配置和管理这样的功能，这使得公司可以满足各种规范需求。SQL Server 2008 还可以定义每一个数据库的审查规范，所以审查配置可以为每一个数据库作单独的制定。为指定对象作审查配置使审查的执行性能更好，配置的灵活性也更高。

2. 确保业务可持续性

有了 SQL Server 2008，微软继续使公司具有简化了管理并具高可靠性的应用能力。

（1）改进了数据库镜像

SQL Server 2008 基于 SQL Server 2005，并提供了更可靠的加强了数据库镜像的平台。新的特性包括以下几点：

- 页面自动修复。SQL Server 2008 通过请求获得一个从镜像合作机器上得到的出错页面的重新拷贝，使主要的和镜像的计算机可以透明地修复数据页面上的 823 和 824 错误。
- 提高了性能。SQL Server 2008 压缩了输出的日志流，以便使数据库镜像所要求的网络带宽达到最小。

（2）加强了可支持性

SQL Server 2008 包括了新增加的执行计数器，可以更细粒度的对数据库管理系统（Database Management Syste，简称 DBMS）日志记录的不同阶段所耗费的时间进行计时。

SQL Server 2008 包括动态管理视图（Dynamic Management View）和对现有的视图的扩展，以此来显示镜像会话的更多信息。

（3）热添加 CPU

为了在线添加内存资源而扩展 SQL Server 中的已有的支持，热添加 CPU 使数据库可以按需扩展。事实上，CPU 资源可以添加到 SQL Server 2008 所在的硬件平台上而不需要停止应用程序。

3. 最佳的和可预测的系统性能

公司在面对不断增长的压力，要提供可预计的响应和对随着用户数目的增长而不断增长的数据量进行管理。SQL Server 2008 提供了一个广泛的功能集合，使数据平台上的所有工作负载的执行都是可扩展的和可预测的。

（1）性能数据的采集

性能调整和排除故障对于管理员来说是耗费时间的工作。为了给管理员提供全面的执行洞察力，SQL Server 2008 推出了范围更大的数据采集，一个用于存储性能数据的新的集中的数据库，以及新的报表和监控工具。

（2）扩展事件

SQL Server 扩展事件是一个用于服务器系统的一般的事件处理系统。扩展事件基础设施是一个轻量级的机制，它支持对服务器运行过程中产生的事件的捕获、过滤和响应。这个对事件进行响应的能力使用户可以通过增加前后文关联数据（如 Transact SQL）对所有事件调用堆栈或查询计划句柄，以此来快速地诊断运行时问题。事件捕获可以按几种不同的类型输出，包括 Windows 事件跟踪（Event Tracing for Windows，简称 ETW）。当扩展事件输出到 ETW 时，操作系统和应用程序就可以关联了，可以作更全面的系统跟踪。

（3）备份压缩

保持在线进行基于磁盘的备份是很昂贵而且很耗时的。有了 SQL Server 2008 备份压缩，需要的磁盘 I/O 减少了，在线备份所需的存储空间也减少了，而且备份的速度明显加快了。

（4）数据压缩

改进的数据压缩使数据可以做到更有效的存储，并且降低了数据的存储要求。数据压缩还为大型的限制输入/输出的工作负载例如数据仓库提供了显著的性能改进。

（5）资源监控器

随着 SQL Server 2008 资源监控器的推出，公司可以提供持续的和可预测的响应给终端用户。资源监控器使数据库管理员可以为不同的工作负载定义资源限制和优先权，这使得并发工作负载可以为终端用户提供稳定的性能。

（6）稳定的计划

SQL Server 2008 通过提供了一个新的制定查询计划的功能，从而提供了更好的查询执行稳定性和可预测性，使公司可以在硬件服务器更换、服务器升级和产品部署中提供稳定的查询计划。

2.2.2 高效特性

SQL Server 2008 降低了管理系统、.NET 架构和 Visual Studio® Team System 的时间和成本，使得开发人员可以开发强大的下一代数据库应用程序。

1. 基于政策的管理

作为微软公司正在努力降低公司的总成本所做的工作的一部分，SQL Server 2008 推出了陈述式管理架构（DMF），它是一个用于 SQL Server 数据库引擎的新的基于策略的管理框架。陈述式管理提供了以下优点：

- 遵从系统配置的政策。
- 监控和防止通过创建不符合配置的政策来改变系统。
- 通过简化管理工作来减少公司的总成本。
- 使用 SQL Server 管理套件查找遵从性问题。

DMF 是一个基于政策的用于管理一个或多个 SQL Server 2008 实例的系统。要使用 DMF，SQL Server 政策管理员使用 SQL Server 管理套件创建政策，这些政策管理服务器上的实体，例如 SQL Server 的实例、数据库和其他 SQL Server 对象。DMF 由三个组件组成：

政策管理、创建政策的政策管理员和显式管理。管理员选择一个或多个要管理的对象，并显式检查这些对象是否遵守指定的政策，或显式地使这些对象遵守某个政策。

2. 改进了安装

SQL Server 2008 对 SQL Server 的服务生命周期提供了显著的改进，它重新设计了安装、建立和配置架构。这些改进将计算机上的各个安装与 SQL Server 软件的配置分离开来，这使得公司和软件合作伙伴可以提供推荐的安装配置。

3. 加速开发过程

SQL Server 提供了集成的开发环境和更高级的数据提取，使开发人员可以创建下一代数据应用程序，同时简化了对数据的访问。

（1）ADO.NET 实体框架

在数据库开发人员中的一个趋势是定义高级的业务对象或实体，然后他们可以将它们匹配到数据库中的表和字段，开发人员使用高级实体例如"客户"或"订单"来显示背后的数据。ADO.NET 实体框架使开发人员可以以这样的实体来设计关系数据。在这一提取级别的设计是非常高效的，并使开发人员可以充分利用实体关系建模。

（2）语言级集成查询能力

微软的语言级集成查询能力（LINQ）使开发人员可以通过使用管理程序语言例如 C# 或 Visual Basic.NET，而不是 SQL 语句来对数据进行查询。LINQ 使 .NET 框架语言编写的无缝和强大的面向集合的查询运行于 ADO.NET（LINQ 到 SQL），ADO.NET 数据集（LINQ 到数据集），ADO.NET 实体框架（LINQ 到实体），以及到实体数据服务匹配供应商。SQL Server 2008 提供了一个新的 LINQ 到 SQL 供应商，使得开发人员可以直接将 LINQ 用于 SQL Server 2008 的表和字段。

（3）CLR 集成和 ADO.NET 对象服务

ADO.NET 的对象服务层使得可以进行具体化检索、改变跟踪和实现作为公共语言运行时（CLR）的数据的可持续性。开发人员使用 ADO.NET 实体框架可以通过使用由 ADO.NET 管理的 CLR 对象对数据库进行编程。SQL Server 2008 提供了提高性能和简化开发过程的更有效的和最佳的支持。

（4）Service Broker 可扩展性

SQL Server 2008 继续加强了 Service Broker 的能力。

- 会话优先权：配置优先权，使得最重要的数据会第一个被发送和进行处理。
- 诊断工具：诊断工具提高了开发、配置和管理使用 Service Broker 的解决方案的能力，例如在应用程序部署之前诊断分支丢失情况或配置不正确的安全问题。

4. 偶尔连接系统

有了移动设备和活动式工作人员，偶尔连接成为了一种工作方式。SQL Server 2008 推出了一个统一的同步平台，使得在应用程序、数据存储和数据类型之间达到一致性同步。在与 Visual Studio 的合作下，SQL Server 2008 使得可以通过 ADO.NET 中提供的新的同步服务和 Visual Studio 中的脱机设计器快速地创建偶尔连接系统。SQL Server 2008 提供了支持，使得可以改变跟踪和使客户可以以最小的执行消耗进行功能强大的执行，以此来开发基于缓存的、基于同步的和基于通知的应用程序。

5. 不只是关系数据

应用程序正在结合使用越来越多的数据类型，而不仅仅是过去数据库所支持的那些。SQL Server 2008 基于过去对非关系数据的强大支持，提供了新的数据类型使得开发人员和管理员可以有效地存储和管理非结构化数据，例如文档和图片。还增加了对管理高级地理数据的支持。除了新的数据类型，SQL Server 2008 还提供了一系列对不同数据类型的服务，同时为数据平台提供了可靠性、安全性和易管理性。

（1）HIERARCHY ID

SQL Server 2008 使数据库应用程序以比以前更有效的方式建立树结构。Hierarchy Id 是一个新的系统类型，它可以存储一个层次树中显示的结点的值。这个新的类型提供了一个灵活的编程模型。它作为一个 CLR 用户定义的类型（UDT）来执行，它提供了几种用于创建和操作层次结点的有效的及有用的内置方法。

（2）FILESTREAM 数据

新的 SQL Server 2008 FILESTREAM 数据类型使大型的二进制数据，像文档和图片等可以直接存储到一个 NTFS 文件系统中；文档和图片仍然是数据库的主要组成部分，并维护事务的一致性。

FILESTREAM 使传统的由数据库管理的大型二进制数据可以作为单独的文件存储在数据库之外，它们可以通过使用一个 NTFS 流 API 进行访问。使用 NTFS 流 API 使普通文件操作可以有效地执行，同时提供所有丰富的数据库服务，包括安全和备份。

（3）集成的全文检索

集成的全文检索使得在全文检索和关系数据之间可以无缝地转换，同时使全文索引可以对大型文本字段进行高速的文本检索。

（4）稀疏列

这个功能使 NULL 数据不占物理空间，从而提供了一个非常有效的管理数据库中的空数据的方法。例如，稀疏列使得一般包含极多要存储在一个 SQL Server 2008 数据库中的空值的对象模型不会占用很大的空间。稀疏列还允许管理员创建 1024 列以上的表。

（5）大型的用户定义的类型

SQL Server 2008 删除了对用户定义的类型的 8000 字节的限制，用户可以显著地扩大他们的 UDT 规模。

（6）地理信息

SQL Server 2008 为在基于空间的应用程序中消耗、扩展和使用位置信息提供了广泛的空间支持。

- 地理数据类型。这个功能使你可以存储符合行业空间标准，例如开放地理空间联盟（Open Geospatial Consortium，简称 OGC）的平面的空间数据。这使得开发人员可以通过存储与设计的平面表面和自然的平面数据（如内部空间等相关联的多边形、点和线）来实现"平面地球"解决方案。
- 几何数据类型。这个功能使你可以存储地理空间数据并对其执行操作。使用纬度和经度的组合来定义地球表面的区域，并结合了地理数据和行业标准椭圆体（如用于全球 GPS 解决方案的 WGS84）。

2.2.3　智能特性

商业智能（BI）继续作为大多数公司投资的关键领域，对于公司所有层面的用户来说是一个无价的信息源。SQL Server 2008 提供了一个全面的平台，用于当用户需要时可以为其提供智能化。

1. 集成任何数据

公司继续投资于商业智能和数据仓库解决方案，以便从他们的数据中获取商业价值。SQL Server 2008 提供了一个全面的和可扩展的数据仓库平台，它可以用一个单独的分析存储进行强大的分析，以满足成千上万的用户在几兆字节的数据中的需求。

2. 发送相应的报表

SQL Server 2008 提供了一个可扩展的商业智能基础设施，使得 IT 人员可以在整个公司内使用商业智能来管理报表以及任何规模和复杂度的分析。SQL Server 2008 使得公司可以有效地以用户想要的格式和他们的地址发送相应的、个人的报表给成千上万的用户。通过提供交互发送用户需要的企业报表，获得报表服务的用户数目大大增加了。这使得用户可以获得对他们各自领域的相关信息的及时访问，使得他们可以作出更好、更快、更符合的决策。

3. 使用户获得全面的洞察力

及时访问准确信息，使用户快速对问题、甚至是非常复杂的问题作出反应，这是在线分析处理的前提（Online Analytical Processing，简称 OLAP）。SQL Server 2008 基于 SQL Server 2005 强大的 OLAP 能力，为所有用户提供了更快的查询速度。这个性能的提升使得公司可以执行具有许多维度和聚合的非常复杂的分析。这个执行速度与 Microsoft Office 的深度集成相结合，使 SQL Server 2008 可以让所有用户获得全面的洞察力。

4. 总结

SQL Server 2008 提供了公司可依靠的技术和能力来接受不断发展的对于管理数据和给用户发送全面的信息的挑战。具有在关键领域方面的显著的优势，SQL Server 2008 是一个可信任的、高效的、智能的数据平台。SQL Server 2008 是微软数据平台愿景中的一个主要部分，旨在满足目前和将来管理和使用数据的需求。

2.3　SQL Server 2008 的安装

SQL Server 2008 的安装过程当中，不但要指定它的安装路径，还要对一些数据库和服务器相关的属性做出一些配置，这些配置对安装完成之后的使用都有着非常重大的影响，因此必须了解安装向导当中每一步的意义，以及如何进行选择。

除了安装以外，还需要考虑的问题就是 SQL Server 2008 的部署。在实际的企业应用当中，并不是单单在一个服务器上安装一个 SQL Server 2008 就够了，而是会有很多可能的部署需求。比如，有的企业当中已经有了 SQL Server 以前的版本，现在希望升级到 SQL Server 2008 版本；而有的企业可能需要在服务器上实现双机热备，从而提高数据库系统的高可用性。所以不但要了解如何安装，还需要知道如何进行升级和部署。

2.3.1 SQL Server 2008 安装的软硬件环境

1. 不同 SQL Server 2008 版本对系统的要求

（1）SQL Server Developer Edition（64 位）

表 2.2 说明了 SQL Server Developer Edition（64 位）的系统要求。

表 2.2   **SQL Server Developer Edition（64 位）系统要求**

组　件	要　求
处理器 1	1. 处理器类型 IA64 最低：Itanium 处理器或速度更高的处理器； x64 最低：AMD Opteron、AMD Athlon 64、支持 Intel EM64T 的 Intel Xeon、支持 EM64T 的 Intel Pentium IV。 2. 处理器速度 IA64 最低：1.6 GHz； IA64 建议：2.0 GHz 或更高； x64 最低：1.6 GHz； x64 建议：2.0 GHz 或更高
框架	SQL Server 安装程序安装该产品所需的以下软件组件： Microsoft .NET Framework 2.0； Microsoft SQL Server Native Client； Microsoft SQL Server 安装程序支持文件
操作系统	Windows Vista 64 位 x64 Ultimate Edition； Windows Vista 64 位 x64 Home Premium Edition； Windows Vista 64 位 x64 Home Basic Edition； Windows Vista 64 位 x64 Enterprise Edition； Windows Vista 64 位 x64 Business Edition； Windows Vista 64 位 x64 Ultimate Edition； Windows Server 2008 64 位 x64 Standard Edition RC0 或更高版本 2、4； Windows Server 2008 64 位 x64 Data Center Edition RC0 或更高版本 2、4； Windows Server 2008 64 位 x64 Enterprise Edition RC0 或更高版本 2、4； Windows Server 2008 64 位 IA64 Itanium Edition RC0 或更高版本 2、4； Windows Server 2003 64 位 x64 SP22； Windows Server 2003 64 位 x64 Enterprise Edition SP22； Windows Server 2003 64 位 Itanium SP22； Windows Server 2003 64 位 Itanium Enterprise Edition SP22； Windows XP Professional 64 位 x64 SP2
软件	SQL Server 安装程序需要 Microsoft Windows Installer 3.1 或更高版本以及 Microsoft 数据访问组件（MDAC）2.8 SP1 或更高版本。您可以从 MDAC 下载网站下载 MDAC 2.8 SP1。 　安装所需组件之后，SQL Server 安装程序将验证要安装 SQL Server 的计算机是否也满足成功安装所需的所有其他要求。有关详细信息，请参阅 SQL Server 的版本和组件
网络软件	SQL Server 64 位版本的网络软件要求与 32 位版本的要求相同。 支持的操作系统都具有内置网络软件。 注意：SQL Server 不支持 Banyan VINES 顺序包协议（SPP）、多协议、AppleTalk 或 NWLink IPX/SPX 网络协议。以前使用这些协议连接的客户端必须选择其他协议才能连接到 SQL Server。 独立的命名实例和默认实例支持以下网络协议： Shared Memory； Named Pipes； TCP/IP； VIA。 注意：故障转移群集不支持 Shared memory

续表

组 件	要 求
Internet 软件	所有 SQL Server 安装都需要 Microsoft Internet Explorer 6 SP1 或更高版本。Microsoft 管理控制台（MMC）、SQL Server Management Studio、Business Intelligence Development Studio、Reporting Services 的报表设计器组件和 HTML 帮助都需要 Internet Explorer 6 SP1 或更高版本
内存 3	RAM： IA64 最小：512 MB； IA64 建议：1 GB 或更大； IA64 最大：操作系统最大内存； x64 最低：512 MB； x64 建议：1 GB 或更大； x64 最大：操作系统最大内存
硬盘	磁盘空间要求将因所安装的 SQL Server 组件而异。有关详细信息，请参阅本主题后面的 "2. 硬盘空间要求（32 位和 64 位）" 一节
驱动器	从磁盘进行安装时需要相应的 CD 或 DVD 驱动器
显示	SQL Server 图形工具需要 VGA 或更高分辨率：分辨率至少为 1024×768 像素
其他设备	指针设备：需要 Microsoft 鼠标或兼容的指针设备

注意：

1）如果不满足处理器类型的要求，系统配置检查器将阻止安装程序运行；如果不满足最低或建议使用的处理器速度要求，系统配置检查器将向用户发出警告但不会阻止安装程序运行；多处理器计算机上将不会出现警告。

2）WOW64 支持管理工具，管理工具是 Microsoft Windows 64 位版本中的一项功能，利用该功能，可以以 32 位模式在本机执行 32 位应用程序。尽管基础操作系统是在 64 位操作系统上运行的，但应用程序以 32 位模式工作。

3）如果不满足最低或建议使用的 RAM 要求，系统配置检查器将向用户发出警告，但不会阻止安装程序运行。内存要求仅针对此版本，它不反映操作系统的其他内存要求。系统配置检查器将在安装开始时检查可用内存。

（2）SQL Server Developer Edition（32 位）

表 2.3 说明了 SQL Server Developer Edition（32 位）的系统要求。

表 2.3 **SQL Server Developer Edition（32 位）系统要求**

组 件	要 求
处理器 1	1. 处理器类型 Pentium III 兼容处理器或速度更高的处理器。 2. 处理器速度 最低：1.0 GHz； 建议：2.0 GHz 或更高
框架	SQL Server 安装程序安装该产品所需的以下软件组件： .NET Framework 2.0； SQL Server Native Client； SQL Server 安装程序支持文件

组　件	要　　　求
操作系统	Windows Vista Ultimate Edition； Windows Vista Home Premium Edition； Windows Vista Home Basic Edition； Windows Vista Enterprise Edition； Windows Vista Business Edition； Windows Vista 64 位 x64 Ultimate Edition3； Windows Vista 64 位 x64 Home Premium Edition3； Windows Vista 64 位 x64 Home Basic Edition3； Windows Vista 64 位 x64 Enterprise Edition3； Windows Vista 64 位 x64 Business Edition3； Windows Server 2008 Standard Edition RC0 或更高版本 5； Windows Server 2008 Data Center Edition RC0 或更高版本 5； Windows Server 2008 Enterprise Edition RC0 或更高版本 5； Windows Server 2008 64 位 x64 Standard Edition RC0 或更高版本 3、5； Windows Server 2008 64 位 x64 Data Center Edition RC0 或更高版本 3、5； Windows Server 2008 64 位 x64 Enterprise Edition RC0 或更高版本 3、5； Windows Server 2003 SP2； Windows Server 2003 Enterprise Edition SP2； Windows XP Professional SP2； Windows Server 2003 64 位 x64 SP23； Windows Server 2003 64 位 x64 Enterprise Edition SP23； Windows Server 2003 64 位 Itanium SP23； Windows Server 2003 64 位 Itanium Enterprise Edition SP23
软件	SQL Server 安装程序需要 Microsoft Windows Installer 3.1 或更高版本以及 Microsoft 数据访问组件（MDAC）2.8 SP1 或更高版本。您可以从 MDAC 下载网站下载 MDAC 2.8 SP1。 安装所需组件之后，SQL Server 安装程序将验证要安装 SQL Server 的计算机是否也满足成功安装所需的所有其他要求。有关详细信息，请参阅系统配置检查器的检查参数
网络软件	SQL Server 64 位版本的网络软件要求与 32 位版本的要求相同。 支持的操作系统都具有内置网络软件。 注意：SQL Server 不支持 Banyan VINES 顺序包协议（SPP）、多协议、AppleTalk 或 NWLink IPX/SPX 网络协议。以前使用这些协议连接的客户端必须选择其他协议才能连接到 SQL Server。 独立的命名实例和默认实例支持以下网络协议： Shared Memory； Named Pipes； TCP/IP； VIA。 注意：故障转移群集不支持 Shared memory
Internet 软件	所有 SQL Server 安装都需要 Microsoft Internet Explorer 6 SP1 或更高版本。Microsoft 管理控制台（MMC）、SQL Server Management Studio、Business Intelligence Development Studio、Reporting Services 的报表设计器组件和 HTML 帮助都需要 Internet Explorer 6 SP1 或更高版本
内存 4	RAM： 最小：512 MB； 建议：1 GB 或更大； 最大：操作系统最大内存
硬盘	磁盘空间要求将因所安装的 SQL Server 组件而异。有关详细信息，请参阅本主题后面的"2. 硬盘空间要求（32 位和 64 位）"一节
驱动器	从磁盘进行安装时需要相应的 CD 或 DVD 驱动器
显示	SQL Server 图形工具需要 VGA 或更高分辨率：分辨率至少为 1024×768 像素
其他设备	指针设备：需要 Microsoft 鼠标或兼容的指针设备

注意：

1）如果不满足处理器类型的要求，系统配置检查器将阻止安装程序运行；如果不满足最低或建议使用的处理器速度要求，系统配置检查器将向用户发出警告但不会阻止安装程序运行；多处理器计算机上将不会出现警告。

2）此版本的 SQL Server 可以安装到 64 位服务器的 Windows on Windows（WOW64）32 位子系统中。

3）如果不满足最低或建议使用的 RAM 要求，系统配置检查器将向用户发出警告但不会阻止安装程序运行。内存要求仅针对此版本，它不反映操作系统的其他内存要求。系统配置检查器将在安装开始时检查可用内存。

（3）SQL Server Express Edition（32 位）

表 2.4 说明了 SQL Server Express Edition（32 位）的系统要求。

表 2.4　　　　　　　　**SQL Server Express Edition（32 位）系统要求**

组　件	要　求
处理器 1	处理器类型： Pentium III 兼容处理器或速度更高的处理器。 处理器速度： 最低：1.0 GHz； 建议：2.0 GHz 或更高
框架	SQL Server 安装程序安装该产品所需的以下软件组件： .NET Framework 2.0； SQL Server Native Client； SQL Server 安装程序支持文件
操作系统	Windows XP Home Edition SP2； Windows XP Professional Edition SP2； Windows XP Tablet Edition SP2； Windows XP Media Center 2002 Edition SP2； Windows XP Media Center 2004 Edition SP2； Windows XP Media Center 2005 Edition； Windows XP Professional Reduced Media Edition； Windows XP Home Edition Reduced Media Edition； Windows Vista Ultimate Edition； Windows Vista Home Premium Edition； Windows Vista Home Basic Edition； Windows Vista Enterprise Edition； Windows Vista Business Edition； Windows Server 2008 Standard Edition RC0 或更高版本 5； Windows Server 2008 Data Center Edition RC0 或更高版本 5； Windows Server 2008 Enterprise Edition RC0 或更高版本 5； Windows Server 2008 Standard Edition 64 位 x64 RC0 或更高版本 5； Windows Server 2008 Data Center Edition 64 位 x64 RC0 或更高版本 5； Windows Server 2008 Enterprise Edition 64 位 x64 RC0 或更高版本 5； Windows Server 2003 Small Business Server Standard Edition SP2； Windows Server 2003 Small Business Server Premium Edition SP2； Windows Server 2003 Small Business Server Standard Edition R26； Windows Server 2003 Small Business Server Premium Edition R27； Windows Server 2003 SP2； Windows Server 2003 Enterprise Edition SP2； Windows Server 2003 Data Center Edition SP2；

组 件	要 求
操作系统	Windows Server 2003 Enterprise Edition SP2； Windows Server 2003 64 位 x64 Standard Edition SP23； Windows Server 2003 64 位 x64 Data Center Edition SP23； Windows Server 2003 64 位 x64 Enterprise Edition SP23； Windows XP Professional Embedded Edition Feature Pack 2007 SP2； Windows XP Professional Embedded Edition for Point of Service SP2
软件	SQL Server 安装程序需要 Windows Installer 3.1 或更高版本以及 Microsoft 数据访问组件（MDAC）2.8 SP1 或更高版本。您可以从 MDAC 下载网站下载 MDAC 2.8 SP1。 安装所需组件之后，SQL Server 安装程序将验证要安装 SQL Server 的计算机是否也满足成功安装所需的所有其他要求。有关详细信息，请参阅系统配置检查器的检查参数
网络软件	SQL Server 64 位版本的网络软件要求与 32 位版本的要求相同。 支持的操作系统都具有内置网络软件 注意：SQL Server 不支持 Banyan VINES 顺序包协议（SPP）、多协议、AppleTalk 或 NWLink IPX/SPX 网络协议。以前使用这些协议连接的客户端必须选择其他协议才能连接到 SQL Server。 独立的命名实例和默认实例支持以下网络协议： Shared Memory； Named Pipes； TCP/IP； VIA。 注意：故障转移群集不支持 Shared memory
Internet 软件	所有 SQL Server 安装都需要 Microsoft Internet Explorer 6 SP1 或更高版本。Microsoft 管理控制台（MMC）、SQL Server Management Studio、Business Intelligence Development Studio、Reporting Services 的报表设计器组件和 HTML 帮助都需要 Internet Explorer 6 SP1 或更高版本
内存 4	RAM： 最小：512 MB； 建议：1 GB 或更大； 最大：操作系统最大内存
硬盘	磁盘空间要求将因所安装的 SQL Server 组件而异。有关详细信息，请参阅本主题后面的"2. 硬盘空间要求（32 位和 64 位）"一节
驱动器	从磁盘进行安装时需要相应的 CD 或 DVD 驱动器
显示	SQL Server 图形工具需要 VGA 或更高分辨率：分辨率至少为 1024×768 像素
其他设备	指针设备：需要 Microsoft 鼠标或兼容的指针设备

注意：

1）如果不满足处理器类型的要求，系统配置检查器将阻止安装程序运行；如果不满足最低或建议使用的处理器速度要求，系统配置检查器将向用户发出警告但不会阻止安装程序运行；多处理器计算机上将不会出现警告。

2）此版本的 SQL Server 可以安装到 64 位服务器的 Windows on Windows（WOW64）32 位子系统中。

3）如果不满足最低或建议使用的 RAM 要求，系统配置检查器将向用户发出警告但不会阻止安装程序运行。内存要求仅针对此版本，它不反映操作系统的其他内存要求。系统配置检查器将在安装开始时检查可用内存。

4）Windows Server 2008 Server Core 安装不支持 SQL Server 2008。

5）Windows Server 2003 R2 与 Windows Server 2003 SP2 对 SQL Server 的支持相同。

2. 硬盘空间要求（32 位和 64 位）

在安装 SQL Server 的过程中，Windows Installer 会在系统驱动器中创建临时文件。在运行安装程序以安装或升级 SQL Server 之前，请检查系统驱动器中是否有至少 2 GB 的可用磁盘空间用来存储这些文件。即使在将 SQL Server 组件安装到非默认驱动器中时，此项要求也适用。

实际硬盘空间要求取决于系统配置和您决定要安装的应用程序和功能。表 2.5 显示了 SQL Server 各组件对磁盘空间的要求。

表 2.5　　　　　　　　　　　　SQL Server 各组件对磁盘空间的要求

功　能	磁盘空间要求
数据库引擎和数据文件、复制以及全文搜索	280 MB
Analysis Services 和数据文件	90 MB
Reporting Services 和报表管理器	120 MB
Integration Services	120 MB
客户端组件	850 MB
SQL Server 联机丛书和 SQL Server Compact 联机丛书	240 MB

3. 跨语言支持

所有支持的操作系统的本地化版本均支持 SQL Server 英文版与 SQL Server 本地化版本使用同一语言的本地化操作系统支持 SQL Server 的本地化版本。

通过使用 Windows 多语言用户界面包（MUI）设置，支持的操作系统的英文版本也支持 SQL Server 的本地化版本。不过，在运行使用非英文 MUI 设置的英文版操作系统的服务器上安装 SQL Server 的本地化版本之前，必须先检查某些操作系统设置。必须检查以下操作系统设置是否与要安装的 SQL Server 的语言匹配。

- 操作系统用户界面设置。
- 操作系统用户区域设置。
- 系统区域设置。

如果这些操作系统设置与 SQL Server 本地化版本的语言不匹配，则必须在安装 SQL Server 2008 之前，正确设置这些操作系统设置。

4. 扩展系统支持

SQL Server 64 位版本支持扩展系统，也称作 Windows on Windows（WOW64）。WOW64 是 Windows 64 位版本中的一个功能，使用该功能可以以 32 位模式在本机执行 32 位应用程序。尽管基础操作系统是在 64 位操作系统上运行的，但应用程序以 32 位模式工作。

5. 在域控制器上安装 SQL Server

出于安全方面的考虑，Microsoft 建议您不要将 SQL Server 2008 安装在域控制器上。SQL Server 安装程序不会阻止在作为域控制器的计算机上进行安装，但存在以下限制：

- 在 Windows Server 2003 上，SQL Server 服务可在域账户或本地系统账户下运行。
- 在域控制器上，无法在本地服务账户或网络服务账户下运行 SQL Server 服务。
- 将 SQL Server 安装到计算机上之后，无法将此计算机从域成员更改为域控制器。

必须先卸载 SQL Server，然后才能将主机计算机更改为域控制器。

- 将 SQL Server 安装到计算机上之后，无法将此计算机从域控制器更改为域成员。必须先卸载 SQL Server，然后才能将主机计算机更改为域成员。
- 在群集节点用作域控制器的情况下，不支持 SQL Server 故障转移群集实例。
- 只读的域控制器不支持 SQL Server。

2.3.2　SQL Server 2008 安装前的准备

安全对于每个产品和每家企业都很重要。遵循简单的最佳做法，可以避免很多安全漏洞。设置服务器环境时，请遵循以下最佳做法。

- 增强物理安全性。
- 使用防火墙。
- 隔离服务。
- 配置安全的文件系统。
- 禁用 NetBIOS 和服务器消息块。

1. 增强物理安全性

物理和逻辑隔离是构成 SQL Server 安全的基础。若要增强 SQL Server 安装的物理安全性，请执行以下任务。

1）将服务器置于专门的房间，未经授权的人员不得入内。

2）将数据库的宿主计算机置于受物理保护的场所，最好是上锁的机房，房中配备水灾检测和火灾检测监视系统或灭火系统。

3）将数据库安装在公司 Intranet 的安全区域中，任何时候都不要直接连接到 Internet。

4）定期备份所有数据，并将副本存储在远离工作现场的安全位置。

2. 使用防火墙

防火墙对于协助确保 SQL Server 安装的安全十分重要。若要使防火墙发挥最佳效用，请遵循以下指南。

1）在服务器和 Internet 之间放置防火墙，启用防火墙。如果防火墙处于关闭状态，请将其开启。如果防火墙处于开启状态，请不要将其关闭。

2）将网络分成若干安全区域，区域之间用防火墙分隔。先阻塞所有通信流量，然后有选择地只接受所需的通信。

3）在多层环境中，使用多个防火墙创建屏蔽子网。

4）如果在 Windows 域内部安装服务器，请将内部防火墙配置为允许使用 Windows 身份验证。

5）如果应用程序使用分布式事务处理，可能必须要将防火墙配置为允许 Microsoft 分布式事务处理协调器（MS DTC）在不同的 MS DTC 实例之间进行通信。还需要将防火墙配置为允许在 MS DTC 和资源管理器（如 SQL Server）之间进行通信。

3. 隔离服务

隔离服务可以降低风险，防止已受到危害的服务被用于危及其他服务。若要隔离服务，请遵循以下指南。

1）请尽可能不要在域控制器中安装 SQL Server。

2）在不同的 Windows 账户下运行各自的 SQL Server 服务。对每个 SQL Server 服务，尽可能使用不同的低权限 Windows 或本地用户账户。有关详细信息，请参阅设置 Windows 服务账户。

3）在多层环境中，在不同的计算机上运行 Web 逻辑和业务逻辑。

4. 配置安全的文件系统

使用正确的文件系统可提高安全性。对于 SQL Server 安装，应执行以下几项任务。

1）使用 NTFS 文件系统（NTFS）。NTFS 是 SQL Server 安装的首选文件系统，因为它比 FAT 文件系统更加稳定和更容易恢复。NTFS 还可以使用安全选项，例如文件和目录访问控制列表（ACL）和加密文件系统（EFS）文件加密。

2）在安装期间，如果检测到 NTFS，SQL Server 将对注册表项和文件设置相应的 ACL，不应对这些权限做任何更改。

3）对关键数据文件使用独立磁盘冗余阵列（RAID）。

注意：如果使用 EFS，则将在运行 SQL Server 的账户的标识下加密数据库文件，只有此账户才可解密文件。如果必须更改运行 SQL Server 的账户，则应先在旧账户下解密文件，然后在新账户下将文件重新加密。

5. 禁用 NetBIOS 和服务器消息块

边界网络中的服务器应禁用所有不必要的协议，包括 NetBIOS 和服务器消息块（SMB）。

Web 服务器和域名系统（DNS）服务器不需要 NetBIOS 或 SMB。在这些服务器上，禁用这两个协议可以减轻用户枚举的威胁。

2.3.3　SQL Server 2008 的安装过程

1）若要开始安装过程，请插入 SQL Server 安装媒体。导航到 Servers 文件夹并启动 setup.exe。如果通过网络共享进行安装，请导航到网络文件夹中的 Servers 文件夹，然后启动 setup.exe，运行如图 2.2 所示。

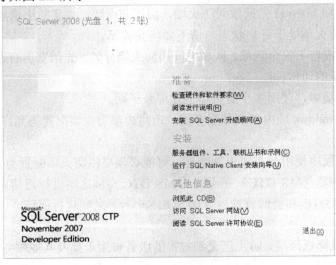

图 2.2　安装 SQL Server 2008（一）

2）如果显示了 Microsoft .NET Framework 2.0 版安装对话框，请单击复选框以接受.NET Framework 2.0 许可协议，然后单击"下一步"按钮进行安装。若要退出 SQL Server 2008 安装过程，请单击"取消"按钮。当.NET Framework 2.0 的安装完成后，单击"完成"按钮。

3）在"许可条款"页上，如图 2.3 所示，阅读许可协议，然后选中相应的复选框以接受许可条款和条件。接受许可协议后即可激活"下一步"按钮。若要继续，请单击"下一步"按钮。若要结束安装程序，请单击"取消"按钮。

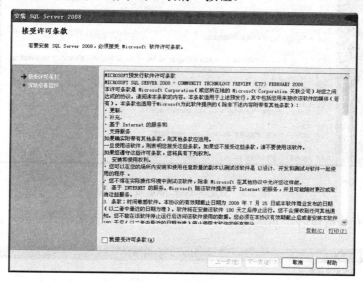

图 2.3　安装 SQL Server 2008（二）

4）如果计算机上尚未安装 SQL Server 必备组件，则安装向导将安装它们。这些必备组件包括：.NET Framework 2.0、SQL Server Native Client 和 SQL Server 安装程序支持文件，如图 2.4 所示。若要安装必备组件，请单击"安装"按钮。

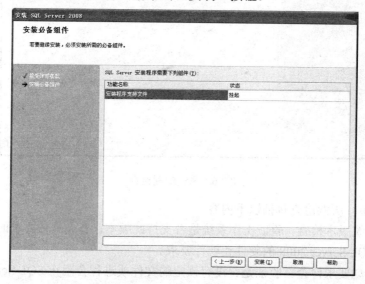

图 2.4　安装必备组件

5）在"SQL Server 2008 安装中心"页上，如图 2.5 所示，单击"全新安装"链接。

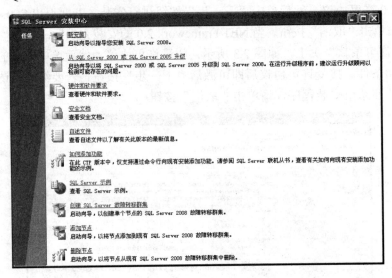

图 2.5　SQL Server 2008 安装中心

6）单击该安装链接时，系统配置检查器将验证要运行安装的计算机，如图 2.6 所示。

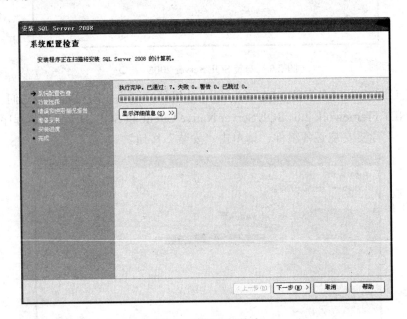

图 2.6　系统配置检查

在此版本中，所做检查包括以下内容。

- 操作系统版本检查。验证操作系统是否支持此版本。有关具体要求的信息，请参阅安装 SQL Server 2008 的硬件和软件要求。
- 重新启动要求检查。验证是否没有锁定的文件或进程会阻止 SQL Server 安装程序。
- WMI 服务检查。验证 Windows Installer 服务是否正在运行。

- 性能计数器一致性检查。检查注册表项的值以验证 SQL Server perfmon 计数器安装的增量是否正确。
- Business Intelligence Development Studio 检查。验证是否未安装 Business Intelligence Development Studio，因为不支持此组件的升级。
- 检查以前的 SQL Server 2008 安装。验证运行安装程序的计算机上是否没有以前的 SQL Server 2008 CTP 安装。

7）在"功能选择"页上，选择要安装的组件。选择功能名称后，右侧窗格中会显示每个组件组的说明。您可以选中任意一些复选框，如图 2.7 所示。

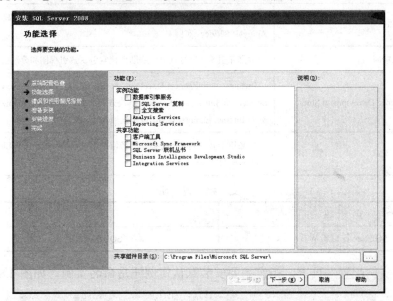

图 2.7 功能选择

若要更改共享组件的安装路径，请更新对话框底部字段中的路径名，或者单击"…"按钮导航到所需安装路径，默认安装路径为 C:\Program Files\Microsoft SQL Server\。

使用 SQL Server 安装向导的"功能选择"页选择 SQL Server 安装中要包括的组件，默认情况下未选中树中的任何功能。

可根据表 2.6、表 2.7、表 2.8 中的说明确定最能满足需要的功能集合。

表 2.6　　　　　　　　　　　　服 务 器 组 件 说 明

服务器组件	说　　明
SQL Server 数据库引擎	SQL Server 数据库引擎包括数据库引擎（用于存储、处理和保护数据的核心服务）、复制、全文搜索以及用于管理关系数据和 XML 数据的工具
Analysis Services	Analysis Services 包括用于创建和管理联机分析处理（OLAP）以及数据挖掘应用程序的工具
Reporting Services	Reporting Services 包括用于创建、管理和部署表格报表、矩阵报表、图形报表以及自由格式报表的服务器和客户端组件。Reporting Services 还是一个可用于开发报表应用程序的可扩展平台
Integration Services	Integration Services 是一组图形工具和可编程对象，用于移动、复制和转换数据

表 2.7　　　　　　　　　　　　　　**管 理 工 具 说 明**

管 理 工 具	说　　明
SQL Server Management Studio	SQL Server Management Studio（Management Studio）是一个集成环境，用于访问、配置、管理和开发 SQL Server 的组件。Management Studio 使各种技术水平的开发人员和管理员都能使用 SQL Server。Management Studio 的安装需要 Internet Explorer 6 SP1 或更高版本
SQL Server 配置管理器	SQL Server 配置管理器为 SQL Server 服务、服务器协议、客户端协议和客户端别名提供基本配置管理
SQL Server Profiler	SQL Server Profiler 提供了一个图形用户界面，用于监视数据库引擎实例或 Analysis Services 实例
数据库引擎优化顾问	数据库引擎优化顾问可以协助创建索引、索引视图和分区的最佳组合
Business Intelligence Development Studio	Business Intelligence Development Studio 是 Analysis Services、Reporting Services 和 Integration Services 解决方案的 IDE。BI Development Studio 的安装需要 Internet Explorer 6 SP1 或更高版本
连接组件	安装用于客户端和服务器之间通信的组件，以及用于 DB-Library、ODBC 和 OLE DB 的网络库

表 2.8　　　　　　　　　　　　　　**文 档 说 明**

文　　档	说　　明
SQL Server 联机丛书	SQL Server 的核心文档

8）在"实例配置"页上，指定是要安装默认实例还是命名实例，如图 2.8 所示。

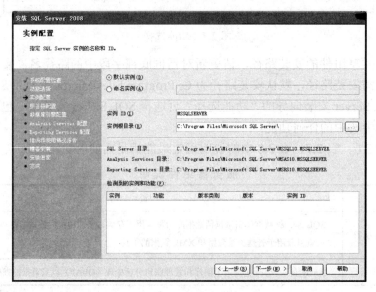

图 2.8　实例配置

默认情况下，使用实例名称作为实例 ID 的后缀，这用于标识 SQL Server 实例的安装目录和注册表项。默认实例和命名实例的默认方式都是如此，对于默认实例，实例名称和实例 ID 后缀均为 MSSQLSERVER。若要使用非默认的实例 ID 后缀，请单击"实例 ID 后缀"复选框并在所示字段中提供值。

注意：

- 典型的 SQL Server 2008 独立实例（不管是默认实例还是命名实例）不会为"实例 ID 后缀"复选框使用非默认值。

- 实例根目录。默认情况下，实例根目录为 C:\Program Files\Microsoft SQL Server\。若要指定非默认的根目录，请使用所提供的字段或单击"浏览"按钮并导航到所需安装文件夹。

- SQL Server 的给定实例的所有组件作为一个单元进行管理。所有 SQL Server Service Pack 和升级都将适用于 SQL Server 实例的每个组件。

- 检测到的实例和功能。该表将显示运行安装程序的计算机上的 SQL Server 实例。若要升级其中一个实例而不是创建新实例，请选择实例名称并验证它显示在……中，然后单击"下一步"按钮。

9）在"服务器配置—服务账户"页上，指定 SQL Server 服务的登录账户。此页上配置的实际服务取决于您选择安装的功能，如图 2.9 所示。

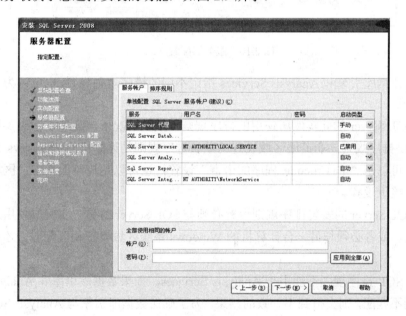

图 2.9　服务器配置（一）

可以为所有 SQL Server 服务分配相同的登录账户，也可以分别配置每个服务账户。还可以指定服务是自动启动还是手动启动，或者被禁用。Microsoft 建议分别配置服务账户以便为每个服务提供最小的权限，从而为 SQL Server 服务授予它们完成各自任务所需的最小权限。有关详细信息，请参阅 SQL Server 配置—服务账户和设置 Windows 服务账户。

若要为此 SQL Server 实例中的所有服务账户指定相同的登录账户，请在页面底部的字段中提供凭据。安全说明不要使用空密码，请使用强密码。为 SQL Server 服务指定了登录信息后，单击"下一步"按钮。

10）使用"服务器配置—排序规则"选项卡为数据库引擎和 Analysis Services 指定非默认的排序规则，如图 2.10 所示。

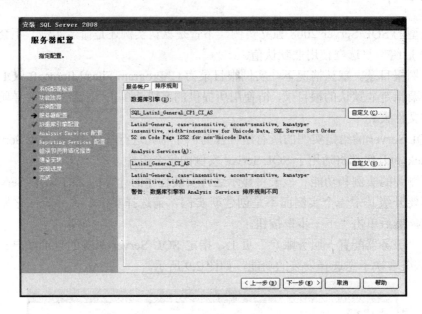

图 2.10　服务器配置（二）

可以为数据库引擎和 Analysis Services 指定不同的排序规则设置，也可以为二者指定同一个排序规则。

指定 SQL Server 的此实例所使用的排序规则。默认情况下，会选定针对英语系统区域设置的 SQL 排序规则。非英语区域设置的默认排序规则是计算机的 Windows 系统区域设置。该设置可以是"非 Unicode 程序的语言"设置，也可以是控制面板中"区域和语言选项"中的最接近设置。

仅当 SQL Server 的安装排序规则设置必须与 SQL Server 的另一实例所使用的排序规则设置相匹配，或者必须与另一台计算机的 Windows 系统区域设置相匹配时，才应更改默认设置。

注意：SQL 排序规则不能用于 Analysis Services。如果数据库引擎和 Analysis Services 的排序规则不匹配，则会得到不一致的结果。为了确保数据库引擎与 Analysis Services 之间结果的一致性，请使用 Windows 排序规则。

11）使用"数据库引擎配置—账户设置"页指定以下事项，如图 2.11 所示。

安全模式：为 SQL Server 实例选择 Windows 身份验证或混合模式身份验证。如果选择混合模式身份验证，必须为内置 SQL Server 系统管理员账户提供一个强密码并进行确认。

在设备与 SQL Server 成功建立连接之后，用于 Windows 身份验证和混合模式身份验证的安全机制是相同的。有关账户设置的详细信息，请参阅数据库引擎配置—账户设置。

SQL Server 管理员：必须至少为 SQL Server 实例指定一个系统管理员。若要添加用以运行 SQL Server 安装程序的账户，请单击"添加当前用户"按钮。若要向系统管理员列表中添加账户或从中删除账户，请单击"添加"按钮或"删除"按钮，然后编辑将对其分配 SQL Server 实例的管理员权限的用户、组或计算机的列表。有关账户设置的详细信息，请参阅数据库引擎配置—账户设置。

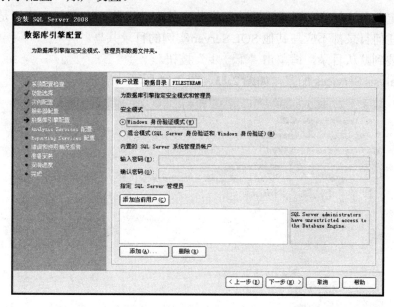

图 2.11　数据库引擎配置（一）

完成列表的编辑后，单击"确定"按钮，然后在配置对话框中验证管理员列表。完成列表后，单击"下一步"继续。

12）使用"数据库引擎配置—数据目录"页指定非默认的安装目录，如图 2.12 所示。

图 2.12　数据库引擎配置（二）

确保使用有限制的权限对 C:\Program files\Microsoft SQL Server\文件夹进行了保护。

向现有安装中添加功能时，不能更改先前安装的功能的位置，也不能为新功能指定该位置。

如果指定非默认的安装目录，请确保安装文件夹对于此 SQL Server 实例是唯一的。此对话框中的任何目录都不应与其他 SQL Server 实例的目录共享。

若要安装到默认目录，请单击"下一步"按钮。

13）Analysis Services 配置，如图 2.13、图 2.14 所示。

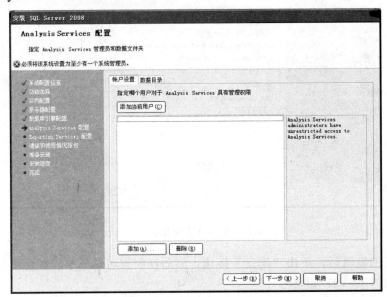

图 2.13　Analysis Services 配置（一）

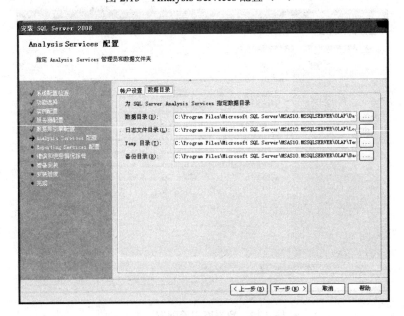

图 2.14　Analysis Services 配置（二）

14）Reporting Services 配置，如图 2.15 所示。

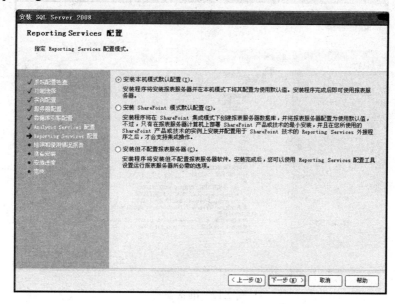

图 2.15   Reporting Services 配置

15）错误和使用情况报告设置，如图 2.16 所示。

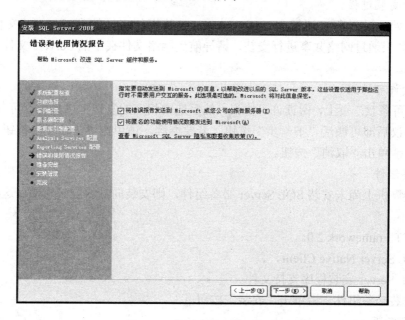

图 2.16   错误和使用情况报告

16）准备安装，如图 2.17 所示。

17）安装完成。

18）后续步骤。当安装程序完成 SQL Server 的安装后，可以使用图形工具和命令提示符实用工具配置 SQL Server。

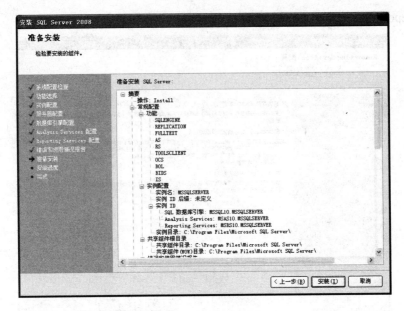

图 2.17　准备安装

2.3.4　SQL Server 2008 升级安装

1. 开始安装过程

若要开始安装过程，请插入 SQL Server 安装媒体。导航到 Servers 文件夹并启动 setup.exe。如果通过网络共享进行安装，请导航到网络文件夹中的 Servers 文件夹，然后启动 setup.exe。

2. 阅读许可协议

在"许可条款"页上，阅读许可协议，然后选中相应的复选框以接受许可条款和条件。接受许可协议后即可激活"下一步"按钮。若要继续，请单击"下一步"按钮。若要结束安装程序，请单击"取消"按钮。

3. 必备组件

如果计算机上尚未安装 SQL Server 必备组件，则安装向导将安装它们。这些必备组件包括：

- .NET Framework 2.0。
- SQL Server Native Client。
- SQL Server 安装程序支持文件。

若要安装必备组件，请单击"安装"按钮。

4. 升级安装

在"SQL Server 2008 安装中心"页上，单击指向"从 SQL Server 2000 或 2005 升级"的链接。

在"选择实例"页上，指定要升级到 SQL Server 2008 的实例。使用单选按钮指定是要升级 SQL Server 实例及其共享组件，还是只升级共享组件。此 SQL Server 版本中的共享组件包括：

- Integration Services。
- SQL Server Browser。
- SQL Server Active Directory Helper。
- SQL Writer。

单击"下一步"按钮继续。

5. 选择功能

在"选择功能"页上，此版本没有可供用户配置的选项。单击"下一步"按钮继续。

6. 服务器配置

在"服务器配置—服务账户"页上，提供 SQL Server 服务的登录凭据，为每个服务指定启动类型，然后单击"下一步"按钮继续。

7. 错误报告

在"错误报告"页上，指定是否启用 SQL Server 2008 的功能错误和使用情况报告功能。有关详细信息，请参阅错误和使用情况报告设置。

8. 升级规则检查

在"升级规则检查"页上，SQL Server 安装程序将运行一个规则引擎来验证选择的所有升级选项是否会在安装期间得到允许。

9. 升级准备就绪

在"升级准备就绪"页上，SQL Server 安装程序将显示一份将在升级期间执行的安装操作的概要。

10. 进度

在"进度"页上，SQL Server 安装程序将显示升级状态。

11. 完成

在"完成 Microsoft SQL Server 安装向导"页上，可以通过单击此页上提供的链接查看安装摘要日志。若要退出 SQL Server 安装向导，请单击"完成"按钮。

如果得到重新启动计算机的指示，请立即进行此操作。

2.4　小结

本章主要介绍了 SQL Server 发展历史和版本、平台愿景、SQL Server 2008 数据库的安装与部署，其中重点内容在于如何进行 SQL Server 2008 数据库的安装。本章的大量篇幅都在详细地介绍如何进行 SQL Server 2008 的安装，并且解释安装过程中每个步骤如何配置，以及每种配置的作用。本章着重掌握安装过程中配置的意义，为下一步学习 SQL Server 2008 的管理打下基础。

第 3 章 数 据 库 管 理

3.1 了解 SQL Server 数据库

数据库是表、视图、存储过程、触发器等数据库对象的集合，是数据库管理系统的核心内容。为了更好地理解数据库，应该先了解数据库的物理文件和逻辑文件、事务日志、文件组、数据库的物理空间、数据库状态、数据库快照等基本概念。

3.1.1 数据库的存储结构

数据库的存储结构分为逻辑存储结构和物理存储结构两种，由这两种结构出发，可以把数据库分别看成是逻辑数据库和物理数据库。对于数据库管理员，所看到的数据库是物理数据库；对于用户，所看到数据库是逻辑数据库。

1. 逻辑数据库

逻辑数据库讨论的是数据库由哪些性质的信息所组成的。SQL Server 的数据库是由表、视图、存储过程、触发器等各种不同的数据库对象所组成。

用户经常需要在 T-SQL 中引用 SQL Server 对象对其进行操作,如对数据库表进行查询、数据更新等，在其所使用的 T-SQL 语句中需要给出对象的名称。

（1）完全限定名称

完整的对象名称由四个标识符组成：服务器名称、数据库名称、架构名称和对象名称。指定了所有四个部分的对象名称称为完全限定名称。在 Microsoft SQL Server 中创建的每个对象必须具有唯一的完全限定名称。例如，如果所有者不同，同一个数据库中可以有两个名为 abc 的表。

其格式如下：

服务器名称.数据库名称.架构名称.对象名称

（2）部分限定名称

服务器、数据库和所有者的名称即所谓的对象名称限定符。引用对象时，不必指定服务器、数据库和所有者。可以用句点标记它们的位置来省略限定符。

其格式如下：

服务器名称 .[数据库名称].[架构名称].对象名称

| 数据库名称.[架构名称].对象名称

| 架构名称.对象名称

| 对象名称

大多数对象引用使用由三个部分组成的名称。默认服务器名称为本地服务器，默认数据库名称为连接的当前数据库，默认架构名称为提交该语句的用户的默认架构。如果没有进行其他配置，则新用户的默认架构为 dbo 架构。

说明：架构是指包含表、视图、过程等的容器。它位于数据库内部，而数据库位于服务器内部。这些实体就像嵌套框放置在一起。服务器是最外面的框，而架构是最里面的框。在 SQL Server 2000 和早期版本中，数据库可以包含一个名为"架构"的实体，但此实体实际上是数据库用户。在 SQL Server 2005 和 SQL Server 2008 中，架构既是一个容器，又是一个命名空间。

例如，以下是一些对象名称的有效格式：

- 服务器名称．数据库名称．架构名称．对象名称。
- 服务器名称．数据库名称..对象名称。
- 服务器名称..架构名称．对象名称。
- 服务器名称...对象名称。
- 数据库名称．架构名称．对象名称。
- 数据库名称..对象名称。
- 架构名称．对象名称。
- 对象名称。

2. 物理数据库

物理数据库是存储逻辑数据库的各种对象的实体，即讨论数据库文件是如何在磁盘上存储的。数据库在磁盘上是以文件为单位存储的，由数据库文件和事务日志文件组成，一个数据库至少应该包含一个数据库文件和一个事务日志文件。数据库中的数据实际上是由页和区等存储的。下面来介绍物理数据库的文件和文件组、页和盘区，它们描述了 SQL Server 2008 如何为数据库分配空间。创建数据库时，了解 SQL Server 2008 如何存储数据也是非常重要的，这有助于规划和分配数据库的磁盘容量。

SQL Server 将数据库映射为一组操作系统文件。数据和日志信息从不混合在相同的文件中，而且各文件仅在一个数据库中使用。文件组是命名的文件集合，用于帮助数据布局和管理任务，例如备份和还原操作。

（1）数据库文件

SQL Server 数据库具有以下三种类型的文件。

1）主数据文件。主数据文件是数据库的起点，即该文件包含数据库的启动信息，并用于存储数据，指向数据库中的其他文件。每个数据库都有一个主数据文件，主数据文件的推荐文件扩展名是.mdf。

注意：一个数据库只能有一个主数据库文件。

2）次要数据文件。除主数据文件以外的所有其他数据文件都是次要数据文件。它是主数据文件的辅助文件。某些数据库可能不含有任何次要数据文件，而有些数据库则含有多个次要数据文件。次要数据文件的推荐文件扩展名是.ndf。

使用次要数据文件的可以在不同的物理磁盘上创建次要数据文件，并将数据存储在文件中，这样可以有效地提高数据的处理效率。

3）日志文件。日志文件包含着用于恢复数据库的所有日志信息，即用于存放数据库的操作记录。每个数据库必须至少有一个日志文件，当然也可以有多个。日志文件的推荐文件扩展名是.ldf。

SQL Server 不强制使用.mdf、.ndf 和.ldf 文件扩展名，但使用它们有助于标识文件的各种类型和用途。为了命名的统一，避免引起管理上的混乱，建议用户不要随便修改默认的扩展名。

（2）文件组

文件组允许对文件进行分组，以便于管理和数据的分配和放置。利用文件组可以使服务器的性能得到提高。

SQL Server 2008 系统将文件组类型分为"行"文件组和 FILESTREAM 数据文件组。行文件组包含常规数据和日志文件。FILESTREAM 数据文件组包含 FILESTREAM 数据文件，一种特殊类型的文件组。这些数据文件存储有关在使用 FILESTREAM 存储时二进制大型对象(BLOB)数据在文件系统中的存储方式的信息。

说明：

如果未启用 FILESTREAM，则不能使用 Filestream 部分。可以通过服务器属性（"高级"页）启用 FILESTREAM 存储。

行文件组有两种类型：主文件组和用户定义文件组。

1）主要文件组。每个数据库有一个主要文件组。此文件组包含主要数据文件和未放入其他文件组的所有次要文件。例如，可以分别在三个磁盘驱动器上创建三个文件 Data1.ndf、Data2.ndf 和 Data3.ndf，然后将它们分配给文件组 fgroup1。然后，可以明确地在文件组 fgroup1 上创建一个表。对表中数据的查询将分散到三个磁盘上，从而提高了性能。文件和文件组能够轻松地在新磁盘上添加新文件。

2）用户定义文件组。用户定义文件组是通过在 CREATE DATABASE 或 ALTER DATABASE 语句中使用 FILEGROUP 关键字指定的任何文件组。

每个数据库中均有一个文件组被指定为默认文件组。如果创建表或索引时未指定文件组，则将假定所有页都从默认文件组分配。一次只能有一个文件组作为默认文件组。如果没有指定默认文件组，则将主文件组作为默认文件组。

说明：如果在数据库中创建对象时没有指定对象所属的文件组，对象将被分配给默认文件组。不管何时，只能将一个文件组指定为默认文件组。默认文件组中的文件必须足够大，能够容纳未分配给其他文件组的所有新对象。

注意：日志文件不包括在文件组内。

文件和文件组的设计规则：

● 一个文件或文件组不能由多个数据库使用。例如，任何其他数据库都不能使用包含 test 数据库中的数据和对象的文件 test.mdf 和 test.ndf。

● 一个文件只能是一个文件组的成员。

● 事务日志文件不能属于任何文件组。

3．逻辑和物理文件名称

一个数据库可以看成是包含表、视图、存储过程以及触发器等数据库对象的容器，每个数据库对应于操作系统中的多个文件。

在 SQL Server 2008 中，数据库文件包含有两个名称，如图 3.1 所示。

（1）逻辑文件名

逻辑名称是在所有 T-SQL 语句中引用物理文件时所使用的名称。逻辑文件名必须符合

SQL Server 标识符规则，而且在数据库中的逻辑文件名中必须是唯一的。

（2）物理文件名

物理名称是包括目录路径的物理文件名，它必须符合操作系统文件命名规则。

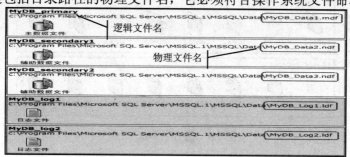

图 3.1 逻辑文件名和物理文件名

4. 页

SQL Server 中数据存储的基本单位是页。为数据库中的数据文件（.mdf 或.ndf）分配的磁盘空间可以从逻辑上划分成页（0～n 连续编号）。磁盘 I/O 操作在页级执行。也就是说，SQL Server 读取或写入所有数据页。

在 SQL Server 中，页的大小为 8KB。这意味着 SQL Server 数据库中每兆字节有 128 页。每页的开头是 96 字节的标头，用于存储有关页的系统信息。此信息包括页码、页类型、页的可用空间以及拥有该页的对象的分配单元 ID，如图 3.2 所示。

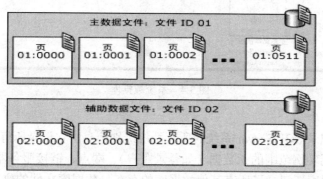

图 3.2 数据文件页

5. 区

区是 8 个物理上连续的页的集合，用来有效地管理页。所有页都存储在区中。区是管理空间的基本单位，每个区是 8 个物理上连续的页（即 64KB），这意味着 SQL Server 数据库中每兆字节有 16 个区。

为了使空间分配更有效，SQL Server 不会将所有区分配给包含少量数据的表。SQL Server 有两种类型的区，如图 3.3 所示。

1）统一区，由单个对象所有。区中的所有 8 页只能由所属对象使用。

2）混合区，最多可由 8 个对象共享。区中 8 页的每页可由不同的对象所有。

通常从混合区向新表或索引分配页。当表或索引增长到 8 页时，将变成使用统一区进行后续分配。如果对现有表创建索引，并且该表包含的行足以在索引中生成 8 页，则对该索引的所有分配都使用统一区进行。

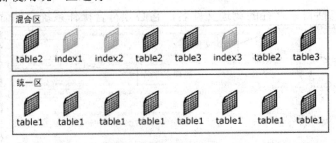

图 3.3 混合区和统一区

3.1.2 系统数据库

SQL Server 有两类数据库：系统数据库和用户数据库。系统数据库是存储有关的系统信息。用户数据库是用户创建的数据库。

在安装 SQL Server 2008 时，将创建四个系统数据库：master 数据库、msdb 数据库、model 数据库和 tempdb 数据库，如图 3.4 所示。

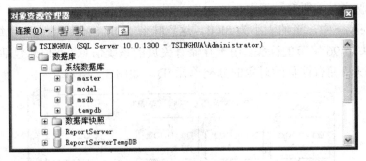

图 3.4 系统数据库

1. master 数据库

数据库用于记录 SQL Server 系统的所有系统级别信息，它记录所有的登录账户和系统配置设置。这包括实例范围的元数据（如登录账户）、端点、链接服务器和系统配置设置。此外，master 数据库还记录了所有其他数据库的存在、数据库文件的位置以及 SQL Server 的初始化信息。因此，如果 master 数据库不可用，则 SQL Server 无法启动。

注意：不要在 master 中创建用户对象。否则，必须更频繁地备份 master。

2. msdb 数据库

用于 SQL Server 代理计划警报和作业，即供 SQL Server 代理程序调度警报和作业以及记录操作员时使用。

SQL Server、SQL Server Management Studio 和 SQL Server 代理使用 msdb 数据库来存储数据，包括计划信息以及备份与还原历史记录信息。SQL Server 将在 msdb 数据库中自动维护一份完整的联机备份与还原历史记录。这些信息包括执行备份一方的名称、备份时间和用来存储备份的设备或文件。SQL Server Management Studio 利用这些信息提出计划以还原数据库并应用事务日志备份。将会记录有关所有数据库的备份事件，即使它们是由自定义应用程序或第三方工具创建的。例如，如果使用调用 SQL Server 管理对象(SMO)对象的 Microsoft Visual Basic 应用程序执行备份操作，则事件将记录在 msdb 系统表、Microsoft Windows 应用程序日志和 SQL Server 错误日志中。

默认情况下，msdb 使用简单恢复模式。如果在恢复用户数据库时使用 msdb 数据库中的备份与还原历史记录信息，建议对 msdb 数据库使用完整恢复模式，并建议考虑将 msdb 事务日志放置在容错存储设备中。

3. model 数据库

用作 SQL Server 实例上创建的所有数据库的模板。如果修改 model 数据库，之后创建的所有数据库都将继承这些修改。例如，可以设置权限或数据库选项或者添加对象，如表、函数或存储过程。

创建用户数据库时，model 数据库是 Microsoft SQL Server 使用的模板。model 数据库的全部内容（包括数据库选项）都会被复制到新的数据库。启动期间，也可使用 model 数据库的某些设置创建新的 tempdb，因此 model 数据库必须始终存在于 SQL Server 系统中。

4. tempdb 数据库

一个工作空间，用于保存临时对象或中间结果集，同时也满足任何其他的临时存储要求，如存储 SQL Server 生成的工作表。

每次启动 SQL Server 时都会重新创建 tempdb，从而在系统启动时总是保持一个干净的数据库副本。在断开连接时会自动删除临时表和存储过程，并且在系统关闭后没有活动连接。因此 tempdb 中不会有什么内容从一个 SQL Server 会话保存到另一个会话。不允许对 tempdb 进行备份和还原操作。

由于系统数据库的特殊性，一般情况下不要去修改系统数据库。可以在使用数据库的时候将系统数据库隐藏，从而降低管理员对系统数据库的误操作所带来的风险。可以在 SQL Server Management Studio 中通过"工具→选项"菜单来打开如图 3.5 所示的窗口，并选择"在对象资源管理器中隐藏系统对象"复选框。这样，在重启 SQL Server Management Studio 后，就无法看到系统数据库了。

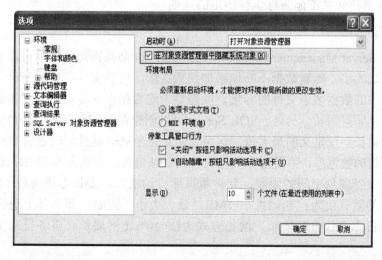

图 3.5 隐藏系统对象

3.2　使用 SQL Server 管理平台创建数据库

数据库在默认情况下，数据文件根据需要一直增长，直到没有剩余的磁盘空间。因此，如果不希望数据库文件的大小增长到大于创建时的初始值，则必须在使用 SQL Server Management Studio 或 CREATE DATABASE 语句创建数据库时指定其大小。

在创建数据库时，请根据数据库中预期的最大数据量，创建尽可能大的数据文件。允许数据文件自动增长，但要有一定的限度。为此，需要指定数据文件增长的最大值，以便在硬盘上留出一些可用空间。这样便可以使数据库在添加超过预期的数据时增长，而不会填满磁盘驱动器。如果已经超过了初始数据文件的大小并且文件开始自动增长，则重新计算预期的数据库大小最大值。然后，根据计划添加更多的磁盘空间，如果需要，在数据库中创建并添加更多的文件或文件组。

创建数据库需要一定许可，在默认情况下，只有系统管理员和数据库拥有者可以创建数据库。数据库被创建后，创建数据库的用户自动成为该数据库的所有者。

创建数据库的过程实际上就是为数据库设计名称、所有者（创建数据库的用户）、设计所占用的存储空间（大小）和存放文件位置（用于存储该数据库的文件和文件组）的过程等。

说明：在创建数据库之前，应注意下列事项：

- 若要创建数据库，必须至少拥有 CREATE DATABASE、CREATE ANY DATABASE 或 ALTER ANY DATABASE 权限。
- 在 SQL Server 中，对各个数据库的数据和日志文件设置了某些权限。如果这些文件位于具有打开权限的目录中，那么以上权限可以防止文件被意外篡改。有关详细信息，请参阅保护数据和日志文件的安全。
- 创建数据库的用户将成为该数据库的所有者。
- 对于一个 SQL Server 实例，最多可以创建 32767 个数据库。
- 数据库名称必须遵循为标识符指定的规则。

3.2.1　数据库的创建

通过 SQL Server Management Studio 创建数据库时，必须指定数据和日志文件的初始大小，或采用默认大小。随着数据不断地添加到数据库，这些文件将逐渐变满。然而，如果添加到数据库中的数据多于文件的容量，就需要考虑数据库在超过所分配初始空间的情况下是否增长以及如何增长。另外，SQL Server 可以创建在填充数据时能够自动增长的数据文件，但只能增长到预定义的最大值。这可以防止完全耗尽磁盘驱动器的空间。

对于新创建的数据库，系统对主数据文件的默认值为：初始大小 3MB，最大大小不限制，而实际上仅受硬盘空间的限制，允许数据库自动增长，增长方式为按 1MB 增长；对事务日志文件的默认值为：初始大小 1MB，最大大小不限制，而实际上也仅受硬盘空间的限制，允许日志文件自动增长，增长方式为按 10%比例增长。事务日志文件不属于任何文件组。

下面以创建 school 数据库为例说明如何使用 SQL Server Management Studio 创建数

据库。

例 3.1　创建一个名为 school 的数据库，其初始大小为 10MB，最大大小 80MB，允许数据库自动增长，增长方式是按 10%比例增长；日志文件初始为 5MB，最大可增长到 10MB，按 1MB 增长。假设 SQL Server 服务已启动，并以 Administrator 身份登录计算机。

1）开始→程序→Microsoft SQL Serve 2008→SQL Server Management Studio，SQL Server 管理平台启动。

2）在 SQL Server 管理平台的对象资源管理器中，选择数据库文件夹或其下属任一用户数据库图标，单击鼠标右键，出现如图 3.6 所示的快捷菜单，选择"新建数据库…"选项。

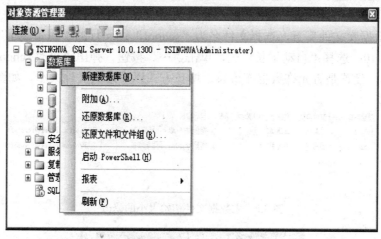

图 3.6　在快捷菜单中选择"新建数据库"菜单项

3）上一步操作后，出现如图 3.7 所示的"新建数据库"对话框。该对话框左侧包括三个选择页：常规、选项和文件组。在"常规"选项页中，输入数据库名称。

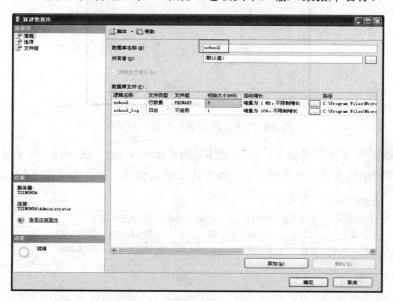

图 3.7　"新建数据库"对话框

以上所创建的数据库，包含一个主数据文件和一个日志文件，主数据文件和日志文件的路径和文件名均采用系统的默认值，系统的主数据文件的默认存储位置和文件为：SQL Server 2008 根目录\MSSQL10.MSSQLSERVER\MSSQL\DATA\数据库名。

系统的日志文件的默认存储位置和文件为：SQL Server2008 根目录\MSSQL10.MSSQLSERVER\MSSQL\DATA\数据库名_Log。

如果多个 SQL Server 实例在一台计算机上运行，则每个实例都会使用不同的默认目录来保存在该实例中创建的数据库文件。

用户可以更改这两个文件的存放位置和文件名，文件名包括逻辑文件名和物理文件名。

在“数据库文件”网格中逻辑名称用来输入或修改文件的名称。

4）在“数据库文件”下，选择文件名为“school”这一行的“初始大小”列将系统默认大小 3 改为 10，选择“自动增长”列，单击“…”按钮，弹出“更改 school 的自动增长设置”对话框，设置是否允许数据库增长、增长方式以及最大文件大小。如图 3.8、图 3.9 所示。

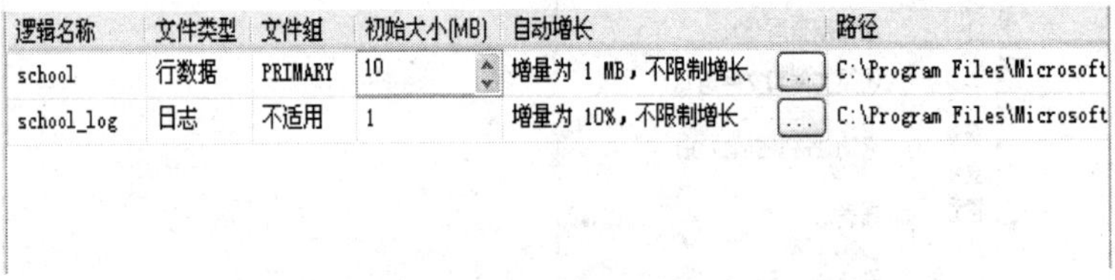

逻辑名称
文件类型
文件组
初始大小(MB)
自动增长
路径
school
行数据
PRIMARY
10
增量为 1 MB，不限制增长
C:\Program Files\Microsoft
school_log
日志
不适用
1
增量为 10%，不限制增长
C:\Program Files\Microsoft

图 3.8 主数据文件初始大小的修改

更改 school 的自动增长设置
启用自动增长(E)
文件增长
按百分比(P)
10
按 MB(M)
1
最大文件大小
限制文件增长(MB)(R)
80
不限制文件增长(U)
确定
取消

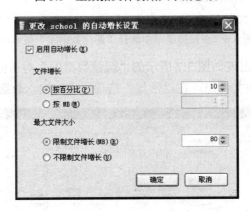

图 3.9 “更改自动增长设置”对话框

5）在“数据库文件”网格下，选择文件名为“school_log”这一行，与第 4）小项类似，设置日志文件的初始大小、是否增长、增长方式及最大大小，其界面如图 3.10、图 3.11 所示。

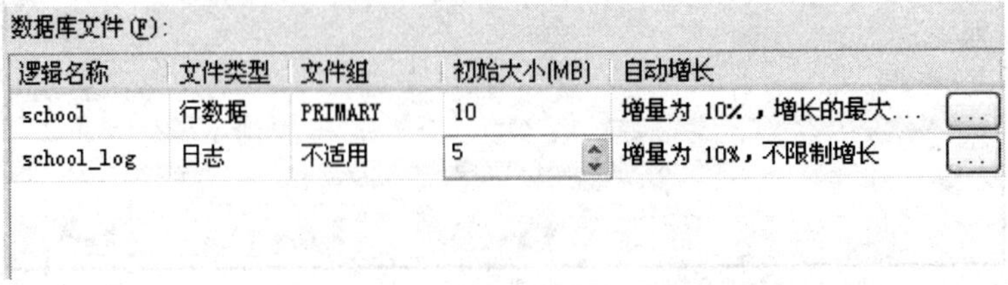

数据库文件(F):
逻辑名称
文件类型
文件组
初始大小(MB)
自动增长
school
行数据
PRIMARY
10
增量为 10%，增长的最大...
school_log
日志
不适用
5
增量为 10%，不限制增长

图 3.10 日志文件初始大小的修改

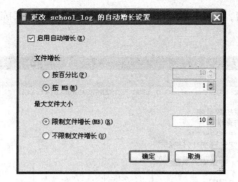

图 3.11 "更改自动增长设置"对话框

6）选择"选项"页，可以对数据库的排序规则，恢复模式，数据库选项以及其他一些选项进行设置，如图 3.12 所示。

图 3.12 "选项"页设置

7）单击"文件组"页，使用此页可以查看文件组，或为所选数据库添加新的文件组，如图 3.13 所示。若要添加新文件组，单击"添加"按钮，然后输入文件组的值。

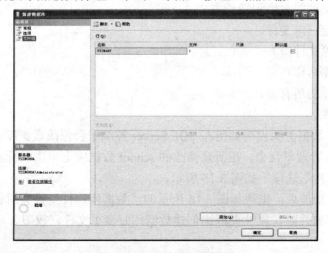

图 3.13 "文件组"选项页

8）单击"确定"按钮，数据库就创建好了。创建好的数据库 school 的界面如图 3.14 所示。

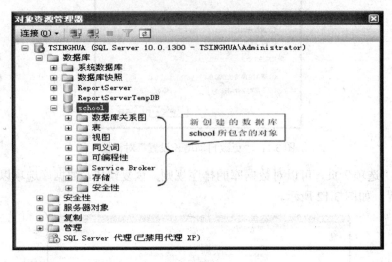

图 3.14　新创建的 school 数据库

3.2.2　数据库的修改

数据库创建后，在使用中经常由于种种原因需要修改某些属性，例如，对于 school 数据库在创建时确定了其最大大小，但是随着学生人数的增加，数据库原来的最大大小可能就不满足要求了，从而出现了存储容量不够的情况，因此必须改变数据库的最大大小，来与现实的情况相适应。

注意：在数据库创建后，数据文件的物理文件名就不能更改了。

对已经存在的数据库可以修改以下内容。

- 改变数据文件的大小和增长方式。
- 增加或删除数据文件。
- 改变日志文件的大小和增长方式。
- 增加或删除日志文件。
- 增加或删除文件组。
- 更改数据库名称。
- 更改数据库的所有者。
- 收缩数据库。

下面以 school 数据为例说明如何在 SQL Server 控制平台修改数据库。

在 SQL Server 管理平台中，在所要修改的 school 数据库上单击鼠标右键，从弹出的快捷菜单中选择"属性"选项，如图 3.15 所示。

选择"属性"功能后，出现如图 3.16 所示的"数据库属性"设置对话框。可以看到，修改或查看数据库属性时，属性页框比创建数据库时多了文件、权限、事务日志传送等选项页。

说明：其中日志传送将事务日志是用来不间断地从一个数据库（主数据库）发送到另

一个数据库（辅助数据库）。不间断地备份主数据库中的事务日志，然后将它们复制并还原到辅助数据库，这将使辅助数据库与主数据库基本保持同步。目标服务器充当备份服务器，并可以将查询处理从主服务器重新分配到一个或多个只读的辅助服务器。日志传送可与使用完整或大容量日志恢复模式的数据库一起使用。

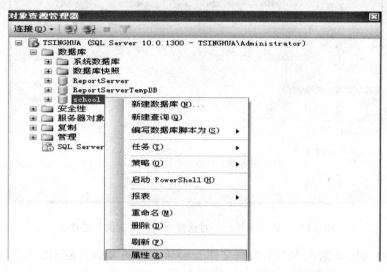

图 3.15　在快捷菜单中选择数据库"属性"菜单项

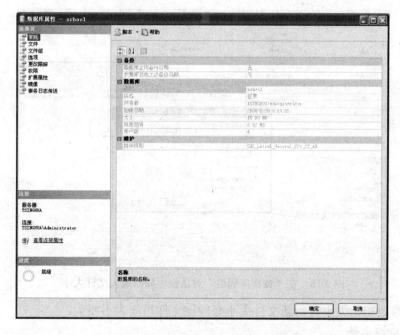

图 3.16　"数据库属性"设置对话框

1. 改变数据文件的大小和增长方式

在"数据库属性"对话框中选择"文件"选项页，如图 3.17 所示，可以修改已有数据库文件的初始大小、文件增长方式和文件最大大小等属性。

图 3.17 "数据库属性"对话框中选择"文件"选项页

例 3.2 将 school 数据库的主数据文件 school 文件的大小由 80MB 改为不限制文件大小，操作方法如图 3.18 所示。

图 3.18 在"数据库属性"对话框中修改最大文件大小

注意：修改初始大小时，新文件大小必须比文件当前大小要大。

2. 增加数据文件

在 SQL Server 2008 系统中，如果数据库的数据量不断膨胀，原有数据库的存储空间不够，需要扩大数据库的大小。可以通过两种方式来增加数据文件：第一种方式是直接修改数据库的数据文件或日志文件的大小；第二种方式是在数据库中增加新的次要数据文件或日志文件。另外，增加数据库文件的作用是为了满足系统管理的要求。为了避免文件过大，数据库中常采用多个数据文件来存储数据，这些数据不必再创建数据库时都建好，可以在需要时向数据库增加数据文件。

例 3.3　在 school 数据库中增加数据文件 school1。

操作方法：在"数据库属性"对话框中，选择"文件"选项页，单击"添加"按钮，如图 3.19 所示。在"数据库文件"网格的逻辑名称中输入 school1，在文件类型中选择"行数据"类型，单击"确定"按钮。

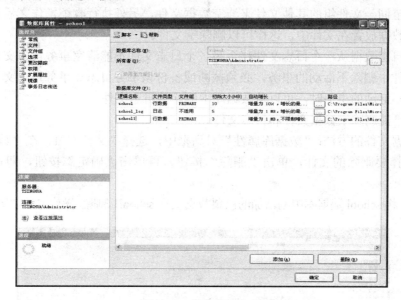

图 3.19　增加数据文件

注意：增加的文件是次要数据文件，因为一个数据库只能有一个主数据库文件。次要数据库文件的扩展名为.ndf，如图 3.20 所示。

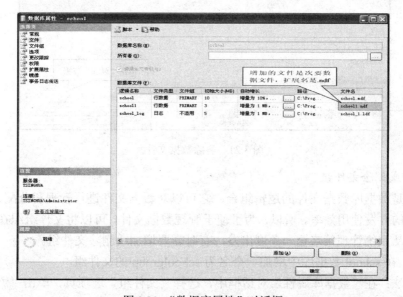

图 3.20　"数据库属性"对话框

若要增加日志文件如图 3.19 所示，在"数据库文件"网格的"文件类型"中选择"日志"类型。

注意：无法修改现有文件的文件类型。

3. 删除数据文件

删除数据或事务日志文件将从数据库中删除所选文件。只有文件中没有数据或事务日志信息时，才可以从数据库中删除文件；文件必须完全为空，才能够删除。通过将数据从数据文件移至同一文件组的其他文件来清空数据文件，另外执行收缩操作之后数据库引擎不再允许将数据放置在文件中，这样可以删除空文件。

将事务日志数据从一个日志文件移至另一个日志文件不能清空事务日志文件。若要从事务日志文件中删除不活动的事务，必须截断或备份该事务日志。事务日志文件不再包含任何活动或不活动的事务时，可以从数据库中删除该日志文件。

注意：不能删除主数据文件和日志文件。

删除数据文件的方法："数据库属性"对话框中，选择"文件"页，在"数据库文件"网格中，选择要删除的文件，单击"删除"按钮，再单击"确定"按钮，即可删除数据文件。

例 3.4　将 school 数据库中刚增加的次要数据文件 school1 删除。操作方法如图 3.21 所示。

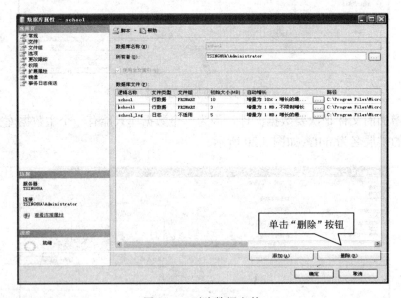

图 3.21　删除数据文件

4. 增加或删除文件组

文件组是数据库数据文件的逻辑组合，它可以对数据文件进行管理和分配，从而提高数据库文件的并发使用效率。所以，为了便于管理数据文件，可以将文件组织在文件组中，系统管理员从系统管理策略这一角度出发，有时需要增加或删除文件组。

例 3.5　在 school 数据库中增加一个名为 schoolgroup 的文件组。

操作方法：在"数据库属性"对话框中，选择"文件组"选项页，单击"添加"按钮，如图 3.22 所示。在"行"文件组类型网格的空白行中输入 schoolgroup，单击"确定"按钮。

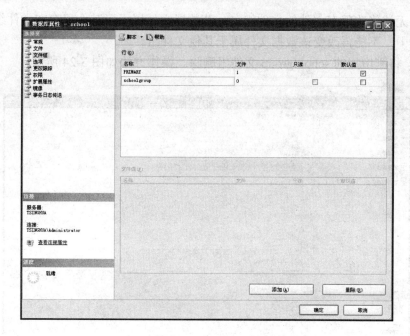

图 3.22　添加文件组

当增加了文件组后，就可以在新增文件组中加入数据文件。例如，要在 school 数据库中新增的文件组 schoolgroup 中增加数据文件 school2。

操作方法：在"数据库属性"对话框中，选择"文件"选项页，单击"添加"按钮。在"数据库文件"网格下输入 school2，然后选择"schoolgroup"文件组，如图 3.23 所示，单击"确定"按钮。

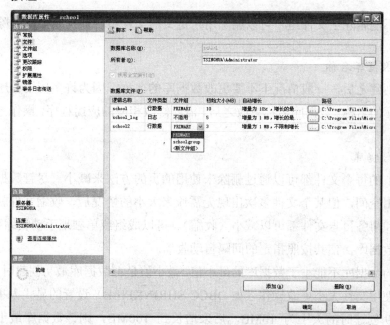

图 3.23　将数据文件添加到新增的文件组中

注意：无法修改现有文件的文件组名。若数据文件属于了某个已存在文件组，在以后的使用过程中，不能再改变该数据文件属于其他文件组。

例 3.6　将刚增加的 schoolgroup 文件组删除。操作方法如图 3-24 所示。

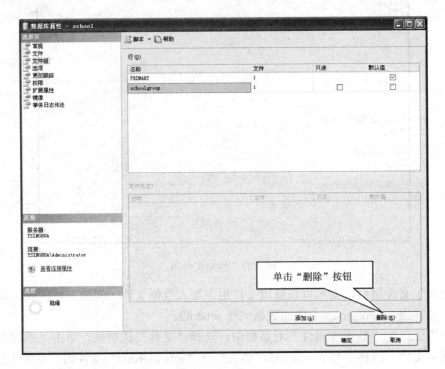

图 3.24　删除文件组

注意：不能删除主文件组。可以删除用户定义的文件组，前提是要先删除该文件组中的所有文件。

5. 更改数据库名称

数据库创建之后，一般情况下不要更改数据库的名称，因为许多应用程序可能已经使用了该数据库的名称。数据库名称更改之后，需要修改相应的应用程序，操作方法如图 3.25 所示。

6. 收缩数据库

数据库中的每个文件都可以通过删除未使用的页的方法来减小。尽管数据库引擎会有效地重新使用空间，但某个文件多次出现无需原来大小的情况后，收缩文件就变得很有必要了。数据和事务日志文件都可以减小（收缩）。可以成组或单独地手动收缩数据库文件，也可以设置数据库，使其按照指定的间隔自动收缩。

收缩后的数据库不能小于数据库的最小值。最小值是在数据库最初创建时指定的大小，或是上一次使用文件大小更改操作（如 DBCC SHRINKFILE）设置的显式大小。例如，如果数据库最初创建时的大小为 10MB，后来增长到 100MB，则该数据库最小只能收缩到 10MB，即使已经删除数据库的所有数据也是如此。

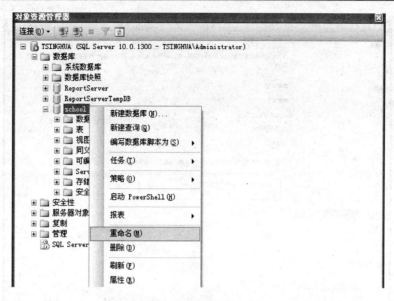

图 3.25　更改数据库名称

收缩数据库的操作方法：在"对象资源管理器"中选择要收缩的数据库，再在要收缩的数据库上单击鼠标右键。选择"任务"菜单项，指向"收缩"，然后单击"数据库"，如图 3.26 所示。

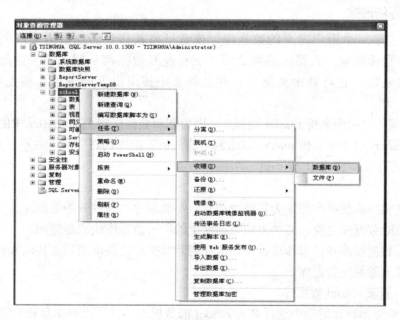

图 3.26　收缩数据库（一）

打开"收缩数据库"对话框，根据需要，可以选中"在释放未使用的空间前重新组织文件"复选框。如果选中该复选框，必须为"收缩后文件中的最大可用空间"指定值。收缩数据库后数据库文件中剩下的最大可用空间百分比，允许的值介于 0～99 之间，如图 3.27 所示。

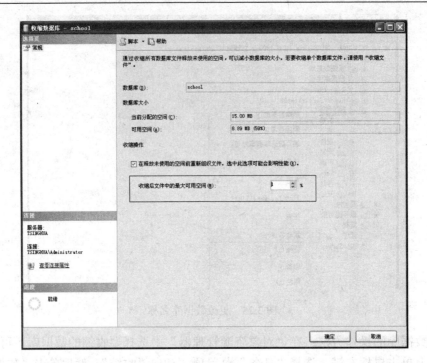

图 3.27　收缩数据库（二）

3.2.3　数据库的删除

当不再需要一个用户定义的数据库，或者已将其移到其他数据库或服务器上时，即可将该数据库删除。数据库删除之后，文件及其数据都从服务器上的磁盘中删除。数据库删除之后，它将被永久删除，并且如果不使用以前的备份，则无法检索该数据库。

删除数据库之后应备份 master 数据库，因为删除数据库将更新 master 中的信息。如果必须还原 master，自上次备份 master 以来删除的任何数据库仍将引用这些不存在的数据库。这可能导致产生错误消息。

注意：

- 必须将当前数据库指定为其他数据库，不能删除当前打开的数据库。
- 在删除数据库之前，必须将该数据库上的所有数据库快照都删除。
- 如果数据库涉及日志传送操作，请在删除数据库之前取消日志传送操作。
- 无法删除系统数据库。

例 3.7　删除 school 数据库。

在"对象资源管理器"中选择名为 school 的数据库，在其上单击鼠标右键，在弹出的快捷菜单上选择"删除"，如图 3.28 所示。

在弹出的"删除对象"对话框中单击"确定"按钮，如图 3.29 所示，即删除了数据库 school。

注意：删除数据库后，该数据库的所有对象均被删除，将不能再对该数据库作任何操作，因此应十分慎重。

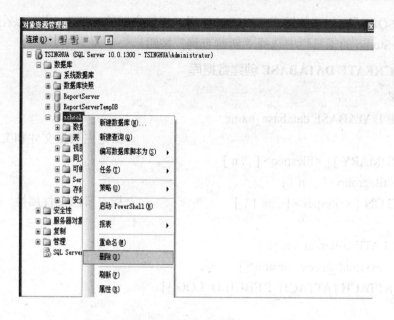

图 3.28 在快捷菜单中选择"删除"菜单项

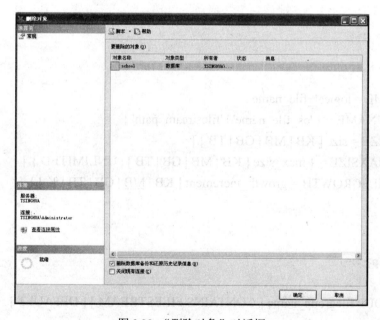

图 3.29 "删除对象"对话框

3.3 T–SQL 命令创建数据库

上一节介绍了使用 SQL Server Management Studio 创建数据库的方法，使用 T-SQL 语句同样也可以实现创建数据库，并对数据库进行修改和删除。与使用 SQL Server 控制平台创建数据库相比，命令方式更为常用，使用更为灵活。下面介绍有关数据库操作的 T-SQL 语句。

使用 T-SQL 语言创建数据库可以通过使用"模板资源管理器"，也可以在 SQL Server
Management Studio 的工具栏中选择"新建查询"按钮。

3.3.1　使用 CREATE DATABASE 创建数据库

语法格式：

```
CREATE DATABASE database_name
  [ ON                                        /*指定主数据文件和文件组属性
     [ PRIMARY ] [ <filespec> [ ,...n ]
     [ , <filegroup> [ ,...n ] ]
  [ LOG ON { <filespec> [ ,...n ] } ]         /*指定日志文件属性
  ]
     [ COLLATE collation_name ]
[ WITH <external_access_option> ]
[FOR { ATTACH | ATTACH_REBUILD_LOG }]
]
[;]
```

其中：

<filespec> ::=

```
{
(
    NAME = logical_file_name ,
    FILENAME = { 'os_file_name' | 'filestream_path' }
    [ , SIZE = size [ KB | MB | GB | TB ] ]
    [ , MAXSIZE = { max_size [ KB | MB | GB | TB ] | UNLIMITED } ]
    [ , FILEGROWTH = growth_increment [ KB | MB | GB | TB | % ] ]
) [ ,...n ]
}
```

<filegroup> ::=

```
{
FILEGROUP filegroup_name [ CONTAINS FILESTREAM ] [ DEFAULT ]
    <filespec> [ ,...n ]
}
```

<external_access_option> ::=

```
{
  [ DB_CHAINING { ON | OFF } ]
  [ ,TRUSTWORTHY { ON | OFF } ]
}
```

主要参数说明如下：

（1）database_name

新数据库的名称。数据库名称在 SQL Server 的实例中必须唯一，并且必须符合标识符规则。database_name 最多可以包含 128 个字符。

（2）ON 子句

指定用来存储数据库数据部分的数据文件。其中 PRIMARY 用来定义主文件。在主文件组的<filespec>项中指定的第一个文件将成为主文件。一个数据库只能有一个主文件。如果没有指定 PRIMARY，那么 CREATE DATABASE 语句中列出的第一个文件将成为主文件。

（3）NAME 子句

引用文件时在 SQL Server 中使用的逻辑名称。指定 FILENAME 时，需要使用 NAME。Logical_file_name 在数据库中必须是唯一的，必须符合标识符规则。名称可以是字符或 Unicode 常量，也可以是常规标识符或分隔标识符。

（4）FILENAME 子句

{ 'os_file_name' | 'filestream_path' }用来指定操作系统（物理）文件名称。其中包括：

● ' os_file_name '

是创建文件时由操作系统使用的路径和文件名。执行 CREATE DATABASE 语句前，指定路径必须存在。

● ' filestream_path '

对于 FILESTREAM 文件组，FILENAME 指向将存储 FILESTREAM 数据的路径。在最后一个文件夹之前的路径必须存在，但不能存在最后一个文件夹。例如，如果指定路径 C:\MyFiles\MyFilestreamData、C:\MyFiles 必须存在才能运行 ALTER DATABASE，但 MyFilestreamData 文件夹不能存在。

注意：SIZE、MAXSIZE 和 FILEGROWTH 属性不适用于 FILESTREAM 文件组。

（5）SIZE 子句

指定文件的大小。将 os_file_name 指定为 UNC 路径时，不能指定 SIZE。如果没有为主文件提供 size，则数据库引擎将使用 model 数据库中的主文件的大小。如果指定了辅助数据文件或日志文件，但未指定该文件的 size，则数据库引擎将以 1MB 作为该文件的大小。为主文件指定的大小至少应与 model 数据库的主文件大小相同。

size 可以使用千字节（KB）、兆字节（MB）、吉字节（GB）或太字节（TB）后缀。默认值为 MB。请指定整数，不要包括小数。Size 是整数值。对于大于 2147483647 的值，使用更大的单位。

（6）MAXSIZE 子句

指定文件可增大到的最大大小。将 os_file_name 指定为 UNC 路径时，不能指定 MAXSIZE。

● max_size：最大的文件大小。可以使用 KB、MB、GB 和 TB 后缀。默认值为 MB。指定一个整数，不包含小数位。如果不指定 max_size，则文件将不断增长直至磁盘被占满。Max_size 是整数值。对于大于 2147483647 的值，使用更大的单位。

- UNLIMITED：指定文件将增长到磁盘充满。在 SQL Server 中，指定为不限制增长的日志文件的最大大小为 2TB，而数据文件的最大大小为 16TB。

（7）FILEGROWTH 子句

指定文件的自动增量，即每次需要新空间时为文件添加的空间量。文件的 FILEGROWTH 设置不能超过 MAXSIZE 设置。将 os_file_name 指定为 UNC 路径时，不能指定 FILEGROWTH。

growth_increment 值可以 MB、KB、GB、TB 或百分比(%)为单位指定。如果未在数量后面指定 MB、KB 或百分比，则默认值为 MB。如果指定百分比，则增量大小为发生增长时文件大小的指定百分比。指定的大小舍入为最接近的 64KB 的倍数。

注意：值为 0 时表明自动增长被设置为关闭，不允许增加空间。

如果未指定 FILEGROWTH，则数据文件的默认值为 1MB，日志文件的默认增长比例为 10%。

（8）LOG ON 子句

指定显式定义用来存储数据库日志的磁盘文件（日志文件）。LOG ON 后跟以逗号分隔的用以定义日志文件的<filespec>项列表。如果没有指定 LOG ON，将自动创建一个日志文件，其大小为该数据库的所有数据文件大小总和的 25%或 512KB，取两者之中的较大者。不能对数据库快照指定 LOG ON。

（9）COLLATE 子句

指定数据库的默认排序规则。排序规则名称既可以是 Windows 排序规则名称，也可以是 SQL 排序规则名称。如果没有指定排序规则，则将 SQL Server 实例的默认排序规则分配为数据库的排序规则。不能对数据库快照指定排序规则名称。不能使用 FOR ATTACH 或 FOR ATTACH_REBUILD_LOG 子句指定排序规则名称。有关 Windows 和 SQL 排序规则名称的详细信息，请参阅 SQL Server 2008 相关的联机帮助。

（10）FILEGROUP 子句

控制文件组属性。不能对数据库快照指定文件组。

- filegroup_name：文件组的逻辑名称。必须在数据库中唯一，不能是系统提供的名称 PRIMARY 和 PRIMARY_LOG。名称可以是字符或 Unicode 常量，也可以是常规标识符或分隔标识符。名称必须符合标识符规则。
- CONTAINS FILESTREAM：指定文件组在文件系统中存储 FILESTREAM 二进制大型对象（BLOB）
- DEFAULT：指定命名文件组为数据库中的默认文件组。

（11）<external_access_option>

控制外部与数据库之间的双向访问。

（12）[FOR { ATTACH | ATTACH_REBUILD_LOG }]

指定通过附加一组现有的操作系统文件来创建数据库。

例 3.8　创建一个名为 school 的数据库，其初始大小为 10MB，最大大小 80MB，允许数据库自动增长，增长方式是按 10%比例增长；日志文件初始为 5MB，最大可增长到 10MB，按 1MB 增长。修改数据文件存储的位置（本例存储路径：D 盘上 sql server 2008 data 文件夹）。假设 SQL Server 服务已启动，并以 Administrator 身份登录计算机。

首先启动"查询编辑器"，常用的两种方法：

1）在 SQL Server Management Studio 的工具栏中单击"新建查询"按钮。以打开查询编辑器窗口，如图 3.30 所示。

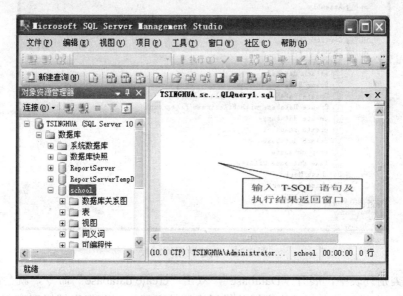

图 3.30　打开查询编辑器

2）使用"模板资源管理器"。模板资源管理器是 SQL Server Management Studio 中的一个组件，它提供多种模板，可以在代码资源管理器中快速构造代码。模板按要创建的代码类型进行分组。

打开 SQL Server Management Studio，在"视图"菜单上，选择"模板资源管理器"，如图 3.31 所示。

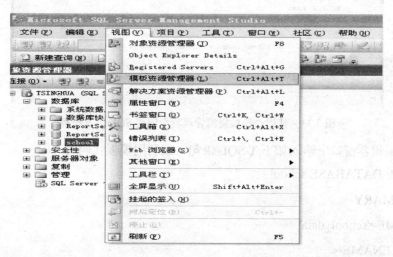

图 3.31　"视图"菜单中选择"模板资源管理器"

使用"模板资源管理器",用户根据提示操作,即可创建数据库,如图 3.32 所示。

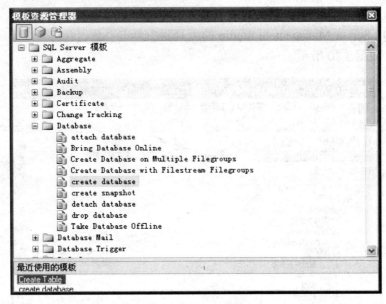

图 3.32 创建数据库模板

在模板类别列表中,展开"Database",双击"create database"命令,就会出现创建数据库的 SQL 语言模板(也可以将模板从模板资源管理器拖放到查询编辑器窗口中,从而添加了模板代码),如图 3.33 所示。

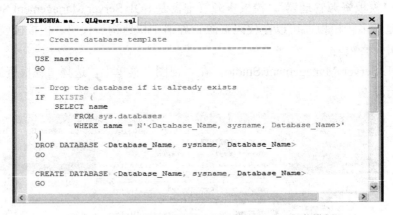

图 3.33 使用"模板资源管理器"创建 SQL 语言模板

在查询编辑器窗口中输入如下 T-SQL 语句(或利用模板代码):

CREATE DATABASE school

ON PRIMARY

　(NAME='school_data',

　　 FILENAME=

　　　'd:\SQL Server 2008 data\school_data.mdf',

```
        SIZE=10MB,

        MAXSIZE=80MB,

        FILEGROWTH=10%)

LOG ON

    ( NAME='school_log',

        FILENAME =

         'd:\SQL Server 2008 data\school_log.ldf',

        SIZE=5MB,

        MAXSIZE=10MB,

        FILEGROWTH=1MB)

GO
```

输入完毕后，单击"分析"按钮，可以检查 T-SQL 语句的语法错误，若无错，再单击"执行"按钮，如图 3.34 所示。

图 3.34 "执行"和"分析"按钮

CREATE DATABASE 命令执行时，在结果窗口的下半部将显示命令执行的进展情况。当命令执行成功后，在对象资源管理器窗口中，单击"刷新"按钮，就可以在"数据库"节点下看到新建的 school 数据库，如图 3.35 所示。

图 3.35 新建 school 数据库

例 3.9 创建一个名为 TEST 的数据库，它有两个文件组，三个数据文件。主文件组包括数据文件 TEST_data1，初始值为 20MB，最大值为 200MB，按 20MB 增长；第二个文件组名为 TESTGROUP，包括 TEST_data2 和 TEST_data3，文件初始值均为 20MB，最大值不限制，按 10% 增长。该数据库只有一个日志文件，初始值为 50MB，最大值为 100MB，按 10MB 增长。

```
CREATE DATABASE TEST
ON
PRIMARY
    (    NAME = 'TEST_data1',
         FILENAME = 'd:\sql server 2008 data\test_data1.mdf',
         SIZE = 20MB,
         MAXSIZE =200MB ,
         FILEGROWTH = 20MB
),
FILEGROUP TESTGROUP
(    NAME = 'TEST_data2',
         FILENAME = 'd:\sql server 2008 data\test_data2.ndf',
         SIZE = 20MB,
         MAXSIZE = UNLIMITED,
         FILEGROWTH = 10%
),
    (    NAME = 'TEST_data3',
         FILENAME = 'd:\sql server 2008 data\test_data3.ndf',
         SIZE = 20MB,
         MAXSIZE = UNLIMITED,
         FILEGROWTH = 10%
)
    LOG ON
    (    NAME = 'TEST_log',
         FILENAME = 'd:\sql server 2008 data\test_log.ldf',
         SIZE = 50MB,
         MAXSIZE = 100MB,
         FILEGROWTH = 10MB
    )
GO
```

3.3.2　使用 ALTER DATABASE 修改数据库

在建立数据库后，可以根据需要修改数据库的设置。修改数据库可以使用 ALTER DATABASE 语句。

语法格式：

ALTER DATABASE database_name

{ ADD FILE <filespec> [,...n]　[TO FILEGROUP { filegroup_name }]

| ADD LOG FILE <filespec> [,...n]

　| REMOVE FILE logical_file_name

| MODIFY FILE <filespec>

| ADD FILEGROUP filegroup_name　　[CONTAINS FILESTREAM]

　| REMOVE FILEGROUP filegroup_name

　| MODIFY FILEGROUP filegroup_name

　　　{ <filegroup_updatability_option>　　　　/*设置文件组属性

　　　| DEFAULT

　　　| NAME = new_filegroup_name

}

　| SET　<optionspec> [,...n] [WITH <termination>]　　/*设置数据库属性

　| MODIFY NAME = new_database_name　　　　　　/*数据库更名

| COLLATE collation_name　　　　　　　　　　/*修改数据库的排序规则

}

主要参数说明如下。

（1）ADD FILE 子句

用于向数据库中添加数据文件，<filespec>为文件格式，<filespec>的构成见 CREATE DATABASE 语法说明。TO FILEGROUP 指出了添加的数据文件所在的文件组 filegroup_name，若默认，则为主文件组。

（2）ADD LOG FILE 子句

为数据库指定要添加的日志文件，<filespec>为文件格式。

（3）REMOVE FILE 子句

从数据库中删除数据文件，被删除的数据文件名由其中的参数 logical_file_name 指定。当删除一个数据文件时，逻辑文件和物理文件全部被删除。

（4）MODIFY FILE 子句

用于修改数据库文件的属性。可以更改的选项包括 FILENAME、SIZE、FILEGROUP、MAXSIZE。

注意：一次只能修改其中的一个属性。

（5）ADD FILEGROUP 子句

为数据库添加新的文件组，filegroup_name 为添加的文件组名称。

（6）REMOVE FILEGROUP 子句

删除指定的文件组，被删除的文件组由 filegroup_name 指定。

（7）MODIFY FILEGROUP 子句

用于修改数据库文件组属性或名称。filegroup_name 为要修改的文件组的名称，<filegroup_updatability_option>设置文件组为只读或可读写属性，DEFAULT 将文件组设置

为数据库的默认文件组。NAME 用来设置文件组新的名称。

（8）SET 子句

用于修改数据库选项设置。其中，WITH<termination>用于指定在选项设置修改无法完成时，何时执行回滚操作。

（9）MODIFY NAME 子句

使用指定的名称 new_database_name 重命名数据库。

例 3.10 设已经创建了数据库 school1，它只有一个主数据文件，其逻辑文件名 school1_data，其物理文件名为 d:\sql server 2008 data\school1_data.mdf，大小为 5MB，最大大小为 50MB，按 10%增长；有一个日志文件，逻辑名为 school1_log，物理名为 d:\sql server 2008 data\school1_log.ldf，大小为 2MB，最大值为 5MB，按 1MB 增长。

修改数据库 school1 现有数据文件的属性，将主数据文件的最大值改为不限制，增长方式改为按每次 5MB 增长。

注意：若要修改初始大小时，新大小必须比文件当前大小要大。

ALTER DATABASE school1
MODIFY FILE
(NAME = school1_data,
MAXSIZE = UNLIMITED,
FILEGROWTH = 5MB)
GO

说明：

要想修改两类数据文件的各个属性，因为一次只能修改一类数据文件的属性，所以需要执行两次 ALTER DATABASE 命令。例如将数据主数据文件的最大值改为 100MB，日志文件的增长方式改为 10%。

ALTER DATABASE school1
MODIFY FILE
(NAME = school1_data,
MAXSIZE = 100MB)
GO
ALTER DATABASE school1
MODIFY FILE
(NAME = school1_log,
    FILEGROWTH = 10%)
GO

例 3.11 为数据库 school1 添加文件组 SGROUP，并为此文件组添加一个大小为 10MB，最大值为 30MB，按 5MB 增长的数据文件。

ALTER DATABASE school1
ADD FILEGROUP SGROUP
GO

```
ALTER DATABASE school1
ADD FILE
(NAME = school1_data2,
FILENAME = 'd:\sql server 2008 data\school1_data2.ndf',
SIZE = 10MB,
MAXSIZE = 30MB,
FILEGROWTH = 5MB)
TO FILEGROUP SGROUP
GO
```

例 3.12 从数据库中删除文件组,将例 3.11 添加到 school1 数据库中的文件组 SGROUP 删除。注意被删除的文件组中的数据文件必须先删除,且不能删除主文件组。因为若文件组不为空,不能删除文件组。

```
ALTER DATABASE school1
REMOVE FILE school1_data2
GO
ALTER DATABASE school1
REMOVE FILEGROUP SGROUP
GO
```

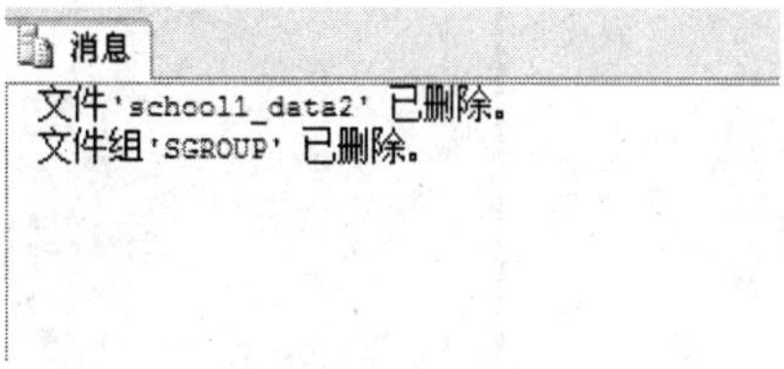

图 3.36 删除文件组和数据
文件的消息窗格

分析执行命令后,在消息窗格中显示如图 3.36 所示。

3.3.3 使用 DROP DATABASE 删除数据库

语法:

DROP DATABASE { database_name | database_snapshot_name } [,...n] [;]

说明:

database_name:指定要删除的数据库的名称。若要显示数据库列表,请使用 sys.databases 目录视图。

database_snapshot_name:指定要删除的数据库快照的名称。

注意:

- 若要使用 DROP DATABASE,则连接的数据库上下文不能与要删除的数据库或数据库快照相同。
- DROP DATABASE 语句必须在自动提交模式下运行,并且不允许在显式或隐式事务中使用。自动提交模式是默认的事务管理模式。

1. 删除单个数据库

例 3.13 删除 school1 数据库。

DROP DATABASE school1

注意:不能删除当前正在使用的数据库。这表示数据库正处于打开状态,以供用户读写。删除时,若出现"无法删除数据库 "school1",因为该数据库当前正在使用"的错误,可以先从数据库中删除用户(操作方法:使用 ALTER DATABASE 将数据库设置为

SINGLE_USER，如图 3.37 所示），然后再删除数据库。

说明：

限制访问：指定哪些用户可以访问该数据库。可能的值有：

- MULTI_USER：生产数据库的正常状态，允许多个用户同时访问该数据库。
- SINGLE_USER：用于维护操作，一次只允许一个用户访问该数据库。
- RESTRICTED_USER：只有 db_owner、dbcreator 或 sysadmin 角色的成员才能使用该数据库。

图 3.37　从数据库删除用户

2. 删除多个数据库

例 3.14　已知有两个数据库，分别为 school 和 test 数据库，现将这两个数据库删除。

DROP DATABASE school,test

3.4　数据库的其他操作

可以分离数据库的数据和事务日志文件，然后将它们重新附加到同一或其他 SQL Server 实例。如果要将数据库更改到同一计算机的不同 SQL Server 实例或要移动数据库，分离和附加数据库会很有用。分离和附加数据库可以通过 CREATE DATABASE 语句实现，也可以通过 SQL Server Management Studio 来实现。下面以 school 数据库为例来介绍通过 SQL Server Management Studio 如何实现数据库的分离和附加的方法。

3.4.1　分离数据库

SQL Server 服务器在运行时，会维护其中所有数据库的信息。如果一些数据库暂时不适用，则可将其从服务器分离，从而减轻服务器的负担。

分离数据库是指将数据库从 SQL Server 实例中删除，但是该数据库的数据文件和事务日志文件依然保持不变。这样可以将该数据库附加到任何 SQL Server 实例中。

操作步骤如下。

1）在 SQL Server Management Studio 对象资源管理器中，右键单击要分离的 school 数据库，指向"任务"，再单击"分离"，如图 3.38 所示，打开分离数据库。

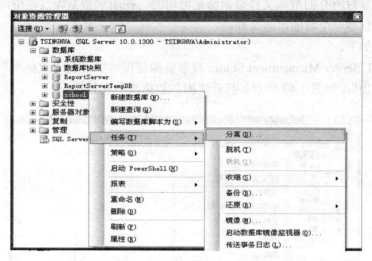

图 3.38　在快捷菜单中选择"分离"菜单项

2）在"分离数据库"对话框中，"要分离的数据库"网格在"数据库名称"列中显示所选数据库的名称。验证这是否为要分离的数据库。默认情况下，分离操作将在分离数据库时保留过期的优化统计信息；若要更新现有的优化统计信息，请选中"更新统计信息"复选框，如图 3.39 所示。

分离数据库准备就绪后，单击"确定"按钮，执行分离操作。

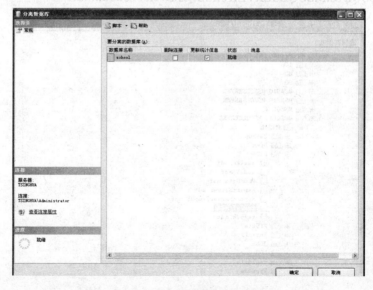

图 3.39　"分离数据库"对话框

3.4.2　附加数据库

附加数据库是指分离的数据库重新添加到服务器中。数据库包含的全文文件随数据库一起附加。另外，附加数据库还是一种比较简单的安装数据库的方法。附加数据库的前提是已经存在可以使用的数据库文件。事实上这种方法，在迁移数据库时经常使用。

附加数据库时所有的数据文件必须都是可用的。在附加数据库过程中，如果没有日志文件，系统将创建一个新的日志文件。

操作步骤如下。

1）在 SQL Server Management Studio 对象资源管理器中，在"数据库"上单击鼠标右键，选择"附加"，如图 3.40 所示。打开"附加数据库"对话框。

图 3.40　在快捷菜单中选择"附加"菜单项

2）在"附加数据库"对话框中，若要指定要附加的数据库，单击"添加"按钮，然后在"定位数据库文件"对话框中，选择数据库所在的磁盘驱动器并展开目录树以查找并选择数据库的.mdf 文件，如图 3.41 所示，单击"确定"按钮。例如：C:\Program Files\Microsoft SQL Server\MSSQL10.MSSQLSERVER\MSSQL\DATA\school.mdf。

图 3.41　"定位数据库文件"对话框

3）若要为附加的数据库指定不同的名称，可以在"附加数据库"对话框的"附加为"列中输入名称，如图 3.42 所示。在"所有者"列中可以选择其他项来更改数据库的所有者。

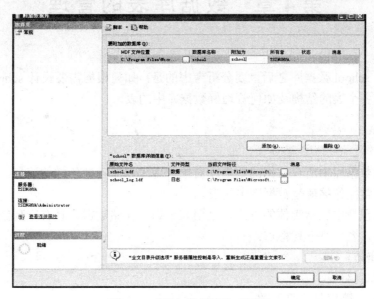

图 3.42 "附加数据库"对话框

准备好附加数据库后，单击"确定"按钮。执行附加操作。

注意：尝试选择已附加的数据库将生成错误。

3.5 数据库快照

数据库快照是数据库（源数据库）的只读、静态视图，每个数据库快照都与创建快照时存在的源数据库在事务上一致。这种数据库对于一些特定的应用场景是十分有用的，如报表应用场景等。

如果源数据库中包含了未提交的事务，那么这些事务将不包含在数据库快照中。需要说明的是，数据库快照必须与源数据库在同一个服务器实例上，数据库快照是在数据页级别上进行的。

3.6 小结

本章首先介绍了 SQL Server 数据库的概念，然后重点介绍了在 SQL Server 2008 中通过 SQL Server 管理平台界面和命令语句创建数据库的操作方法及语法结构，最后介绍了使用 SQL Server 管理平台界面实现数据库的分离和附加的方法。

通过本章的学习，应该掌握以下内容：

● 数据库的存储结构：物理存储结构和逻辑存储结构。
● SQL Server 有两类数据库：系统数据库和用户数据库。
● 通过 SQL Server 管理平台界面创建、修改、删除数据库。
● 使用命令语句创建、修改、删除数据库。

第4章 数据库表的管理

当建立了 school 数据库之后，要分析考虑的是：如何根据需要设计 school 数据库中的表，如何定义各个表的结构及如何管理好数据库中的表。

4.1 了解表

表是包含数据库中所有数据的数据库对象，用来存储各种各样的信息。在使用数据库的过程中，经常操作的就是数据库中的表。

表是关系模型中表示实体的方式，是用来组织和存储数据、具有行列结构的数据库对象。一般而言，表具有下列特点：

- 代表实体。
- 由行和列组成。
- 行和列的顺序是不重要的。

表定义是一个列集合。每一行代表一条记录，包含若干个字段，每一列数据代表记录中的一个字段，每一列的名称称为字段名。例如，在学生情况表 4.1 中，每一行代表一名学生，各列分别代表该学生的信息，如学生的学号、姓名、出生时间以及入学时间等。

表 4.1 学生情况（XS）表

学号	姓名	所在专业	性别	出生时间 （年-月-日）	入学时间 （年-月-日）	总学分	备注
06030101	张维	计算机	男	1987-02-19	2006-07-01	30	
06030103	李海	计算机	男	1987-07-05	2006-07-01	30	
06030201	王健	计算机	女	1987-06-09	2006-07-01	30	
06030202	李琳琳	计算机	女	1988-12-30	2006-07-01	28	一门课程不及格
07030101	金叶	计算机	女	1988-03-07	2007-07-01	16	
06040101	郭海涛	通信工程	男	1987-09-09	2006-07-01	32	
06040102	许平	通信工程	男	1988-01-03	2006-07-01	32	

在 SQL Server 2008 系统中，可以把表分为四种类型，即用户表、已分区表、临时表和系统表。每一种类型的表都有其自身的作用和特点。

1）用户表是数据库用户创建的表，用于存放用户的数据。

2）已分区表是将数据水平划分为多个单元的表，这些单元可以分布到数据库中的多个文件组中。在维护整个集合的完整性时，使用分区可以快速而有效地访问或管理数据子集，从而使大型表或索引更易于管理。

如果表非常大或者有可能变得非常大，并且属于下列任一情况，那么分区表将很有意义：

- 表中包含或可能包含以不同方式使用的许多数据。
- 对表的查询或更新没有按照预期的方式执行，或者维护开销超出了预定义的维护期。

已分区表支持所有与设计和查询标准表关联的属性和功能，包括约束、默认值、标识和时间戳值、触发器和索引。因此，如果要实现一台服务器本地的分区视图，应该改为实现已分区表。

3）临时表有本地临时表和全局临时表两种类型。在与首次创建或引用表时相同的 SQL Server 实例连接期间，本地临时表只对于创建者是可见的。当用户与 SQL Server 实例断开连接后，将删除本地临时表。全局临时表在创建后对任何用户和任何连接都是可见的，当引用该表的所有用户都与 SQL Server 实例断开连接后，将删除全局临时表。

4）系统表。SQL Server 将定义服务器配置及其所有表的数据存储在一组特殊的表中，这组表称为系统表。除非通过专用的管理员连接（DAC，只能在 Microsoft 客户服务的指导下使用），否则用户无法直接查询或更新系统表。通常在 SQL Server 的每个新版本中更改系统表。对于直接引用系统表的应用程序，可能必须经过重写才能升级到具有不同版本的系统表的 SQL Server 更新版本。可以通过目录视图查看系统表中的信息。

说明：目录视图可返回 SQL Server 数据库引擎使用的信息。建议使用目录视图这一最常用的目录元数据界面，它可提供最有效的方法来获取、转换并显示此信息的自定义形式。所有用户可用的目录元数据都通过目录视图来显示。

注意：SQL Server 2008 数据库引擎系统表已作为只读视图实现，目的是为了保证 SQL Server 2008 中的向后兼容性。无法直接使用这些系统表中的数据。建议通过使用目录视图访问 SQL Server 元数据。任何用户都不应直接更改系统表。

4.2　数据类型

通过数据类型的定义，可以约束一列数据可以输入哪种类型的值。例如，需要输入整数的列，就不能输入字符类型的数据；需要输入日期的列，就不能直接通过字符来代表日期，而是需要输入准确的日期格式，从而避免了日期格式的不统一，如 2008/9/8 到底是 9 月 8 日，还是 8 月 9 日。这样，对于数据的有效性就更加容易控制。

SQL Server 提供系统数据类型集，定义了可与 SQL Server 一起使用的所有数据类型；另外用户还可以使用 T-SQL 或 Microsoft .NET Framework 定义自己的数据类型。它是系统提供的数据类型的别名。每个表可以定义至多 250 个字段，除文本和图像数据类型外，每个记录的最大长度限制为 1962 字节。

4.2.1　系统数据类型

设计数据库时，要决定包括哪些表，每个表中包括哪些列，每列的数据类型等。例如在设计表时要确定以下内容：

- 表的名称。
- 表中每一列的名称。
- 表中每一列的数据类型和长度。

- 表中的列中是否允许空值、是否唯一、是否要进行默认设置或添加用户定义约束。
- 表中需要的索引的类型和需要建立索引的列。
- 表间的关系，即确定哪些列是主键，哪些是外键。

在表中创建列时，必须为其指定数据类型。在 SQL Server 2008 中，每个列、局部变量、表达式和参数都有其各自的数据类型。数据类型是一种属性，指定对象的数据类型相当于定义了该对象的 4 个特性：

- 对象所含的数据类型，如字符、整数或二进制数。
- 所存储值的长度或它的大小。长度严格来说是针对字符型数据的，而大小是每种数据类型都涉及到的。它们的含义分别为：长度是指使用字符型数据时所允许的字符数；大小是指存储数据所使用的字节数。
- 数值的精度（仅用于数字数据类型）。精度是数值数据中所存储的十进制数据的总位数。
- 数值的小数位数（仅用于数字数据类型）。小数位数：是数值数据中小数点右边的数字位数。例如，数 123.456 的精度是 6，小数位数是 3。

可以按照存放在数据库中的数据的类型对 SQL Server 中提供的丰富的系统数据类型进行分类，见表 4.2。

表 4.2　　　　　　　　　　　　**系 统 数 据 类 型 表**

类　　别		数 据 类 型
数值	整数	int, bigint, smallint, tinyint
	精确小数	decimal, numeric
	近似小数	float, real
	位型	bit
	货币	money, smallmoney
日期和时间		date，time，datetime, smalldatetime datetime2，datetimeoffset
字符	非 Unicode（字符串）	char, varchar, varchar(max), text
	Unicode 字符串	nchar, nvarchar, nvarchar(max), ntext
二进制		binary, varbinary, varbinary(max)
图像		image
全局标识符		uniqueidentifier
XML 类型		xml
特殊类型		cursor timestamp, sysname, table, sql_variant，hierarchyid

下面分别介绍表 4.2 所列的系统数据类型。

1. 精确数字类型

精确数字类型包括：整数型、decimal 和 numeric（精确小数型）、bit（位型）、money 和 smallmoney（货币型）。

（1）整数型

整数型是最常用的数据类型之一，它主要用来存储数值，可以直接进行数据运算。整数类型包括以下四类。

1）bigint：数存储范围为-2^{63}（-9223372036854775808）$\sim 2^{63}-1$（9223372036854775807）之间的所有整型数据。其精度为 19，小数位数为 0，大小为 8 字节。

2）int（integer）：数存储范围为-2^{31}（-2147483648）$\sim 2^{31}-1$（2147483647）之间的所有整型数据。其精度为 10，小数位数为 0，大小为 4 字节。

3）smallint：数存储范围为-2^{15}（-32768）$\sim 2^{15}-1$（32767）之间的所有整型数据。其精度为 5，小数位数为 0，大小为 2 字节。

4）tinyint：数存储范围为 0～255 之间的所有整型数据。其精度为 3，小数位数为 0，大小为 1 字节。

（2）精确小数型

精确小数型由固定精度和小数位数组成，包括 decimal 和 numeric 两类。decimal 数据类型和 Numeric 数据类型从功能上完全相同。它们可以提供小数所需要的实际存储空间，使用最大精度时，有效值为（$-10^{38}+1$）～（$10^{38}-1$）。

其定义格式为：decimal[(p[,s])]和 numeric[(p[,s])]

其中，p（精度）和 s（小数位数）确定了精确的总位数和小数位。p 表示可供存储的值的总位数，包括小数点左边和右边的位数。该精度必须是从 1 到最大精度 38 之间的值。默认设置为 18。s 表示小数点后的位数，小数位数必须是 0～p 之间的值。仅在指定精度后才可以指定小数位数。默认设置为 0。

例如：decimal（10，5），表示共有 10 位数，其中整数 5 位，小数 5 位。

数据的最大存储大小随着精度的变化而变化，分为以下 4 种情况。

● 精度为 1～9，存储字节数为 5。

● 精度为 10～19，存储字节数为 9。

● 精度为 20～28，存储字节数为 13。

● 精度为 29～38，存储字节数为 17。

例如：若要声明 numeric(7,3)，则存储该类型数据需要 5 字节，而要声明 numeric(26,4)，则存储该类型数据需要 13 字节。

（3）位型

SQL Server 中的位（bit）型数据相当于其他语言中的逻辑型数据，其数据有两种取值：0 和 1，大小为 1 字节。但要注意，SQL Server 数据库引擎可优化 bit 列的存储。如果表中的列为 8bit 或更少，则这些列作为 1 个字节存储。如果列为 9～16bit，则这些列作为 2 个字节存储，以此类推。

位型是类似于 SQL Server 数值数据，只不过在 bit 列中只能存储 0 和 1。在输入 0 以外的其他值时，系统均把它们当 1 看待。这种数据类型常作为逻辑变量使用，用来表示真、假或是、否等二值选择。bit 数据无需用单引号括起来。

注意：字符串值 TRUE 和 FALSE 可以转换为 bit 值：TRUE 转换为 1，FALSE 转换为 0。

（4）货币型

　　SQL Server 提供了两种专门用来处理货币的数据类型：money 和 smallmoney，它们是用十进制数表示货币值。

　　1）money：数据的数值范围为-922337203685477.5808～922337203685477.5807，其精度为 19，小数位数为 4，存储大小为 8 字节。

　　2）smallmoney：数据的数值范围为-214748.3648～214748.3647，其精度为 10，小数位数为 4，存储大小为 4 字节。

　　货币数据不需要用单引号(')引起来。在输入货币型数据时可以指定前面带有货币符号的货币值，但 SQL Server 不存储任何与符号关联的货币信息，它只存储数值。例如，输入 100 美元即格式为$100，但显示的返回值为 100.0000，且不带货币符号。

　　2. 近似数据型

　　近似数字类型也称为浮点型数据。近似数值数据类型，顾名思义，并不存储数据指定的精确值，它们只储存这些值的最近似值。在很多应用程序中，指定值与存储的近似值之间的微小差异并不明显。但有时这些差异也较明显。由于 float 和 real 数据类型的这种近似特性，因此当要求使用精确数值时，例如在财务应用程序、需要舍入的操作或等值核对中，勿使用这些数据类型，而应使用 integer、decimal、money 或 smallmoney 数据类型。

　　有两种近似数字类型：real 和 float[(n)]。两者通常都使用科学计数法表示数据，即为：尾数 E 阶数，如 123.456E30，45.136E-9，-9.423E10。

　　1）real。存储范围为-3.40E-38～3.40E+38。数据存储大小为 4 个字节。最大可以有 7 位精确位数。

　　2）float。其定义格式为 float[(n)]。其中 n 为用于存储 float 数值尾数的位数，即 n 指定 Float 数据的精度。如果指定了 n，则它必须是介于 1～53 之间的某个值。n 的默认值为 53。可以精确到第 15 位小数，其范围为-1.79E-308～1.79E+308。如果不指定 Float 数据类型的长度，它占用 8 个字节的存储空间。

　　n 为 1～15 之间的整数值，有两种情况：

　　● 当 n 取 1～7 时，实际上是定义了一个 Real 类型的数据，系统用 4 个字节存储它。

　　● 当 n 取 8～15 时，系统认为其是 Float 类型，用 8 个字节存储它。

　　注意：在 WHERE 子句搜索条件（特别是"="和"<>"运算符）中，应避免使用 float 列或 real 列。float 列和 real 列最好只限于">"比较或"<"比较。

　　3. 日期和时间类型

　　1）date：指定一个日期。存储公元 0001 年 1 月 1 日～公元 9999 年 12 月 31 日之间的所有日期。存储大小为 3 字节，默认值 1900-01-01。

　　2）time：指定一天中的某个时间。存储大小为 5 字节，是使用默认的 100ns 秒的小数部分精度时的默认存储大小。精确度 100ns。

　　3）datetime：用于存储日期和时间的结合体，它可以存储公元 1753 年 1 月 1 日零时起～公元 9999 年 12 月 31 日 23 时 59 分 59 秒之间的所有日期和时间，其小数秒精度精确到 1/300 秒（相当于 3.33ms 或 0.00333s）。值舍入到.000、.003 或.007s 三个增量。例如，'08/22/1995 10:15:19:999'将进行舍入，因为".999"超出了精度。Datetime 数据类型所占用的存储空间为 8 字节。默认的时间日期是 1900-01-01 00:00:00。

当存储 datetime 数据类型时，默认的格式是 YYYY-MM-DD hh:mm:ss[.nnn]，其中 n 为一个 0～3 位的数字，范围为 0～999，表示秒的小数部分。

用户以字符串形式输入各种不同的日期和时间字符串，可以是数值日期格式，例如，5/20/97 表示 1997 年 5 月 20 日。采用数值日期格式时，可在字符串中使用斜线(/)、连字符(-)或句点(.)作为分隔符来指定月、日、年。此字符串必须采用以下格式：数字 分隔符 数字 分隔符 数字 [时间]。可以是字母日期格式：例如 23 Feb 1998 14:23:05。

4）smalldatetime：与 datetime 数据类型类似，但其日期时间范围较小，它存储 1900 年 1 月 1 日～2079 年 6 月 6 日之间的日期。SmallDatetime 数据类型使用 4 字节存储数据，其精度为 1min，即不大于 29.998s 的值向下舍入为最接近的分钟数；不小于 29.999s 的值向上舍入为最接近的分钟数。

5）datetime2：datetime2 是对 datetime 类型的扩展，其数据范围更大，默认的小数精度更高，并具有可选的用户定义的精度。它可存储的范围为 0001 年 01 月 01 日 00:00:00.0000000～9999 年 12 月 31 日 23:59:59.9999999 的所有日期和时间。datetime2 数据类型所占用的存储空间为 6～8 字节。默认是 8 字节的固定长度，默认的秒的小数部分精度为 100ns。

6）datetimeoffset：用于定义一个与采用 24 小时制并可识别时区的一日内的时间相组合的日期。例如，2007-05-08 12:35:29.1234567 +12:15

说明：若要表示日期和时间型数据，建议使用 time、date、datetime2 和 datetimeoffset 数据类型。这些类型符合 SQL 标准。它们更易于移植。time、datetime2 和 datetimeoffset 提供更高精度的秒数。datetimeoffset 为全局部署的应用程序提供时区支持。

4. 字符型

字符数据类型也是 SQL Server 中最常用的数据类型之一，它可以用来存储各种字母、数字符号和特殊符号（例如"@"、"&"和"!"等），是非 Unicode 字符数据。在使用字符数据类型时，需要在其前后加上英文单引号或者双引号，如'abcd'。使用 ASCII 字符集，在内存中是用一个字节存储一个字符。

SQL Server 字符型包括定长（char）字符数据类型、可变长度（varchar）字符数据类型、文本（text）数据类型。

1）char：其定义格式为 char[(n)]，Char 数据类型是一种长度固定的数据类型。n 个字符占 n 个字节。n 的取值为 1～8000。若不指定 n 值，默认值为 1。

若输入数据的字符串长度小于 n，则系统自动在其后添加空格（即尾随空格）来达到列的长度 n；若输入的数据过长，将会截掉其超出部分。如果定义了一个 char 数据类型，而且允许该列为空，则该字段被当作 Varchar 来处理。

2）varchar：其定义格式为 varchar[(n|max)]。和 char 类型不同的是 varchar 类型的存储空间是根据存储在表的每一列值的字符数变化的，即 varchar 数据类型是一种长度可变的数据类型，即定义了 n 或 max 值以后，仍按实际输入的字符数占用相应的存储空间。例如定义 varchar（30），则它对应的字段最多可以存储 30 个字符，但是在每一列的长度达到 30 字节之前系统不会在其后添加空格（无尾随空格）来达到列的长度，因此使用 varchar 类型

可以节省空间。

varchar 数据有两种形式：

- varchar[(n)]：n 的取值范围为 1～8000。n 表示是字符串可达的最大长度。
- varchar[(max)]：称为大值数据类型。数据类型可存储的最大字符数可达 2^{31}-1。存储大小是输入数据的实际长度加 2 字节。所输入数据的长度可以为 0 个字符。增强了 Varchar 数据类型的存储能力。

以上字符的使用原则：

- 如果列数据项的大小一致，一般使用 char。
- 如果列数据项的大小差异相当大，一般使用 varchar。
- 如果列数据项大小相差很大，而且大小可能超过 8000 字节，可以使用 varchar(max)。

3）text：用于存储文本数据，例如，需要将一个文本文件(.txt)导入 SQL Server 数据库，应将这些数据作为一个数据块存储起来，而不是集成到数据表的多个列中。为此，可以创建一个 text 数据类型的列。其容量理论上为 1～2^{31}-1（2147483647）字节，但实际应用时要根据硬盘的存储空间而定。若超过 8000 字节的字符串用 Text 数据类型来存储。使用与 varchar(max)相似。

5. Unicode 字符型

Unicode 是"统一字符编码标准"，Unicode 标准在内存中是用 2 字节存储一个字符，其一个存储单位的容纳量就大大增加了，可以将全世界的语言文字都囊括在内，在一个数据列中就可以同时出现中文、英文、法文等，而不会出现编码冲突。所有的 Unicode 系统均一致地采用同样的位模式来表示所有的字符，所以当从一个系统转到另一个系统时，将不会存在未正确转换字符的问题。通过在整个系统中使用 Unicode 数据类型，可尽量减少字符转换问题。

Unicode 字符数据类型包括 nchar（固定长度 Unicode 数据的数据类型）、nvarchar（可变长度 Unicode 数据的数据类型）、ntext 三种。

1）nchar：其定义格式为 nchar[（n）]。它与 char 数据类型类似，不同的是 nchar 数据类型 n 的取值为 1～4000。nchar 数据类型采用 Unicode 标准字符集。

2）nvarchar：其定义格式 nvarchar[(n|max)]。它与 varchchar 数据类型相似。

nvarchar 数据有两种形式：

nvarchar[(n)]：n 的取值范围为 1～4000。存储大小为 2×n 字节。

nvarchar[(max)]：称为大值数据类型。最大存储大小为 2^{31}-1 字节。存储大小是所输入字符个数的两倍+2 字节。

3）ntext：与 Text 数据类型类似，存储在其中的数据通常是直接能输出到显示设备上的字符，显示设备可以是显示器、打印机等。其最大长度为 2^{30}-1（1073741823）字节。

6. 二进制字符数据类型

二进制数据类型包括 binary、varbinary、image 三种。

1）binary：其定义格式为 binary[（n）]，数据的存储长度是固定的，二进制数据类型的最大长度（即 n 的最大值）为 8000，默认值为 1，常用于存储图像等数据。

2）varbinary：其定义格式为 varbinary[（n|max）]，数据的存储长度是变化的。n 可以是 1～8000 之间的值。max 指示最大存储大小为 2^{31}-1 字节。存储大小为所输入数据的实际长度+2 字节。

3）image：用于存储照片、目录图片或者图画，长度可变的二进制数据，为 0～2^{31}-1(2147483647)字节。其存储数据的模式与 text 数据类型相同。

说明：大值数据类型在行为上和与之对应的较小的数据类型 varchar、nvarchar 和 varbinary 相似。这种相似使 SQL Server 能够更高效地存储和检索大型字符、Unicode 和二进制数据。

有了大值数据类型，使用 SQL Server 的方式是使用早期版本的 SQL Server 中的 text、ntext 和 image 数据类型所不可能具有的。早期版本使用 text、ntext 和 image 数据只是为了向后兼容，在 SQL Server 2008 中存储大型数据的首选方法是使用 varchar(max)、nvarchar(max)和 varbinary(max)数据类型。

在 Microsoft SQL Server 的未来版本中将删除 ntext、text 和 image 数据类型，所以在新开发的工作中应避免使用这些数据类型，并考虑修改当前使用这些数据类型的应用程序，最好改用 nvarchar(max)、varchar(max)和 varbinary(max)。

7. 其他数据类型

在 SQL Server 2008 中，还提供了其他几种数据类型，包括下面几种。

1）sql_variant：用于存储除 text、ntext、image 和 Timestamp 类型数据外的其他任何合法的 SQL Server 数据。sql_variant 的最大长度可以是 8016 字节。此数据类型极大地方便了 SQL Server 的开发工作。

2）table：一种特殊的数据类型，用于存储结果集以进行后续处理。table 主要用于临时存储一组作为表值函数的结果集返回的行。这种新的数据类型使得变量可以存储一个表，从而使函数或过程返回查询结果更加方便、快捷。

3）timestamp：也称为时间戳数据类型，它提供数据库范围内的唯一值，反应数据库中数据修改的相对顺序，相当于一个单调上升的计数器。当它所定义的列在更新或者插入数据行时，此列的值会被自动更新，一个计数值将自动地添加到此 Timestamp 数据列中。后续版本的 Microsoft SQL Server 将删除该功能，应避免在新的开发工作中使用该功能。

4）Uniqueidentifier：用于存储一个 16 字节长的二进制数据类型，它是 SQL Server 根据计算机网络适配器地址和 CPU 时钟产生的全局唯一标识符（Globally Unique Identifier，简写为 GUID）。GUID 值可以通过调用 SQL Server 的 newid（）函数或者其他 SQL Server 应用程序编程接口 API 获得。

5）XML：可以存储 XML 数据的数据类型。利用它可以将 XML 实例存储在字段中或者 XML 类型的变量中。注意存储在 XML 中的数据不能超过 2GB。

6）cursor：这是变量或存储过程 OUTPUT 参数的一种数据类型，这些参数包含对游标的引用。使用 cursor 数据类型创建的变量可以为空。

注意：对于 CREATE TABLE 语句中的列，不能使用 cursor 数据类型。

7）hierarchyid：这是 SQL Server 2008 新增的一种数据类型。

对于关系型数据库来说，表现树状的层次结构始终是一个问题。微软公司在 SQL Server

2005 中首次尝试了解决这个问题，即通用数据表表达式（Common Table Expressions，简称 CTE）的实现方式。

尽管 CTE 在现有的数据库架构中运行良好，微软公司找到了一种将此类层次结构作为重要概念来使用的方式。因此，为了实现这种效果，在 SQL Server 2008 中提出了一种 "hierarchyid" 数据类型。

hierarchyid 数据类型是一种长度可变的系统数据类型。可使用 hierarchyid 表示层次结构中的位置。类型为 hierarchyid 的列不会自动表示树。由应用程序来生成和分配 hierarchyid 值，使行与行之间的所需关系反映在这些值中。

hierarchyid 数据类型使得存储和查询分层数据更为容易。hierarchyid 最适宜表示树，树是最常见的分层数据类型。分层数据被定义为一组通过层次结构关系互相关联的数据项，在层次结构关系中，一个数据项是另一个项的父级。

4.2.2 用户定义数据类型

在 SQL Server 中允许使用用户定义数据类型，用户定义数据类型是建立在 SQL Server 系统数据类型基础上的，也可以称为别名数据类型。它们提供了一种机制，可以将一个名称用于一个数据类型，这个名称更能清楚地说明该对象中保存的值的类型。这样程序员和数据库管理员就能更容易地理解以该数据类型定义的对象的意图。

在多表操作的情况下，当多个表的列中要存储相同类型的数据，并且想确保这些列具有相同的数据类型、长度和为空性时，可使用用户定义数据类型。例如，可以基于 char 数据类型创建名为 student_num 的用户定义数据类型。

用户定义的数据类型总是根据基本数据类型进行定义的。用户定义的数据类型使表结构对程序员更有意义，并有助于确保包含相似数据类的列具有相同的基本数据类型。

用户定义数据类型的定义和使用方法将在创建表时详细介绍。

4.3 使用 SQL Server 管理平台创建表

建立数据库以后最重要的一步就是要建立创建其中的数据表。表的创建有两种方法：一种是使用 SQL Server 管理平台创建表；另一种是使用 T-SQL 命令创建表。

创建表的实质就是定义表结构机约束等属性。在建立表以前，先要设计表，即要确定该表将要存储的数据对象、表中将要包含的列，这些列的数据类型、精度等属性，列是否允许为空值，是否使用主键，在何处使用主键，是否使用约束、默认值、规则，以及在何处使用这些对象，是否使用外键，在何处使用外键，是否使用索引，在何处使用索引，使用什么样的索引等，这些属性就构成表结构。

4.3.1 创建表

在 SQL Serve Management Studio 中，可以在表设计器中创建数据表，基本步骤包括打开表设计器、定义字段、定义主关键字和保存等。下面以 school 数据库中创建学生（XS）表为例说明通过 SQL Server Management Studio 创建表的具体操作过程。学生（XS）表结构见表 4.3。

表 4.3　　　　　　　　　　　　　　**XS 表 结 构**

列　名	数据类型	长　度	是否允许为空值	默认值	说　明
学号	字符型（varchar）	8	×	无	主键
姓名	Unicode 字符型（nchar）	10	×	无	
所在专业	Unicode 字符型（nchar）	10	×	无	
性别	Unicode 字符型（nchar）	1	×	无	
出生时间	日期时间类型（datetime）		√	无	
入学时间	日期时间类型（datetime）		×	无	
总学分	精确小数型[numeric(3, 1)]		×	无	
备注	Unicode 字符型[nvarchar(max)]		√	无	

以下是通过 SQL Serve Management Studio 创建表的具体操作步骤。

1）在 SQL Server 管理平台中，展开指定的服务器，打开想要创建新表的 school 数据库，选择"表"节点，单击鼠标右键并从弹出的快捷菜单中选择"新建表"选项，如图 4.1 所示。

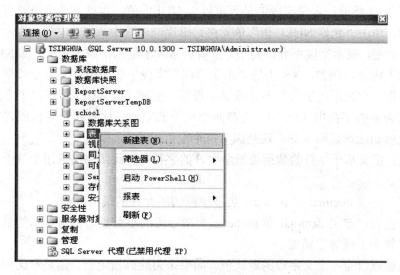

图 4.1　在快捷菜单中选择"新建表"菜单项

2）在"列名"栏中依次键入表的列名，选择数据类型，并选择各个列是否允许空值等属性，选择"学号"列，单击鼠标右键，选择"设置主键"菜单项，如图 4.2 所示。

在定义字段时，首先在表设计器中窗口的上半部分中定义字段的主要属性，在窗口下半部分"列属性"窗格中定义字段的特殊属性。

下面给出字段的主要属性的含义。

● 列名：定义字段名称。

● 数据类型：定义字段的数据类型。用户可以在对应的数据类型单元格中单击，然后单击出现的下三角按钮，即可打开数据类型下拉列表，从列表中为字段选择合适的数据类型。

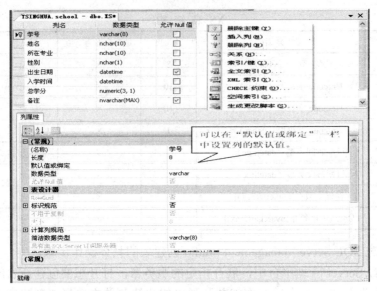

图 4.2　创建 XS 表的各列

- 允许 NULL 值：定义字段值是否可以为 NULL 值，也就是该字段是否可以不输入数据。单击"允许 NULL 值"单元格，出现一个选中标记"√"，表示字段允许为空，否则，表示字段不允许为空。空值通常表示值未知或未定义，即 NULL 表示没有输入内容。例如，XS 表的"出生日期"字段中的空值并不表示该学生的没有出生日期，它表示出生日期不详或尚未设置。空值（或 NULL）不同于零(0)、空白或长度为零的字符串（如""）。没有两个相等的空值。比较两个空值或将空值与任何其他值相比均返回未知，这是因为每个空值均为未知。

- 长度：定义基于字符的数据类型所允许的字符数。此属性仅可用于基于字符的数据类型。

- 精度：定义 decimal 和 numeric 类型字段的所允许的最大位数。

- 小数位数：定义 decimal 和 numeric 类型字段的小数点右侧可显示的最大位数。此值必须小于或等于精度。

- 默认值或绑定：定义字段的默认值。如果未为此列指定值，则显示此列所定义的默认值。下拉列表中包含了数据源中定义的所有全局默认值。若要将该列绑定到某个全局默认值，请从下拉列表中进行选择。另外，若要为该列创建默认约束，请直接以文本格式键入默认值。

- 标识规范：展开"标识规范"属性，单击"是标识"子属性的网格单元格，然后从下拉列表中选择"是"，在"标识种子"、"标识增量"单元格中设置相应的值。具有标识属性的列包含系统生成的连续值，该值唯一地标识表中的每一行。向具有标识列的表中插入值时，SQL Server 自动基于上次使用的标识值（标识种子属性）和创建列时指定的增量值（标识增量属性）生成下一个标识符。标识种子、标识增量的默认值都是 1。系统会自动更新标识列值，标识列的值不允许为空值。

注意：只能针对不允许空值并且数据类型为 decimal、int、numeric、smallint、bigint

或 tinyint 的列设置标识属性。

- 大小：显示该列的数据类型所允许的大小（字节）。例如，某个 nchar 数据类型的长度为 10（字符数），但在 Unicode 字符集中，该数据类型的大小为 20。
- 计算列规范：展开此项可显示"公式"和"是持久的"属性。如果该列是计算列，则还会显示公式。若要编辑公式，请展开此类别，然后在"公式"属性中对其进行编辑。

  公式：如果所选列为计算列，则显示该列使用的公式。可以在此字段中输入或更改公式。是持久的：允许使用数据源保存计算列。可对持久化计算列进行索引。

说明：显示列的说明。若要查看或编辑完整说明，请单击"说明"，再单击属性右侧的省略号(…)。

图 4.3 "选择名称"对话框

3）在"文件"菜单或工具栏上，选择"保存"命令，出现如图 4.3 所示的"选择名称"对话框。

4）在"选择名称"对话框中，为该表输入表名 XS，再单击"确定"按钮。XS 表就创建好了，如图 4.4 所示。

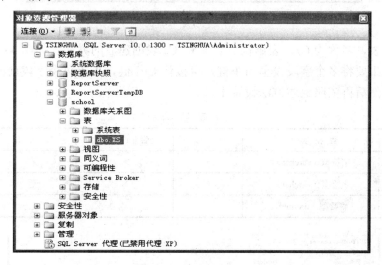

图 4.4 新创建的 XS 表

同样，按照上述方法创建课程表，名称为 KC，表结构见表 4.4。KC 表创建后的界面，如图 4.5 所示。

表 4.4 **KC 表 结 构**

列　名	数 据 类 型	长　度	是否允许为空值	默认值	说　明
课程编号	字符型（varchar）	6	×	无	主键
课程名称	Unicode 字符型（nvarchar）	50	×	无	
所属专业	Unicode 字符型（nvarchar）	20	×	无	
开设学期	整数型（tinyint）		×	1	只能为 1～8
学时	整数型（tinyint）		×	无	
学分	精确小数型[numeric(3, 1)]		√	无	

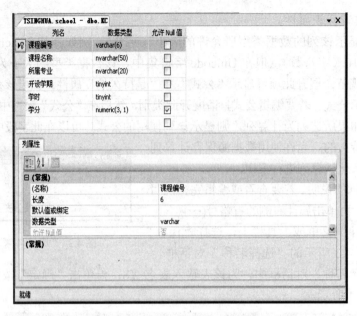

图 4.5　创建 KC 表

创建成绩表，名称为 CJ，表结构见表 4.5。CJ 表创建后的界面，如图 4.6 所示。

说明：如果要将多个字段设里为主健，可按住 Ctrl 健，单击每个字段前面的按钮来选择多个字段，然后再依照上述方法设置主健。

表 4.5　　　　　　　　　　　　CJ 表 结 构

列　名	数 据 类 型	长　度	是否允许为空值	默 认 值	说　明
学号	字符型（varchar）	8	×	无	主键
课程编号	字符型（varchar）	6	×	无	主键
成绩	整数型（tinyint）		√	无	

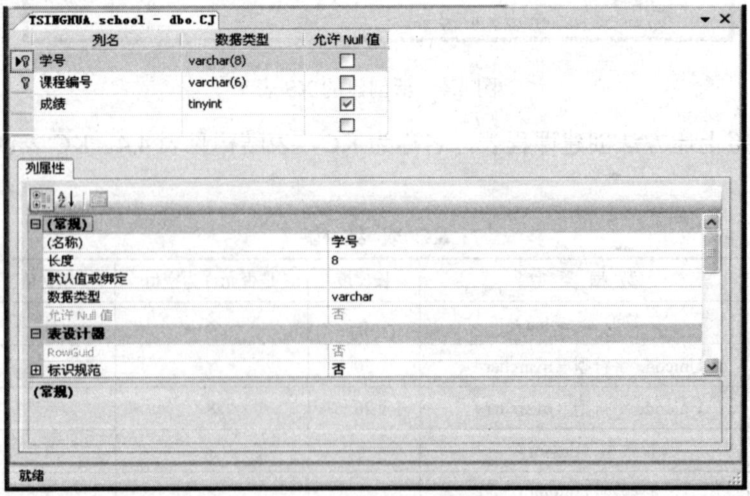

图 4.6　创建 CJ 表

下面以 school 数据库中为例介绍用户自定义数据类型的创建和使用方法。

对于 school 数据库，创建了 XS、KC、CJ 三张表，从表结构中可以看出：表 KC 中的"课程编号"字段值与表 CJ 中的"课程编号"字段值应有相同的类型，均为字符型值，长度定义为 6，并且不允许为空值，为了确保这一点，用户可以先定义一个数据类型，命名为 course_num，用于描述课程编号字段的这些属性，将表 KC 中的"课程编号"字段和表 CJ 中的"课程编号"字段定义为 course_num 数据类型。（表 XS 的学号字段和表 CJ 中的学号字段也有相同的类型，这里以课程编号字段为例说明用户定义数据类型）。

用户自定义 course_num 数据类型后，可以重新设计 school 数据库中表 KC、表 CJ 结构中的课程编号字段，见表 4.6～表 4.8 所示。

表 4.6　　　　　　　　　　　　　自定义类型 course_num

依赖的数据类型	列值允许的长度	为 空 性
Varchar	6	NOT NULL

表 4.7　　KC 表中课程编号字段的重新设计

字 段 名	类 型
课程编号	course_num

表 4.8　　CJ 表中课程编号字段的重新设计

字 段 名	类 型
课程编号	course_num

通过上例可以看出，要使用用户定义数据类型首先应该先定义该类型，然后用这种数据类型定义字段或变量。创建用户定义数据类型时首先应考虑如下参数：

- 数据类型名称。
- 新数据类型所依据的系统数据类型。
- 为空性（数据类型是否允许空值）。

如果未明确定义为空性，系统将基于数据库或连接的 ANSI NULL 默认设置进行指定。

下面介绍如何创建和删除用户定义数据类型。创建用户定义数据类型的方法有以下两种。

1. 利用 SQL Serve 管理平台创建数据类型

1）在 SQL Server 管理平台中，展开指定的服务器和 school 数据库，单击"可编程性"节点，展开"类型"，选择"用户定义数据类型"，单击鼠标右键，在弹出的快捷菜单中选择"新建用户定义数据类型"菜单项，如图 4.7 所示。

2）进入"新建用户定义数据类型"对话框，如图 4.8 所示。在"新建用户定义数据类型"对话框的"架构"框中，输入此数据类型所属的架构，或使用浏览按钮选择架构，默认选择是当前用户的默认架构 dbo。在"名称"框中，输入新建数据类型的名称 course_num。在"数据类型"框中，选择新建数据类型所基于的数据类型 varchar。在"长度"框中输入 6。根据用户所选的数据类型不同，在"长度"、"精度"框和"小数位数"框输入相应的值（说明：精度和小数位数只对 numeric 和 decimal 数据类型显示）。如果新建数据类型允许空值，应选中"允许 NULL 值"复选框。本例不允许为空，此处不选择"允许 NULL 值"。

如果希望为新建的数据类型绑定默认值或规则，应在"绑定"区域中，在"默认值"

框或"规则"框中输入对象的名称，或使用浏览按钮选择对象的名称，以将其绑定到用户定义数据类型上。规则和默认值的相应内容将在以后的章节介绍。

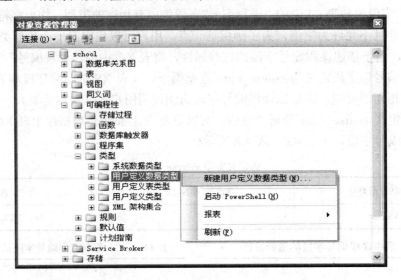

图 4.7　在快捷菜单中选择"新建用户定义数据类型"菜单项

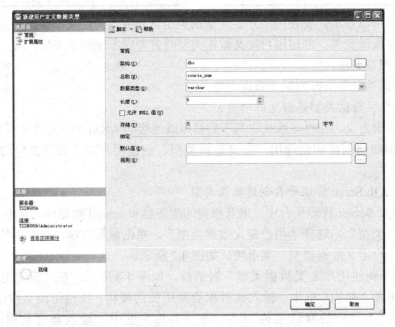

图 4.8　"新建用户定义数据类型"对话框

单击"确定"按钮，数据类型就定义好了。在对象资源管理器中可以看到刚刚定义的数据类型 course_num，如图 4.9 所示。

2. 利用 T-SQL 命令创建数据类型

可以通过以下两种方法实现创建数据类型。

（1）CREATE TYPE 语句

CREATE TYPE [schema_name.] type_name

{

    FROM base_type

    [(precision [, scale])]   /*定义精度，小数位数

    [NULL | NOT NULL]   /*定义为空性

}[;]

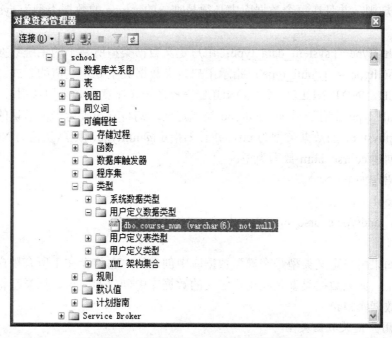

图 4.9　新建的 course_num 数据类型

主要参数说明如下：

- schema_name：用户定义数据类型或用户定义类型所属架构的名称。
- type_name：用户定义数据类型的名称。类型名称必须符合标识符的规则。
- base_type：用户定义数据类型所基于的系统数据类型，由 SQL Server 提供。无默认值。

例如，创建 course_num 数据类型。

T-SQL 语句如下：

```
USE school
create type course_num
   from varchar(6)
         not null
GO
```

（2）sp_addtype 存储过程

在 SQL Server 中，通过系统定义的存储过程实现用户数据类型的定义，在各语法格式中出现的 sp 表示存储过程（stored procedure）。

语法格式：

sp_addtype [@typename =] type,

               [@phystype =] system_data_type

               [, [@nulltype =] 'null_type']

主要参数说明如下：

- @typename =] type：用户定义数据类型的名称。用户定义数据类型名称必须遵循标识符规则，并且在每个数据库中必须是唯一的。type 的数据类型为 sysname，无默认值。
- [@phystype =] system_data_type：用户定义数据类型所基于的系统数据类型。
- [@nulltype =] 'null_type'：指示用户定义数据类型处理空值的方式。取值可以为 'NULL'、'NOT NULL' 或 'NONULL'三者之一（注意：必须用单引号括起来）。如果 null_type 没有通过 sp_addtype 显式定义，则将它设置为当前默认的为空性。如果@phystype 的数据类型为 bit，并且未指定@nulltype，则默认值为 NOT NULL。

例如，创建 course_num 数据类型。

T-SQL 语句如下：

USE school

EXEC sp_addtype course_num, 'varchar(6)','NOT NULL'

GO

注意：如果用户定义类型是在模型数据库中创建的，它将存在于所有用户定义的新数据库中。但是，如果数据类型是在用户定义的数据库中创建的，该数据类型将只存在于该用户定义的数据库中。

3. 删除用户定义数据类型

（1）利用 SQL Serve 管理平台删除用户定义数据类型

- 在 SQL Server 管理平台中，展开指定的服务器和 school 数据库，单击"可编程性"节点，展开"类型"，选择"用户定义数据类型"，单击鼠标右键。
- 选择需要删除的数据类型，单击鼠标右键，在弹出的快捷菜单中选择"删除"命令。

（2）利用 T-SQL 命令删除用户定义数据类型

- DROP TYPE 语句：语法格式如下。

    DROP TYPE [schema_name.] type_name [;]

    例如，删除前面定义的 course_num 类型的语句为：

    USE school

    DROP TYPE course_num

    GO

- sp_droptype 存储过程：语法格式如下。

    sp_droptype [@typename =] 'type'

    参数：type 用户定义数据类型的名称，应用单引号括起来。

    例如，删除前面定义的 course_num 类型的语句为：

    USE school

```
EXEC sp_droptype    'course_num'
GO
```

4. 利用用户定义类型定义字段

在用户定义了数据类型以后，应该考虑使用这种类型的字段，同样可以利用 SQL Serve 管理平台和命令两种方式来实现，参照表 4.7 定义课程编号为 course_num 数据类型，不同点只是数据类型为用户定义数据类型，而不是系统类型，例如，对于 KC 表课程编号字段的定义如图 4.10 所示。

图 4.10　设计表结构时使用用户定义数据类型

利用命令定义 KC 表结构如下：

```
USE school
CREATE TABLE KC
( 课程编号 course_num,              /*将课程编号定义为 course_num 类型*/
   课程名称 nvarchar(50) NOT NULL,
   所属专业 nvarchar(20) NOT NULL,
   开设学期 tinyint NOT NULL,
   学时 tinyint NOT NULL,
   学分 numeric(3, 1) NULL      )
GO
```

4.3.2　修改表

创建了一个表之后，使用过程中可能对表结构、约束或其他列的属性需要进行修改。对一个已存在的表可以进行的修改包括：更改表名、增加字段、删除字段、修改已有字段的属性（列名、数据类型、允许 NULL 值等）。

（1）更改表名

SQL Server 中允许改变一个表的名字，但当表名改变后，与此相关的某些对象如视图，以及通过表名与表相关的存储过程将无效，建议一般不要更改一个已有的表名，特别是在其上定义了视图或建立了相关的表。

例 4.1 将 XS 表的表名改为 student。

方法如图 4.11 所示。

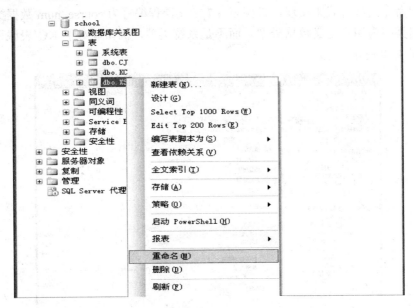

图 4.11　重命名表

（2）增加列

向 XS 表增加一个"班级"的新列，列为 nvarchar(10)，允许为空值。

在 SQL Server 管理平台中，展开需要进行操作的表 XS，在其上单击鼠标右键，在弹出的快捷菜单中选择"设计"选项，如图 4.12 所示。

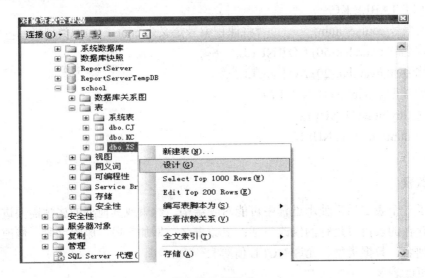

图 4.12　设计表

在表设计器窗口中选择"性别"列，单击鼠标右键，选择"插入列"，此时在"性别"列前插入一个空白列行，输入列名，选择数据类型，并选择该列是否允许为空值，如图 4.13 所示。

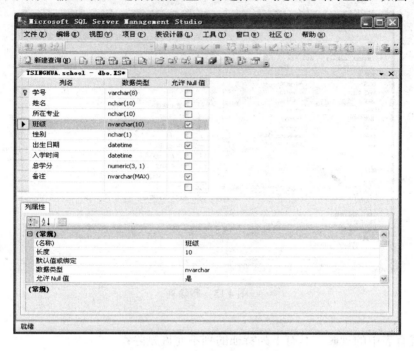

图 4.13　增加新列

向表中添加相应的列后，单击关闭设计表 XS 的窗口按钮，此时弹出如图 4.14 所示的对话框，单击"是"按钮，保存修改后的表。

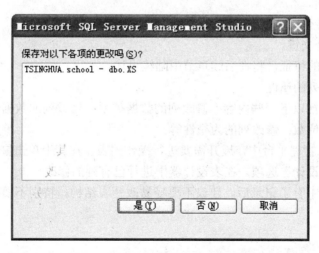

图 4.14　"保存对表的修改"对话框

（3）删除列

在 SQL Server 管理平台中，展开需要进行操作的表 XS，在其上单击鼠标右键，在弹出的快捷菜单中选择"设计"选项。在表设计器窗口中单击需要删除的列（例如表 XS 中删除"班级"列），此时箭头指向该列，单击鼠标右键，在弹出的快捷菜单上选择"删除列"，如图 4.15 所示，该列即被删除。

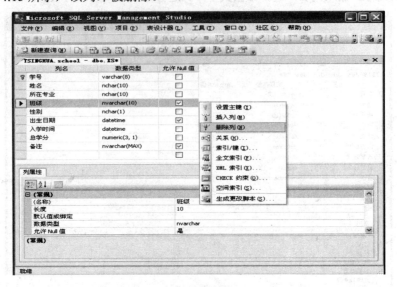

图 4.15 删除列

注意：

删除现有表中的列时，具有下列特征的列不允许删除：

● 用于索引。

● 用于 CHECK、FOREIGN KEY、UNIQUE 或 PRIMARY KEY 约束。

● 与 DEFAULT 定义关联或绑定到某一默认对象。

● 绑定到规则。

● 已注册支持全文。

● 用做表的全文键。

说明：上述列的特征，将在后续章节中陆续讲述。

（4）修改已有列的属性

修改列属性包括以下一些内容：修改列的数据类型；修改列的数据长度；修改列的精度；修改列的小数位数；修改列的为空性等。

在 SQL Server 管理平台中，展开需要进行操作的表，在其上单击鼠标右键，在弹出的快捷菜单中选择"设计"选项，在表设计器中进行已有列的修改。

注意：一旦表中有了记录后，建议不要轻易改变表结构，特别不要改变数据类型，以免产生错误。

4.3.3 删除表

有时需要删除表(如要实现新的设计或释放数据库的空间时)。删除表时，表的结构定义、数据、全文索引、约束和索引都永久地从数据库中删除，原来存放表及其索引的存储空间可用来存放其他表。

表的删除操作也简单，但是要注意的是，数据库中的表删除后不能恢复。如果要删除

通过 FOREIGN KEY 和 UNIQUE 或 PRIMARY KEY 约束相关联的表，则必须先删除具有
FOREIGN KEY 约束的表。如果要删除 FOREIGN KEY 约束中引用的表但不能删除整个外
键表，则必须删除 FOREIGN KEY 约束。如果是单个的表，与其他表没有关联，则可以直
接删除。

例如，删除 school 数据库中的表 XS。

操作方法：在要删除的表 XS 上单击鼠标右键，选择"删除"选项即可删除该表。

4.4　T-SQL 命令创建表

除了可以通过使用 SQL Serve 管理平台的图形用户界面方式创建表，还可以使用 T-SQL
命令创建表。使用命令创建表非常灵活，它允许对表设置几种不同的选项。

使用 Transact-SQL 语言创建数据库可以通过使用"模板资源管理器"，也可以在 SQL
Server Management Studio 的工具栏中选择"新建查询"按钮。

4.4.1　使用 CREATE TABLE 创建表

语法格式：

```
CREATE TABLE    [ database_name . [ schema_name ] . | schema_name . ] table_name
 (
     {   <column_definition>                            /*列的定义
     | column_name AS computed_column_expression    }   /*定义计算列
     [ <table_constraint> ] [ ,...n ]                    /*指定表的约束
 )
[ ON {| filegroup | "default" } ]                        /*指定存储表的文件组
[ TEXTIMAGE_ON { filegroup | "default" } ]
 [ ; ]
```

其中：

```
<column_definition> ::=
     column_name <data_type>                             /*指定列名、数据类型
     [ COLLATE collation_name ]                           /*指定排序规则
     [ NULL | NOT NULL ]                                  /*指定是否为空值
     [
       [ CONSTRAINT constraint_name ] DEFAULT constant_expression ] /*指定默认值
       | [ IDENTITY [ ( seed ,increment ) ] [ NOT FOR REPLICATION ] /*指定列为标识列
     ]
     [ ROWGUIDCOL ]                                       /*指定列为全局唯一标识符列
     [ <column_constraint> [ ...n ] ]                     /*指定列的约束
```

主要参数说明如下：

- database_name：指定所创建表的数据库名称。
- schema_name：当前数据库中的架构名称。

- table_name：指定新建表的名称。
- computed_column_expression：指定计算列的列值表达式。
- TEXTIMAGE_ON：指定 text、ntext 和 image 列的数据存储的文件组。
- column_name：指定新建表的列名。
- data_type：指定列的数据类型。
- DEFAULT：指定列的默认值。
- constant_expression：指定列的默认值的常量表达式、可以为一个常量或 NULL 或系统函数。
- IDENTITY：将列指定为标识列，格式为 IDENTITY[(seed, increment)]。Seed：指定标识列的初始值；Increment：指定标识列的增量值。

注意：必须同时指定种子和增量，或者两者都不指定。如果两者都未指定，则取默认值（1,1）。

- NOT FOR REPLICATION：指定列的 IDENTITY 属性，在把从其他表中复制的数据插入到表中时不发生作用，即不生成列值，使得复制的数据行保持原来的列值。
- ROWGUIDCOL：将列指定为全局唯一标识行号列（row global unique identifier column）。
- COLLATE：指定列的排序规则，默认为数据库的默认值。

注意：COLLATE 子句只能用于指定 char、varchar、nchar 和 nvarchar 数据类型的列的排序规则。

- column_constraint：设置列的约束。可以在指定列定义主键（PRIMARY KEY），唯一(UNIQUE)、外键(FOREIGN KEY)、check 约束等。后续章节陆续进行介绍。

例 4.2　设已经创建了数据库 school，现在该数据库中需创建学生表 XS，该表的结构见表 4.3 所示。

分析：打开"查询编辑器"有两种方法：一是使用模板资源管理器；二是在查询编辑器中直接输入语句。

在查询编辑器窗口中输入创建表 XS 的 T-SQL 语句：

```
USE school
CREATE TABLE XS
(    学号  varchar(8) NOT NULL,
     姓名  nchar(10) NOT NULL,
     所在专业  nchar(10) NOT NULL,
     性别  nchar(1) NOT NULL,
     出生时间  datetime NULL,
     入学时间  datetime NOT NULL,
     总学分  numeric(3, 1) NOT NULL,
     备注  nvarchar(max) NULL
)
GO
```

说明：首先使用 USE school1 将数据库 school1 指定为当前数据库，然后使用 CREATE TABLE 语句在数据库 school1 中创建表 XS。

4.4.2 使用 ALTER TABLE 修改表

ALTER TABLE 语句可用于修改数据表，包括添加、修改和删除字段或约束等操作。ALTER TABLE 语句不能修改数据表的表名和字段名。

语法格式：

ALTER TABLE [database_name . [schema_name] . | schema_name .] table_name

{　　ALTER COLUMN column_name

{

[type_schema_name.] type_name [({ precision [, scale] | max })]

[COLLATE collation_name]　　　　　　　　　　　/*指定排序规则

[NULL | NOT NULL]

}

| ADD

{

<column_definition>　　　　　　　　　　　　　　/*增加新字段

| column_name AS computed_column_expression

| <table_constraint>　 } [,...n]

| DROP

{

[CONSTRAINT] constraint_name　　　　　　　　　/*删除约束

| COLUMN column_name } [,...n]　　　　　　　　　/*删除字段

| [WITH { CHECK | NOCHECK }] { CHECK | NOCHECK } CONSTRAINT

{ ALL | constraint_name [,...n] }　　　　　　　　/*关闭和启用约束

| { ENABLE | DISABLE } TRIGGER

{ ALL | trigger_name [,...n] }

}

[;]

其中：

- table_name：要修改的表名。
- ALTER COLUMN 子句：说明修改表中指定列的属性，要修改的列名由 column_name 给出。
- ADD 子句：向表中添加新字段。新字段的定义方法与 CREATE TABLE 语句中定义列的方法相同。
- DROP 子句：从表中删除列或约束，COLUMN 参数中指定的是被删除的列名，constraint_name 是被删除的约束名。
- CHECK | NOCHECK：CHECK 表示启用约束，NOCHECK 表示关闭约束。

- ALL：表示数据表中所有的 FOREIGN KEY 和 CHECK 约束。

例 4.3 在表 XS 中增加 1 个新列——班级。

```
USE school
ALTER TABLE XS
ADD
 班级  varchar(10) NULL
GO
```

例 4.4 在表 XS 中删除名为班级的列。

```
USE school
ALTER TABLE XS
DROP
   COLUMN  班级
GO
```

4.4.3 使用 DROP TABLE 删除表

DROP TABLE 语句用于删除数据表，其语法格式如下：

```
DROP TABLE [ database_name . [ schema_name ] . | schema_name . ]
          table_name [ ,...n ] [ ; ]
```

其中，table_name 是要被删除的表的名称。

例如,要删除表 XS，使用的 T-SQL 语句为：

```
DROP TABLE XS
GO
```

4.5 表数据的操作

创建数据库和表结构后，需要对表中的数据进行操作，包括添加记录、修改记录和删除记录等操作，可以通过 SQL Serve 管理平台操作表数据，也可以通过 T-SQL 命令操作表数据。

4.5.1 使用 SQL Server 管理平台操作表数据

以对 school 数据库中的 XS 表进行记录的插入、修改和删除操作为例，说明通过 SQL Serve Management Studio 操作表的方法。

在 SQL Server 管理平台中，启动服务器，展开要进行操作的表的数据库、展开表，在需要操作的表 XS 上单击鼠标右键，在弹出的快捷菜单中选择 Edit Top 200 Rows 选项，如图 4.16 所示。

在选择了 Edit Top 200 Rows 选项后，将进入操作所选择的表数据窗口。在此窗口中，表中的记录按行显示，每个记录占一行。在此界面中，可以向表中插入记录，也可以修改和删除记录，如图 4.17 所示。

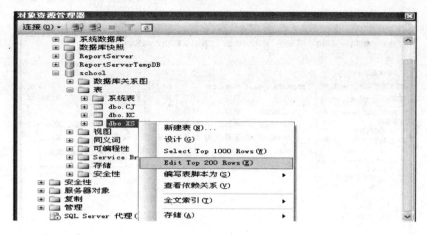

图 4.16　打开表

图 4.17　操作表数据窗口

1. 插入记录

插入记录将新记录添加在表尾，可以向表中插入多条记录。

操作方法：将光标定位到表尾的下一行，然后逐列输入列的值。当输入完一列的值时，使用键盘或鼠标定位到下一列，此时前一列的右侧出现一红色图标，鼠标指向该图标显示此单元格数据的提示信息，如图 4.18 所示。若当前列是表的最后一列，则该列编辑完后按回车键，表示输完一行的值，此时将光标定位到下一行的第一列，便可添加下一行。如果插入点没有离开本行，可按 Esc 键取消添加的记录。

例如，向表 XS 中增加 10 条记录，如图 4.19 所示。

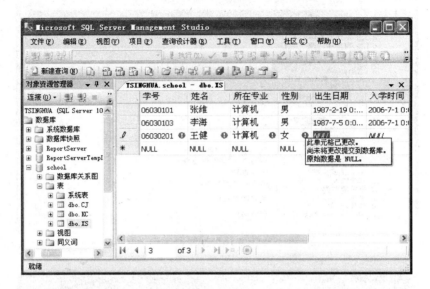

图 4.18　单元格的提示信息

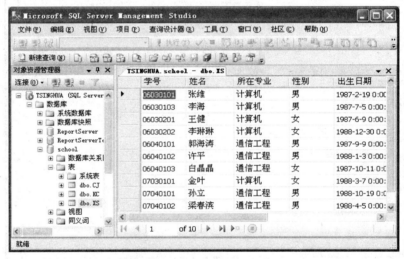

图 4.19　向 XS 表中添加记录

添加表 KC、表 CJ 的数据。

注意：若表的某列不允许为空值，则必须为该列输入值。若不输入该列值，在表格中显示 NULL 字样。

2. 删除记录

当表中的某些记录不再需要时，要将其删除，操作方法如下。

1）在操作表数据的窗口中定位到需要被删除的记录行，即将当前光标移到要被删除的行头，此时该行反相显示，单击鼠标右键，在弹出的快捷菜单上选择"删除"选项，如图 4.20 所示。

2）选择"删除"后，将出现如图 4.21 所示的"确认"对话框，单击"是"按钮将删除所选择的记录，点击"否"按钮将不删除该记录。

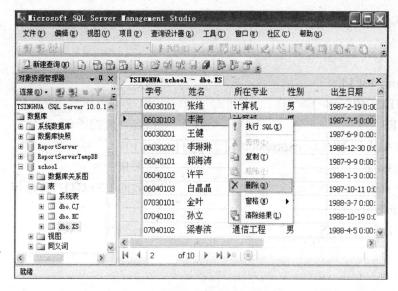

图 4.20 删除记录

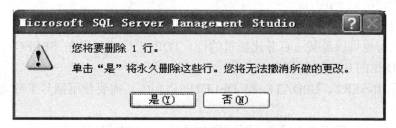

图 4.21 确认是否执行删除操作

注意：记录删除后不能被恢复，所以要慎重执行删除操作。

3. 修改记录

操作方法是，单击要修改的记录字段，将插入点定位到该字段，即可对该字段的值进行修改。

4.5.2 T-SQL 命令操作表数据

在 SQL Server 2008 中，对插入语句进行了进一步增强，可以使用 INSERT 语句将一个新行添加到一个已经存在的表中。

1. 使用 INSERT 语句插入表数据

增强的后的 INSERT 语句的语法格式如下。

INSERT

[TOP (expression) [PERCENT]]

[INTO]

{ table_name   /*表名

| view_name   /*视图名

| rowset_function_limited   /*可以是 OPENQUERY 或 OPENROW-

                                                                  SET 函数

```
[ WITH ( <Table_Hint_Limited> [ ...n ] ) ]        /*指定表提示
}
{
  [ ( column_list ) ]                             /*列表
  [ <OUTPUT Clause> ]
{ VALUES                                          /*指定列值的子句
( ( { DEFAULT | NULL | expression } [ ,...n ] ) [ ,...n ] )
| derived_table                                   /*结果集
| execute_statement                               /*有效的 EXECTUTE 语句
| <dml_table_source>
| DEFAULT VALUES                                  /*所有列均取默认值
    }
}
[ ; ]
```

主要参数说明如下：

1）TOP (expression) [PERCENT]：指定查询结果中将只返回第一组行。这组行可以是某一数量的行也可以是某一百分比数量的行。TOP 表达式可用在 SELECT、INSERT、UPDATE 和 DELETE 语句中。

注意：在 INSERT、UPDATE 和 DELETE 语句中，需要使用括号来分隔 TOP 中的 expression。

2）INTO：一个可选的关键字，可以将它用在 INSERT 和目标表之间。

3）table_name：要添加记录的数据表名称。

4）view_name：视图名。该视图必须可更新的。

5）rowset_function_limited：可以是 OPENQUERY、OPENROWSET 行集函数，行集函数通常返回一个表或视图。主要的行集函数有 CONTAINSTABLE、FREETEXTTABLE、OPENDATASOURCE、OPENQUERY、OPENROWSET 和 OPENXML。

6）column_list（列名列表）：要在其中插入数据的一列或多列的列表。必须用括号将 column_list 括起来，并且用逗号进行分隔。

如果只给出表的部分列插入数据时，需要用 column_list 指出这些列。没有在 column_list 指出的列，如果列满足下面的条件，则数据库引擎将自动为这些列提供下列值：

- 具有 IDENTITY 属性的列，其值由系统根据 seed 和 increment 值自动计算得到。
- 具有默认值的列，其值为默认值。
- 具有 timestamp 数据类型，使用当前的时间戳值。
- 若允许为 NULL，可以使用 NULL 值。
- 是计算列，使用计算的值。

注意：当向标识列中插入显式值时，必须使用 column_list 和 VALUES 列表，并且表的 SET IDENTITY_INSERT 选项必须为 ON。

7）OUTPUT 子句：将插入行作为插入操作的一部分返回。

注意：引用本地分区视图、分布式分区视图或远程表的 DML 语句，或包含 execute_statement 的 INSERT 语句，都不支持 OUTPUT 子句。

8）VALUES 子句（值列表）：引入要插入的数据值的列表。对于在 column_list 中已经指定的列或表中的每个列，都必须有一个数据值。必须用圆括号将值列表括起来。

如果 VALUES 列表中的各值与表中各列的顺序不相同，或者未包含表中各列的值，则必须使用 column_list 显式指定存储每个传入值的列。

若要插入多行值，VALUES 列表的顺序必须与表中各列的顺序相同，且此列表必须包含与表中各列或在 column_list 中对应的值，以便显式指定存储每个传入值的列。

VALUES 子句中的值可以有如下三种。

● DEFAULT 子句：指定为该列的默认值。

如果某列并不存在默认值，并且该列允许 NULL 值，则插入 NULL；但如果不允许 NULL 值，则这个语句不会被执行。对于使用 timestamp 数据类型定义的列，插入下一个时间戳值。DEFAULT 对标识列无效。

● NULL：指定该列为空值。

● expression：一个常量、变量或表达式。表达式不能包含 EXECUTE 语句。

9）derived_table：使用 INSERT…SELECT 语句添加记录。任何有效的 SELECT 语句，它返回将加载到表中的数据行。SELECT 语句不能包含公用表表达式（CTE）。（说明：指定临时命名的结果集，这些结果集称为公用表表达式。）

derived_table 是标准的数据库查询语句，它是 SQL Server 为 INSERT 语句所提供的又一种数据插入方式。通过在 INSERT 语句中使用 SELECT 子查询可以从一个或多个表中检索数据，并将检索到的数据添加到现有的目标表中。查询语句结果集合每行中的数据数量、数据类型和排列顺序也必须与表中所定义列或 column_list 参数中指定列的数量、数据类型和排列顺序完全相同。通过执行 INSERT…SELECT 语句，能够一次插入多行数据，这是用普通的 INSERT 语句所无法实现的功能。INSERT…SELECT 语句的另一个作用是从 SQL Server 外部的源插入数据。INSERT 语句中的 SELECT 可用于下列情况：

● 使用由四部分组成的名称引用链接服务器上的远程表。

● 使用 OPENROWSET 引用远程表。

● 使用在远程服务器上执行的查询结果集。

注意：不要把 SELECT 子查询写在圆括号中；INSERT 语句中的列名列表应当放在圆括号中，而且不使用 VALUES 关键字。如果来源表与目标表结构完全相同，则可以省略 INSERT 语句中的列名列表；SELECT 子查询中的列名列表必须与 INSERT 语句中的列名列表相匹配。如果没有在 INSERT 语句中给出列名列表，SELECT 子查询中的列名列表必须与目标表中的列相匹配；当使用 SELECT 或 EXECUTE 子句向表中一次插入多行数据时，如果其中有任一行数据有误，它将导致整个插入操作失败，使 SQL Server 停止所有数据行的插入操作。

10）<dml_table_source>：指定插入目标表的行是 INSERT、UPDATE、DELETE 或 MERGE 语句的 OUTPUT 子句返回的行；可以通过 WHERE 子句对行进行筛选。如果指定了<dml_table_source>，目标表必须符合下列限制条件：

- 必须是基表而不是视图。
- 不能是远程表。
- 不能对其定义任何触发器。
- 不能参与任何主键—外键关系。
- 不能参与合并复制或事务复制的可更新订阅。

11）DEFAULT VALUES 子句：强制新行的全部列都使用创建表时指定的默认值。

注意：如果 INSERT 语句违反约束或规则，或者包含与列的数据类型不兼容的值，则该语句将失败，并且数据库引擎显示错误消息。

下面举例说明 INSERT 语句的用法。

例 4.5　向 school 数据库的表 XS 中插入如下的一行：

07040103,王小燕,通信工程,女,1989-2-1 0:0:0,2007-7-1 0:0:0,30。

分析：如果想在新行的所有列中添加数据，则可以省略 INSERT 语句中的列名列表。在这种情况下，只要在 VALUES 关键字后面列出要添加的数据值就行了，但要注意值的顺序应当与目标表中的列顺序保持一致。另外，要对某数据库操作时，必须先打开该数据库，可以使用 USE 命令来实现，然后再对数据库操作。

T-SQL 语句如下：

USE school

INSERT INTO XS

VALUES('07040103',N'王小燕',N'通信工程',N'女','1989-2-1　0:0:0','2007-7-1　0:0:0',30,NULL)

GO

该语句执行的结果如图 4.22 所示。

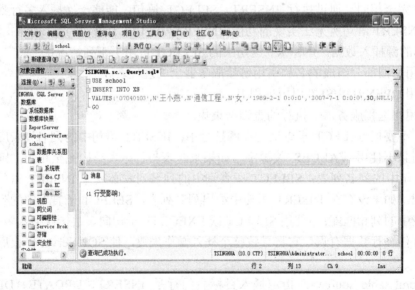

图 4.22　向表中插入一行

在表数据操作窗口中，可以发现已经增加了学号为 07040103 这一行，如图 4.23 所示。

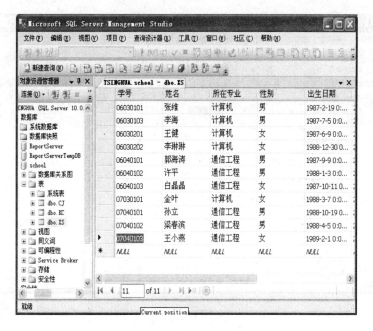

图 4.23 插入数据以后的表

例 4.6 设已用如下的语句建立了表 XS1，现向表 XS1 中插入部分列（姓名、年级）的值。

分析：如果想在一行记录的部分列中添加数据，则应当在 INSERT 语句中使用列名列表给出接受数据的列，并使用值列表给出要输入的数据。列名列表中的列顺序可以不同于表中的列顺序，但值列表与列名列表中包含的项数、顺序都要保持一致。

创建表的 T-SQL 语句如下：

```
USE school
CREATE TABLE XS1
(   姓名  nchar(10)   NOT NULL,
    专业名  nvarchar(10) DEFAULT(N'计算机'),
    年级  tinyint NOT NULL,
    备注 nvarchar(MAX) NULL
 )
```

用 INSERT INTO 语句向表中插入一条记录：赵林，1（插入部分列的值）。

```
INSERT INTO XS1(姓名,年级)
    VALUES (N'赵林',1)
```

执行上述操作后，在表数据操作窗口中，已经添加了姓名为"赵林"这一行，如图 4.24 所示。

例 4.7 向表 XS1 中插入如下两行记录：王芳 通信工程 1 NULL；赵敏 计算机 2 NULL。

分析：INSERT…VALUES 语句中，可以使用一个 VALUES 子句向表中添加多行。注意 VALUES 列表的顺序必须与表中各列的顺序要一一对应。

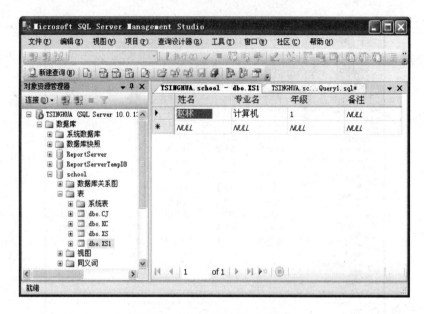

图 4.24   插入部分列值以后的表

用如下的 INSERT 语句向 XS1 表中插入数据：

INSERT INTO XS1(姓名,专业名,年级)

　　　VALUES (N'王芳',N'通信工程',1),

　　　　　　(N'赵敏',DEFAULT,2)

GO

该语句执行的结果如图 4.25 所示。

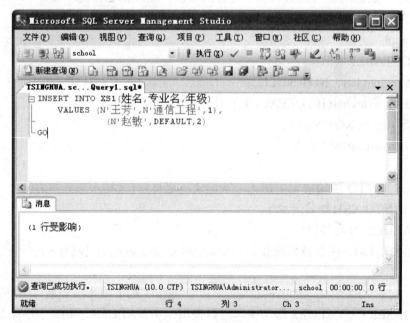

图 4.25   向 XS1 表中插入多行

可以使用如下的 SELECT 语句进行查询来查看插入的结果，如图 4.26 所示。

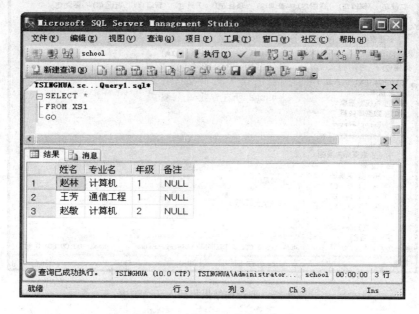

图 4.26　查询 XS1 表中所有列

例 4.8　用如下的 CREATE 语句建立表 XS2，将 XS 表中所在专业列名为"计算机"的各记录的学号、姓名和所在专业名列的值插入到表 XS2 的各行中。

分析：如果想把一个或多个已有的表中数据插入到另外一个表中，可以通过在 INSERT 语句中使用 SELECT 子查询可以从一个或多个表中检索数据，并将检索到的数据添加到现有的目标表中。

创建表的 T-SQL 语句如下：

```
CREATE TABLE XS2
(    学号  nchar(8) NOT NULL,
     姓名  nchar(8) NOT NULL,
     专业名  nchar(10) NULL
)
```

用如下的 INSERT 语句向表 XS2 中插入数据：

```
INSERT INTO XS2
SELECT  学号,姓名,所在专业
FROM XS
WHERE  所在专业=N'计算机'
```

该语句执行的结果如图 4.27 所示。

可以使用如下的 SELECT 语句进行查询来查看插入的结果，如图 4.28 所示。

例 4.9　将表 XS 中所在专业列名为"通信工程"的前两条记录的学号、姓名和所在专业名列的值插入到表 XS2 的各行中。

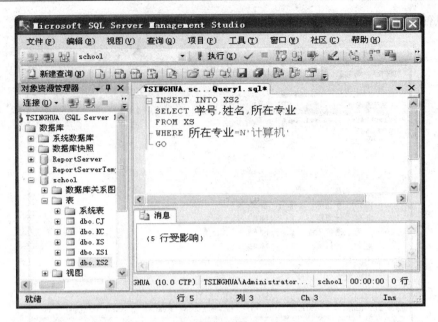

图 4.27　把查询结果集插入一个表中

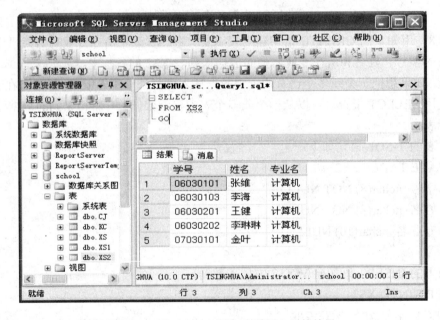

图 4.28　用 SELECT 语句查看插入后的结果

用如下的 INSERT 语句向表 XS2 中插入数据：

INSERT TOP (2) INTO XS2

SELECT 学号,姓名,所在专业

FROM XS

WHERE 所在专业=N'通信工程'

该语句执行的结果如图 4.29 所示。

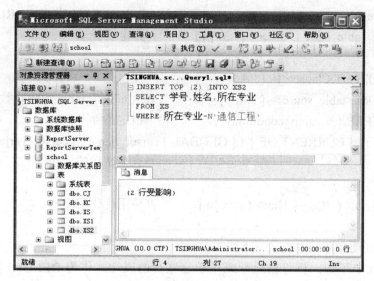

图 4.29 使用 TOP 向表插入数据

使用如下的 SELECT 语句进行查询来查看插入的结果，如图 4.30 所示。

图 4.30 插入专业名为"通信工程"记录后表的结果

2. 使用 DELETE 或 TRANCATE 语句删除表数据

在 T-SQL 语言中，删除数据可以使用 DELETE 或 TRANCATE 语句来实现。

（1）使用 DELETE 语句删除表数据

语法格式：

DELETE

    [TOP (expression) [PERCENT]]

    [FROM]

{ table_name   /*从表中删除数据

| view_name   /*从视图中删除数据

| rowset_function_limited　　　　　　　/*可以是 OPENQUERY 或 OPENROWSET 函数

[WITH (<Table_Hint_Limited> [...n])]　　　/*指定表提示

}

　　[<OUTPUT Clause>]

　　[FROM <table_source> [,...n]]　　　　　/*从 table_source 中删除数据

　　[WHERE { <search_condition>　　　　　　/*指定条件

　　　　| { [CURRENT OF { { [GLOBAL] cursor_name } | cursor_variable_name }}

　　　　　　　　　　　　　　　　　　　/*有关游标的说明

　　　　　　}]

　　[OPTION (<Query Hint> [,...n])]　　　/*使用优化程序

[;]

主要参数说明如下：

1）OUTPUT 子句：将已删除行或基于这些行的表达式作为 DELETE 操作的一部分返回。

2）FROM<table_source>：指定附加的 FROM 子句。这个对 DELETE 的 Transact-SQL 扩展允许从<table_source>指定数据，并从第一个 FROM 子句内的表中删除相应的行。

这个扩展指定连接，可在 WHERE 子句中取代子查询来标识要删除的行。table_source 将在介绍 SELECT 语句时详细讨论。

3）WHERE 子句：指定要从目标表中删除哪些记录。如果没有提供 WHERE 子句，则 DELETE 删除表中的所有行。

基于 WHERE 子句中所指定的条件，有两种形式的删除操作：

- 删除指定的搜索条件，以限定要删除的行。例如，WHERE column_name = value。如果搜索条件不唯一标识单行，则搜索 DELETE 语句删除多行。
- 定位删除使用 CURRENT OF 子句指定的游标。删除操作在游标的当前位置来执行。这比使用 WHERE search_condition 子句限定要删除的行的搜索 DELETE 语句更为精确。有关游标的使用将在后续章节介绍。

注意：如果 DELETE 语句违反了触发器，或试图删除另一个有 FOREIGN KEY 约束的表内的数据被引用行，则可能会失败。如果 DELETE 删除了多行，而在删除的行中有任何一行违反触发器或约束，则将取消该语句，返回错误且不删除任何行。

例 4.10　将 school 数据库的表 XS 中姓名为王小燕的学生删除。

USE school

DELETE FROM XS

　　WHERE 姓名=N'王小燕'

GO

例 4.11　将 school 数据库的表 XS 中总学分小于 20 的行删除。

使用如下的 T-SQL 语句：

USE school

DELETE FROM XS

WHERE 总学分<20

GO

该语句执行的结果如图 4.31 所示。

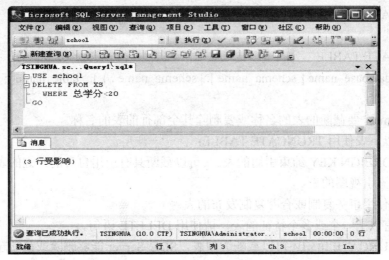

图 4.31 从表 XS 中删除数据

用 SELECT 语句进行查询,可以发现表 XS 中学号为 07030101、07040101 和 070401021 的行已被删除,如图 4.32 所示。

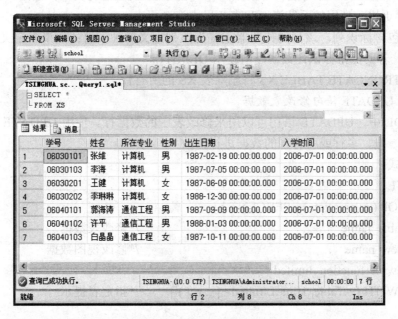

	学号	姓名	所在专业	性别	出生日期	入学时间
1	06030101	张维	计算机	男	1987-02-19 00:00:00.000	2006-07-01 00:00:00.000
2	06030103	李海	计算机	男	1987-07-05 00:00:00.000	2006-07-01 00:00:00.000
3	06030201	王健	计算机	女	1987-06-09 00:00:00.000	2006-07-01 00:00:00.000
4	06030202	李琳琳	计算机	女	1988-12-30 00:00:00.000	2006-07-01 00:00:00.000
5	06040101	郭海涛	通信工程	男	1987-09-09 00:00:00.000	2006-07-01 00:00:00.000
6	06040102	许平	通信工程	男	1988-01-03 00:00:00.000	2006-07-01 00:00:00.000
7	06040103	白晶晶	通信工程	女	1987-10-11 00:00:00.000	2006-07-01 00:00:00.000

图 4.32 查询删除后的结果

例 4.12 将 school 数据库的表 XS 中备注为空的行删除。

DELETE FROM XS

WHERE 备注 IS NULL

例 4.13 将 school 数据库的表 XS 中的所有行均删除。

DELETE XS

（2）使用 TRUNCATE 语句删除表数据

TRUNCATE 语句删除表中的所有行，而不记录单个行删除操作。

语法格式：

TRUNCATE TABLE

    [{ database_name.[schema_name]. | schema_name . }]   table_name[;]

其中：

table_name：要截断的表的名称或要删除其全部行的表的名称。

不能对以下表使用 TRUNCATE TABLE：

- 由 FOREIGN KEY 约束引用的表。（可以截断具有引用自身的外键的表。）
- 参与索引视图的表。
- 通过使用事务复制或合并复制发布的表。

对于具有以上一个或多个特征的表，请使用 DELETE 语句。

使用 TRUNCATE 语句还可以截断大型表，SQL Server 能够删除或截断超过 128 个区的表，而无需同时持有要删除的所有区的锁。

TRUNCATE TABLE 删除表中的所有行，但表结构及其列、约束、索引等保持不变。若要删除表定义及其数据，请使用 DROP TABLE 语句。

TRUNCATE TABLE 与没有 WHERE 子句的 DELETE 语句类似；但是，TRUNCATE TABLE 速度更快，使用的系统资源和事务日志资源更少。

如果表包含标识列，该列的计数器重置为该列定义的种子值；如果未定义种子，则使用默认值 1。若要保留标识计数器，请使用 DELETE。

例如，TRUNCATE TABLE XS 将删除表 XS 的所有行。

3. 使用 UPDATE 语句修改表数据

在 T-SQL 中，UPDATE 语句可以用来修改表中的数据行。使用 UPDATE 语句可以对目标表中的一行、多行或所有行的数据进行修改。

语法格式：

UPDATE

    [TOP (expression) [PERCENT]]

    { table_name   /*修改表数据

    | view_name   /*修改视图数据

    | rowset_function_limited

     [WITH (<Table_Hint_Limited> [...n])]   /*指定表提示

    }

SET

    { column_name = { expression | DEFAULT | NULL }

    | { udt_column_name.{ { property_name = expression

                      | field_name = expression }

```
                              | method_name ( argument [ ,...n ] ) } }
        | column_name { .WRITE ( expression , @Offset , @Length ) }
        | @variable = expression
        | @variable = column = expression
        | column_name { += | -= | *= | /= | %= | &= | ^= | |= } expression
        | @variable { += | -= | *= | /= | %= | &= | ^= | |= } expression
        | @variable = column { += | -= | *= | /= | %= | &= | ^= | |= } expression
    } [ ,...n ]
    [ <OUTPUT Clause> ]
    [ FROM{ <table_source> } [ ,...n ] ]
    [ WHERE { <search_condition>
        | { [ CURRENT OF    { { [ GLOBAL ] cursor_name } | cursor_variable_name } ]}
                                            /*有关游标的说明
            } ]
    [ OPTION ( <query_hint> [ ,...n ] ) ]    /*使用优化程序
[ ; ]
```

主要参数说明如下：

1）SET 子句：指定要更新的列或变量名称的列表。

2）column_name = { expression | DEFAULT | NULL }。

column_name：包含要修改的数据的列。column_name 必须已存在于表或视图中。不能更新标识列。

Expression：返回单个值的变量、文字值、表达式或嵌套 select 语句（加括号）。expression 返回的值替换 column_name 或@variable 中的现有值。

DEFAULT：指定用为列定义的默认值替换列中的现有值。

3）udt_column_name：用户定义类型列。

property_name | field_name：用户定义类型的公共属性或公共数据成员。

method_name (argument [,... n])：带一个或多个参数的 udt_column_name 的非静态公共赋值函数方法。

4）.WRITE (expression, @Offset , @Length)：指定修改 column_name 值的一部分。使用 expression 来替换@Length 单位（@Length 是从 column_name 的@Offset 开始的）。只有 varchar(max)、nvarchar(max)或 varbinary(max)列才能使用此子句来指定。column_name 不能为 NULL，也不能由表名或表别名限定。

- expression 是复制到 column_name 的值。expression 必须运算或隐式转换为 column_name 类型。如果将 expression 设置为 NULL，则忽略@Length，并将 column_name 中的值按指定的@Offset 来截断。
- @Offset 是 column_name 值中的起点，从该点开始编写 expression。@Offset 是基于零的序号位置，数据类型为 bigint，不能为负数。

如果@Offset 为 NULL，则更新操作将在现有 column_name 值的结尾追加 expression，

并忽略@Length。

如果@Offset 大于 column_name 值的长度，则数据库引擎将返回错误。

如果@Offset 加上@Length 超出了列中基础值的限度，则将删除到值的最后一个字符。

如果@Offset 加上 LEN(expression)大于声明的基础大小，则将出现错误。

- @Length 是指列中某个部分的长度，从@Offset 开始，该长度由 expression 替换。@Length 的数据类型为 bigint，不能为负数。如果@Length 为 NULL，则更新操作将删除从@Offset 到 column_name 值的结尾的所有数据。

5）@variable：已声明的变量，该变量将设置为 expression 所返回的值。

SET @variable = column = expression 将变量设置为与列相同的值。这与 SET @variable = column, column = expression 不同，后者将变量设置为列更新前的值。

6）{ += | -= | *= | /= | %= | &= | ^= | |= }：复合赋值运算符。例如，"+="为相加并赋值。

7）OUTPUT 子句：在 UPDATE 操作中，返回更新后的数据或基于更新后的数据的表达式

8）WHERE 子句：指定条件来限定所更新的行。

例 4.14　将 school 数据库的表 XS 中学号为 06040101 的学生的备注列值改为"班长"。

使用如下的 T-SQL 语句：

```
USE school
UPDATE XS
SET 备注=N'班长'
WHERE 学号=06040101
GO
```

该语句的执行结果如图 4.33 所示。

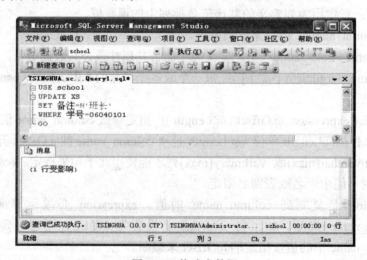

图 4.33　修改表数据

用 SELECT 语句进行查询，可以发现表中学号为 06040101 的行的备注字段值已被修改，如图 4.34 所示。

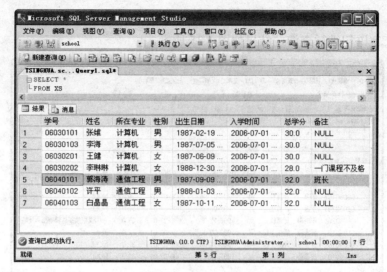

图 4.34　修改数据以后的表

例 4.15　将表 XS 中的所有学生的总学分都增加 10。

使用如下的 T-SQL 语句：

UPDATE XS

SET　总学分= 总学分+10

GO

说明：若 UPDATE 语句中未使用 WHERE 子句限定范围，UPDATE 语句将更新表中的所有行。

例 4.16　将姓名为"王健"的同学的性别改为男，出生日期改为"1988-6-9"，备注改为"提前修完《数据库原理》，并获得学分"。

使用如下的 T-SQL 语句：

UPDATE XS

SET　性别=N'男',

　　　出生日期='1988-1-9',

　　　备注=N'提前修完《数据库原理》，并获得学分'

　　　WHERE　姓名=N'王健'

GO

说明：使用 UPDATE 语句可以一次更新多列的值，这样可以提供效率。

例 4.17　使用 write 函数实现对备注列的更改。

分析：column_name.WRITE (expression, @Offset , @Length)中，@Offset 的值是从零开始的。@Length 为 NULL，则更新操作将删除从@Offset 到 column_name 值的结尾的所有数据。

使用如下的 T-SQL 语句：

UPDATE XS

SET　备注.write(N'数字逻辑电路不及格',4,NULL)

WHERE　姓名=N'李琳琳'

用 SELECT 语句进行查询，结果如图 4.35 所示。

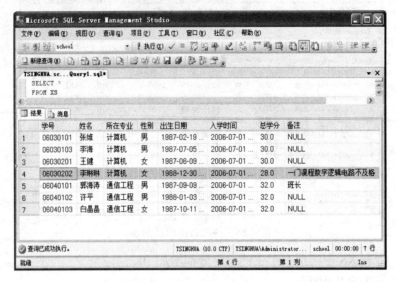

图 4.35　write 函数执行后查询的结果

4.6　小结

本章首先介绍了 SQL Server 数据库中表的基本概念，主要介绍了在 SQL Server 2008 中通过 SQL Server 管理平台界面和命令语句创建表、操作表数据的方法及语法结构。

通过本章的学习，应该掌握以下内容：

- 基本概念：表的相关概念及 SQL Server 2008 的数据类型。
- 通过 SQL Server 管理平台界面创建、修改、删除表。
- 通过 SQL Server 管理平台界面操作表数据。
- 使用命令语句创建、修改、删除表。
- 使用命令语句操作表数据。

第5章 数据库的查询

使用数据库和表的主要目的是存储数据，以便在需要时进行检索、统计或组织输出，通过 T-SQL 的查询可以从或视图中迅速、方便地检索数据。实质上查询是对存储在 SQL Server 中的数据的一种请求。

SQL 语言中最主要、最核心的部分就是查询功能。所谓查询，就是对数据库内的数据进行检索、创建、修改或删除的特定请求。数据库接受用 SQL 语言编写的查询。

使用查询可以按照不同的方式查看、更改和分析数据。查询设计是数据库应用程序开发的重要组成部分，因为在设计数据库并用数据进行填充后，需要通过查询来使用数据。

下面介绍 SELECT 语句，它是 T-SQL 的核心。

SELECT [ALL | DISTINCT] [TOP expression [PERCENT] [WITH TIES]] < select_list >

    [INTO new_table]

    FROM { <table_source> } [,...n]

    [WHERE <search_condition>]

    [GROUP BY [ALL] group_by_expression [,...n]   [WITH { CUBE | ROLLUP }]

    [HAVING < search_condition >]

    [ORDER BY order_expression [ASC|DESC]]

    [COMPUTE   {{AVG|COUNT|MAX|MIN|SUM} (expression)} [,...n]

    [BY expression [,...n]]

参数说明如下：

- SELECT 子句用于指定所选择的要查询的特定表中的列，它可以是星号（*）、表达式、列表、变量等。select_list：描述结果集的列。它是一个逗号分隔的表达式列表。每个表达式同时定义格式（数据类型和大小）和结果集列的数据来源。通常,每个选择列表表达式都是对数据所在的源表或视图中的列的引用，但也可能是对任何其他表达式（例如，常量或 T-SQL 函数）的引用。
- INTO 子句用于指定所要生成的新表的名称。
- FROM 子句用于指定要查询的表或者视图，最多可以指定 16 个表或者视图，用逗号相互隔开。
- WHERE 子句用来限定查询的范围和条件。
- GROUP BY 子句是分组查询子句。
- HAVING 子句用于指定分组子句的条件。
- GROUP BY 子句、HAVING 子句和集合函数一起可以实现对每个组生成一行和一个汇总值。
- ORDER BY 子句可以根据一个列或者多个列来排序查询结果，在该子句中，既可以使用列名，也可以使用相对列号。

- ASC 表示升序排列，DESC 表示降序排列。
- COMPUTE 子句使用集合函数在查询的结果集中生成汇总行。
- COMPUTE BY 子句用于增加各列汇总行。

从以上结构可以看出，SELECT 语句从 SQL Server 中检索出数据，然后以一个或多个结果集的形式将其返回给用户。结果集是对来自 SELECT 语句的数据的表格排列。与 SQL 表相同，结果集由行和列组成。

虽然 SELECT 语句的完整语法比较复杂，但是大多数 SELECT 语句都描述结果集的四个主要属性：

- 结果集中的列的数量和属性。对于每个结果集列来说，必须定义下列属性：列的数据类型；列的大小以及数值列的精度和小数位数；返回到列中的数据值的源。
- 从中检索结果集数据的表，以及这些表之间的所有逻辑关系。
- 为了符合 SELECT 语句的要求，源表中的行所必须达到的条件。不符合条件的行会被忽略。
- 结果集的行的排列顺序。

注意：在 SELECT 语句基本结构中 SELECT 和 FROM 子句必须有的，其他子句都可省略。

下面以 school 数据库(其中各表的表结构和数据见附录)为例来介绍各个子句的使用。首先需要指定要操作的数据库，当用户登录到 SQL Server 后，就指定了一个默认的数据库，通常是 master 数据库。可以使用两种方法指定当前数据库。

1）使用 USE database_name 语句可以选择当前操作的数据库。其中 database_name 是要作为当前数据库的名称。例如，要指定 school 数据库为当前数据库，使用语句：

USE school

2）如图 5.1 所示，在数据库下拉列表中选择 school 数据库名称，再在 SQL 语句的查询编辑器窗口中输入各个 SELECT 语句。

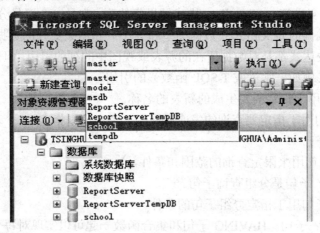

图 5.1　指定当前数据库

一旦选择了当前数据库后，若对操作的数据库对象加以限定，则其后的命令均是针对当前数据库中表或视图等进行的。

5.1 使用 SELECT 子句选择列

选择指定的数据列是指可以在 SELECT 子句中指定将要检索的列名称。选择指定的列名称要注意以下几点。

1）这些列名称应该与表中定义的列名称一致，否则就可能出错或者得到意想不到的结果。

2）列名称之间的顺序既可以与表中定义的列顺序相同，也可以不相同。

3）SELECT 语句的检索结果只是影响数据的显示，对表中数据的存储没有任何影响。

选择列表用于定义 SELECT 语句的结果集中的列。选择列表是一系列以逗号分隔的表达式。每个表达式定义结果集中的一列。结果集中列的排列顺序与选择列表中表达式的排列顺序相同。

使用 SELECT 语句的可以选择查询表中的任意列。在 SELECT 子句的<search_list >项中组成结果集的列（是表中部分或全部的列来组成结果集的列）。

SELECT 子句的语法格式为：

SELECT [ALL | DISTINCT] [TOP expression [PERCENT] [WITH TIES]] <select_list>

其中：

<select_list> : : =

{　*　　　　　　　　　　　　　　　/*选择当前表或视图的所有列*/

　| { table_name | view_name | table_alias }. *　/*选择指定的表或视图的所有列*/

　| {

　　　[{ table_name | view_name | table_alias }.]

　　　　　　　　　　　{ column_name | expression | $IDENTITY | $ROWGUID }

　　　| udt_column_name [{ . | : : } { { property_name | field_name }

　　　　　　　　　　　　　　　| method_name (argument [,...n]) }]

　　　　　　　　　　　　　　　/*选择用户定义类型列的属性或方法*/

　　　[[AS] column_alias]　　　　　/*指定别名*/

　　　}

　| column_alias = expression　　　　　/*选择指定列并更改列标题*/

} [,...n]

下面介绍 SELECT 子句中的常用表示方法。

5.1.1 指定结果集中的列标题

1. 选择一个表中指定的列

使用 SELECT 子句可以选择一个表中的某些列，各列之间要以逗号进行分隔。

例 5.1　查询表 XS 中所有记录的学号、姓名、出生日期列。

SELECT 学号,姓名,出生日期

FROM XS

语句执行的结果为：

学号	姓名	出生日期
06030101	张维	1987-02-19 00:00:00.000
06030103	李海	1987-07-05 00:00:00.000
06030201	王健	1987-06-09 00:00:00.000
06030202	李琳琳	1988-12-30 00:00:00.000
07030101	金叶	1988-03-07 00:00:00.000
06040101	郭海涛	1987-09-09 00:00:00.000
06040102	许平	1988-01-03 00:00:00.000
06040103	白晶晶	1987-10-11 00:00:00.000
07040101	孙立	1988-10-19 00:00:00.000
07040102	梁春滨	1988-04-05 00:00:00.000

2. 查询全部列

在 SELECT 子句指定列的位置上使用"*"号时，表示要查询表的所有列。

例 5.2 查询 XS 表的所有列。

SELECT *

FROM XS

语句执行的结果如图 5.2 所示。

	学号	姓名	所在专业	性别	出生日期	入学时间	总学分	备注
1	06030101	张维	计算机	男	1987-02-19 ...	2006-07-01 ...	30.0	NULL
2	06030103	李海	计算机	男	1987-07-05 ...	2006-07-01 ...	30.0	NULL
3	06030201	王健	计算机	女	1987-06-09 ...	2006-07-01 ...	30.0	NULL
4	06030202	李琳琳	计算机	女	1988-12-30 ...	2006-07-01 ...	28.0	一门课程不及格
5	07030101	金叶	计算机	女	1988-03-07 ...	2007-07-01 ...	16.0	NULL
6	06040101	郭海涛	通信工程	男	1987-09-09 ...	2006-07-01 ...	32.0	NULL
7	06040102	许平	通信工程	男	1988-01-03 ...	2006-07-01 ...	32.0	NULL
8	06040103	白晶晶	通信工程	女	1987-10-11 ...	2006-07-01 ...	32.0	NULL
9	07040101	孙立	通信工程	男	1988-10-19 ...	2007-07-01 ...	16.0	NULL
10	07040102	梁春滨	通信工程	男	1988-04-05 ...	2007-07-01 ...	14.0	一门课程不及格

查询已成功执行。　TSINGHUA (10.0 CTP)　TSINGHUA\Administrator...　school　00:00:00　10 行

就绪　　　　第 1 行　　　　第 1 列

图 5.2　在 XS 表选择全部列

5.1.2　修改结果集中的列标题

在默认情况下，在数据查询的结果中所显示出来的列标题就是在定义表时所使用的列名称。但是，在检索过程中可以根据用户的需要改变显示的列标题。另外，在含有算术表达式、常量、函数名的列中，指定目标列表达式时非常有用。实际上，改变列标题也就是为指定的列定义一个别名。

改变列标题有两种方法、一种方法是使用等号(=)；另一种方法是使用 AS 关键字。

指定表别名时，可以来列名之后使用 AS 关键字，也可以省略，AS 语句的格式为：

● column_name AS column_alias

● column_name column_alias

其中，column_alias 是指定的列标题。

例 5.3　查询表 XS 中计算机系同学的学号、姓名和总学分，结果中各列的标题分别指定为 sno、sname 和 smark。

SELECT　学号　AS sno,姓名　AS sname,总学分　AS smark

FROM XS

WHERE　所在专业= N'计算机'

语句执行的结果如图 5.3 所示。

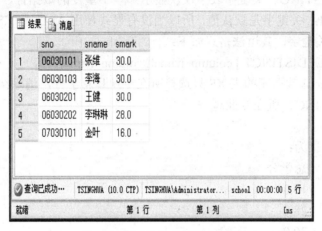

图 5.3　更改查询结果的列标题

更改查询结果中的列标题也可以使用 column_alias=expression 的形式。例如：

SELECT sno=学号, sname=姓名,smark=总学分

FROM XS

WHERE　所在专业= N'计算机'

注意：当自定义的列标题中含有空格时，必须使用引号将标题括起来，例如：

SELECT 'student no'=学号, 姓名　AS "student name", 总学分　AS smark

FROM XS

WHERE　所在专业= N'计算机'

语句执行的结果如图 5.4 所示。

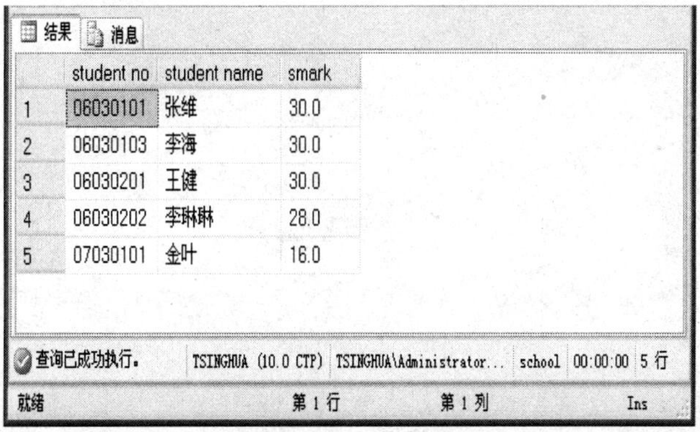

图 5.4　列标题中含有空格

注意：如果为表指定了别名，那么 T-SQL 语句中对该表的所有显式引用都必须使用别名，而不能使用表名。

5.1.3 消除结果集中的重复行

在执行查询时，在 SELECT 语句里面，可以在 SELECT 子句中通过使用 ALL 或 DISTINCT 关键字来控制查询结果集的显示样式。ALL 关键字表示检索所有的数据，包括重复的数据行。DISTINCT 关键字表示仅仅显示那些不重复的数据行，重复的数据行只是显示一次。由于 ALL 关键字是默认值，所以当没有显式使用 ALL 或 DISTINCT 关键字时，隐含着使用 ALL 关键字，其语法格式如下：

SELECT [ALL | DISTINCT] column_name[, column_name, …]

例 5.4 对 school 数据库的表 XS 只选择所在专业和总学分，消除结果集中的重复行。

SELECT DISTINCT 所在专业,总学分

FROM XS

语句执行的结果为：

所在专业	总学分
计算机	16.0
计算机	28.0
计算机	30.0
通信工程	14.0
通信工程	16.0
通信工程	32.0

例 5.5 查询选修了课程的学生的学号。

分析：CJ 表中相同学号的记录只保留第一行，余下的具有相同学号的记录将从查询结果中清除。也就是每个同学保留一条选课记录。T-SQL 语句如下：

SELECT DISTINCT 学号

FROM CJ

语句执行的结果为：

学号

06030101

06030103

06030201

06030202

06040101

06040102

06040103

07030101

07040101

07040102

注意：对于 DISTINCT 关键字来说，空值将被认为是相互重复的内容。当 SELECT 语句中包括 DISTINCT 时，不论遇到多少个空值，结果中只返回一个 NULL。

5.1.4 限制结果集中的返回行数

如果 SELECT 语句返回的结果集的行数非常多，可以使用 TOP 子句限制结果集中返回的行数。TOP 选项的基本格式为：

TOP(expression)[PERCENT][WITH TIES]

主要参数说明如下：

- expression：指定返回行数的数值表达式。如果指定了 PERCENT，则 expression 将隐式转换为 float 值；否则，它将转换为 bigint。在 INSERT、UPDATE 和 DELETE 语句中，需要使用括号来分隔 TOP 中的 expression。为保证向后兼容性，支持在 SELECT 使用不包含括号的 TOP expression，但不推荐这种用法。如果查询包含 ORDER BY 子句，则将返回按 ORDER BY 子句排序的前 expression 行或 expression%的行。如果查询没有 ORDER BY 子句，则行的顺序是随意的。
- PERCENT：指示查询只返回结果集中前 expression%的行。
- WITH TIES：指定从基本结果集中返回额外的行，对于 ORDER BY 列中指定的排序方式参数，这些额外的返回行的该参数值与 TOP n (PERCENT)行中的最后一行的该参数值相同。只能在 SELECT 语句中且只有在指定 ORDER BY 子句之后，才能指定 TOP…WITH TIES。

例 5.6 对 school 数据库的 XS 表选择姓名、所在专业和出生日期，只返回结果集的前 7 行。

SELECT TOP 7 姓名,所在专业,出生日期
FROM XS

语句执行的结果如图 5.5 所示。

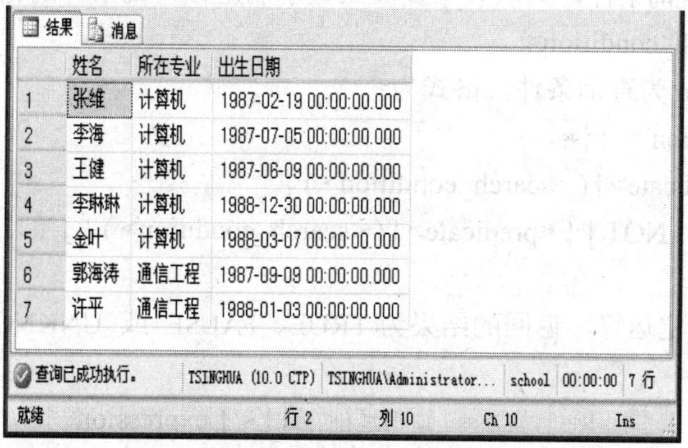

	姓名	所在专业	出生日期
1	张维	计算机	1987-02-19 00:00:00.000
2	李海	计算机	1987-07-05 00:00:00.000
3	王健	计算机	1987-06-09 00:00:00.000
4	李琳琳	计算机	1988-12-30 00:00:00.000
5	金叶	计算机	1988-03-07 00:00:00.000
6	郭海涛	通信工程	1987-09-09 00:00:00.000
7	许平	通信工程	1988-01-03 00:00:00.000

图 5.5 TOP 限制返回的行数

5.1.5 计算列值

使用 SELECT 对列进行查询时，可以在结果中输出对列值计算后的值，即 SELECT 子句可使用表达式作为结果，表达式中可以使用各种运算符和函数。这些运算符和函数包括

算术运算符、数学函数、字符串函数、日期和时间函数、系统函数等。格式如下：

SELECT expression [, expression]

例 5.7　按照 150 分制来显示 CJ 表中成绩。

SELECT　学号, 课程编号,成绩 150 分制 ＝ 成绩*1.5
FROM CJ

语句执行的结果如图 5.6 所示。

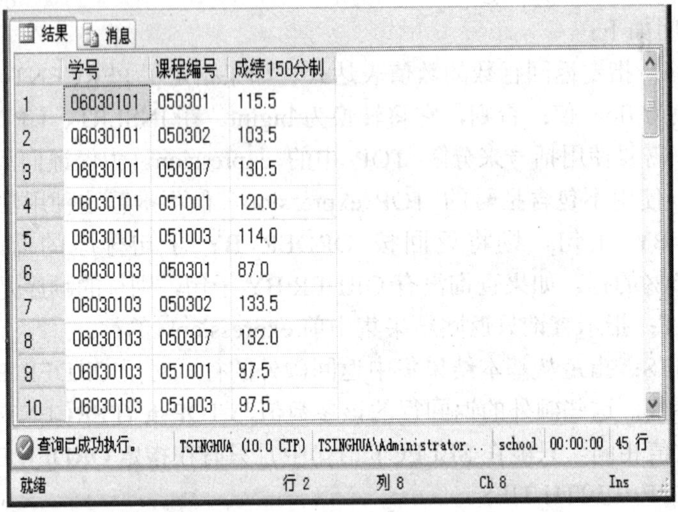

	学号	课程编号	成绩150分制
1	06030101	050301	115.5
2	06030101	050302	103.5
3	06030101	050307	130.5
4	06030101	051001	120.0
5	06030101	051003	114.0
6	06030103	050301	87.0
7	06030103	050302	133.5
8	06030103	050307	132.0
9	06030103	051001	97.5
10	06030103	051003	97.5

图 5.6　计算成绩的显示

5.2　使用 WHERE 子句选择行

为了选择表中满足查询条件的某些行，可以使用 SELECT 语句中的 WHERE 子句。由 WHERE 子句指定查询条件，只从表中提取或显示满足该查询条件的记录。基本格式为：

WHERE <search_condition>

search_condition 为查询条件，格式为：

< search_condition > : : =
{ [NOT] <predicate> | (<search_condition>) }
[{ AND | OR } [NOT] { <predicate> | (<search_condition>) }]
[,...n]

predicate 为判定运算，返回的结果为 TRUE、FALSE 或 UNKNOWN。格式为：

<predicate> : : =
{ expression { = | < > | ! = | > | > = | ! > | < | < = | ! < } expression　　/*比较运算*/
| string_expression [NOT] LIKE string_expression　[ESCAPE 'escape_character']　　/*字符匹配*/
| expression [NOT] BETWEEN expression AND expression　　/*指定范围*/
| expression IS [NOT] NULL　　/*是否为空值*/
| CONTAINS ({ column | * } , '< contains_search_condition >')

```
| FREETEXT ( { column | * } , 'freetext_string' )
| expression [ NOT ] IN ( subquery | expression [ ,...n ] )            /* IN 子句 */
| expression { = | < > | ! = | > | > = | ! > | < | < = | ! < } { ALL | SOME | ANY} ( subquery )
                                                                       /*比较子查询*/
| EXISTS ( subquery )            }                                     /* EXISTS 子查询*/
```

5.2.1　表达式比较

比较运算符用于比较两个表达式值，共有 9 个，例如，>=（大于等于）、<>（不等于）、!=（不等于）、!<（不小于）、!>（不大于）等。比较运算的格式如下：

expression { = | < > | ! = | > | > = | ! > | < | < = | ! < } expression

其中，expression 是除 text、ntext 和 image 外类型的表达式。

例 5.8　查询 school 数据库表 XS 中总学分小于等于 16 的同学的学号，姓名，所在专业。

```
SELECT  学号,姓名,所在专业
FROM XS
WHERE  总学分<=16
```

5.2.2　模式匹配

LIKE 谓词用于指出一个特定字符串是否与指定模式字符串相匹配，其返回逻辑值为 TRUE 或 FALSE。模式可以包含常规字符和通配符。模式匹配过程中，常规字符必须与字符串中指定的字符完全匹配。但是，通配符可以与字符串的任意部分相匹配。与使用 = 和 != 字符串比较运算符相比，使用通配符可使 LIKE 运算符更加灵活。

LIKE 谓词表达式的格式为：

match_expression（string_expression）[NOT]　LIKE　pattern（string_expression）
[ESCAPE 'escape_character']

参数说明如下：

- match_expression：任何有效的字符数据类型的表达式。
- Pattern：要在 match_expression 中搜索并且可以包括有效通配符的特定字符串。pattern 的最大长度可达 8000 字节。通配符的格式的含义见表 5.1。
- escape_character：放在通配符之前用于指示通配符应当解释为常规字符而不是通配符的字符。escape_character 是字符表达式，无默认值，并且计算结果必须仅为一个字符。

表 5.1　　　　　　　　　　　　　　　　通 配 符 列 表

通 配 符	说　　明
%	包含零个或多个字符的任意字符串
_（下划线）	任何单个字符
[]	指定范围([a-f])或集合([abcdef])中的任何单个字符
[^]	不属于指定范围([a-f])或集合([abcdef])的任何单个字符

LIKE 关键字的使用格式举例见表 5.2。

表 5.2	LIKE 关键字的使用格式举例
LIKE 格式	查 询 范 围
LIKE '%computer%'	将查找在字符串的任意位置包含单词"computer"的所有字符串
LIKE '%er'	将查找以 er 结尾的所有字符串（techer，master 等）
LIKE '_ean'	将查找以 ean 结尾的所有 4 个字母的字符串（Dean、Sean 等）
LIKE '[C-P]arsen'	将查找以 arsen 结尾并且以介于 C 与 P 之间的任何单个字符开始的字符串，例如 Darsen、Parsen、Karsen 等
LIKE 'de[^l]%'	将查找以 de 开始并且其后的字母不为 l 的字符串

例 5.9　查询 school 数据库中表 KC 中课程编号为 051003 的课程的信息。

SELECT *

FROM KC

WHERE　课程编号　LIKE '051003'

语句执行的结果为：

课程编号	课程名称	所属专业	开设学期	学时	学分
051003	毛泽东思想概论	全校	2	54	3.0

例 5.9 中 LIKE 后面的匹配串不含通配符，那么可以使用=（等号）运算符来代替 LIKE 谓词，用!=或<>（不等于）运算符来代替 NOT LIKE 谓词

下面的 SELECT 语句与上面的语句等价：

SELECT *

FROM KC

WHERE　课程编号='051003'

使用 LIKE 进行模式匹配时，可以使用通配符，即可以进行模糊查询。

例 5.10　查询 school 数据库中 XS 表中姓"李"且单名的学生的信息。

SELECT *

FROM XS

WHERE　姓名　LIKE N'李_' --无返回行

SELECT *

FROM XS

WHERE RTRIM(姓名) LIKE N'李_' --返回一行,RTRIM 函数把字符串尾部的空格去掉。

语句执行的结果如图 5.7 所示。

说明：如果使用 LIKE 执行字符串比较，则模式字符串中的所有字符都有意义，这包括前导或尾随空格。由于数据存储方式的原因，使用包含 nchar 和 nvarchar 数据的模式的字符串比较可能无法通过 LIKE 比较而导致失败。应当注意每种数据类型的存储方式。当前姓名列的数据类型定义为 nchar（10），当姓名列包含的字符数小于 10 时，姓名列中的值将包含尾随空格，这导致查询结果集中没有行返回。因为尾随空格是有意义的，所以此查询失败。可以使用 RTRIM 函数去掉姓名列的尾随空格，则有一行记录返回。

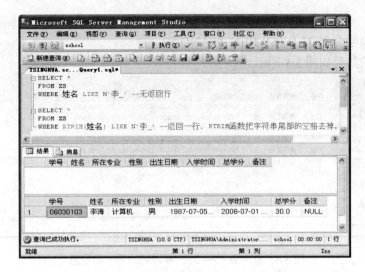

图 5.7 姓"李"且单名的学生的信息

LIKE 支持 ASCII 模式匹配和 Unicode 模式匹配。如果所有参数（match_expression、pattern 和 escape_character，如果存在）均为 ASCII 字符数据类型，则执行 ASCII 模式匹配。如果任何一个参数为 Unicode 数据类型，则所有参数都将转换为 Unicode，并执行 Unicode 模式匹配。当 Unicode 数据（nchar 或 nvarchar 数据类型）与 LIKE 一起使用时，尾随空格有意义；但对非 Unicode 数据，尾随空格则没有意义。

使用 ESCAPE 子句的模式匹配，可搜索包含一个或多个特殊通配符的字符串，以告诉系统其后的每个字符均作为实际匹配的字符，而不再作为通配符。例如，某些表中可能存储含百分号(%)的数据，若要搜索作为字符而不是通配符的百分号，必须提供 ESCAPE 关键字和转义符。若要搜索表的某列中的任何位置包含字符串 30%的任何行，可以使用 LIKE'%30!%%'ESCAPE'!'来指定。如果未指定 ESCAPE 和转义符，则数据库引擎将返回包含字符串 30 的所有行。

注意：如果 LIKE 模式中的转义符后面没有字符，则该模式无效并且 LIKE 返回 FALSE。如果转义符后面的字符不是通配符，则将放弃转义符，并将该转义符后面的字符作为该模式中的常规字符处理。

5.2.3 范围比较

用于范围比较的关键字有两个：BETWEEN 和 IN。

1. BETWEEN 关键字

BETWEEN 关键字指定值的包含范围。使用 AND 分隔开始值和结束值。范围搜索返回介于两个指定值之间的所有值。格式为：

expression [NOT] BETWEEN expression1 AND expression2

但不用 NOT 时，若表达式 expression 的在表达式 expression1 与 expression2 之间（包括两个值），则返回 TRUE；否则，返回 FALSE；使用 NOT 时，结果刚好相反。

例 5.11 查询 school 数据库 XS 表中总学分不在 20～30 之间的学生的信息。

SELECT *

FROM XS

WHERE　总学分 NOT BETWEEN 20 AND 30

语句执行的结果如图 5.8 所示。

	学号	姓名	所在专业	性别	出生日期	入学时间	总学分	备注
1	07030101	金叶	计算机	女	1988-03-07 00:00:00.000	2007-07-01 00:00:00.000	16.0	NULL
2	06040101	郭海涛	通信工程	男	1987-09-09 00:00:00.000	2006-07-01 00:00:00.000	32.0	NULL
3	06040102	许平	通信工程	男	1988-01-03 00:00:00.000	2006-07-01 00:00:00.000	32.0	NULL
4	06040103	白晶晶	通信工程	女	1987-10-11 00:00:00.000	2006-07-01 00:00:00.000	32.0	NULL
5	07040101	孙立	通信工程	男	1988-10-19 00:00:00.000	2007-07-01 00:00:00.000	16.0	NULL
6	07040102	梁春滨	通信工程	男	1988-04-05 00:00:00.000	2007-07-01 00:00:00.000	14.0	一门课程不及格

图 5.8　总学分不在 20～30 之间的学生的信息

2. IN 关键字

确定指定的值是否与列表中的值相匹配。使用 IN 可以指定一个值表，值表列出所有可能的值，包含零个值或多个值的列表。当与逗号分隔的列表中的任何一个匹配时，则返回 TRUE；否则，返回 FALSE；使用 NOT 时，结果刚好相反。

格式为：

expression [NOT] IN　(expression [,...n])

IN 关键字之后的各项必须用逗号隔开，并且括在括号中。

例 5.12　查询 school 数据库 KC 表中属于"计算机"、"电子工程"或"通信工程"专业的课程的编号、名称、所属专业名及开设学期。

SELECT　课程编号,课程名称, 所属专业,开设学期

FROM KC

WHERE　所属专业 IN(N'计算机',N'电子工程',N'通信工程')

该语句与使用逻辑运算符 OR 的语句等价：

SELECT　课程编号,课程名称,所属专业,开设学期

FROM KC

WHERE　所属专业=N'计算机'OR 所属专业= N'电子工程'OR 所属专业=N'通信工程'

注意：IN 关键字最重要的应用是在子查询（也称为嵌套查询）中。

5.2.4　空值比较

某个字段没有值称为具有空值（NULL）。通常没有为一个列输入值时，该列的值就是空值。空值不同于零和空格，它不占任何存储空间。

当需要判定一个表达式的值是否为空值时，使用 IS NULL 关键字，格式为：

expression IS [NOT] NULL

当不使用 NOT 时，若表达式 expression 的值为空值，返回 TRUE，否则返回 FALSE；当使用 NOT 时，结果刚好相反。

例 5.13　查询 school 数据库 CJ 表中没有考试成绩的学生的学号和相应的课程编号。

SELECT　学号, 课程编号

FROM CJ

WHERE　成绩 IS NULL

注意：这里的空值条件为 IS NULL，不能写成"成绩=NULL"。

5.2.5　CONTAINS 谓词

若需要在表中搜索指定的单词、短语或近义词等，可以使用 CONTAINS 谓词。CONTAINS 谓词用于在包含字符数据类型的列中搜索单个词和短语的精确或模糊（不太精确）匹配项、一定差异范围内的相邻词或加权匹配项。

若使用 CONTAINS 谓词，必须在操作的表上事先建立全文索引。

下面以 KC 表为例，介绍全文索引的创建和 CONTAINS 谓词的用法。

为某个表设置全文索引功能需要执行以下两个步骤：创建全文目录来存储全文索引。创建全文索引。

若要创建全文索引，必须先使用外部工具（例如 SQL Server Management Studio）创建目录。

说明：为数据库创建全文目录。一个全文目录可以包含多个全文索引，但一个全文索引只能用于构成一个全文目录。每个数据库可以不包含全文目录或包含多个全文目录。不能在 master、model 或 tempdb 数据库中创建全文目录。

全文目录可以不包含全文索引，也可以包含数量不等的全文索引。全文目录必须驻留在与 SQL Server 实例相关联的本地硬盘上。每个目录可用于满足数据库内的一个或多个表的索引需求。除非附加了包含全文目录的只读数据库，否则不能将全文目录存储在可移动驱动器、软盘或网络驱动器上。

全文索引是 SQL Server 2008 具备针对 SQL Server 表中基于纯字符的数据进行全文查询的功能。全文查询可以包括单词和短语，或者单词或短语的多种形式。

建立全文索引的方法：一是使用 CREATE INDEX 语句，参见第 7 章；二是在 SQL Server Manager Studio（SQL Server 管理平台）中使用全文索引表功能，其操作过程介绍如下。

1. 创建全文目录

1）在对象资源管理器中，展开要在其中创建全文目录的 school 数据库。展开"存储"，然后在"全文目录"上单击鼠标右键，从弹出的快捷菜单中选择"新建全文目录"，如图 5.9 所示。

图 5.9　在快捷菜单中选择"新建全文目录"菜单项

2）上一步操作后，出现"新建全文目录"对话框中，指定要重新创建的目录的信息，在全文目录名称中输入文件名 KC1，单击"确定"按钮，即创建好全文目录，如图 5.10 所示。

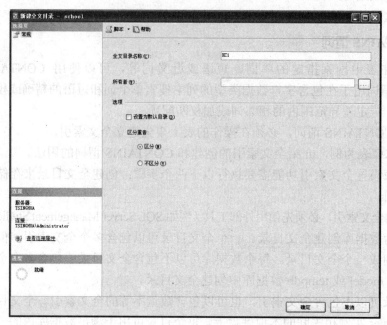

图 5.10 "新建全文目录"对话框

2. 创建全文索引（启动全文索引向导）

1）在对象资源管理器中，选择要对其创建全文索引的表 KC，单击鼠标右键，在弹出的快捷菜单中选择"全文索引"→"定义全文索引…"。出现如图 5.11 所示的"全文索引向导"界面，单击"下一步"按钮。

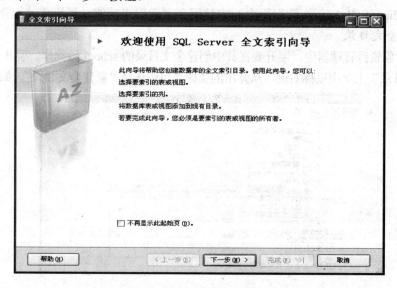

图 5.11 全文索引向导

2）在如图 5.12 所示的全文索引向导界面中为表选择唯一索引，单击"下一步"按钮。

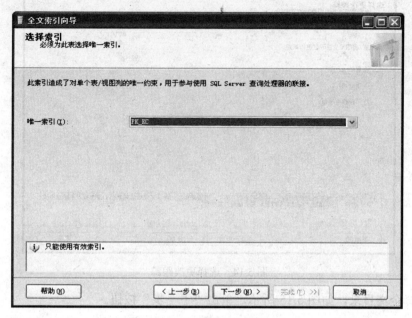

图 5.12　选择唯一索引

3）在如图 5.13 所示的全文索引向导界面中选择作为全文索引的列及语言种类，单击"下一步"按钮。

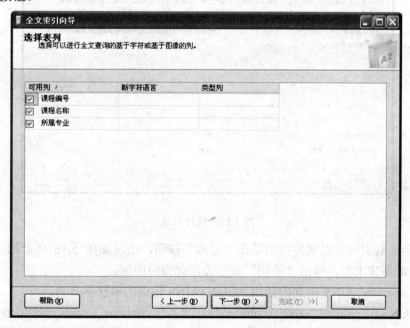

图 5.13　选择表中作为全文索引的列

4）在如图 5.14 所示的全文索引向导界面中选择跟踪表和视图更新的方式，单击"下一步"按钮。

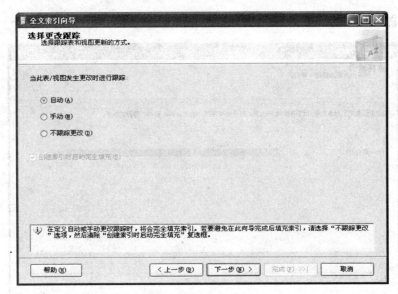

图 5.14 选择更改跟踪

5) 选择全文目录, 如图 5.15 所示, 单击"下一步"按钮。

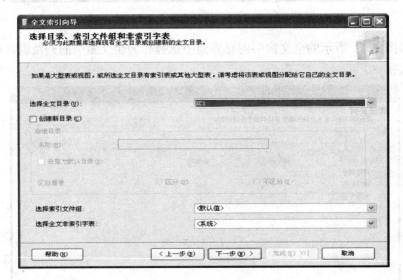

图 5.15 选择目录

6) 在全文索引向导说明界面中单击"完成"按钮, 出现如图 5.16 所示的界面, 即完成全文索引的创建工作。单击"关闭"按钮关闭此窗口即可。

下面讨论 CONTAINS 谓词的使用, CONTAINS 谓词的语法格式为:

CONTAINS ({ column_name | (column_list) | * }, '< contains_search_condition >'

      [, LANGUAGE language_term]   /*用户发出查询时所用的语言*/

)

其中:

< contains_search_condition > ::=

```
{   < simple_term > | < prefix_term > | < generation_term >
    < proximity_term >   | < weighted_term > }
}
| {   ( < contains_search_condition > )
  [   { < AND > | < AND NOT > | < OR > }   ]
< contains_search_condition > [ ...n ]
}
```

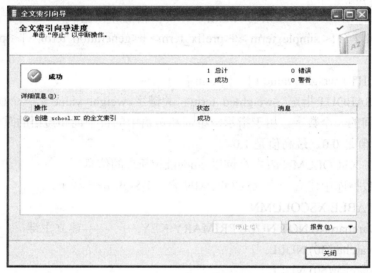

图 5.16　全文索引创建完成对话框

主要参数说明如下：

- column_name：全文索引中包含的一列或多列的名称。类型为 char、varchar、nchar、nvarchar、text、ntext、image、xml 和 varbinary(max)的列是全文搜索的有效列。
- column_list：指示可以指定多个列（以逗号分隔）。column_list 必须包含在括号中。
- <contains_search_condition>：指定要在 column_name 中搜索的文本和匹配条件。
- simple_term：说明搜索的是单词还是短语，格式为：
  word | " phrase "
  其中，word 为单词，即不带空格或标点符号的字符串；phrase 为短语，是含有空格的一个或多个空格的字符串。应该使用双引号("")将短语括起来。短语中词在数据库列中出现的顺序必须与<contains_search_condition>中指定的顺序相同。搜索词或短语中的字符时不区分大小写。
- prefix term：给出了要搜索的单词或短语必须匹配的前缀，格式为：
  { "word * " | "phrase *" }
  其中，word 为单词，phrase 为短语，将前缀字词用英文双引号("")括起来
- generation_term：说明搜索包含原词的派生词，所谓派生词是指原词的名词单、复数形式或动词的各种时态等。格式为：
  FORMSOF ({ INFLECTIONAL | THESAURUS } , < simple_term > [,...n])

其中，INFLECTIONAL 指定要对指定的简单字词使用与语言相关的词干分析器（语言分析组合动词等）。THESAURUS 指定使用对应于列全文语言或指定的查询语言的同义词库。

- proximity_term：表示搜索包含 NEAR 或~运算符左右两边的词或短语，proximity_term 中的词彼此越接近，匹配越有效。格式为：
  { < simple_term > | < prefix_term > } { { NEAR | ~ } { < simple_term > | < prefix_term > } } [...n]
- weighted_term：可以搜索词或短语，并可以指定加权值。
  ISABOUT ({{< simple_term > |<prefix_term> | <generation_term > | < proximity_term > }
  [WEIGHT (weight_value)]   } [,...n]   )
  其中，ISABOUT 指定 <weighted_term> 关键字。weight_value 是一个权值介于 0.0～1.0 之间的一个数字，用于指示一组词和短语中的每个词和短语的重要程度。权值的最低值是 0.0，最高值是 1.0。

例 5.14　在 XSCOLUMN 表中查询以 student n 开头的信息。

在 school 数据库中建立一个 XSCOLUMN 表，T-SQL 语句如下：

```
CREATE TABLE XSCOLUMN
(column1 varchar(10) NOT NULL PRIMARY KEY,        ——建立主键
 column2 varchar(30) NULL,
 column3 varchar(50) NULL
)
GO
INSERT XSCOLUMN
VALUES('s1','number','student number'),    ——插入多行
      ('s2','name','student name'),
      ('s3','speciality','student speciality'),
      ('s4','credit','student credit')
GO
```

创建完表后，通过 SQL Server 管理平台创建全文索引，然后实现相应的查询，T-SQL 语句如下：

```
SELECT *
FROM XSCOLUMN
WHERE CONTAINS(*,'"student n*"')
```

语句执行的结果为：

column1	column2	column3
s1	number	student number
s2	name	student name

例 5.15　在 XSCOLUMN 表中查询含 credit 或其派生词的信息。

SELECT *

FROM XSCOLUMN

WHERE CONTAINS(*,'FORMSOF(INFLECTIONAL,credit)')

例 5.16 在表 KC 中查询在"电子"附近有"线路"字样的课程的信息。

SELECT *

FROM KC

WHERE CONTAINS(*,'电子 NEAR 线路')

5.2.6 FREETEXT 谓词

与 CONTAINS 谓词类似，FREETEXT 谓词也用于在一个表中搜索单词或短语，并要求表已建全文索引。

语法格式为：

FREETEXT ({ column_name | (column_list) | * }, 'freetext_string' [, LANGUAGE language_term])

其中，freetext_string 是要搜索的文本。可以输入任何文本，包括单词、短语或句子。只要在全文索引中找到任何术语或术语格式，就会生成匹配项。

CONTAINS 和 FREETEXT 谓词都返回 TRUE 或 FALSE 值，并且都在 SELECT 语句的 WHERE 或 HAVING 子句中指定。

注意：使用 FREETEXT 的全文查询没有使用 CONTAINS 的全文查询精度高。

5.2.7 子查询

在某些查询中，查询语句比较复杂，不容易理解，因此，当为了把这些复杂的查询语句分解成多个比较简单的查询语句形式时，可以使用子查询方式。

使用另一个查询的结果作为查询条件一部分的查询，称为子查询。子查询是一个嵌套在 SELECT、INSERT、UPDATE 或 DELETE 语句或其他子查询中的查询。任何允许使用表达式的地方都可以使用子查询。

子查询也称为内部查询或内部选择，而包含子查询的语句也称为外部查询或外部选择。子查询的 SELECT 查询总是使用圆括号括起来。

子查询可以使用几个简单命令构造功能强大的复合命令。子查询最常用于 SQL 命令的 WHERE 子句中，我们按照子查询返回单个值还是一组值(此时子查询前应接关键字 IN、ANY 或 ALL 等)、查询一个表还是多个表进行分类。

包含子查询的语句通常采用以下格式中的一种：

- WHERE expression [NOT] IN (subquery)
- WHERE expression comparison_operator [ANY | ALL] (subquery)
- WHERE [NOT] EXISTS (subquery)

在使用子查询时，应遵循下列原则：

- 通过比较运算符引入的子查询选择列表只能包括一个表达式或列名称（对 SELECT*执行的 EXISTS 或对列表执行的 IN 子查询除外）。
- 如果外部查询的 WHERE 子句包括列名称，它必须与子查询选择列表中的列是连接兼容的。

- ntext、text 和 image 数据类型不能用在子查询的选择列表中。
- 由于必须返回单个值,所以由未修改的比较运算符(即后面未跟关键字 ANY 或 ALL 的运算符)引入的子查询不能包含 GROUP BY 和 HAVING 子句。
- 包含 GROUP BY 的子查询不能使用 DISTINCT 关键字。
- 不能指定 COMPUTE 和 INTO 子句。
- 只有指定了 TOP 时才能指定 ORDER BY。
- 不能更新使用子查询创建的视图。
- 按照惯例,由 EXISTS 引入的子查询的选择列表有一个星号(*),而不是单个列名。因为由 EXISTS 引入的子查询创建了存在测试并返回 TRUE 或 FALSE 而非数据,所以其规则与标准选择列表的规则相同。

注意:如果某个表只出现在子查询中,而没有出现在外部查询中,那么该表中的列就无法包含在输出(外部查询的选择列表)中。子查询可以从多个表提取数据,但也只能有一个返回值。

1. IN 子查询

IN 子查询用于确定一个指定的值是否与子查询结果集中的值相匹配。子查询返回结果之后,外部查询将利用这些结果。格式为:

expression [NOT] IN (subquery)

其中,subquery 是包含某列结果集的子查询。该列必须与 expression 具有相同的数据类型。如果 expression 的值与 subquery 所返回的任何值相等,则 IN 谓词返回 TRUE;否则返回 FALSE。

例 5.17 查询选修了课程号为 051003 的课程的学生的学号、姓名、所在专业、总学分。

SELECT 学号,姓名,所在专业,总学分

FROM XS

WHERE 学号 IN

   (SELECT 学号

     FROM CJ

     WHERE 课程编号='051003'   )

包含子查询的 SELECT 语句中,系统首先执行子查询,产生一个结果集,再执行外部查询。本例的执行过程是先执行子查询:

SELECT 学号

FROM CJ

WHERE 课程编号='051003'

得到一个只含有学号列的结果集,表 CJ 中满足课程编号列值为 051003 的每一行在结果集中都有一行。再执行外部查询,若表 XS 中的某行的学号列值等于子查询结果集的任何一个值,则该行就被选择。

例 5.18 查询通信工程专业中未选修"数字电路"课程的学生的信息。

说明:子查询自身可以包括一个或多个子查询。一个语句中可以嵌套任意数量的子查询。

```
SELECT *
FROM XS
WHERE  学号  NOT IN
        ( SELECT  学号
         FROM CJ
         WHERE  课程编号  IN
             ( SELECT  课程编号
                     FROM KC
                     WHERE   课程名称=N'数字电路' )
        )  AND   所在专业=N'通信工程'
```

语句执行的结果如图 5.17 所示。

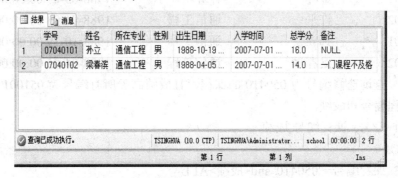

图 5.17　IN 子查询

注意：IN 和 NOT IN 子查询只能返回一列数据。

2. 比较子查询

这种子查询可以认为是 IN 子查询的扩展，它使表达式的值与子查询的结果进行比较运算，格式为：

expression { = | < > | ! = | > | > = | ! > | < | < = | ! < } { ALL | SOME | ANY} (subquery)

其中，expression 为要进行比较的表达式，subquery 为子查询，可以用 ALL、ANY 或 SOME 关键字对比较运算进行限制。SOME 是与 ANY 等效。

ALL 指定表达式要与子查询结果集列表中的每个值都进行比较，当表达式与每个值都满足比较的关系时，才返回 TRUE，否则返回 FALSE。

ANY 或 SOME 表示表达式只要与子查询结果集列表中的某个值满足比较的关系时，就返回 TRUE，否则返回 FALSE。

以>比较运算符为例来说明 ALL 和 ANY 的含义。

>ALL 表示大于每一个值，换句话说，它表示大于最大值。例如，>ALL (1, 2, 3) 表示大于 3。

>ANY 表示至少大于一个值，即大于最小值。因此>ANY(1, 2, 3)表示大于 1。

例 5.19　查询和学号为 06030202 的学生同年出生的所有学生的学号，姓名，所在专业和出生日期。

```
SELECT  学号,姓名,所在专业,出生日期
FROM XS
WHERE year(出生日期)=
    ( SELECT year(出生日期)
     FROM XS
     WHERE  学号='06030202'
    )
```

执行的结果为:

学号	姓名	所在专业	出生日期
06030202	李琳琳	计算机	1988-12-30 00:00:00.000
07030101	金叶	计算机	1988-03-07 00:00:00.000
06040102	许平	通信工程	1988-01-03 00:00:00.000
07040101	孙立	通信工程	1988-10-19 00:00:00.000
07040102	梁春滨	通信工程	1988-04-05 00:00:00.000

例 5.20   查询选修编号为 050410 的课程,且成绩高于所有编号为 051001 成绩的学生的学号、课程编号和成绩。

```
SELECT  学号, 课程编号,成绩
FROM CJ
WHERE  课程编号= '050410' and  成绩>ALL
    ( SELECT  成绩
       FROM CJ
       WHERE  课程编号='051001' )
```

语句执行结果为:

学号	课程编号	成绩
06040101	050410	89
06040102	050410	91

例 5.21   查询选修编号为 050410 的课程,且成绩不低于编号为 051001 最低成绩的学生的学号、课程编号和成绩。

```
SELECT  学号, 课程编号,成绩
FROM CJ
WHERE  课程编号= '050410' and  成绩!<ANY      ——等价"成绩>ANY"
( SELECT  成绩
 FROM CJ
  WHERE  课程编号='051001'
)
```

语句执行结果为:

学号	课程编号	成绩
06040101	050410	89
06040102	050410	91
06040103	050410	77

3. EXISTS 子查询

EXISTS 表示存在量词，带有 EXISTS 的子查询不返回任何实际数据，它只得到逻辑值"真"或"假"。当子查询的查询结果集合为非空时，则 EXISTS 返回 TRUE，否则返回 FALSE。EXISTS 还可与 NOT 结合使用，即 NOT EXISTS，其返回值与 EXIST 刚好相反。格式为：

[NOT] EXISTS (subquery)

注意：使用 EXISTS 引入的子查询在以下几方面与其他子查询略有不同：

- EXISTS 关键字前面没有列名、常量或其他表达式。
- 由 EXISTS 引入的子查询的选择列表通常几乎都是由星号(*)组成。由于只是测试是否存在符合子查询中指定条件的行，所以不必列出列名。

例 5.22 查找选修 050302 号课程的学生姓名、性别和总学分。

SELECT 姓名,性别,总学分
FROM XS
WHERE EXISTS
(SELECT *
    FROM CJ
    WHERE 学号= XS.学号 AND 课程编号='050302')

分析：

1）如果某个子查询中引用的列不存在于该子查询的 FROM 子句引用的表中，而存在于外部查询的 FROM 子句引用的表中，则该查询可以正确执行。SQL Server 会用外部查询中的表名隐式限定该子查询中的列。本例在子查询的条件中使用了限定形式的列名引用 XS.学号，表示这里的学号列出自表 XS。

2）本例的查询与前面的子查询有一个明显区别，即子查询的查询条件依赖于外部查询的某个属性值（在本例中是依赖于表 XS 的学号列值），这类查询称为相关子查询。

在前面的例子中可以看到，内部查询（子查询）只执行一次，得到一个结果集，并将得到的值代入外部查询的 WHERE 子句中进行处理。而在包括相关子查询（也称为重复子查询）的查询中，子查询依靠外部查询获得值。这意味着子查询是重复执行的，为外部查询可能选择的每一行均执行一次。处理的过程：

首先查找外部查询中的表 XS 的第一行，将该行代入内部查询，根据它与内部查询相关的学号列值处理内部查询，若处理的结果不为空，则 WHERE 条件就为真，就把该行的姓名，性别和总学分取出作为结果集的一行，然后再找表 XS 的第 2，第 3，…，第 n 行，重复上述处理过程直到表 XS 的所有行都查找完毕。

5.3 FROM 子句

在每一个要从表或视图中检索数据的 SELECT 语句中，都需要使用 FROM 子句。使用 FROM 子句可以指定 SELECT 语句的查询对象（即数据源）。

FROM 子句的语法格式：

FROM { <table_source> } [,...n]

其中：

<table_source> ::=

{

table_or_view_name [[AS] table_alias] [WITH (< table_hint > [[,]...n])]

　　　　　　　　　　　　　　　　/*查询表或视图，可以指定别名*/

　[<tablesample_clause>]　　　　　　　/*指定返回来自表的数据样本*/

　| rowset_function [[AS] table_alias]　　　　　　　/*行集函数*/

　| user_defined_function [[AS] table_alias] [(column_alias [,...n])] /*指定表值函数*/

　| OPENXML <openxml_clause>　　　　　/*通过 XML 文档提供行集视图*/

　| derived_table [AS] table_alias [(column_alias [,...n])]　　/*子查询*/

　| <joined_table>　　　　　　　　　　　　　/*连接表 */

　| @variable [[AS] table_alias]

　|@variable.function_call (expression [,...n]) [[AS] table_alias] [(column_alias ,...n])]

}

1. table_or_view_name

table_or_view_name 指定要查询的表名或视图名，可以为表或视图指定别名。可以使用 AS 选项为表或视图指定别名，AS 也可以省略，直接给出别名。别名主要用在相关子查询或连接查询中。有关视图的应用在后续章节介绍。

例 5.23　查找选修了"计算机基础"课程的学生的学号和这门课程的成绩。

```
SELECT  学号,成绩
FROM CJ   C               ——AS 可以省略
WHERE   EXISTS
  (  SELECT *
     FROM KC AS K
     WHERE  课程名称=N'计算机基础' AND EXISTS
       (  SELECT *
          FROM XS AS X
          WHERE X.学号=C.学号    AND C.课程编号=K.课程编号    )
)
```

执行的结果为：

学号	成绩
06030101	77
06030103	58
06030201	68
06030202	69
07030101	89

2. rowset_function

rowset_function 指定其中一个行集函数，行集函数通常返回一个表或视图。主要的行集函数有 CONTAINSTABLE、FREETEXTTABLE、OPENDATASOURCE、OPENQUERY、OPENROWSET 和 OPENXML。

（1）CONTAINSTABLE 函数

CONTAINSTABLE 函数和 CONTAINS 谓词相对应，用于对表进行全文查询，并且要求在所查询的表上建立全文索引。语法格式为：

CONTAINSTABLE(table,{column_name|(column_list)|*}, '< contains_search_condition >'
[,LANGUAGE language_term] [,top_n_by_rank]   )

其中，contains_search_condition 与 CONTAINS 谓词中的搜索条件完全相同。不同的是，在 CONTAINSTABLE 中，可以指定要进行全文搜索的表（table）、要在表中搜索的列（或所有列）以及搜索条件。

CONTAINSTABLE 将返回一个表，其中包含满足匹配条件的行，共有两列 KEY 和 RANK。KEY 包含全文键值，该列中的值是与全文搜索条件中所指定的选择条件匹配的行的唯一值。RANK 表示行与选择条件的匹配程度。它的值是 0～1000 的值。行的排名值越高，该行与给定的全文查询的相关性越高。根据返回的行与选择条件的匹配程度，使用这些值对行进行排名。可选项 top_n_by_rank，说明只返回按 RANK 降序排列的结果集的前 n 行，其中 n 是正整数。

（2）FREETEXTTABLE 函数

FREETEXTTABLE 函数和 FREETEXT 谓词相对应，它的使用和 CONTAINSTABLE 函数类似，语法格式为：

FREETEXTTABLE (table , { column_name | (column_list) | * } , 'freetext_string'
        [,LANGUAGE language_term] [,top_n_by_rank])

该函数使用与 FREETEXT 谓词相同的搜索条件。

注意：CONTAINSTABLE 和 FREETEXTTABLE 都返回包含零行、一行或多行的表，因此它们必须始终在 FROM 子句中指定。

（3）OPENDATASOURCE 函数

OPENDATASOURCE 函数使用户连接到服务器。语法格式为：

OPENDATASOURCE (provider_name, init_string)

参数说明如下：

- provider_name：注册为用于访问数据源的 OLE DB 访问接口的 PROGID 的名称。provider_name 的数据类型为 char，无默认值。
- init_string：连接字符串，该字符串将要传递给目标提供程序的 IDataInitialize 接口。提供程序字符串语法是以关键字值对为基础的，这些关键字值对由分号隔开，例如："keyword1=value; keyword2=value"。

（4）OPENQUERY 函数

OPENQUERY 函数对给定的链接服务器（OLE DB 数据源）执行指定的传递查询，返回查询的结果集。

OPENQUERY 可以在查询的 FROM 子句中引用，就好像它是一个表名。OPENQUERY 也可以作为 INSERT、UPDATE 或 DELETE 语句的目标表进行引用。但这要取决于 OLE DB 访问接口的功能。尽管查询可能返回多个结果集，但是 OPENQUERY 只返回第一个。

语法格式为：OPENQUERY (linked_server ,'query')

参数说明如下：

● linked_server：表示链接服务器名称的标识符。

● ' query ' ：在链接服务器中执行的查询字符串。该字符串的最大长度为 8 KB。

例如：

EXEC sp_addlinkedserver 'OracleSvr','Oracle 7.3', 'MSDAORA', 'ORCLDB'

GO

SELECT *

FROM OPENQUERY(OracleSvr, 'SELECT name,id FROM al.titles')

GO

该语句的作用为 Oracle 提供的 OLE DB 对 Oracle 数据库创建了一个名为 OracleSvr 的连接服务器，然后对其检索。

（5）OPENROWSET 函数

OPENROWSET 函数与 OPENQUERY 函数相同，只是语法格式不同。

（6）OPENXML 函数

OPENXML 函数通过 XML 文档提供行集视图。

3. derived_table

derived_table 是嵌套 SELECT 语句，可从指定的数据库和表中检索行的子查询。derived_table 用作外部查询的输入，必须为其指定一个别名，也可以为列指定别名。

例 5.24　从表 CJ 中查找成绩在 90 分以上的学生的学号，课程编号和成绩，这些列分别使用别名 sno，cno，score 来表示，表的别名用 C 来表示。

SELECT C.sno,C.cno,C.score

FROM (SELECT * FROM CJ WHERE 成绩>88) AS C

　　(sno,cno,score)

注意：若要为表的列指定别名，必须为所有列指定别名。

语句执行的结果如图 5.18 所示。

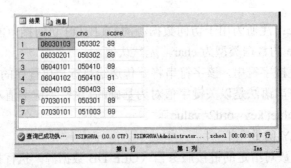

图 5.18　derived_table 子查询的使用

4. joined_table

由两个或更多表的连接构成的结果集，将在下一小节介绍。

5.4 连接查询

前面的查询都是针对一个表进行的，在数据查询中，经常涉及到提取两个或多个表的数据，例如在 school 数据库中，查询选修了"计算机基础"这门课程的学生的学号，姓名和总学分，就需要将 XS、KC 和 CJ 三个表进行连接，才能查找到结果。当查询同时涉及多个表时，就称为连接查询。通过连接，可以从两个或多个表中根据各个表之间的逻辑关系来检索数据。连接指明了 Microsoft SQL Server 应如何使用一个表中的数据来选择另一个表中的行。

数据表之间的联系是通过表的字段值来体现的，这种字段称为连接字段。连接操作的目的就是通过加在连接字段的条件将多个表连接起来，以便从多个表中查询数据。一般在设计表时，为了提高表的设计质量，经常把相关数据分散在不同的表中。但是，在使用数据时，需要把这些数据集中在一个查询语句中。连接查询可以满足这种客观需求。

连接查询是关系数据库中最主要的查询。

连接条件可通过以下方式定义两个表在查询中的关联方式：

● 指定每个表中要用于连接的列。典型的连接条件在一个表中指定一个外键，而在另一个表中指定与其关联的键。

● 指定用于比较各列的值的逻辑运算符（例如=或<>）。

1. 使用连接谓词指定的连接

可以在 SELECT 语句的 WHERE 子句中使用比较运算符给出连接条件对表进行连接，连接条件也称为连接谓词。其一般格式如下：

[<表名 1>.] <列名 1> <比较运算符> [<表名 2>.] <列名 2>

其中，列名 1 和列名 2 就是连接字段，连接字段必须是可比的，不必具有相同的名称或相同的数据类型，但如果数据类型不相同，则必须兼容。连接谓词中使用的比较运算符可以是：=、!=、<>、<、<=、>、>=、!<、和!>。当比较运算符为"="时，称为等值连接，使用其他运算符称为非等值连接。

例 5.25 查询 school 数据库每个学生的信息以及选修的课程信息。

SELECT XS.* ,CJ.*

FROM XS , CJ

WHERE XS.学号= CJ.学号

语句执行结果如图 5.19 所示。

在等值连接中去掉了目标列中相同的字段名，但保留了所有不重复的字段，则称之为自然连接。本例通过查询结果可以看到出现重复的学号列，为了避免重复可以使用自然连接去掉相同的列。SELECT 子句也可写为：

SELECT XS.*,CJ.课程编号,CJ.成绩

FROM XS , CJ

WHERE (XS.学号= CJ.学号)

语句执行结果如图 5.20 所示。

图 5.19　等值连接实现查询学生及其选修课程的信息

图 5.20　自然连接实现查询学生及其选修课程的信息

说明：两个表或者多个表要做连接，一般来说，这些表之间存在着主键和外键的关系。所以将这些键的关系列出，就可以得到表的连接结果。

例5.26　查询孙立的学号、及所选修的课程中成绩大于等于85分以上课程编号及成绩。

SELECT XS.学号,CJ.课程编号,CJ.成绩

FROM XS , CJ

WHERE (XS.学号= CJ.学号) AND (XS.姓名=N'孙立') AND (CJ.成绩>=85)

当在单个查询中引用多个表时，所有列引用都必须是明确的。本例中表 XS 和表 CJ 中都含有学号列。若对学号列不指定表名，会出现下列如图 5.21 所示的错误提示：

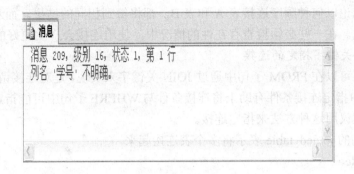

图 5.21 错误提示

所以在查询所引用的两个或多个表中，任何重复的列名都必须用表名加以限定。此示例中对学号列的所有引用均已限定。若选择的字段名在各个表中时唯一的，则可以省略字段名前的表名，如课程编号列，姓名列和成绩列。例 5.26 的 SELECT 子句也可写为：

SELECT XS.学号,课程编号,成绩

FROM XS , CJ

WHERE XS.学号= CJ.学号 AND 姓名=N'孙立' AND 成绩>=85

语句执行的结果为：

学号	课程编号	成绩
07040101	050403	85
07040101	051001	87

实际的应用中在列名前使用限定的表名，可以提高查询的可读性，避免列名的混淆。

有时用户所需要的字段来自两个以上的表，那么就要对两个以上的表进行连接，称为多表连接。

例 5.27 查询选修了"大学物理"课程且成绩在 70 分以上的学生学号、姓名、课程名及成绩。

SELECT XS.学号, 姓名, 课程名称, 成绩

FROM XS , KC , CJ

WHERE XS.学号= CJ.学号   AND KC.课程编号= CJ.课程编号

AND 课程名称= N'大学物理' AND 成绩>= 70

执行的结果为：

学号	姓名	课程名称	成绩
06040101	郭海涛	大学物理	85
06040102	许平	大学物理	86
06040103	白晶晶	大学物理	98
07040101	孙立	大学物理	85

使用连接而不使用子查询处理问题的一个不同之处在于，连接使用户可以在结果中显示多个表中的列。

连接总是可以表示为子查询。子查询经常（但不总是）可以表示为连接。这是因为连

接是对称的：无论以何种顺序连接表 A 和表 B，都将得到相同的结果。而对子查询来说，情况则并非如此。在一些必须检查存在性的情况中，使用连接会产生更好的性能。

2. 以 JOIN 关键字指定的连接

连接查询还可以在 FROM 子句中通过 JOIN 关键字来实现，是对连接谓词形式的扩展。在 FROM 子句中指定连接条件有助于将连接条件与 WHERE 子句中可能指定的其他任何搜索条件分开，建议用这种方法来指定连接。

FROM 子句的 joined_table 表示将多个表连接起来。

<joined_table> ::=

{

  <table_source> <join_type> <table_source> ON <search_condition>

  | <table_source> CROSS JOIN <table_source>

  | left_table_source { CROSS | OUTER } APPLY right_table_source

  | [( ] <joined_table> [ )]

}

其中：

<join_type> ::=

  [{ INNER | { { LEFT | RIGHT | FULL } [OUTER] } } [<join_hint>]]　　JOIN

主要参数说明如下：

- table_source：需要连接的表。
- join_type：连接操作的类型。
- JOIN：指定的连接操作应在指定的表源或视图之间执行。
- ON：指定连接所基于的条件。
- INNER：内连接。
- OUTER：外连接。
- <join_hint>：指定 SQL Server 查询优化器为在查询的 FROM 子句中指定的每个连接使用一个连接提示或执行算法。
- CROSS JOIN：交叉连接。
- left_table_source { CROSS | OUTER } APPLY right_table_source：指定针对 left_table_source 的每行，对 APPLY 运算符的 right_table_source 求值。当 right_table_source 包含从 left_table_source 取列值作为其参数之一的表值函数时，此功能很有用。

必须使用 APPLY 指定 CROSS 或 OUTER。如果指定 CROSS，针对 right_table_source 的指定行对 left_table_source 求值，且返回了空的结果集，则不生成任何行。如果指定 OUTER，则为 left_table_source 的每行生成一行，即使在针对该行对 right_table_source 求值且返回空的结果集时也是如此。

注意：可以在 FROM 或 WHERE 子句中指定内部连接；而只能在 FROM 子句中指定外部连接。

以 JOIN 关键字指定的连接有以下 3 种类型。

（1）内连接

内连接按照 ON 所指定的条件合并表，返回所有匹配的行。内连接是一种常用的连接方式，如果在 JOIN 关键字前面没有明确指定连接类型，则默认的连接类型是内连接，即可以省略 INNER 关键字。

例 5.28　查询 school 数据库每个学生的信息以及选修的课程信息。

SELECT *

FROM XS INNER JOIN CJ　ON XS.学号= CJ.学号

分析：以主键和外键的关系来作为连接条件。结果集中包含 XS 表和 CJ 表的所有字段，并没有去掉重复的学号字段，若要去掉，可以将 SELECT 语句改为：

SELECT XS.*,课程编号,成绩

说明：在 FROM 子句中使用 JOIN 关键字实现连接试比较与使用连接谓词时语句的写法。

例5.29　查询孙立的学号、及所选修的课程中成绩大于等于85分以上课程编号及成绩。

SELECT XS.学号,课程编号,成绩

FROM XS JOIN CJ ON XS.学号= CJ.学号　　--可以省略 INNER 关键字

WHERE　姓名=N'孙立' AND　成绩>=85

例 5.30　查询选修了"大学物理"课程且成绩在 70 分以上的学生学号、姓名、课程名及成绩。

SELECT XS.学号, 姓名, 课程名称, 成绩

FROM CJ JOIN KC ON CJ.课程编号= KC.课程编号

JOIN XS　ON　XS.学号= CJ.学号

WHERE　课程名称= N'大学物理' AND　成绩>= 70

分析：由于表 CJ 是参与连接的表 KC、表 XS 之间的中间连接点，我们把连接的中间表（CJ 表）可称为"转换表"或"中间表"。本例也可以由以下 SELECT 语句来实现：

SELECT XS.学号, 姓名, 课程名称, 成绩

FROM XS JOIN KC　 JOIN CJ ON CJ.课程编号= KC.课程编号

ON　XS.学号= CJ.学号

WHERE　课程名称= N'大学物理' AND　成绩>= 70

注意：这两种方法的书写顺序及语句执行的先后顺序。

（2）外连接

内连接是保证两个表中所有的行都要满足连接条件，但是外连接则不然。在外连接中，不仅仅是那些满足条件的数据，某些不满足条件的数据也会显示在结果集中。也就是说，外连接只限制其中一个表的数据行，而不限制另外一个表中的数据。

在 Microsoft SQL Server 2008 系统中，可以使用三种外连接关键字，即 LEFT OUTER JOIN、RIGHT OUTER JOIN 和 FULL OUTER JOIN。

- 左外连接（LEFT OUTER JOIN）：结果表中除了包括满足连接条件的行外，还包括左表的所有行，而不仅仅是连接列所匹配的行。如果左表的某一行在右表中没有匹配行，则在关联的结果集行中，来自右表的所有选择列表列均为空值。

- 右外连接（RIGHT OUTER JOIN）：结果表中除了包括满足连接条件的行外，还包括右表的所有行。如果右表的某一行在左表中没有匹配行，则将为左表返回空值。
- 完全外连接（FULL OUTER JOIN）：结果表中除了包括满足连接条件的行外，还包括两个表的所有行。当某一行在另一个表中没有匹配行时，另一个表的选择列表列将包含空值。如果表之间有匹配行，则整个结果集行包含基表的数据值。

注意：外连接只能对两个表进行连接。

例 5.31　查询所有学生的信息及他们选修的课程编号，若学生未选修任何课，也要包括其情况。

SELECT XS.* , 课程编号

FROM XS RIGHT OUTER JOIN　CJ ON XS.学号= CJ.学号　--OUTER 可省略

分析：本例执行时，若某学生没有选任何课程，也就是说左表 XS 中的某行在右表 CJ 中没有匹配的行，则结果集中相应行的课程编号（来自右表所选列）字段值为 NULL。

例 5.32　查询被选修了的课程的选修信息和所有开设的课程名称。

SELECT CJ.* , 课程名称

FROM CJ RIGHT OUTER JOIN KC ON CJ.课程编号= KC.课程编号

分析：本例执行时，如果某课程没有被学生选修，也就是说右表 KC 中的某行在左表 CJ 中没有匹配的行，则结果集中相应行的学号、课程编号和成绩（来自左表所选列）字段值为 NULL。

（3）交叉连接

交叉连接实际上是将两个表进行笛卡儿积运算，也称作笛卡儿积。其结果表是由第一个表的每行与第二个表的每一行拼接后形成的表。在检索结果集中，包含了所连接的两个表中所有行的全部组合。例如，如果对表 A 和表 B 执行交叉连接，表 A 中有 5 行数据，表 B 中有 12 行数据，则结果集中可以有 60 行数据。因此结果表的行数等于两个表行数之积。

交叉连接的结果会产生一些没有意义的记录，所以这种连接实际很少使用。

例 5.33　列出学生所有可能的选课情况。

SELECT　学号,姓名,课程编号,课程名称

FROM XS CROSS JOIN KC

5.5　数据汇总

5.5.1　聚合函数

数据库的一个最大的特点就是将各种分散的数据按照一定规律、条件进行分类组合，最后得出统计结果。SQL Server 提供了聚合函数，用来完成一定的统计功能，返回汇总值。T-SQL 所提供的聚合函数列于表 5.3 中。

聚合函数用于对一组值进行计算并返回一个单值。聚合函数的作用范围既可以是一个表中的全部行，也可以是由 WHERE 子句指定的该表的一个子集。此外，聚合函数还可以作用于表中的一组或多组行，此时将针对每组行中产生一个单值。

表 5.3 聚 合 函 数

函 数 名	说 明
AVG	求组中值的平均值
CHECKSUM_AGG	返回组中值的校验值
COUNT	求组中项数，返回 int 类型整数
COUNT_BIG	求组中项数，返回 bigint 类型整数
GROUPING	产生一个附加的列
MAX	求最大值
MIN	求最小值
SUM	返回表达式中所有值的和
STDEV	返回给定表达式中所有值的统计标准偏差
STDEVP	返回给定表达式中所有值的填充统计标准偏差
VAR	返回给定表达式中所有值的统计方差
VARP	返回给定表达式中所有值的填充的统计方差

聚合函数经常与 SELECT 语句的 GROUP BY 子句一同使用，并且可以用在 SELECT 子句、ORDER BY 子句以及 HAVING 子句中。

注意：除 COUNT（*）以外，聚合函数在计算过程均忽略 NULL 值。

下面介绍几个常用的聚合函数。

1. SUM 和 AVG

SUM 和 AVG 分别用于求表达式中所有值的总和与平均值，语法格式为：

SUM /AVG([ALL | DISTINCT] expression)

参数说明如下：

ALL 和 DISTINCT 关键字用于指定求和范围，ALL 对所选列的所有值求和，DISTINCT 表示仅对唯一值（去掉重复值）求和。如果没有指定这两个关键字，则 ALL 为默认设置。

expression 通常是一个数值型列，但也可以是由常数、列、函数和运算符组合而成的一个数值型表达式，其数据类型可以是精确数值或近似数值数据类别（bit 数据类型除外），其中不能包含聚合函数和子查询。SUM /AVG 忽略 NULL 值。

例 5.34 求学号为 06030103 的学生所选课程的总分和平均分。

SELECT SUM(成绩), AVG(成绩) AS 平均成绩

FROM CJ

WHERE 学号='06030103'

注意：函数 SUM 和 AVG 只能对数值型字段进行计算。

语句执行结果如图 5.22 所示。

如图 5.22 所示，使用聚合函数指定作为 SELECT 的选择列表时，若不为其指定列标题，则系统将对该列输出标题"（无列名）"。

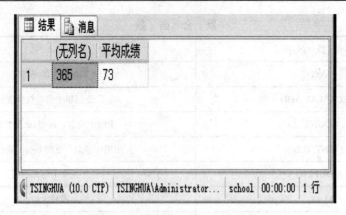

图 5.22 使用 AVG 与 SUM 函数

2. MAX/MIN

MAX 和 MIN 分别用于返回表达式中的最大值和最小值，语法格式为：

MAX/ MIN ([ALL | DISTINCT] expression)

其中，expression 通常是一个数值型、字符串类型或日期时间类型的列，也可以是由常量、列名以及函数构成的数值型、字符串类型或日期时间类型的表达式，但其中不允许使用聚合函数和子查询。ALL、DISTINCT 的含义及默认值与 SUM /AVG 函数相同。MAX/ MIN 忽略 NULL 值。

例 5.35 求选修 051001 号课程的最高分、最低分及两者之间相差的分数。

SELECT MAX(成绩) AS 最高分, MIN(成绩) AS 最低分,

                    MAX(成绩)−MIN(成绩) AS 差值

FROM CJ

WHERE 课程编号= '051001'

语句执行结果为：

最高分	最低分	差值
87	61	26

3. COUNT

COUNT 用于统计组中满足条件的行数或总行数，语法格式为：

COUNT ({ [[ALL | DISTINCT] expression] | * })

其中，expression 可以是除 text、image 或 ntext 以外任何类型的表达式。在 COUNT 函数中不允许使用聚合函数和子查询。ALL，DISTINCT 的含义及默认值与 SUM /AVG 函数相同，注意返回非空值的函数。

星号（*）指定查询返回表中的行数，包括重复值和具有 NULL 值的行在内。COUNT(*) 不需要表达式参数，也不能与 DISTINCT 关键字一起使用。

COUNT 与 COUNT_BIG 函数的格式、功能都类似，唯一的差别是它们的返回值。COUNT 始终返回 int 数据类型值。COUNT_BIG 始终返回 bigint 数据类型值。例如，对于大于 2^{31}-1 的返回值，COUNT 生成一个错误。这时应使用 COUNT_BIG。

例 5.36 统计 1988 年出生的学生人数。

SELECT COUNT(*) AS '1988 年出生的学生数'

FROM XS

WHERE YEAR(出生日期)=1987

说明：COUNT(*) 不需要任何参数。

语句执行结果为：

1988 年出生的学生数

　　　5

例 5.37 求选修了课程的学生总人数。

SELECT COUNT(DISTINCT 学号)

FROM CJ

注意：加入关键字 DISTINCT 后表示消去重复行，可计算字段"学号"不同值的数目。COUNT 函数对空值不计算，但对零进行计算。

4. GROUPING

GROUPING 函数为输出的结果表产生一个附加列，该列的值为 1 或 0。在结果集中，如果 GROUPING 返回 1 则指示聚合；返回 0 则指示不聚合。语法格式为：

GROUPING (<column_expression>)

GROUPING 用于区分标准空值和由 ROLLUP、CUBE 或 GROUPING SETS 返回的空值。

5.5.2　GROUP BY 子句

聚合函数只能产生一个单一的汇总数据，使用 GROUP BY 子句，则可以生成分组的汇总数据。GROUP BY 子句指定将结果集中的行分成若干个组来输出，每个组中的行在指定的列中具有相同的值。一般情况下，可以根据表中的某一列进行分组，通过使用聚合函数，对每一个组可以产生聚合值。

GROUP BY 子句的语法格式：

[GROUP BY [ALL] group_by_expression [,...n]

[WITH { CUBE | ROLLUP }]

主要参数说明如下：

● group_by_expression 是执行分组时所依据的一个表达式，通常是一个列名。

● 如果使用 ALL 关键字，那么查询结果将包括由 GROUP BY 子句产生的所有组，即使某些组没有符合搜索条件的行。

● WITH 指定 ROLLUP 或 CUBE 操作符，ROLLUP 或 CUBE 语句聚合函数一起使用，在查询结果集中获得附加的分组数据，这些附加的分组数据是通过各组之间的组合得到的。

使用 GROUP BY 子句后，SELECT 子句中的列表中只能包含在 GROUP BY 中指出的列或聚合函数中指定的列。

1. 使用简单的 GROUP BY 子句

例 5.38 求 school 数据库中各专业的学生数。

SELECT 所在专业,COUNT(*) AS '学生数'

FROM XS

GROUP BY 所在专业

语句执行结果为：

所在专业	学生数
计算机	5
通信工程	5

在一个查询语句中，使用任意多个列对结果集内的行进行分组，选择列表中的每个输出列必须在 GROUP BY 子句中出现或者用在某个聚合函数中。

例 5.39 求被选修的各门课程的平均分和选修该课程的人数：

SELECT 课程编号, AVG(成绩) AS '平均成绩' ,COUNT(学号) AS '选修人数'

FROM CJ

GROUP BY 课程编号

语句执行结果为：

课程编号	平均成绩	选修人数
050301	72	5
050302	77	5
050307	79	4
050403	81	5
050407	85	3
050410	85	3
051001	75	10
051003	76	10

当使用 GROUP BY 子句时，如果在 SELECT 子句的选择列表中包含有聚合函数，则针对每个组计算出一个汇总值，从而实现对查询结果的分组统计。

2. 使用 WITH ROLLUP 子句进行汇总计算

使用 ROLLUP 关键字可以得到各组的单项组合，在 GROUP BY 子句中使用 WITH ROLLUP 时，结果集内除了由 GROUP BY 提供的行以外，还会引入一些附加的汇总行。

注意：由 GROUP BY 指定的各个组以分层形式进行汇总，排列顺序是从最低层次到最高层次，组的层次由分组列的顺序决定。改变分组列的次序将对结果集内行的行数产生影响。

例 5.40 在 school 数据库上产生一个结果集，包括每个专业的男生、女生人数、总人数及学生总人数。

SELECT 所在专业, 性别, COUNT(*) AS '人数'

FROM XS

GROUP BY 所在专业,性别

WITH   ROLLUP

语句执行结果为：

所在专业	性别	人数	
计算机	女	3	
计算机	男	2	
计算机	NULL	5	——汇总行，计算机专业总人数
通信工程	女	1	
通信工程	男	4	
通信工程	NULL	5	——汇总行，通信工程专业总人数
NULL	NULL	10	——汇总行，学生总是

在结果集中，经过组合起来的组名称是 NULL，可以使用 GROUPING 函数来判断该组是否为经过组合得到的。如果列中的值来自事实数据，则 GROUPING 函数返回 0；如果列中的值是 ROLLUP 操作所生成的 NULL，则返回 1。

将本例使用 GROUPING 函数标识汇总行。

SELECT 所在专业, 性别, COUNT(*) AS '人数',

　　GROUPING(所在专业) AS 'spec', GROUPING(性别) AS 'sx'

FROM XS

GROUP BY 所在专业,性别

WITH　ROLLUP

语句执行结果为：

所在专业	性别	人数	spec	sx
计算机	女	3	0	0
计算机	男	2	0	0
计算机	NULL	5	0	1
通信工程	女	1	0	0
通信工程	男	4	0	0
通信工程	NULL	5	0	1
NULL	NULL	10	1	1

3. 使用 WITH CUBE 子句进行汇总计算

CUBE 关键字可以得到各组之间的任意组合。在 GROUP BY 子句中加上 WITH CUBE 时，将在由 GROUP BY 提供的分组行的基础上，针对结果集内组或子组的每一种可能的组合都会返回一条汇总行。出现在结果集内的汇总行的行数由 GROUP BY 子句中包含的列数目决定。

例 5.41　在 XSCJ 数据库上产生一个结果集，包括每个专业的男生、女生人数、总人数及男生总数、女生总数、学生总人数。

SELECT 所在专业, 性别, COUNT(*) AS '人数'

FROM XS

GROUP BY 性别, 所在专业

WITH CUBE

分析：注意 GROUP BY 子句中列名的顺序，它会影响结果。

语句执行结果为：

所在专业	性别	人数	
计算机	女	3	
计算机	男	2	
计算机	NULL	5	——汇总行，计算机专业总人数
通信工程	女	1	
通信工程	男	4	
通信工程	NULL	5	——汇总行，通信工程专业总人数
NULL	NULL	10	——汇总行，学生总人数
NULL	女	4	——汇总行，女生总人数
NULL	男	6	——汇总行，男生总人数

注意：

- 如果未用 GROUP BY 子句对行进行分组，则表或表的子集中的全部行视为一个组。
- 包含 GROUP BY 的子查询不能使用 DISTINCT 关键字。
- 如果未指定 ORDER BY 子句，则使用 GROUP BY 子句不按任何特定的顺序返回组。建议始终使用 ORDER BY 子句指定具体的数据顺序。

5.5.3 HAVING 子句

HAVING 子句用于指定组或聚合的搜索条件。HAVING 子句通常与 GROUP BY 子句一起使用。在完成任何分组之前，将消除不符合 WHERE 子句中的条件的行。若在分组后还要按照一定的条件进行筛选，则需使用 HAVING 子句。语法格式为：

HAVING < search_condition >

其中，search_condition 是一个逻辑表达式，用于指定组或集合所满足的搜索条件。与 WHERE 子句的查询条件类似，并可以使用聚合函数。text、image 和 ntext 等数据类型不能用在 HAVING 子句中。

例 5.42 查询 school 数据库中平均成绩大于 85 分的学生的学号及平均成绩。

SELECT CJ.学号, AVG(成绩) AS '平均成绩'
FROM CJ
GROUP BY CJ.学号
HAVING AVG(成绩) > =85

语句执行结果为：

学号	平均成绩
06040101	86
06040102	85
06040103	85

在同一查询中使用 HAVING 子句和 WHERE 子句：在某些情况下，在对作为一个整体的组应用条件之前（使用 HAVING 子句），可能需要从组中排除个别的行（使用 WHERE 子句）。

HAVING 子句与 WHERE 子句类似，但只应用于作为一个整体的组（即应用于在结果集中表示组的行），而 WHERE 子句应用于个别的行。查询可同时包含 WHERE 子句和 HAVING 子句。在这种情况下：首先将 WHERE 子句应用于表中的个别行或关系图网格中的表结构化对象，只对符合 WHERE 子句条件的行进行分组；然后将 HAVING 子句应用于由分组生成的结果集中的行，只有符合 HAVING 子句条件的组才出现在查询输出中，只能将 HAVING 子句应用于也出现在 GROUP BY 子句或聚合函数中的列。

可以看出 HAVING 子句的行为与 WHERE 子句一样。所不同的是作用对象不同，WHERE 子句作用于基本表或视图，WHERE 子句搜索条件在进行分组操作之前应用，从中选择满足条件的记录；而 HAVING 子句作用于组，HAVING 搜索条件在进行分组操作之后应用，从中选择满足条件的组。

例 5.43　查询计算机专业中选修课程超过 4 门且成绩都在 70 分以上的学生的学号。

```
SELECT  学号
FROM CJ
WHERE  学号  IN(
    SELECT  学号
    FROM XS
    WHERE  所在专业=N'计算机'
    )
GROUP BY  学号
HAVING COUNT(学号) > 4 AND AVG(成绩)>= 70
```

语句执行结果为：

```
学号
06030101
06030103
06030201
```

5.5.4　COMPUTE 子句

COMPUTE BY 子句使用同一 SELECT 语句既查看明细行，又查看汇总行。可以计算子组的汇总值，也可以计算整个结果集的汇总值。查询的结果实际就是由两个部分组成：前一部分就是未用 COMPUTE 子句时产生的结果集；后一部分只有一行，是由 COMPUTE 子句产生附加的汇总数据，出现在整个结果集的末尾。

语法格式为：

COMPUTE { {聚合函数} (expression) } [,...n] [BY expression [,...n]]

主要参数说明如下：

- 聚合函数名见表 5.3。
- expression 是对其执行计算的列名。expression 必须出现在选择列表中，并且必须被指定为与选择列表中的某个表达式相同，不能在 expression 中使用选择列表中所指定的列别名，不能包含 ntext、text 或 image 数据类型。

- COMPUTE 子句有两种形式，一种形式是不带 BY 子句，另一种形式是带 BY 子句。COMPUTE 子句中如果没有包含 BY 子句，表示对所有的明细值计算聚合值；如果包含了 BY 子句，则表示按照 BY 子句的要求对明细值分组，然后给出每一组的聚合值。COMPUTE BY 子句必须与 ORDER BY 子句一起使用。

例 5.44　查询计算机专业学生的学号、姓名、出生时间，并产生一个学生总人数行。

```
SELECT 学号,姓名, 出生日期
FROM XS
WHERE 所在专业= N'计算机'
COMPUTE COUNT(学号)
```

语句执行结果如图 5.23 所示。

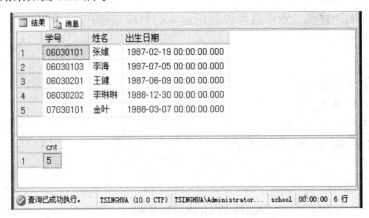

图 5.23　COMPUTE 子句的使用

说明：下一版本的 SQL Server 将删除该功能。提供 COMPUTE 和 COMPUTE BY 是为了向后兼容。在新的开发工作中最好不要使用该功能，并尽快修改当前还在使用该功能的应用程序，SQL Server 2008 中可以使用 ROLLUP 运算符。

5.6　排序

在使用 SELECT 语句时，排序是一种常见的操作。排序是指按照指定的列或其他表达式对结果集进行排列顺序的方式。SELECT 语句中的 ORDER BY 子句负责完成排序操作。ORDER BY 子句的语法格式为：

```
ORDER BY { order_by_expression
          [ COLLATE collation_name ] [ ASC | DESC ]   } [ ,...n ]
```

主要参数说明如下：

- order_by_expression：指定要排序的表达式，可以是列名、表达式或一个正整数。
- COLLATE {collation_name}：指定根据 collation_name 中指定的排序规则，而不是表或视图中所定义的列的排序规则，应执行的 ORDER BY 操作。collation_name 可以是 Windows 排序规则名称或 SQL 排序规则名称。

● 关键字 ASC 表示升序，DESC 表示降序，系统默认值为 ASC。

ORDER BY 子句必须出现在其他子句之后。ORDER BY 子句支持使用多列。可以使用以逗号分隔的多个列作为排序依据：查询结果将先按指定的第一列进行排序，然后再按指定的下一列进行排序。

例 5.45　查询每个专业的学生信息，并按年龄由小到大进行输出。

SELECT 姓名,所在专业,出生日期

FROM XS

ORDER BY 所在专业,出生日期

例 5.46　查询选修了课程编号为 051003 的学生的学号和成绩，并按成绩降序排列。

SELECT 学号, 成绩

FROM CJ

WHERE 课程编号='051003'

ORDER BY 成绩 DESC

例 5.47　按学号排序查询学号为 06030201 和 06030202 的学生的学号、课程编号及成绩，并产生该学生的平均成绩。

SELECT 学号,课程编号,成绩

FROM CJ

WHERE 学号 IN(06030201,06030202)

ORDER BY 学号

COMPUTE AVG(成绩) BY 学号

分析：如果使用 COMPUTE BY，则还必须使用 ORDER BY 子句。表达式必须与在 ORDER BY 后列出的子句相同或是其子集，并且顺序必须相同。在排序同时还产生附加的汇总行。

语句执行结果如图 5.24 所示。

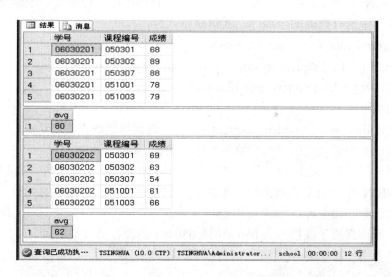

图 5.24　COMPUTE BY 子句的使用

5.7 SELECT 语句的其他子句

5.7.1 INTO 子句

使用 INTO 子句可以将 SELECT 查询所得的结果保存到一个新建的表中。INTO 子句的语法格式为：

[INTO new_table]

参数说明如下：

new_table：根据选择列表中的列和 WHERE 子句选择的行，指定要创建的新表名。new_table 的格式通过对选择列表中的表达式进行取值来确定，new_table 中的列按选择列表指定的顺序创建，new_table 中的每列与选择列表中的相应表达式具有相同的名称、数据类型和值。

当选择列表中包括计算列时，新表中的相应列不是计算列。新列中的值是在执行 SELECT...INTO 时计算出的。

注意：如果用户执行带 INTO 子句的 SELECT 语句，必须在目标数据库中具有 CREATE TABLE 权限。SELECT...INTO 不能与 COMPUTE 一起使用。

例 5.48 由 XS 表创建 CXS 表，包括计算机系中成绩在 80 分以上的学生的学号和姓名，所在专业，课程编号和成绩。

SELECT XS.学号,姓名,所在专业,课程编号,成绩

INTO CXS

FROM XS JOIN CJ ON XS.学号=CJ.学号

WHERE 所在专业= N'计算机' AND 成绩>80

5.7.2 UNION 子句

使用 UNION 子句可以将两个或多个 SELECT 查询的结果合并成一个结果集，该结果集包含联合查询中所有查询的全部行，其语法格式为：

{ <query specification> | (<query expression>) }

    UNION [A LL] <query specification> | (<query expression>)

    [UNION [A LL] <query specification> | (<query expression>) [...n]]

参数说明如下：

<query_specification> | (<query_expression>)：查询规范或查询表达式，用以返回与另一个查询规范或查询表达式所返回的数据合并的数据。

ALL：将全部行并入结果中。其中包括重复行。如果未指定该参数，则删除重复行。

使用 UNION 组合两个查询的结果集的基本规则是：所有查询中的列数和列的顺序必须相同；数据类型必须兼容。

例 5.49 查询选修了课程号为 050301 或 050407 的课程的成绩信息。

SELECT 学号, 课程编号,成绩

FROM CJ

WHERE 课程编号='050301'
UNION ALL
SELECT 学号,课程编号,成绩
FROM CJ
WHERE 课程编号='050407'
语句执行结果如图5.25所示。

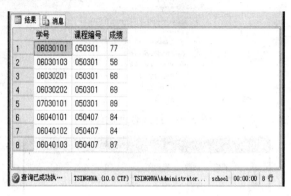

图5.25 UNION子句的使用

注意：如果使用UNION运算符，那么各个SELECT语句不能包含它们自己的ORDER BY或COMPUTE子句，而只能在最后一个SELECT语句的后面使用一个ORDER BY或COMPUTE子句，该子句适用于最终的组合结果集，只能在各个SELECT语句中指定GROUP BY和HAVING子句。

5.8 在查询设计器中设计查询

在SQL Server Management Studio中，可以使用查询设计器采用"图形化"的方式设计查询。

以下面的查询为例介绍查询设计器的使用。

例如，查询计算机专业中选修了课程编号为050302的课程的女同学的学号、所在专业、性别、课程编号和成绩。

1. 使用"关系图"窗格

（1）打开查询设计器

在服务器资源管理器中选择school数据库对象后，在"数据库"菜单中单击"新建查询"，在打开的查询窗口中单击鼠标右键，并从弹出的快捷菜单中选择"在编辑器中设计查询……"选项，如图5.26所示。

（2）添加数据源

在设计查询时，首先需要将使用到的数据源添加到"关系图"窗格中。进入"查询设计器"对话框，会自动打开"添加表"对话框，在对应的列表框中双击要添加的数据表、视图、函数或同义词，将其添加到"关系图"窗格中。也可以在列表框中选中需要添加的对象，然后单击"添加"按钮，将其添加到"关系图"窗格中，如图5.27所示。

图 5.26 打开查询设计器

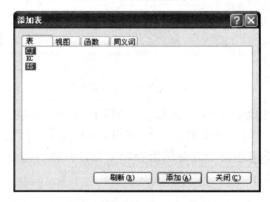

图 5.27 "添加表"对话框

在"添加表"对话框中选择表 CJ，按住 Ctrl 键，再选择表 XS，单击"添加"按钮，这时就在查询设计器的"关系图"窗格中出现表 CJ 与表 XS，然后关闭"添加表"对话框，如图 5.28 所示。

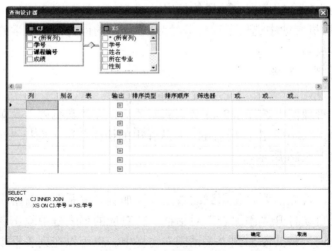

图 5.28 "关系图"窗格

说明：

查询设计器由3个独立的窗格组成："关系图"窗格、"条件"窗格、SQL窗格。

- "关系图"窗格以图形形式显示了通过数据连接选择的表或表值对象。同时也会显示它们之间的连接关系。
- "条件"窗格用于指定查询选项（例如要显示哪些数据列、如何对结果进行排序以及选择哪些行等），可以通过将选择输入到一个类似电子表格的网格中来进行指定。
- SQL窗格用于创建自己的SQL语句，也可以使用"条件"窗格和"关系图"窗格创建语句，在后面这种情况下将在SQL窗格中相应地创建SQL语句。生成查询时，SQL窗格将自动更新并重新设置格式以便于阅读。

这些窗格对于处理查询和视图都是非常有用的。

（3）选择查询输出字段

在"关系图"窗格中，单击数据表字段的复选框，将其标记为选中✔，即可在查询结果中输出该字段。取消字段复选框的选中标记，则取消输出该字段。字段选择的先后顺序决定了在查询输出中的先后顺序，如图5.29所示。在"关系图"窗格中选中输出字段，其他窗格中显示了对应的变化。

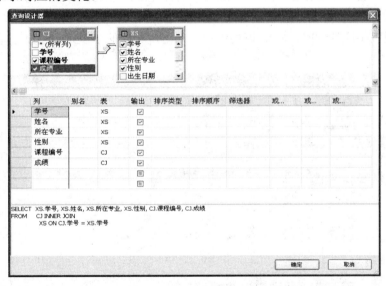

图5.29   在"关系图"窗格中选中输出字段

也可从"关系图"窗格将字段拖放到"条件"窗格中的"列"单元格中，这样也可选择在查询中输出该字段。

2. 使用"条件"窗格

"条件"窗格显示了查询中使用的字段以及字段的相关定义。

在"条件"窗格中，各列的含义分别如下。

1）列：显示用于查询的数据列名或计算列的表达式。该列将被锁定，以便当水平滚动屏幕时，始终可以看到该列。

2）别名：指定列的可选名称或可以为计算列使用的名称。

3）表：指定关联数据列的表名或表结构对象名。对于计算列，该列是空白的。

4）输出：指定某个数据列是否出现在查询输出中。

注意：如果数据库允许，可以将某个数据列用于排序子句或搜索子句，但不在结果集内显示该数据列。

5）排序类型：指定关联的数据列用于对查询结果进行排序，并指定排序是升序还是降序。

6）排序顺序：指定用于对结果集进行排序的数据列的排序优先级。当更改某个数据列的排序顺序时，所有其他列的排序顺序都将相应更新。

7）筛选器：为关联数据列指定搜索条件，即设置 WHERE 子句中的搜索条件。在单元格中输入运算符（默认为"="）和要搜索的值。用单引号将文本值括起来。多个字段的搜索条件将自动以逻辑 AND 连接。

8）或…：指定数据列的附加搜索条件表达式，并用逻辑 OR 链接到前面的表达式。

在"条件"窗格中所做的更改将自动反映到"关系图"窗格和 SQL 窗格中。同样，"条件"窗格也会自动更新以反映在其他窗格中所做的更改。

在"条件"窗格中分别添加学号、姓名、所在专业、性别、课程编号和成绩字段，在筛选器列中设置所在专业字段值为"计算机"，性别字段值为"女"，课程编号字段值为050302。在设置字段的同时，SQL 窗格中会自动出现相应的 T-SQL 语句，如图 5.30 所示。

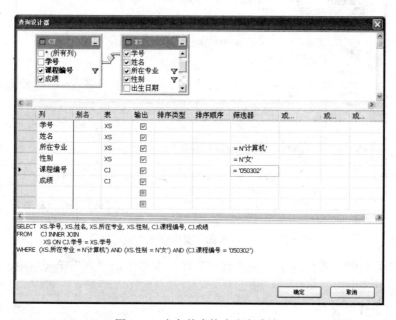

图 5.30　在条件窗格中定义查询

3. 使用 SQL 窗格

在 SQL 窗格可以编辑 SQL 语句，它实际上是"关系图"窗格和条件窗格两个图形化工具的辅助工具。SQL 窗格同步显示在关系图窗格和条件窗格中所作的设计。

在图 5.30 中单击"确定"按钮，SQL 语句将出现在查询编辑器中，然后执行上述语句即可。

5.9 小结

　　查询设计是数据库应用程序开发的重要组成部分，在 SQL Server 2008 中通过 SELECT 语句表达数据库的查询，它是 T-SQL 的核心。本章详细地介绍了使用 SELECT 语句实现数据库查询操作的语法结构。

　　通过本章的学习，应该掌握以下内容：

- SELECT 语句中选择列的使用方法。
- SELECT 语句中使用 WHERE 子句选择行的使用方法。
- SELECT 语句中 FROM 子句的使用方法。
- 连接查询的表示方法。
- 对查询结果统计的使用方法。

第6章 T-SQL 语 言

SQL（Structure Query Language，结构化查询语言）是国际化组织（International Standardize Organization，简称 ISO）采纳的标准数据库语言。许多数据库供应商把 SQL 语言作为自己数据库的操作语言，并且在此标准上进行了不同程度的扩展，如 oracle 数据库的 PL/SQL。Transact-SQL（T-SQL）语言是微软公司在关系型数据库管理系统 SQL Server 中的 ISO SQL 实现，通过 T-SQL 语言，用户几乎可以完成 SQL Server 数据库中所有的操作。在前面的课程中学习的 SELECT、INSERT 等语句都是 T-SQL 语言的重要组成部分，这章继续深入的讲解 T-SQL 语言。

6.1 T-SQL 语法基础

6.1.1 T-SQL 语言的类型

在 Microsoft SQL Server 2008 系统中，根据 T-SQL 语言的功能特点，可以把 T-SQL 语言分为 5 个类型。

1. 数据定义语言（Data Definition Language，简称 DDL）

数据定义语言（DDL）是指用来定义和管理数据库以及数据库中各种对象的语句，这些语句包括 CREATE、ALTER 和 DROP 等。在 SQL Server 2008 中，数据库对象包括表、视图、触发器、存储过程、规则、默认、用户自定义的数据类型等。这些对象的创建、修改和删除等都可以通过 CREATE、ALTER、DROP 等语句来完成。

2. 数据操纵语言（Data Manipulation Language，简称 DML）

数据操纵语言是指用来查询、添加、修改和删除数据库中数据的语句，这些语句包括 SELECT、INSERT、UPDATE、DELETE、MERGE 等，其中 MERGE 为 SQL Server 2008 新添加的用于合并两个行集（rowset）数据的句法。

3. 数据控制语言（Data Control Language，简称 DCL）

数据控制语言（DCL）是用来设置或更改数据库用户或角色权限的语句，包括 GRANT、DENY、REVOKE 等语句。在默认状态下，只有 sysadmin、dbcreator、db_owner 或 db_securityadmin 等人员才有权力执行数据控制语言。

4. 事务管理语言（Transaction Management Language，简称 TML）

事务管理语言主要用来管理显示事务。在事务管理语言中主要的语句有 BEGIN TRANSACTION、COMMIT TRANSACTION、ROLLBACK TRANSACTION 等语句。

BEGIN TRANSACTION 语句用于明确的定义事务的开始，COMMIT TRANSACTION 语句用于明确的提交完成的事务，ROLLBACK TRANSACTION 语句用于事物中出现错误时，明确的取消定义的事务。

5. 附加的语言元素

附加的语言元素主要包括标识符、变量、常量、运算符、表达式、数据类型、函数、控制流程语言、错误处理语言、注释等。

6.1.2 有效标识符

在 T-SQL 语言中，数据库对象的名称就是其标识符。这个对象的名称可能是表名、视图名、列名、索引名、用户名等的名称，在 SQL Server 2008 系统中所有的数据库对象都可以有标识符而且大多数对象的标识符都是必需的，例如，创建表时必须为表指定标识符。当然，也有一些对象的标识符是可选的，例如，创建约束时用户可以不提供标识符，其标识符由系统自动生成。

按照使用标识符的方式，可以把标识符分为常规标识符和分割标识符两种类型。符合标识符的格式规则并且在 T-SQL 语句中使用时不用将其分割的标识符称为常规标识符。包含在双引号（" "）或方括号（[ ]）内的标识符被称为分割标识符。

在 SQL Server 2008 系统中，T-SQL 语言的常规标识符的命名规则如下。

规则一：第一个字符可以是 Unicode 字符集中的字母，包括英文小写字母 a~z 和大写字母 A~Z 以及其他语言的字母字符。第一个字符也可以是下划线（_）、符号@、数字符号#、美元符号$。应该注意的是，以符号@开头的标识符只能用于局部变量，以两个符号@开头的标识符表示系统内置的某些函数，以数字符号#开头的标示符只能用于临时表或过程名称，以两个数字符号##开头的标识符只能用于全局临时对象。

规则二：第一个字符后面的其他字符可以是 Unicode 字母，十进制数字，或者@、$、_和#号。正常对象的名字最长为 128 个字符，临时对象的名字最长为 116 个字符。

规则三：标识符不能是 T-SQL 语言的保留字，不论是大写形式还是小写形式。与保留字相同的名字必须使用双引号（" "）或方括号（[ ]）。

规则四：标识符不允许嵌入空格或除上述字符以外的其他特殊字符。

例如：tsinghua、_tsinghua、tsinghua_010 等都是常规标识符，但是诸如 tsing hua、where 则不是正确的常规标识符。

6.2 常量和变量

正如索引计算机语言一样，SQL Server 也离不开变量和常量。本节主要介绍 T-SQL 中的变量和常量的相关内容。

6.2.1 常量

常量也称标量值，是表示一个特定数值的符号。常量的格式取决于它的数据类型。

1. 字符串常量

字符串常量包含在单引号内，如：'student'、'清华大学'、'xupengde@tom.com'等都是有效的字符串常量。如果字符串常量中包含有一个单引号，可以使用两个单引号表示这个字符串常量内的单引号。如：一个字符串常量内容为"'I'm a student'"，则应该用'I''m a student'表示。

2．整数常量

按照整型常量的不同表示方式，又分为二进制整型常量、十六进制整型常量和十进制整型常量。

（1）二进制整型常量

二进制整型常量又称为 bit 常量，是使用 0 或 1 表示的一种常量，如果使用一个大于 1 的数字，它将被自动转换为 1。

（2）十六进制整型常量

十六进制整型常量的表示：二进制常量具有前缀 0x，前缀后跟十六进制数字串表示。例如：

0x16

0x16E

0x

可以单独使用 0x 表示空的十六进制常量。

（3）十进制整型常量

十进制整型常量即不带小数点的十进制数，例如：

18

-8866

3．实型常量

实型常量有定点表示（real 常量）和浮点（float 常量）表示两种方式。举例如下：

定点表示：

2008.7

54.0

-259.64

浮点表示：

107.6E5

10.5E-2

+123E-3

-1234E5

4．money　常量

money 常量是以"$"作为前缀的一整型或实型常量数据。下面是 money 常量的例子：

$23

$48

-$63.96

+$25.81

5．日期时间常量

日期时间常量是用单引号将特殊格式的字符日期括起来，表示日期时间的常量。

1）SQL Server 2008 可以识别如下格式的日期。

字母日期格式，例：'April 21, 2008'。

数字日期格式，例：'4/15/1998'、'April 21，2008'。

未分隔的字符串格式，例：'20081207'。

2）SQL Server 2008 可以识别如下格式的时间。

'14:30:24'

'04:24:PM'

3）SQL Server 2008 可以识别如下格式的日期时间。

'April 20, 2000 14:30:24'

6. uniqueidentifier 常量

uniqueidentifier 常量是用于表示全局唯一标识符(GUID)值的字符串。可以使用字符或十六进制字符串格式指定。例如：

'6F9619FF-8A86-D011-B42D-00004FC964FF'

0xff19966f868b11d0b42d00c04fc964ff

6.2.2 变量

变量是一种语言中必不可少的组成部分。T-SQL 语言中有两种形式的变量：一种是用户自己定义的局部变量；另外一种是系统提供的全局变量。变量名必须是一个有效的标识符，也就是变量的名称。

1. 局部变量

局部变量是一个能够拥有特定数据类型的对象，它的作用范围仅限制在程序内部。局部变量被引用时要在其名称前加上标志"@"，而且必须先用 DECLARE 命令定义后才可以使用。

定义局部变量的语法形式如下：

DECLAER{@local_variable   data_type|

@cursor_variable   cursor

} [,...n]

其中，参数@local_variable 用于指定局部变量的名称，变量名必须以符号@开头，并且局部变量名必须符合 SQL Server 的命名规则。参数 data_type 用于设置局部变量的数据类型及其大小。data_type 可以是任何由系统提供的或用户定义的数据类型。但是，局部变量不能是 text，ntext 或 image 数据类型。

例如，要创建一个局部变量 school 来保存 20 位的 Unicode 数据，可以定义如下：

DECLARE @school varchar(20)

在使用 DECLARE 命令声明并创建局部变量之后，会将其初始值设为 NULL，如果想要设定局部变量的值，必须使用 SELECT 命令或者 SET 命令。其语法形式为：

SET @local_variable =expression

或者 SELECT{@local_variable=expression}[,...n]

其中，参数@local_variable 是给其赋值并声明的局部变量，参数 expression 是任何有效的 SQL Server 表达式。

例如，要给局部变量 school 赋值为"清华大学"可以使用如下语句：

SET @school='清华大学'

下面是使用局部变量的一段程序代码：

USE school

DECLARE @studentID varchar(20)

set @studentID='06030101'

select 学号,姓名,总学分

from XS

where 学号=@studentID

图 6.1 是以上程序的运行结果。

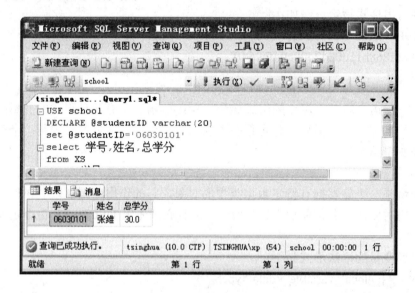

图 6.1   使用局部变量

2. 全局变量

除了局部变量之外，SQL Server 系统本身还提供了一些全局变量。全局变量是 SQL Server 系统内部使用的变量，其作用范围并不仅仅局限于某一程序，而是任何程序均可以随时调用。全局变量通常存储一些 SQL Server 的配置设定值和统计数据。用户可以在程序中用全局变量来测试系统的设定值或者是 Transact-SQL 命令执行后的状态值。在使用全局变量时应该注意以下几点。

1）全局变量不是由用户的程序定义的，它们是在服务器级定义的。

2）用户只能使用预先定义的全局变量。

3）引用全局变量时，必须以标记符"@@"开头。

4）局部变量的名称不能与全局变量的名称相同，否则会在应用程序中出现不可预测的结果。

例如，显示到当前日期和时间为止，试图登录 SQL Server 的次数。

程序清单如下：

SELECT GETDATE( )   AS '当前的时期和时间',

@@CONNECTIONS AS　'试图登录的次数'

图 6.2 所示是以上程序的运行结果。

图 6.2　使用全局变量

6.3　运算符与表达式

　　运算符是一些符号，它们能够用来执行赋值、算术运算、字符串连接以及在字段、常量和变量之间进行比较。在 SQL Server 2008 中，运算符主要有以下七大类：赋值运算符、算术运算符、位运算符、比较运算符、逻辑运算符和字符串串联运算符。

6.3.1　赋值运算符

　　T-SQL 中只有一个赋值运算符，即（=）。赋值运算符能够将数据值指派给特定的对象；另外，还可以使用赋值运算符在列标题和为列定义值的表达式之间建立关系。

　　例如：set @number=2008。

6.3.2　算术运算符

　　算术运算符可以在两个表达式上执行数学运算，这两个表达式可以是数字数据类型分类的任何数据类型。算术运算符包括加（+）、减（－）、乘（*）、除（/）和取模（%）。

　　例如：@number=@number-20。

　　下面是使用的算术运算符一段程序代码：

```
USE school
SELECT 姓名,总学分
FROM XS
where 总学分-30>0
```

图 6.3 所示是以上程序的运行结果。

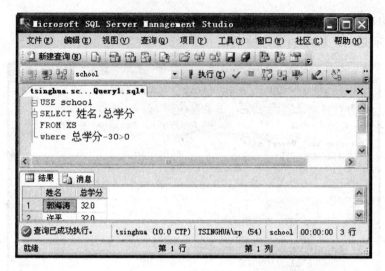

图 6.3　使用算术运算符

6.3.3　位运算符

位运算符能够在整型数据或者二进制数据（image 数据类型除外）之间执行位操作。此外，在位运算符左右两侧的操作数不能同时是二进制数据。表 6.1 列出了所有的位运算符及其含义。

表 6.1　　　　　　　　　　　　　　位　运　算　符

运　算　符	运　算　规　则
&（按位与）	两个位均为 1 时，结果为 1，否则为 0
|（按位或）	只要一个位为 1，结果为 1，否则为 0
^（按位异或）	两个位值不同时，结果为 1，否则为 0

例如：　　DECLARE @number int

　　　　　set @number=1&2

　　　　　print @number

结果为：0

例如：　　DECLARE @number int

　　　　　set @number=1|2

　　　　　print @number

结果为：3

6.3.4　比较运算符

比较运算符亦称为关系运算符，用于比较两个表达式的大小或是否相同，其比较的结果是布尔值，即 TRUE（表示表达式的结果为真）、FALSE（表示表达式的结果为假）以及 UNKNOWN。除了 text、ntext 或 image 数据类型的表达式外，比较运算符可以用于所有的表达式。表 6.2 列出了所有的比较运算符及其含义。

表 6.2   比较运算符

运 算 符	含 义	运 算 符	含 义
=	相等	<=	小于等于
>	大于	<>、!=	不等于
<	小于	!<	不小于
>=	大于等于	!>	不大于

例如：USE school

　　　　SELECT 学号,课程编号,成绩

　　　　FROM CJ

　　　　where 成绩>80

图 6.4 所示是以上程序的运行结果。

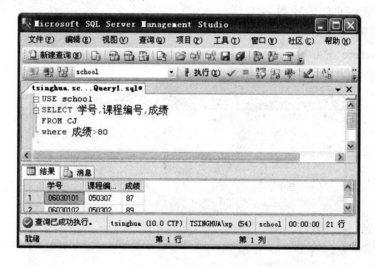

图 6.4　比较运算符的使用

6.3.5　逻辑运算符

逻辑运算符可以把多个逻辑表达式连接起来。逻辑运算符包括 AND、OR 和 NOT 等运算符。逻辑运算符和比较运算符一样，返回带有 TRUE 或 FALSE 值的布尔数据类型，见表 6.3。

表 6.3   逻 辑 运 算 符

运 算 符	运 算 规 则
AND	如果两个操作数值都为 TRUE，运算结果为 TRUE
OR	如果两个操作数中有一个为 TRUE，运算结果为 TRUE
NOT	若一个操作数值为 TRUE，运算结果为 FALSE，否则为 TRUE
ALL	如果每个操作数值都为 TRUE，运算结果为 TRUE
ANY	在一系列操作数中只要有一个为 TRUE，运算结果为 TRUE
BETWEEN	如果操作数在指定的范围内，运算结果为 TRUE

续表

运　算　符	运　算　规　则
EXISTS	如果子查询包含一些行，运算结果为 TRUE
IN	如果操作数值等于表达式列表中的一个，运算结果为 TRUE
LIKE	如果操作数与一种模式相匹配，运算结果为 TRUE
SOME	如果在一系列操作数中，有些值为 TRUE，运算结果为 TRUE

1. AND、OR、NOT 运算符

AND、OR、NOT 运算符用于与、或、非的运算。

2. ANY、SOME、ALL、IN 运算符

可以将 ALL 或 ANY 关键字与比较运算符组合进行子查询。SOME 的用法与 ANY 相同。

例如：　　USE school

　　　　　SELECT　学号,姓名,总学分

　　　　　FROM XS

　　　　　where　总学分　in (32,34)

图 6.5 所示是以上程序的运行结果。

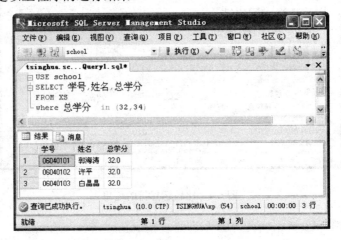

图 6.5　运算符 IN 的使用

6.3.6　字符串串联运算符

　　字符串串联运算符允许通过加号（+）进行字符串连接，这个加号即被称为字符串连接运算符。例如：print zhong+guo，其结果为 zhongguo。

6.3.7　一元运算符

　　一元运算符只对一个表达式执行操作，该表达式可以是数值型数据中的任何一种数据类型。符号和含义见表 6.4。

　　+（正）和-（负）运算符可以用于数值型数据中任一数据类型的任意表达式。~（位非）运算符只能用于整

表 6.4　一元运算符

符　号	含　义
+（正）	数值为正
-（负）	数值为负
~（位非）	返回数字的非

数数据类型类别中任一数据类型的表达式。例如：print ~3，其结果为-4。

6.3.8 运算符的优先顺序

在 SQL Server 2008 中，运算符的优先等级从高到低如下所示，如果优先等级相同，则按照从左到右的顺序进行运算。

1）括号（）。

2）~（位非）。

3）*（乘）、/（除）、%（取模）。

4）+（正）、-（负）、+（加）、（+连接）、-（减）、&（位与）。

5）=,>、<、>=、<=、<>、!=、!>、!<（比较运算符）。

6）^（位异或）、|（位或）。

7）NOT。

8）AND。

9）ALL、ANY、BETWEEN、IN、LIKE、OR、SOME。

10）=（赋值）。

例如：　　DECLARE @MyNumber int

　　　　　SET @MyNumber =2*(4+(5-3))

结果　　　@MyNumber =12

6.3.9 表达式

表达式是指由一个运算符组合起来一组常量或变量，只要它们具有该运算符支持的数据类型，并且满足至少下列一个条件。

1）该组常量或变量有相同的数据类型。

2）优先级低的数据类型可以隐式转换为优先级高的数据类型。

如果表达式不满足这些条件，则可以使用 CAST 或 CONVERT 函数将优先级低的数据类型显式转化为优先级高的数据类型，或者转换为一种可以隐式转化成优先级高的数据类型的中间数据类型。

如果没有支持的隐式或显式转换，则两个表达式将无法组合。

任何计算结果为字符串的表达式的排序规则都应遵循排序规则优先顺序规则。

6.4 程序流程

流程控制语句是指那些用来控制程序执行和流程分支的语句。一般来说，结构化程序设计语句的基本结构可分为顺序结构、条件分支结构和循环结构。在 SQL Server 2008 中，流程控制语句主要用来控制 SQL 语句、语句块或者存储过程的执行流程。常见的流程控制语句有 BEGIN...END、RETURN、BREAK、TRY...CATCH、CONTINUE、WAITFOR、GOTO、WHILE、IF...ELSE。

其中 TRY...CATCH 语句是返回发生错误的行号，该错误导致运行 TRY...CATCH 构造的 CATCH 块。本节不作介绍，在后面的章节里讲解。GOTO 语句作用是将执行流更改到标签处，跳过 GOTO 后面的 T-SQL 语句，并从标签位置继续处理。虽然 GOTO 很灵活，但容易导致错误，一般不使用。

本节除了讲解常用的流程控制语句之外还讲解了 CASE 函数，并讲解了注释语句的应用。

6.4.1　BEGIN...END

BEGIN...END 语句能够将多个 Transact-SQL 语句组合成一个语句块，并将它们视为一个单元处理。在条件语句和循环等控制流程语句中，当符合特定条件便要执行两个或者多个语句时，就需要使用 BEGIN...END 语句。

1. 语法格式

（1）BEGIN...END 语句的语法格式

BEGIN

{sql_statement|statement_block}

END

（2）参数含义

{sql_statement|statement_block}：使用语句块定义的任何有效的 T-SQL 语句或语句组。

（3）注意事项

1）BEGIN...END 语句块允许嵌套。

2）虽然所有的 T-SQL 语句在 BEGIN...END 块内都有效，但有些 T-SQL 语句不应分组在同一批处理或语句块中。

2. 示例

```
USE school
GO
DECLARE @message nchar(50)        ——在此处声明变量变量 message
IF EXISTS(                        ——进行逻辑判断
SELECT  学号,课程编号,成绩
FROM CJ
where  成绩<60)
BEGIN
set @message=N'不及格的同学如下：'
PRINT @message
SELECT  学号,课程编号,成绩
FROM CJ
where  成绩<60
END
ELSE
BEGIN
set @message=N'所有同学成绩都及格。'
```

PRINT @message

END

GO ——在此处释放了局部变量 message

图 6.6 所示是以上程序的运行结果。

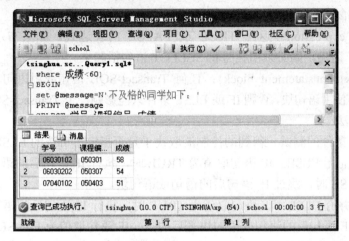

图 6.6 BEGIN…END 语句示例

需要指出的是在程序的最后一行释放了局部变量 message，如果在最后加上一行代码 "PRINT @message"，将会出现如图 6.7 所示的错误提示。

图 6.7 错误提示

6.4.2 IF...ELSE

指定 T-SQL 语句的执行条件。如果满足条件，则在 IF 关键字及其条件之后执行 Transact-SQL 语句：布尔表达式返回 TRUE。可选的 ELSE 关键字引入另一个 T-SQL 语句，当不满足 IF 条件时就执行该语句：布尔表达式返回 FALSE。

1. 语法格式

（1）IF...ELSE 语句的语法格式

IF Boolean_expression

{ sql_statement |statement_block}

[ELSE

{sql_statement|statement_block}]

（2）参数的含义

- Boolean_expression：返回 TRUE 或 FALSE 的表达式。如果布尔表达式中含有 SELECT 语句，则必须用括号将 SELECT 语句括起来。
- {sql_statement|statement_block}：任何 Transact-SQL 语句或用语句块定义的语句分组。除非使用语句块，否则 IF 或 ELSE 条件只能影响一个 Transact-SQL 语句的性能。

（3）使用方法

IF 语句用于条件的测试。得到的控制流取决于是否指定了可选的 ELSE 语句。

1）指定 IF 而无 ELSE。IF 语句取值为 TRUE 时，执行 IF 语句后的语句或语句块。IF 语句取值为 FALSE 时，跳过 IF 语句后的语句或语句块。

2）指定 IF 并有 ELSE。IF 语句取值为 TRUE 时，执行 IF 语句后的语句或语句块。然后控制跳到 ELSE 语句后的语句或语句块之后的点。IF 语句取值为 FALSE 时，跳过 IF 语句后的语句或语句块，而执行可选的 ELSE 语句后的语句或语句块。

（4）注意事项

1）若要定义语句块，必需使用控制流关键字 BEGIN 和 END。

2）IF...ELSE 语句可用于批处理、存储过程和即席查询。当此构造用于存储过程时，通常用于测试某个参数是否存在。

3）IF...ELSE 语句可以在 IF 之后或在 ELSE 下面，嵌套另一个 IF 测试。嵌套级数的限制取决于可用内存。

2. 示例

示例一：

USE school

GO

IF (select AVG(成绩) from CJ)>=80

print N'学生成绩很好！'

ELSE

print N'学生成绩不是很好。'

GO

运行结果为：学生成绩不是很好。

示例二：

USE school

GO

IF (select AVG(成绩) from CJ)>=80

print N'学生成绩很好！'

ELSE

```
BEGIN
IF (select AVG(成绩) from CJ )>=60
print N'学生成绩一般。'
ELSE
print N'学生成绩不好。'
END
GO
```

图 6.8 所示是以上程序的运行结果。

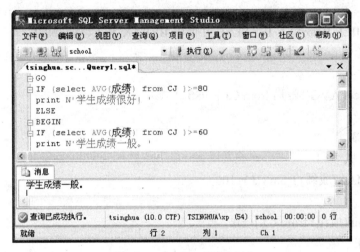

图 6.8　IF...ELSE 语句示例

6.4.3　WHILE

　　WHILE 是设置重复执行 SQL 语句或语句块的条件。只要指定的条件为真，就重复执行语句。可以使用 BREAK 和 CONTINUE 关键字在循环内部控制 WHILE 循环中语句的执行。

　　1. 语法格式

　　（1）WHILE 语句的语法格式

WHILE Boolean_expression

{sql_statement|statement_block}

[BREAK]

{sql_statement|statement_block}

[CONTINUE]

{sql_statement|statement_block}

　　（2）参数

● Boolean_expression：返回 TRUE 或 FALSE 的表达式。如果布尔表达式中含有 SELECT 语句，则必须用括号将 SELECT 语句括起来。

● {sql_statement|statement_block}：Transact-SQL 语句或用语句块定义的语句分组。若

要定义语句块，必需使用控制流关键字 BEGIN 和 END。

- BREAK：导致从最内层的 WHILE 循环中退出。将执行出现在 END 关键字（循环结束的标记）后面的任何语句。
- CONTINUE：使 WHILE 循环重新开始执行，忽略 CONTINUE 关键字后面的任何语句。

（3）注意事项

如果嵌套了两个或多个 WHILE 循环，则内层的 BREAK 将退出到下一个外层循环。将首先运行内层循环结束之后的所有语句，然后重新开始下一个外层循环。

2．示例

本例在 WHILE 中嵌套了 IF...ELSE 并使用 BREAK 和 CONTINUE

```
USE school
GO
WHILE(select AVG(成绩) from CJ )<=80
BEGIN
UPDATE CJ
SET  成绩=成绩+1
IF (select MAX(成绩) from CJ )=100
BREAK
IF (select min(成绩) from CJ )=60
CONTINUE
print N'还有不及格的学生'
END
GO
```

图 6.9 所示是以上程序的运行结果。

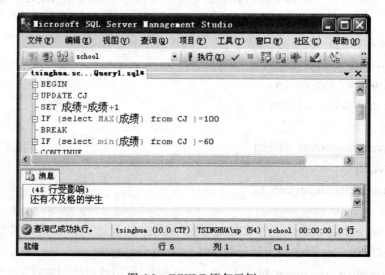

图 6.9　WHILE 语句示例

本例反复执行查看平均分是否小于等于 80，如果小于等于 80 分，每位同学的成绩加 1 分，如果分数最高的同学的成绩等于 100 分退出循环，如果分数最低的同学的成绩等于 60 分，直接返回 WHILE，否则输出"还有不及格的学生"。

6.4.4 RETURN

RETURN 语句是从查询或过程中无条件退出。RETURN 的执行是即时且完全的，可在任何时候用于从过程、批处理或语句块中退出，RETURN 之后的语句是不执行的。

1. 语法格式

（1）RETURN 语句的语法格式

RETURN[integer_expression]

（2）参数

integer_expression：返回的整数值。存储过程可向执行调用的过程或应用程序返回一个整数值。

（3）注意事项

1）除非另有说明，所有系统存储过程均返回 0 值。此值表示成功，而非零值则表示失败。

2）如果用于存储过程，RETURN 不能返回空值。如果某个过程试图返回空值（例如，使用 RETURN @status，而@status 为 NULL），则将生成警告消息并返回 0 值。

3）在执行了当前过程的批处理或过程中，可以在后续的 Transact-SQL 语句中包含返回状态值，但必须以下列格式输入：EXECUTE @return_status=<procedure_name>。

4）兼容级别设置确定了是将空字符串(NULL)解释为单个空格，还是解释为真正的空字符串。如果兼容级别小于或等于 65，则 SQL Server 会将空字符串解释为单个空格。如果兼容级别等于 70，SQL Server 会将空字符串解释为空字符串。

2. 示例

```
USE school
GO
CREATE PROCEDURE CX
AS
IF EXISTS
(SELECT  课程名称
FROM KC
WHERE  课程名称=N'马克思主义原理')
RETURN 1
ELSE
RETURN 2
GO
```

图 6.10 所示是以上程序的运行结果。

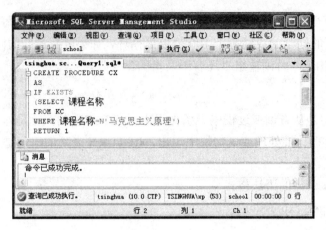

图 6.10　RETURN 语句示例

6.4.5　WAITFOR

WAITFOR 语句用来在达到指定时间或时间间隔之前，或者指定语句至少修改或返回一行之前，阻止执行批处理、存储过程或事务。

1. 语法格式

（1）WAITFOR 语句的语法格式

WAITFOR

{

DELAY 'time_to_pass'|TIME 'time_to_execute'

| [(receive_statement)|(get_conversation_group_statement)]

[,TIMEOUT timeout]

}

（2）参数

- DELAY：可以继续执行批处理、存储过程或事务之前必须经过的指定时段，最长可为 24 小时。
- 'time_to_pass'：等待的时段。可以使用 datetime 数据可接受的格式之一指定 time_to_pass，也可以将其指定为局部变量。不能指定日期；因此，不允许指定 datetime 值的日期部分。
- TIME：指定的运行批处理、存储过程或事务的时间。
- 'time_to_execute'：WAITFOR 语句完成的时间。可以使用 datetime 数据可接受的格式之一指定 time_to_execute，也可以将其指定为局部变量。不能指定日期，因此，不允许指定 datetime 值的日期部分。
- receive_statement：有效的 RECEIVE 语句。
- get_conversation_group_statement：有效的 GET CONVERSATION GROUP 语句。
- TIMEOUT timeout：指定消息到达队列前等待的时间（以毫秒为单位）。

（3）注意事项

1）包含 receive_statement、get_conversation_group_statement、TIMEOUT 的 WAITFOR

语句仅适用于 Service Broker 消息。

2）执行 WAITFOR 语句时，事务正在运行，并且其他请求不能在同一事务下运行。

3）实际的时间延迟可能与 time_to_pass、time_to_execute 或 timeout 中指定的时间不同，它依赖于服务器的活动级别。时间计数器在计划完与 WAITFOR 语句关联的线程后启动。如果服务器忙碌，则可能不会立即计划线程；因此，时间延迟可能比指定的时间要长。

4）WAITFOR 不更改查询的语义。如果查询不能返回任何行，WAITFOR 将一直等待，或等到满足 TIMEOUT 条件（如果已指定）。

5）不能对 WAITFOR 语句打开游标，不能对 WAITFOR 语句定义视图。

2. 示例

1）在 5 秒钟之后查询 06 级学生的信息。

```
USE school
WAITFOR DELAY '00:00:05'
SELECT  学号,姓名
FROM XS
WHERE  学号 like '06%'
```

图 6.11 所示是以上程序的运行结果。

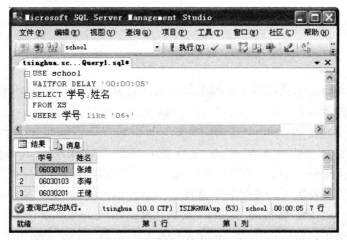

图 6.11　WAITFOR 语句示例

2）在晚上 10:20(22:20)执行存储过程 sp_update_job。

```
USE school
EXECUTE sp_add_job @job_name = 'TestJob'
BEGIN
    WAITFOR TIME '22:20'
    EXECUTE sp_update_job @job_name = 'TestJob',
        @new_name = 'UpdatedJob'
END
GO
```

6.4.6　CASE

CAES 语句准确地说应该叫 CAES 函数，它的功能是计算条件列表并返回多个可能结果表达式之一。

1. 语法格式

（1）CAES 语句的语法格式

CASE 具有以下两种格式。

1）简单 CASE 函数：将某个表达式与一组简单表达式进行比较以确定结果。

CASE input_expression

WHEN when_expression THEN result_expression

[...n]

[ELSE else_result_expression]

END

2）CASE 搜索函数：计算一组布尔表达式以确定结果。

CASE

WHEN Boolean_expression THEN result_expression

    [...n]

[ELSE else_result_expression]

END

（2）参数

- input_expression：使用简单 CASE 格式时所计算的表达式。input_expression 是任意有效的表达式。

- WHEN when_expression：使用简单 CASE 格式时要与 input_expression 进行比较的简单表达式。when_expression 是任意有效的表达式。input_expression 及每个 when_expression 的数据类型必须相同或必须是隐式转换的数据类型。

- n：占位符，表明可以使用多个 WHEN when_expression THEN result_expression 子句或多个 WHEN Boolean_expression THEN result_expression 子句。

- THEN result_expression：当 input_expression=when_expression 计算结果为 TRUE，或者 Boolean_expression 计算结果为 TRUE 时返回的表达式。result expression 是任意有效的表达式。

- ELSE else_result_expression：比较运算计算结果不为 TRUE 时返回的表达式。如果忽略此参数且比较运算计算结果不为 TRUE，则 CASE 返回 NULL。else_result_expression 是任意有效的表达式。else_result_expression 及任何 result_expression 的数据类型必须相同或必须是隐式转换的数据类型。

- WHEN Boolean_expression：使用 CASE 搜索格式时所计算的布尔表达式。Boolean_expression 是任意有效的布尔表达式。

（3）执行过程

1）简单 CASE 函数。

- 计算 input_expression，然后按指定顺序对每个 WHEN 子句的 input_expression=when_expression 进行计算。
- 返回 input_expression=when_expression 的第一个计算结果为 TRUE 的 result_expression。
- 如果 input_expression=when_expression 的计算结果均不为 TRUE，则在指定了 ELSE 子句的情况下，SQL Server 数据库引擎将返回 else_result_expression；若没有指定 ELSE 子句，则返回 NULL 值。

2）CASE 搜索函数。

- 按指定顺序对每个 WHEN 子句的 Boolean_expression 进行计算。
- 返回 Boolean_expression 的第一个计算结果为 TRUE 的 result_expression。
- 如果 Boolean_expression 计算结果不为 TRUE，则在指定 ELSE 子句的情况下数据库引擎将返回 else_result_expression；若没有指定 ELSE 子句，则返回 NULL 值。

2. 示例

示例一：简单 CASE 函数。

```
USE school
GO
SELECT 学号,姓名,所在学院专业=
CASE 所在专业
WHEN N'计算机' THEN N'计算机科学学院'
WHEN N'通信工程' THEN N'通信工程学院'
WHEN N'软件工程' THEN N'计算机科学学院'
ELSE N'其他专业'
END
FROM XS
```

图 6.12 所示是以上程序的运行结果。

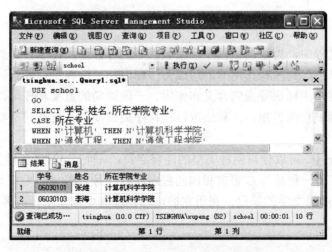

图 6.12　简单 CASE 函数示例

示例二：CASE 搜索函数。

```
USE school
GO
SELECT  学号,课程编号,成绩区间=
CASE
WHEN  成绩>=90 THEN N'优秀'
WHEN  成绩>=80 THEN N'良好'
WHEN  成绩>=70 THEN N'中等'
WHEN  成绩>=60 THEN N'及格'
ELSE N'不及格'
END
FROM CJ
```

图 6.13 所示是以上程序的运行结果。

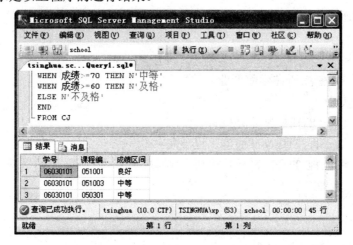

图 6.13　CASE 搜索函数示例

6.4.7　注释

在程序设计过程中，为了调试程序、增加程序的可读性，便于日后的管理和维护，必须对代码添加注释，起到注释作用的语句成为注释语句。注释是程序代码中不执行的文本字符串。注释通常用于标识变量的含义和作用、一段语句的意义和作用，可以用于描述复杂的算法或者解释编程的思想，注释还可以在程序调试期间，将暂时不参与调试的语句进行屏蔽。

在 SQL Server 中，可以使用两种类型的注释字符：一种是 ANSI 标准的注释符"——"，它用于单行注释；另一种是与 C 语言相同的程序注释符号，即"/*　*/"。"/*"用于注释文字的开头，"*/"用于注释文字的结尾，利用它们可以在程序中标识单行或多行文字为注释。

示例：

```
USE school
GO
```

```
SELECT AVG(成绩) AS '平均分'            ——求平均分
      , min(成绩) AS '最低分'            ——求最低分
      /*
      ,   MAX(成绩) AS '最高分'          ——求最高分
      , COUNT(*) AS '参加考试人数'       ——求参加考试人数
      */
FROM CJ
WHERE  课程编号='051001'
```

图 6.14 所示是以上程序的运行结果。

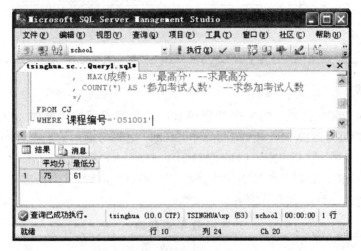

图 6.14　注释语句示例

6.5　函数

在 Transact-SQL 语言中，函数被用来执行一些特殊的运算以支持 SQL Server 的标准命令。SQL Server 包含多种不同的函数用以完成各种工作，每一个函数都有一个名称，在名称之后有一对小括号，如：gettime( )。大部分的函数在小括号中需要一个或者多个参数。在 SQL Server 中，函数可分为严格确定、确定和非确定三类。

在 Microsoft SQL Server 2008 中函数分为数学函数、字符串函数、日期和时间函数、系统函数、元数据函数、聚合函数、配置函数、加密函数、游标函数、排名函数、行集函数、安全函数、系统统计函数和文本和图像函数，各函数的应用范围见表 6.5，本章将讲解其中部分函数。

表 6.5　　　　　　　　　　　　　　　常用函数表

函 数 类 别	说　　明
聚合函数	执行的操作是将多个值合并为一个值。例如 COUNT、SUM、MIN 和 MAX
配置函数	是一种标量函数，可返回有关配置设置的信息
加密函数	支持加密、解密、数字签名和数字签名验证

续表

函 数 类 别	说　　　明
游标函数	返回有关游标状态的信息
日期和时间函数	可以更改日期和时间的值
数学函数	执行三角、几何和其他数字运算
元数据函数	返回数据库和数据库对象的属性信息
排名函数	是一种非确定性函数，可以返回分区中每一行的排名值
行集函数	返回可在 Transact-SQL 语句中表引用所在位置使用的行集
安全函数	返回有关用户和角色的信息
字符串函数	可更改 char、varchar、nchar、nvarchar、binary 和 varbinary 的值
系统函数	对系统级的各种选项和对象进行操作或报告
系统统计函数	返回有关 SQL Server 性能的信息
文本和图像函数	可更改 text 和 image 的值

6.5.1　数学函数

SQL Server 2008 提供了 23 个数学函数，其中算术函数（例如 ABS、CEILING、DEGREES、FLOOR、POWER、RADIANS 和 SIGN）返回与输入值具有相同数据类型的值。三角函数和其他函数（包括 EXP、LOG、LOG10、SQUARE 和 SQRT）将输入值转换为 float 并返回 float 值。除 RAND 以外的所有数学函数都为确定性函数。仅当指定种子参数时 RAND 才是确定性函数。函数的含义见表 6.6。

表 6.6　　　　　　　　　　　　常 用 数 学 函 数 表

函　数	含　　义	函　数	含　　义
ABS	返回绝对值	LOG10	返回常用对数值
ACOS	返回反余弦值	PI	返回 PI 的常量值
ASIN	返回反正弦值	POWER	返回指定表达式的指定幂的值
ATN2	返回以弧度表示的角，该角位于正 X 轴和原点至点(y,x)的射线之间	RAND	返回从 0 到 1 之间的随机 float 值
ATAN	返回反正切函数值	RADIANS	返回弧度值
CEILING	返回大于或等于指定数值表达式的最小整数	ROUND	返回舍入到指定的长度或精度的值
COT	返回三角余切值	SIGN	返回指定表达式的正号(+1)、零(0)或负号(-1)
COS	返回三角余弦值	SIN	返回三角正弦值
DEGREES	返回以弧度指定的角的相应角度	SQRT	返回指定浮点值的平方根
EXP	返回指数值	SQUARE	返回指定浮点值的平方
FLOOR	返回小于或等于指定数值表达式的最大整数	TAN	返回正切值
LOG	返回自然对数值		

示例：
SELECT
ROUND(9123.456,2)　　　'精确到小数点后'

,ROUND(9123.456,-1)　　　　'精确到小数点前'

,4*PI()　　　　　　　　　　'4*PI'

,FLOOR(-3.14)　　　　　　　'比-3.14 小的最大整数'

GO

图 6.15 所示是以上程序的运行结果。

图 6.15　数学函数示例

6.5.2　字符串函数

SQL Server 2008 提供了 23 个字符串函数，所有内置字符串函数都是具有确定性的函数。字符串函数比数学函数复杂，本小节只讲解其中最常用的函数。

1. 字符转换函数

（1）ASCII()

功能：返回字符表达式最左端字符的 ASCII 码值。在 ASCII（ ）函数中，纯数字的字符串可不用''括起来，但含其他字符的字符串必须用''括起来使用，否则会出错。

（2）CHAR()

功能：将 ASCII 码转换为字符。如果没有输入 0～255 之间的 ASCII 码值，CHAR（ ）返回 NULL。

（3）LOWER()和 UPPER()

功能：LOWER()将字符串全部转为小写；UPPER()将字符串全部转为大写。

（4）STR()

功能：把数值型数据转换为字符型数据。

格式：STR(<float_expression>[, length[, <decimal>]])

说明：length 指定返回的字符串的长度，decimal 指定返回的小数位数。如果没有指定长度，缺省的 length 值为 10，decimal 缺省值为 0。当 length 或者 decimal 为负值时，返回 NULL；当 length 小于小数点左边（包括符号位）的位数时，返回 length 个*；先服从 length，再取 decimal；当返回的字符串位数小于 length，左边补足空格。

2. 去空格函数

（1）LTRIM()

把字符串头部的空格去掉。

（2）RTRIM()

把字符串尾部的空格去掉。

3. 取子串函数

（1）LEFT()

功能：返回 character_expression 左起 integer_expression 个字符。

格式：LEFT(<character_expression>，<integer_expression>)

（2）RIGHT()

功能：返回 character_expression 右起 integer_expression 个字符。

格式：RIGHT(<character_expression>，<integer_expression>)

（3）SUBSTRING()

功能：返回从字符串左边第 starting_position 个字符起 length 个字符的部分。

格式：SUBSTRING(<expression>，<starting_position>，length)

4. 字符串比较函数

（1）CHARINDEX()

功能：返回字符串中某个指定的子串出现的开始位置。

格式：CHARINDEX(<'substring_expression'>，<expression>)

说明：其中 substring_expression 是所要查找的字符表达式，expression 可为字符串也可为列名表达式。如果没有发现子串，则返回 0 值。

此函数不能用于 TEXT 和 IMAGE 数据类型。

（2）PATINDEX()

功能：返回字符串中某个指定的子串出现的开始位置。

格式：PATINDEX(<'%substring_expression%'>，<column_name>)

说明：其中子串表达式前后必须有百分号"%"否则返回值为 0。与 CHARINDEX 函数不同的是，PATINDEX 函数的子串中可以使用通配符，且此函数可用于 CHAR、VARCHAR 和 TEXT 数据类型。

5. 字符串操作函数

（1）QUOTENAME()

功能：返回被特定字符括起来的字符串。

格式：QUOTENAME(<'character_expression'>[，quote_character])

说明：其中 quote_character 标明括字符串所用的字符，缺省值为"[]"。

例如：SELECT QUOTENAME('abc[]def)，结果为：[abc[]]def]，字符串 abc[]def 中的右方括号有两个，用于指示转义符。

例如：SELECT QUOTENAME('abc[]def','"')

（2）REPLICATE()

功能：返回一个重复 character_expression 指定次数的字符串。

格式：REPLICATE(character_expression integer_expression)

说明：如果 integer_expression 值为负值，则返回 NULL。

例如：print REPLICATE('abc',3)。

（3）REVERSE()

功能：将指定的字符串的字符排列顺序颠倒。

格式：REVERSE(<character_expression>)

说明：其中 character_expression 可以是字符串、常数或一个列的值。

例如：SELECT REVERSE('abc')。

（4）REPLACE()

功能：返回被替换了指定子串的字符串。

格式：REPLACE(<string_expression1>，<string_expression2>，<string_expression3>)说明：用 string_expression3 替换在 string_expression1 中的子串 string_expression2。

例如：SELECT　REPLACE('abcdef','cde','qqq')。

（5）SPACE()

功能：返回一个有指定长度的空白字符串。

格式：SPACE(<integer_expression>)

说明：如果 integer_expression 值为负值，则返回 NULL。

例如：SELECT　'abcdef'+SPACE(3)+'qqq'。

（6）STUFF()

功能：用另一子串替换字符串指定位置、长度的子串。

格式：STUFF(<character_expression1>，<start_position>，<length>，<character_expression2>)

说明：如果起始位置为负或长度值为负，或者起始位置大于 character_expression1 的长度，则返回 NULL 值。如果 length 长度大于 character_expression1 中 start_position 以右的长度，则 character_expression1 只保留首字符。

例如：SELECT　STUFF('123456789',2,5,'a')。

6. 字符串长度测量

功能：返回指定字符串表达式的字符数，其中不包含尾随空格。

格式：LEN(string_expression)

说明：如果 expression 的数据类型为 varchar(max)、nvarchar(max)或 varbinary(max)，则返回值的数据类型为 bigint；否则为 int。

示例：

DECLARE @message char(10)

set @message=' abc '

SELECT

SUBSTRING(N'中华人民共和国',3,2)　一

,CHARINDEX (SUBSTRING(N'中华人民共和国',3,2),N'中央人民政府')　二

,len(@message)　三

,len(SPACE(5))　四

,@message+SPACE(5)+@message 五
,len(@message+SPACE(5)+@message) 六
,UPPER('abCD') 七
,STUFF(N'www.清华.com',5,2,'tsinghua') 八
,CHARINDEX ('CD',' ABCD') 九
GO

图 6.16 所示是以上程序的运行结果。

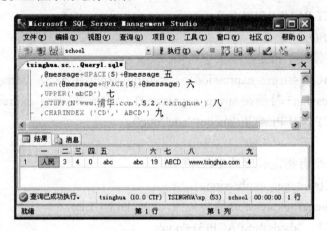

图 6.16　字符串函数

6.5.3　日期和时间函数

日期和时间函数用于对日期和时间数据进行各种不同的处理和运算，并返回一个字符串、数字值或日期和时间值。SQL Server 2008 提供了 22 个时间和日期函数，以下介绍其中较为常用的函数。

1. 常用日期时间函数的格式和作用

（1）GETDATE()

返回当前系统日期、时间

（2）DATEADD(datepart,number,date)

在向指定日期加上一段时间的基础上，返回新的时间日期值。

（3）DATEDIFF(datepart, startdate,enddate)

返回跨两个指定日期的日期和时间边界数。

（4）DATEPART(datepart, date)

返回代表指定日期的指定日期部分的整数，返回值的数据类型为 int。

（5）DATENAME(datepart, date)

返回代表指定日期的指定日期部分的字符串，返回值的数据类型为 nvarchar。

（6）DAY(date),MONTH(date),YEAR(date)

返回日期参数中的日，月，年。

（7）SET DATEFORMAT(format|@format_var)

设置用于输入 datetime 或 smalldatetime 数据的日期各部分（月/日/年）的顺序。

2. 参数的含义

（1）date

一个具体的日期值。

（2）datepart

参数的含义见表 6.7。

表 6.7 　　　　　　　　　　　　　datepart 参数含义表

datepart	缩　写	含　义	datepart	缩　写	含　义
year	yy,yyyy	年	weekday	dw,w	周日期
quarter	qq,q	季	hour	hh	时
month	mm,m	月	minute	mi,n	分
dayofyear	dy,y	年日期	second	ss,s	秒
day	dd,d	月日期	millisecond	ms	毫秒
week	wk,ww	周			

3. 示例

```
SELECT GETDATE()          一
    ,DAY(GETDATE())          二
    ,MONTH(GETDATE())       三
    ,DATENAME(day,GETDATE())   四
    ,DATENAME(dy, GETDATE())   五
    ,DATEADD(month,20,'2008-08-08')   六
```

图 6.17 所示是以上程序的运行结果。

图 6.17　时间日期函数示例

6.5.4　系统函数

系统函数用于返回有关 SQL Server 系统、用户、数据库和数据库对象的信息。系统函数使用户可以访问 SQL Server 系统表中的信息，而不必直接访问系统表。系统函数可以让用户在得到信息后，使用条件语句，根据返回的信息进行不同的操作。与其他函数一样，

可以在 SELECT 语句的 SELECT 和 WHERE 子句以及表达式中使用系统函数。系统函数对初学者而言一般比较难以理解，以下介绍两个系统函数：CAST 和 CONVERT。

1. 函数的作用

CAST 和 CONVERT 提供相似的功能，都能将一种数据类型的表达式显式转换为另一种数据类型的表达式。

2. 函数的格式和参数

（1）CAST 函数的格式

CAST(expression AS data_type [(length)])

CONVERT 函数的格式：

CONVERT (data_type [(length)] , expression [, style])

（2）参数

- Expression：任何有效的表达式。
- data_type 作为目标的系统提供数据类型。这包括 xml、bigint 和 sql_variant。
- Length：nchar、nvarchar、char、varchar、binary 或 varbinary 数据类型的可选参数。对于 CONVERT，如果未指定 length，则默认为 30 个字符。
- Style：数据格式的样式，用于将 datetime 或 smalldatetime 数据转换成字符数据（nchar、nvarchar、char、varchar、nchar 或 nvarchar 数据类型），或将已知日期或时间格式的字符数据转换成 datetime 或 smalldatetime 数据；或者是字符串格式，用于将 float、real、money 或 smallmoney 数据转换成字符数据（nchar、nvarchar、char、varchar、nchar 或 nvarchar 数据类型）。如果 style 为 NULL，则返回的结果也为 NULL。

3. 示例

```
SELECT   CAST('010.3496847' AS money)              转 money
        ,CONVERT(int, '12345')-5                   转 int
        ,N'今天是：'+CONVERT(char, GETDATE())       转 char
```

图 6.18 所示是以上程序的运行结果。

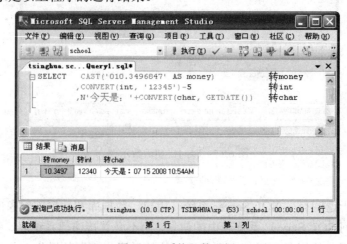

图 6.18　系统函数示例

6.5.5 用户定义函数

与编程语言中的函数类似，Microsoft SQL Server 用户定义函数是接受参数、执行操作（如复杂计算）并将操作结果以值的形式返回的例程。返回值可以是单个标量值或结果集。

1. 在 SQL Server 中使用用户定义函数的优点

（1）允许模块化程序设计

只需创建一次函数并将其存储在数据库中，以后便可以在程序中调用任意次。用户定义函数可以独立于程序源代码进行修改。

（2）执行速度更快

与存储过程相似，Transact-SQL 用户定义函数通过缓存计划并在重复执行时重用它来降低 Transact-SQL 代码的编译开销。这意味着每次使用用户定义函数时均无需重新解析和重新优化，从而缩短了执行时间。

和用于计算任务、字符串操作和业务逻辑的 Transact-SQL 函数相比，CLR 函数具有显著的性能优势。Transact-SQL 函数更适用于数据访问密集型逻辑。

（3）减少网络流量

基于某种无法用单一标量的表达式表示的复杂约束来过滤数据的操作，可以表示为函数。然后，此函数便可以在 WHERE 子句中调用，以减少发送至客户端的数字或行数。

2. 格式

```
CREATE FUNCTION [schema_name.] function_name
([{@parameter_name[AS][type_schema_name.]parameter_data_type
[=default][READONLY]}
[,...n]
]
)
RETURNS return_data_type
[WITH<function_option>[,...n]]
[AS]
BEGIN
function_body
RETURN scalar_expression
END
[ ; ]
```

3. 示例

```
CREATE FUNCTION area
(@input float)
RETURNS   float
AS
BEGIN
RETURN SQUARE(@input)*PI()
END
```

6.5.6　确定性函数和不确定性函数

在 SQL Server 中，函数可分为严格确定、确定和非确定三类。如果对于一组特定的输入值，函数始终返回相同的结果，则该函数就是严格确定的。对于用户定义的函数，判断其是否确定的标准相对宽松。如果对于一组特定的输入值和数据库状态，函数始终返回相同的结果，则该用户定义的函数就是确定的。如果函数是数据访问函数，即使它不是严格确定的，也可以从这个角度认为它是确定的。

使用同一组输入值重复调用非确定性函数，返回的结果可能会不同。例如，函数 GETDATE()是非确定的。SQL Server 对各种类型的非确定性函数进行了限制。因此，应慎用非确定性函数。

对于内置函数，确定性和严格确定性是相同的。对于 T-SQL 用户定义的函数，系统将验证定义并防止定义非确定性函数。但是，数据访问或未绑定到架构的函数被视为非严格确定性函数。对于公共语言运行时(CLR)函数，函数定义将指定该函数的确定性、数据访问和系统数据访问等属性，但是由于这些属性未经系统验证，因而函数将始终被视为非严格确定性函数。

如果函数缺少确定性，其使用范围将受到限制。只有确定性函数才可以在索引视图、索引计算列、持久化计算列或 T-SQL 用户定义函数的定义中调用。

如果函数缺少严格确定性，会阻碍有益的性能优化。特定的计划重新排序步骤将被跳过，以适当地保留正确性。此外，用户定义函数的数量、顺序和调用时间随具体的实施而定。请勿依赖这些调用语意。内置 RAND 和 GETDATE 系列非确定性函数在运行时是确定的，除此之外，其数量、顺序和调用时间均取决于所选择的计划，尽可能在任何时候都遵循以下方针。

1）如果有可能，尽量编写严格确定性函数，尤其是要使 T-SQL 函数成为绑定到架构的函数。

2）将非确定性函数作为最后的选择。

3）请勿在关键性能查询中使用非确定性函数。

4）请勿依赖数量、顺序或调用时间，因为这些可能是随具体的实施而定的。

6.6　游标

关系数据库中的操作会对整个行集起作用。由 SELECT 语句返回的行集包括满足该语句的 WHERE 子句中条件的所有行。这种由语句返回的完整行集称为结果集。应用程序，特别是交互式联机应用程序，并不总能将整个结果集作为一个单元来有效地处理。这些应用程序需要一种机制以便每次处理一行或一部分行。游标就是提供这种机制的对结果集的一种扩展。

1. 游标扩展结果处理方式

1）允许定位在结果集的特定行。

2）从结果集的当前位置检索一行或一部分行。

3）支持对结果集中当前位置的行进行数据修改。

4）为由其他用户对显示在结果集中的数据库数据所做的更改提供不同级别的可见性支持。

5）提供脚本、存储过程和触发器中用于访问结果集中的数据的 Transact-SQL 语句。

2. 游标使用操作步骤

1）利用 DECLARE CURSOR 语句定义一个游标。

2）利用 OPEN 语句打开一个已经定义的游标。

3）利用 FETCH 语句使用已经打开的游标。

4）利用 CLOSE 语句关闭已经打开的游标。

5）重复步骤 2）～5）。

6）利用 DEALLOCATE 语句删除不再使用的游标，删除游标不需要先关闭游标。

在本节的学习中，请对照相应的数据表来进行学习。

6.6.1 DECLARE CURSOR 语句

游标在使用前必须进行声明。DECLARE CURSOR 语句用于定义 Transact-SQL 服务器游标的属性，例如游标的滚动行为和用于生成游标所操作的结果集的查询。DECLARE CURSOR 既接受基于 ISO 标准的语法，也接受使用一组 Transact-SQL 扩展的语法。

1. 语法格式

（1）ISO 的语法格式

```
DECLARE cursor_name[INSENSITIVE][SCROLL]CURSOR
    FOR select_statement
    [FOR{READ ONLY|UPDATE[OF column_name[,...n]]}]
```

（2）Transact-SQL 的扩展语法格式

```
DECLARE cursor_name CURSOR [LOCAL|GLOBAL]
    [FORWARD_ONLY|SCROLL]
    [STATIC | KEYSET|DYNAMIC|FAST_FORWARD]
    [READ_ONLY|SCROLL_LOCKS|OPTIMISTIC]
    [TYPE_WARNING ]
    FOR select_statement
    [FOR UPDATE [OF column_name[,...n]]]
```

2. 参数含义

- cursor_name：是所定义的 Transact-SQL 服务器游标的名称。cursor_name 必须符合标识符规则。

- INSENSITIVE：定义一个游标，以创建将由该游标使用的数据的临时复本。对游标的所有请求都从 tempdb 中的这一临时表中得到应答；因此，在对该游标进行提取操作时返回的数据中不反映对基表所做的修改，并且该游标不允许修改。使用 ISO 语法时，如果省略 INSENSITIVE，则已提交的（任何用户）对基础表的删除和更新则会反映在后面的提取操作中。

- SCROLL：指定所有的提取选项（FIRST、LAST、PRIOR、NEXT、RELATIVE、

ABSOLUTE）均可用。如果未在 ISO DECLARE CURSOR 中指定 SCROLL，则 NEXT 是唯一支持的提取选项。如果也指定了 FAST_FORWARD，则不能指定 SCROLL。

- select_statement：是定义游标结果集的标准 SELECT 语句。在游标声明的 select_statement 中不允许使用关键字 COMPUTE、COMPUTE BY、FOR BROWSE 和 INTO。如果 select_statement 中的子句与所请求的游标类型的功能有冲突，则 SQL Server 会将游标隐式转换为其他类型。

- READ ONLY：禁止通过该游标进行更新。在 UPDATE 或 DELETE 语句的 WHERE CURRENT OF 子句中不能引用该游标。该选项优于要更新的游标的默认功能。

- UPDATE[OF column_name [,...n]]：定义游标中可更新的列。如果指定了 OF column_name [,...n]，则只允许修改所列出的列。如果指定了 UPDATE，但未指定列的列表，则可以更新所有列。

- LOCAL：指定对于在其中创建的批处理、存储过程或触发器来说，该游标的作用域是局部的。该游标名称仅在这个作用域内有效。在批处理、存储过程、触发器或存储过程 OUTPUT 参数中，该游标可由局部游标变量引用。OUTPUT 参数用于将局部游标传递回调用批处理、存储过程或触发器，它们可在存储过程终止后给游标变量分配参数使其引用游标。除非 OUTPUT 参数将游标传递回来，否则游标将在批处理、存储过程或触发器终止时隐式释放。如果 OUTPUT 参数将游标传递回来，则游标在最后引用它的变量释放或离开作用域时释放。

- GLOBAL：指定该游标的作用域对来说连接是全局的。在由连接执行的任何存储过程或批处理中，都可以引用该游标名称。该游标仅在断开连接时隐式释放。

- FORWARD_ONLY：指定游标只能从第一行滚动到最后一行。FETCH NEXT 是唯一支持的提取选项。如果在指定 FORWARD_ONLY 时不指定 STATIC、KEYSET 和 DYNAMIC 关键字，则游标作为 DYNAMIC 游标进行操作。如果 FORWARD_ONLY 和 SCROLL 均未指定，则除非指定 STATIC、KEYSET 或 DYNAMIC 关键字，否则默认为 FORWARD_ONLY。STATIC、KEYSET 和 DYNAMIC 游标默认为 SCROLL。与 ODBC 和 ADO 这类数据库 API 不同，STATIC、KEYSET 和 DYNAMIC Transact-SQL 游标支持 FORWARD_ONLY。

- STATIC：定义一个游标，以创建将由该游标使用的数据的临时复本。对游标的所有请求都从 tempdb 中的这一临时表中得到应答；因此，在对该游标进行提取操作时返回的数据中不反映对基表所做的修改，并且该游标不允许修改。

- KEYSET：指定当游标打开时，游标中行的成员身份和顺序已经固定。对行进行唯一标识的键集内置在 tempdb 内一个称为 keyset 的表中。对基表中的非键值所做的更改（由游标所有者更改或由其他用户提交）可以在用户滚动游标时看到。其他用户执行的插入是不可见的（不能通过 Transact-SQL 服务器游标执行插入）。如果删除行，则在尝试提取行时返回值为-2 的@@FETCH_STATUS。从游标以外更新键值类似于删除旧行然后再插入新行。具有新值的行是不可见的，并在尝试提取具有旧值的行时，将返回值为-2 的@@FETCH_STATUS。如果通过指定 WHERE CURRENT OF 子句利用游标来完成更新，则新值是可见的。

- DYNAMIC：定义一个游标，以反映在滚动游标时对结果集内的各行所做的所有数据更改。行的数据值、顺序和成员身份在每次提取时都会更改。动态游标不支持 ABSOLUTE 提取选项。
- FAST_FORWARD：指定启用了性能优化的 FORWARD_ONLY、READ_ONLY 游标。如果指定了 SCROLL 或 FOR_UPDATE，则不能也指定 FAST_FORWARD。
- SCROLL_LOCKS：指定通过游标进行的定位更新或删除一定会成功。将行读入游标时 SQL Server 将锁定这些行，以确保随后可对它们进行修改。如果还指定了 FAST_FORWARD 或 STATIC，则不能指定 SCROLL_LOCKS。
- OPTIMISTIC：指定如果行自读入游标以来已得到更新，则通过游标进行的定位更新或定位删除不成功。当将行读入游标时，SQL Server 不锁定行。它改用 timestamp 列值的比较结果来确定行读入游标后是否发生了修改，如果表不含 timestamp 列，它改用校验和值进行确定。如果已修改该行，则尝试进行的定位更新或删除将失败。如果还指定了 FAST_FORWARD，则不能指定 OPTIMISTIC。
- TYPE_WARNING：指定如果游标从所请求的类型隐式转换为另一种类型，则向客户端发送警告消息。

3. 示例

示例一：

use school
DECLARE xp1 CURSOR
FOR SELECT * FROM KC   ——定义一个只进游标(只能从前向后的游标)
DECLARE xp2 SCROLL CURSOR
FOR SELECT * FROM CJ   ——定义一个滚动游标

本例定义了两个游标，其中 xp1 是一个只进游标，也就是只能从前向后移动的游标，xp2 是一个滚动游标，也就是可以来回移动的游标。由于定义的类型不同，将来使用时有所区别。图 6.19 所示是以上程序的运行结果。

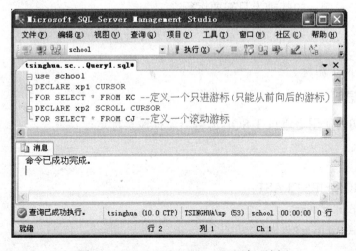

图 6.19　DECLARE CURSOR 语句示例

示例二：

use school

DECLARE xpd CURSOR READ_ONLY

FOR SELECT 学号, 姓名 FROM XS

6.6.2　OPEN 语句

游标被声明后还不能马上被使用，使用前必须先使用 OPEN 语句打开游标。OPEN 语句用于打开 Transact-SQL 服务器游标，然后通过执行在 DECLARECURSOR 或 SETcursor_variable 语句中指定的 Transact-SQL 语句填充游标。

1. 语法格式

OPEN{{[GLOBAL]cursor_name}|cursor_variable_name}

2. 参数

- GLOBAL：指定 cursor_name 是指全局游标。
- cursor_name：已声明的游标的名称。如果全局游标和局部游标都使用 cursor_name 作为其名称，那么如果指定了 GLOBAL，则 cursor_name 指的是全局游标；否则 cursor_name 指的是局部游标。
- cursor_variable_name：游标变量的名称，该变量引用一个游标。

3. 注意事项

如果使用 INSENSITIVE 或 STATIC 选项声明了游标，那么 OPEN 将创建一个临时表以保留结果集。如果结果集中任意行的大小超过 SQL Server 表的最大行大小，OPEN 将失败。如果使用 KEYSET 选项声明了游标，那么 OPEN 将创建一个临时表以保留键集。临时表存储在 tempdb 中。

打开游标后，可以使用@@CURSOR_ROWS 函数在上次打开的游标中接收合格行的数目。

4. 示例

在 6.6.1 小节示例一的基础上只需要运行

open xp1

open xp2

就可以打开两个游标。

6.6.3　FETCH 语句

FETCH 语句的作用是通过 T-SQL 服务器游标检索特定行。

1. 语法格式

FETCH

[[NEXT|PRIOR|FIRST|LAST

|ABSOLUTE{n|@nvar}

|RELATIVE{n|@nvar}

]

FROM

]

{{[GLOBAL]cursor_name}|@cursor_variable_name}

[INTO @variable_name[,...n]]

2. 参数

- NEXT：紧跟当前行返回结果行，并且当前行递增为返回行。如果 FETCH NEXT 为对游标的第一次提取操作，则返回结果集中的第一行。NEXT 为默认的游标提取选项。

- PRIOR：返回紧邻当前行前面的结果行，并且当前行递减为返回行。如果 FETCH PRIOR 为对游标的第一次提取操作，则没有行返回并且游标置于第一行之前。

- FIRST：返回游标中的第一行并将其作为当前行。

- LAST：返回游标中的最后一行并将其作为当前行。

- ABSOLUTE{n|@nvar}：如果 n 或@nvar 为正，则返回从游标头开始向后的第 n 行，并将返回行变成新的当前行。如果 n 或@nvar 为负，则返回从游标末尾开始向前的第 n 行，并将返回行变成新的当前行。如果 n 或@nvar 为 0，则不返回行。n 必须是整数常量，并且@nvar 的数据类型必须为 smallint、tinyint 或 int。

- RELATIVE{n|@nvar}：如果 n 或@nvar 为正，则返回从当前行开始向后的第 n 行，并将返回行变成新的当前行。如果 n 或@nvar 为负，则返回从当前行开始向前的第 n 行，并将返回行变成新的当前行。如果 n 或@nvar 为 0，则返回当前行。在对游标进行第一次提取时，如果在将 n 或@nvar 设置为负数或 0 的情况下指定 FETCH RELATIVE，则不返回行。n 必须是整数常量，@nvar 的数据类型必须为 smallint、tinyint 或 int。

- GLOBAL：指定 cursor_name 是指全局游标。

- cursor_name：要从中进行提取的打开的游标的名称。如果全局游标和局部游标都使用 cursor_name 作为它们的名称，那么指定 GLOBAL 时，cursor_name 指的是全局游标；未指定 GLOBAL 时，cursor_name 指的是局部游标。

- @cursor_variable_name：游标变量名，引用要从中进行提取操作的打开的游标。

- INTO @variable_name[,...n]：允许将提取操作的列数据放到局部变量中。列表中的各个变量从左到右与游标结果集中的相应列相关联。各变量的数据类型必须与相应的结果集列的数据类型匹配，或是结果集列数据类型所支持的隐式转换。变量的数目必须与游标选择列表中的列数一致。

3. 注意事项

如果 SCROLL 选项未在 ISO 样式的 DECLARE CURSOR 语句中指定，则 NEXT 是唯一支持的 FETCH 选项；如果在 ISO 样式的 DECLARE CURSOR 语句中指定了 SCROLL 选项，则支持所有 FETCH 选项。

如果使用 Transact-SQL DECLARE 游标扩展插件，则应用下列规则：如果指定了 FORWARD_ONLY 或 FAST_FORWARD，则 NEXT 是唯一受支持的 FETCH 选项；如果未指定 DYNAMIC、FORWARD_ONLY 或 FAST_FORWARD 选项，并且指定了 KEYSET、

STATIC 或 SCROLL 中的某一个，则支持所有 FETCH 选项；DYNAMIC　SCROLL 游标支持除 ABSOLUTE 以外的所有 FETCH 选项。

4．示例

由于游标 xp1,xp2 我们已经定义过，还没有删除，本例为游标命名为 xp3,xp4。

```
use school
GO
DECLARE xp3 CURSOR
FOR SELECT * FROM KC              ——定义一个只进游标(只能从前向后的游标）
DECLARE xp4 SCROLL CURSOR
FOR SELECT * FROM CJ              ——定义一个滚动游标
OPEN xp3
FETCH Next FROM xp3               ——游标 xp3 指向第一行
FETCH Next FROM xp3               ——游标 xp3 指向下一行
OPEN xp4
FETCH Next FROM xp4               ——游标 xp4 指向第一行
FETCH Next FROM xp4               ——游标 xp4 指向下一行
FETCH RELATIVE 2 FROM xp4         ——游标 xp4 指向下数行
FETCH ABSOLUTE 2 FROM xp4         ——游标 xp4 指向第二行
FETCH next FROM xp4               ——游标 xp4 指向下一行
```

图 6.20 所示是以上程序的运行结果。

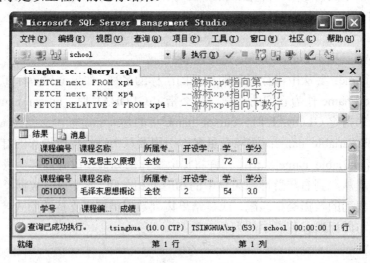

图 6.20　OPEN 语句示例

读者也可以尝试语句：

```
FETCH RELATIVE 2 FROM xp3
FETCH ABSOLUTE 2 FROM xp3
```

系统将提示错误信息，这是由于定义 xp3 为只进游标。

6.6.4　CLOSE 语句

游标使用完以后，要及时关闭，关闭游标使用 CLOSE 语句。CLOSE 语句用于释放当前结果集，然后解除定位游标的行上的游标锁定，从而关闭一个开放的游标。CLOSE 将保留数据结构以便重新打开，但在重新打开游标之前，不允许提取和定位更新。必须对打开的游标发布 CLOSE；不允许对仅声明或已关闭的游标执行 CLOSE。游标关闭后还可以使用 OPEN 语句打开。

1. 语法格式

CLOSE{{[GLOBAL]cursor_name}|cursor_variable_name}

2. 参数

● GLOBAL：指定 cursor_name 是指全局游标。

● cursor_name：打开的游标的名称。如果全局游标和局部游标都使用 cursor_name 作为它们的名称，那么当指定 GLOBAL 时，cursor_name 指的是全局游标；其他情况下，cursor_name 指的是局部游标。

● cursor_variable_name：与打开的游标关联的游标变量的名称。

3. 示例

CLOSE　xp3

6.6.5　DEALLOCATE 语句

游标关闭后，其定义还在，如果确认不需要使用，就要释放其定义占用的系统空间。删除游标使用 DEALLOCATE 语句。当释放最后的游标引用时，组成该游标的数据结构由 Microsoft SQL Server 释放。

1. 语法格式

DEALLOCATE{{[GLOBAL]cursor_name}|@cursor_variable_name}

2. 参数

● cursor_name：已声明游标的名称。当同时存在以 cursor_name 作为名称的全局游标和局部游标时，如果指定 GLOBAL，则 cursor_name 指全局游标，如果未指定 GLOBAL，则指局部游标。

● @cursor_variable_name：cursor 变量的名称。@cursor_variable_name 必须为 cursor 类型。

3. 注意事项

对游标进行操作的语句使用游标名称或游标变量引用游标。DEALLOCATE 删除游标与游标名称或游标变量之间的关联。如果一个名称或变量是最后引用游标的名称或变量，则将释放游标，游标使用的任何资源也随之释放。用于保护提取隔离的滚动锁在 DEALLOCATE 上释放；用于保护更新（包括通过游标进行的定位更新）的事务锁一直到事务结束才释放。

4. 示例

示例一：通过游标把第二条记录的学号改为"06030102"。

```
Use SCHOOL
DECLARE xp CURSOR LOCAL FOR
SELECT 学号, 姓名
FROM xs;
OPEN xp;
FETCH NEXT FROM xp;
UPDATE XS
SET 学号='06030102'
FROM XS
WHERE CURRENT OF xp;
```

图 6.21 所示是以上程序的运行结果，可以通过查询来查看修改的结果。

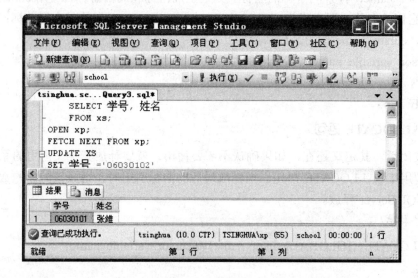

图 6.21　游标示例一

示例二：通过游标把第二条记录的学号改为赋给变量@message。

```
Use SCHOOL
GO
DECLARE @message varchar(10)
DECLARE xp SCROLL CURSOR
FOR SELECT 学号 FROM XS
OPEN XP
FETCH ABSOLUTE 2 FROM xp into @message
DEALLOCATE xp
PRINT @message
```

图 6.22 所示是游标示例二程序的运行结果。

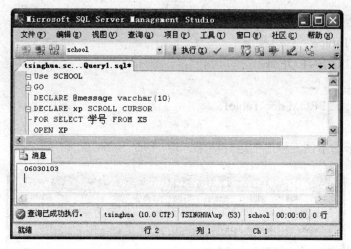

图 6.22 游标示例二

示例三：

```
USE school;
GO
IF OBJECT_ID ('dbo.Table1', 'U') IS NOT NULL
    DROP TABLE dbo.Table1;
GO
IF OBJECT_ID ('dbo.Table2', 'U') IS NOT NULL
    DROP TABLE dbo.Table2;
GO
CREATE TABLE dbo.Table1
    (c1 int PRIMARY KEY NOT NULL, c2 int NOT NULL);
GO
CREATE TABLE dbo.Table2
    (d1 int PRIMARY KEY NOT NULL, d2 int NOT NULL);
GO
INSERT INTO dbo.Table1 VALUES (1, 10);
INSERT INTO dbo.Table2 VALUES (1, 20);
INSERT INTO dbo.Table2 VALUES (2, 30);
GO
DECLARE abc CURSOR LOCAL FOR
SELECT c1, c2
FROM dbo.Table1;
OPEN abc;
FETCH abc;
UPDATE dbo.Table1
```

```
SET c2 = c2 + d2
FROM dbo.Table2
WHERE CURRENT OF abc;
GO
SELECT c1, c2 FROM dbo.Table1;
GO
```

图 6.23 所示是示例三程序的运行结果。

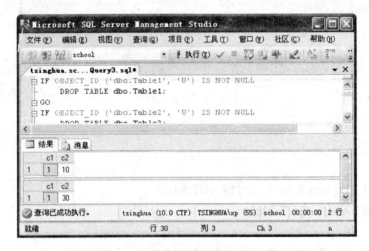

图 6.23　游标示例三

6.7　小结

本章主要介绍了 T-SQL 语言的基础知识和基本的使用。SQL 语言是应用于数据库的语言，本身是不能独立存在的。它是一种非过程性语言，与一般的高级语言，一般的高级语言在存取数据库时，需要依照每一行程序的顺序处理许多的动作。但是使用 SQL 时，只需告诉数据库需要什么数据，怎么显示就可以了。具体的内部操作则由数据库系统来完成。

SQL Server 2008 对 T-SQL 语言从多方面进行了增强，在本章和其他章节里有所体现，如对 INSERT 语句功能的增强、新增了 MERGE 语句等，通过这些可以更好地体会 SQL Server 2008 给我们带来的方便。

通过本章学习，需要掌握 T-SQL 语言的类型；理解常量和变量的概念和使用方法；熟练掌握各种运算符以及如何利用运算符构成表达式；熟练掌握常用的程序流程；掌握常见的函数；掌握游标的使用。

第7章 索 引 和 视 图

与书中的索引一样，数据库中的索引帮助大家快速找到表或索引视图中的特定信息。索引包含从表或视图中一个或多个列生成的键，以及映射到指定数据的存储位置的指针。通过创建设计良好的索引以支持查询，可以显著提高数据库查询和应用程序的性能。索引可以减少为返回查询结果集而必须读取的数据量。索引还可以强制表中的行具有唯一性，从而确保表数据的数据完整性。在应用系统中，尤其在联机事务处理系统中，数据查询及处理速度已成为衡量应用系统成败的标准。而采用索引来加快数据处理速度也成为广大数据库用户所接受的优化方法。

视图是从一个或多个表或视图中导出的表，其结构和数据是建立在对表的查询基础上的。和表一样，视图也是包括几个被定义的数据列和多个数据行，但就本质而言这些数据列和数据行来源于其所引用的表。所以视图不是真实存在的基础表而是一张虚表，视图所对应的数据并不实际地以视图结构存储在数据库中，而是存储在视图所引用的表中。

本章主要介绍索引的概念、索引的类型以及对索引和视图的创建、管理、修改、删除的方法。

7.1 索引的体系结构

索引是根据表中一列或若干列按照一定的顺序建立的列值与记录行之间的对应关系表。

在数据库系统中建立索引主要有以下作用。

1）快速存取数据。

2）保证数据记录的唯一性。

3）实现表与表之间的参照完整性。

4）在使用 ORDER BY ，GROUP BY 字句进行数据检索时，利用索引可以减少排序和分组的时间。

7.1.1 索引的作用

索引是为了加速检索而创建的一种存储结构。索引是针对一个表而建立的，它是由除存放表的数据页面以外的索引页面组成的。每个索引页面中的行都包含逻辑指针，通过该指针可以直接检索到数据，这就会加速物理数据的检索。

一般地，系统访问数据库中的数据，可以使用以下两种方法。

1）表扫描，就是指系统将指针放置在该表的表头数据所在的数据页上，然后按照数据页的排列顺序，一页一页地从前向后扫描该表数据所占有的全部数据页，直至扫描完表中的全部记录。在扫描时，如果找到符合查询条件的记录，那么就将这条记录挑选出来。最后，将全部挑选出来符合查询语句条件的记录显示出来。

2）索引查找。索引是一种树状结构，其中存储了关键字和指向包含关键字所在记录的数据页的指针。当使用索引查找时，系统沿着索引的树状结构，根据索引中关键字和指针，找到符合查询条件的记录。最后，将全部查找到的符合查询语句条件的记录显示出来。

在 SQL Server 中，当访问数据库中的数据时，由 SQL Server 确定该表中是否有索引存在。如果没有索引，那么 SQL Server 使用表扫描的方法访问数据库中的数据。查询处理器根据分布的统计信息生成该查询语句的优化执行规划，以提高访问数据的效率为目标，确定是使用表扫描还是使用索引。

对表中的列(字段)是否创建索引以及创建何种索引，对检索的速度会有很大的影响。创建了索引的列几乎是立即响应，而未创建索引的列就需要等很长时间。因为对于未创建索引的列，SQL Server 需要逐行进行搜索，这种搜索耗费的时间直接同表中的数据量成正比。当数据量很大时，耗费的时间是难以想象的。

SQL Server 中数据存储的基本单位是页。为数据库中的数据文件（.mdf 或 .ndf）分配的磁盘空间可以从逻辑上划分成页（从 0 到 n 连续编号）。磁盘 I/O 操作在页级执行。也就是说，SQL Server 读取或写入所有数据页。

在 SQL Server 中，页的大小为 8KB。这意味着 SQL Server 数据库中每 MB 有 128 页。每页的开头是 96 字节的标头，用于存储有关页的系统信息。此信息包括页码、页类型、页的可用空间以及拥有该页的对象的分配单元 ID。

查询处理器使用索引时，搜索索引键列，查找到查询所需行的存储位置，然后从该位置提取匹配行。查询处理器在执行查询时通常会选择最有效的方法。但如果没有索引，则查询处理器必须扫描表。通常，搜索索引比搜索表要快很多，因为索引与表不同，一般每行包含的列非常少，且行遵循排序顺序。

7.1.2 索引的分类

实际上，可以把索引理解为一种特殊的目录。微软的 SQL SERVER 提供了两种索引：聚集索引（clustered index，也称聚类索引、簇集索引）和非聚集索引（nonclustered index，也称非聚类索引、非簇集索引）。聚集索引和非聚集索引有如下区别。

1. 聚集

聚集索引根据数据行的键值在表或视图中排序和存储这些数据行。索引定义中包含聚集索引列。每个表只能有一个聚集索引，因为数据行本身只能按一个顺序排序。

只有当表包含聚集索引时，表中的数据行才按排序顺序存储。如果表具有聚集索引，则该表称为聚集表。如果表没有聚集索引，则其数据行存储在一个称为堆的无序结构中。

2. 非聚集

非聚集索引具有独立于数据行的结构。非聚集索引包含非聚集索引键值，并且每个键值项都有指向包含该键值的数据行的指针。

从非聚集索引中的索引行指向数据行的指针称为行定位器。行定位器的结构取决于数据页是存储在堆中还是聚集表中。对于堆，行定位器是指向行的指针。对于聚集表，行定位器是聚集索引键。

简单地说，汉语字典的正文本身就是一个聚集索引。比如，要查"安"字，就会很自然地翻开字典的前几页，而"徐"的拼音是"xu"，按照拼音排序汉字的字典是以英文字母"a"开头并以"z"结尾的，那么"徐"字就自然地排在字典的后部。这种正文内容本身就是一种按照一定规则排列的目录称为"聚集索引"。

如果需要去根据偏旁部首查到要找的字，然后根据这个字后的页码直接翻到某页来找到要找的字。但结合部首目录和检字表而查到的字的排序并不是真正的正文的排序方法，比如查"张"字，可以看到在查部首之后，检字表中"张"的上面是"驰"字，很显然，"驰"字并不是真正的分别位于"张"字的上方，这实际上就是他们在非聚集索引中的排序，是字典正文中的字在非聚集索引中的映射。可以通过这种方式来找到所需要的字，但它需要两个过程，先找到目录中的结果，然后再翻到所需要的页码。

进一步引申一下，可以很容易的理解：每个表只能有一个聚集索引，因为目录只能按照一种方法进行排序。

定义聚集索引键时使用的列越少越好，聚集索引不适用于具有下列属性的列。

1）频繁更改的列。

2）宽键，宽键是若干列或若干大型列的组合。

除了聚集索引和非聚集索引的分类之外，SQL Server 2008 还提供了其他类型的索引，包括：唯一索引、包含列索引、索引视图、全文索引、空间索引、筛选索引、XML 索引等类型。这些索引的含义如下。

- 唯一索引：确保索引键不包含重复的值，因此，表或视图中的每一行在某种程度上是唯一的。聚集索引和非聚集索引都可以是唯一索引。
- 包含列索引：一种非聚集索引，它扩展后不仅包含键列，还包含非键列。
- 索引视图：视图的索引将具体化（执行）视图，并将结果集永久存储在唯一的聚集索引中，而且其存储方法与带聚集索引的表的存储方法相同。创建聚集索引后，可以为视图添加非聚集索引。
- 全文索引：一种特殊类型的基于标记的功能性索引，由 Microsoft SQL Server 全文引擎生成和维护，用于帮助在字符串数据中搜索复杂的词。
- 空间索引：空间索引是 SQL Server 2008 中新添加的索引类型，利用空间索引，可以更高效地对 geometry 数据类型的列中的空间对象（空间数据）执行某些操作。空间索引可减少需要应用开销相对较大的空间操作的对象数。
- 筛选索引：一种经过优化的非聚集索引，尤其适用于涵盖从定义完善的数据子集中选择数据的查询。筛选索引使用筛选谓词对表中的部分行进行索引。与全表索引相比，设计良好的筛选索引可以提高查询性能、减少索引维护开销并降低索引存储开销。
- XML 索引：xml 数据类型列中 XML 二进制大型对象(BLOB)的已拆分持久表示形式。

7.2 创建索引

在 SQL Server 中创建索引的方法有三种：一种是使用 SQL Server Management Studio 创建索引；第二种是使用 T-SQL 语句创建索引；本节将详细介绍这两种方法，此外还可以利用模板资源管理器创建索引，因为模板资源管理器从原理上来说就是帮助使用者使用

T-SQL 语句，所以本节只进行简述。

7.2.1　使用 SQL Server Management Studio 创建索引

使用 SQL Server Management Studio 创建索引的步骤如下。

1）打开 SQL Server Management Studio，并连接到服务器。

2）在对象资源管理器窗格中展开服务器节点，然后展开"数据库"节点，然后展开所需要的数据库，如 school，最后展开"表"节点。

3）展开准备建立索引的表，如 XS，选中索引，单击右键，选择"新建索引"。

4）在"新建索引"窗口，输入新建索引的名称，选择索引类型，如图 7.1 所示。

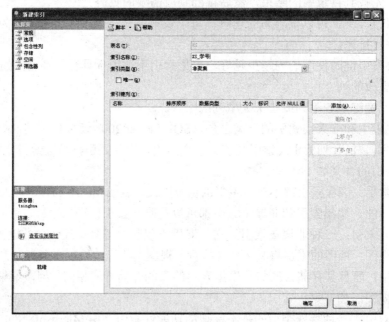

图 7.1　新建索引

5）单击添加按钮，打开选择列窗口，如图 7.2 所示。

6）选择索引键列，如学号，单击"确定"按钮。

7）在新建索引窗口，单击确定按钮，完成索引的创建，如图 7.3 所示。

图 7.2　选择列

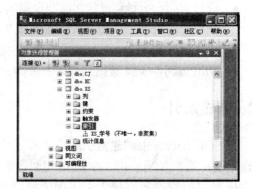

图 7.3　索引显示

7.2.2 使用 T-SQL 语句创建索引

除了使用 SQL Server Management 创建索引外，还可以使用 CREATE INDEX 语句创建索引。

1. 语法格式

```
CREATE [ UNIQUE ] [ CLUSTERED | NONCLUSTERED ] INDEX index_name
    ON <object> ( column [ ASC | DESC ] [ ,...n ] )
    [ INCLUDE ( column_name [ ,...n ] ) ]
    [ WHERE <filter_predicate> ]
    [ WITH ( <relational_index_option> [ ,...n ] ) ]
    [ ON { partition_scheme_name ( column_name )
    | filegroup_name
    | default
    }
    ]
    [ FILESTREAM_ON { filestream_filegroup_name | partition_scheme_name |
"NULL" } ]
<relational_index_option>::=
PAD_INDEX = { ON | OFF }
    | FILLFACTOR = fillfactor
    | SORT_IN_TEMPDB = { ON | OFF }
    | IGNORE_DUP_KEY = { ON | OFF }
    STATISTICS_NORECOMPUTE = { ON | OFF }
    DROP_EXISTING = { ON | OFF }
    | ONLINE = { ON | OFF }
    | ALLOW_ROW_LOCKS = { ON | OFF }
    ALLOW_PAGE_LOCKS = { ON | OFF }
    | MAXDOP = max_degree_of_parallelism
    | DATA_COMPRESSION = { NONE | ROW | PAGE}
    [ ON PARTITIONS ( { <partition_number_expression> | <range> }
    [ ,...n ] ) ]
```

2. 参数

- UNIQUE：为表或视图创建唯一索引。唯一索引不允许两行具有相同的索引键值。视图的聚集索引必须唯一。无论 IGNORE_DUP_KEY 是否设置为 ON，数据库引擎都不允许为已包含重复值的列创建唯一索引。否则，数据库引擎会显示错误消息。必须先删除重复值，然后才能为一列或多列创建唯一索引。唯一索引中使用的列应设置为 NOT NULL，因为在创建唯一索引时，会将多个 Null 值视为重复值。

- CLUSTERED：该选项表示创建聚集索引，一个表或视图只允许同时有一个聚集索引。如果没有指定 CLUSTERED，则创建非聚集索引。
- NONCLUSTERED：该选项表示创建非聚集索引，每个表都最多可包含 249 个非聚集索引。
- CREATE INDEX 语句的默认值为 NONCLUSTERED。
- index_name：索引的名称。索引名称在表或视图中必须唯一，但在数据库中不必唯一。索引名称必须符合标识符的规则。
- Object：要为其建立索引的完全限定对象或非完全限定对象。可以是数据库的名称、表或视图所属架构的名称、要为其建立索引的表或视图的名称。
- Column：索引所基于的一列或多列。指定两个或多个列名，可为指定列的组合值创建组合索引。在 table_or_view_name 后的括号中，按排序优先级列出组合索引中要包括的列。一个组合索引键中最多可组合 16 列。组合索引键中的所有列必须在同一个表或视图中。不能将大型对象（LOB）数据类型 ntext、text、varchar（max）、nvarchar（max）、varbinary（max）、xml 或 image 的列指定为索引的键列。另外，即使 CREATE INDEX 语句中并未引用 ntext、text 或 image 列，视图定义中也不能包含这些列。
- [ASC | DESC]：确定特定索引列的升序或降序排序方向。默认值为 ASC，也就是升序。
- INCLUDE (column [,...n])：指定要添加到非聚集索引的叶级别的非键列。非聚集索引可以唯一，也可以不唯一。可包含的非键列的最大数量为 1,023 列；最小数量为 1 列。在 INCLUDE 列表中列名不能重复，且不能同时用于键列和非键列。
- WHERE <filter_predicate>：通过指定索引中要包含哪些行来创建筛选索引。筛选索引必须是对表的非聚集索引。为筛选索引中的数据行创建筛选统计信息。
- ON partition_scheme_name（column_name）：指定分区方案，该方案定义要将分区索引的分区映射到的文件组。必须通过执行 CREATE PARTITION SCHEME 或 ALTER PARTITION SCHEME，使数据库中存在该分区方案。
- ON filegroup_name：为指定文件组创建指定索引。如果未指定位置且表或视图尚未分区，则索引将与基础表或视图使用相同的文件组。该文件组必须已存在。
- ON "default"：为默认文件组创建指定索引。
- FILESTREAM_ON：在创建聚集索引时，指定表的 FILESTREAM 数据的位置。

3. 示例

示例一：创建唯一聚合索引。

USE school
GO
CREATE UNIQUE CLUSTERED INDEX ind_编号
ON KC（课程编号）

以上程序的运行结果如图 7.4 所示。

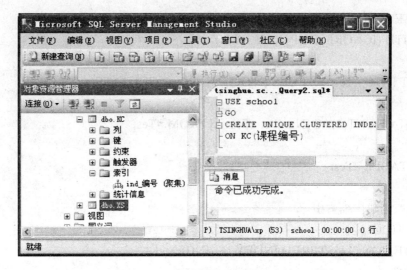

图 7.4 创建唯一聚合索引

示例二：创建不唯一，非聚集索引。

USE school

GO

CREATE NONCLUSTERED INDEX ind_姓名成绩

ON XS(姓名,总学分)

以上程序的运行结果如图 7.5 所示。

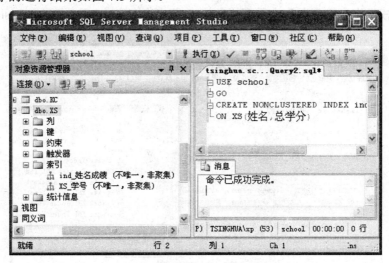

图 7.5 创建不唯一，非聚集索引

示例三：使用 IGNORE_DUP_KEY 选项。

USE SCHOOL

GO

CREATE TABLE #Test (C1 nvarchar(10), C2 nvarchar(50), C3 datetime)

GO

```
CREATE UNIQUE INDEX AK_Index ON #Test (C2)
    WITH (IGNORE_DUP_KEY = ON)
GO
INSERT INTO #Test VALUES (N'OC', N'Ounces', GETDATE())
GO
SELECT COUNT(*)AS [Number of rows] FROM #Test
GO
DROP TABLE #Test
GO
```

示例四：创建压缩索引。

```
USE SCHOOL
CREATE NONCLUSTERED INDEX IX_INDEX_1
ON XS(学号)
WITH ( DATA_COMPRESSION = ROW )
GO
```

7.2.3 使用模版资源管理器创建索引

使用模版资源管理器创建索引的步骤如下。

1）打开 SQL Server Management Studio，并连接到服务器。

2）选择视图菜单中的"模板资源管理器"选项。

3）在"模板资源管理器"中展开"Index"节点，双击"Create Index Basic"，如图 7.6 所示。

图 7.6　创建索引模版

模版的内容如下：

```
-- ================================================
-- Create index basic template
```

```
-- ========================================================
USE <database_name, sysname, AdventureWorks>
GO

CREATE INDEX <index_name, sysname, ind_test>
ON <schema_name, sysname, Person>.<table_name, sysname, Address>
(
        <column_name1, sysname, PostalCode>
)
GO
```

4）可以根据需要进行修改，并进行保存。

7.3 管理索引

用户创建索引后，由于数据库数据的增、删、改操作，会使索引页出现碎片，降低了系统性能，所以必须对索引进行维护。已有的索引可能对用户失去价值，有时需要对已有的索引进行删除，本节主要讲授如何管理索引。

7.3.1 修改索引

修改索引指的是通过禁用、重新生成或重新组织索引，或通过设置索引的相关选项，修改现有的表索引或视图索引（关系索引或 XML 索引）。

1. 使用 SQL Server Management Studio 修改索引

使用 SQL Server Management Studio 修改索引的步骤如下。

1）打开 SQL Server Management Studio，并连接到服务器。

2）在对象资源管理器窗格中展开服务器节点，然后展开"数据库"节点，然后展开所需要的数据库，如 school，展开准备修改索引的表，最后展开"索引"节点。

3）选中欲修改的索引，单击鼠标右键，在快捷菜单中选择相应的命令，可选用的命令有"重新生成"、"重新组织"或"禁用"。

4）在弹出的窗口中单击"确定"。

2. 使用 ALTER INDEX 语句修改索引

（1）ALTER INDEX 语句的完整格式

```
ALTER INDEX { index_name | ALL }
ON <object>
{ REBUILD
  [ [ WITH ( <rebuild_index_option> [ ,...n ] ) ]
| [ PARTITION = partition_number
  [ WITH ( <single_partition_rebuild_index_option>
[ ,...n ] )
            ]
```

```
            ]
            ]
| DISABLE
| REORGANIZE
[ PARTITION = partition_number ]
[ WITH ( LOB_COMPACTION = { ON | OFF } ) ]
| SET ( <set_index_option> [ ,...n ] )
            }
```

（2）ALTER INDEX 语句的最常见用法

1）重新生成索引。

● 格式：

ALTER INDEX index_name ON table_or_view_name REBUILD

● 示例：

ALTER INDEX ind_姓名成绩 ON KC REBUILD

2）重新组织索引。

● 格式：

ALTER INDEX index_name ON table_or_view_name REORGANIZE

● 示例：

ALTER INDEX　ind_姓名成绩 ON KC REORGANIZE

3）禁用索引。

● 格式：

ALTER INDEX index_name ON table_or_view_name DISABLE

● 示例：

示例一：

ALTER INDEX　ind_姓名成绩 ON KC DISABLE

示例二：

```
USE SCHOOL
GO
ALTER INDEX IX_INDEX_1 ON XS
SET (
STATISTICS_NORECOMPUTE = ON,
ALLOW_PAGE_LOCKS = ON
)
GO
```

示例三：禁用索引。

```
USE SCHOOL
GO
ALTER INDEX IX_INDEX_1 ON XS
```

DISABLE

GO

示例四：重新生成索引。

USE SCHOOL

GO

ALTER INDEX IX_INDEX_1 ON XS

REBUILD

GO

7.3.2 删除索引

1. 使用 SQL Server Management Studio 删除索引

使用 SQL Server Management Studio 删除索引的步骤如下。

1）打开 SQL Server Management Studio，并连接到服务器。

2）在对象资源管理器窗格中展开服务器节点，然后展开"数据库"节点，展开所需要的数据库，如 school，展开准备删除索引的表，最后展开"索引"节点。

3）选中欲删除的索引，单击右键，在快捷菜单中选择"删除"命令。

4）在打开的"删除对象"窗口，如图 7.7 所示，单击"确定"，完成操作。

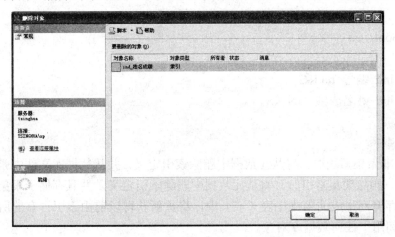

图 7.7　删除对象窗口

2. 使用 DROP INDEX 语句修改索引

（1）语法格式

DROP INDEX

{ <drop_relational_or_xml_or_spatial_index> [,...n]

| <drop_backward_compatible_index> [,...n]

}

（2）示例

示例一：

USE school

DROP INDEX ind_编号

on KC

以上程序运行结果如图 7.8 所示。

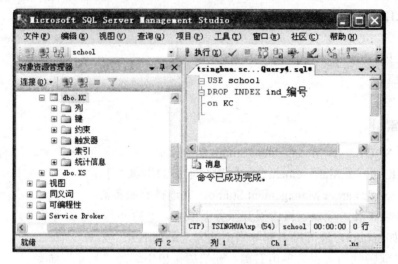

图 7.8　使用 DROP INDEX 语句修改索引

示例二：

USE school

DROP

INDEX ind_编号　on KC

INDEX ind_姓名成绩　ON XS

GO

3. 注意事项

1）删除非聚集索引时，将从元数据中删除索引定义，并从数据库文件中删除索引数据页（B 树）。删除聚集索引时，将从元数据中删除索引定义，并且存储于聚集索引叶级别的数据行将存储到生成的未排序表（堆）中，将重新获得以前由索引占有的所有空间，此后可将该空间用于任何数据库对象。

2）如果索引所在的文件组脱机或设置为只读，则不能删除该索引。

3）删除索引视图的聚集索引时，将自动删除同一视图的所有非聚集索引和自动创建的统计信息。手动创建的统计信息不会删除。

7.4　管理视图

视图是从一个或多个表或视图中导出的表，其结构和数据是建立在对表的查询基础上的。和表一样，视图也是包括几个被定义的数据列和多个数据行，但就本质而言这些数据列和数据行来源于其所引用的表。所以视图不是真实存在的基础表而是一张虚表，视图所对应的数据并不实际地以视图结构存储在数据库中，而是存储在视图所引用的表中。

7.4.1 了解视图

视图不是真实存在的基础表而是一张虚表，视图一经定义便存储在数据库中，与其相对应的数据并没有像表那样又在数据库中再存储一份，通过视图看到的数据只是存放在基本表中的数据。对视图的操作与对表的操作一样，可以对其进行查询、修改(有一定的限制)、删除。

当对通过视图看到的数据进行修改时，相应的基本表的数据也要发生变化，同时，若基本表的数据发生变化，则这种变化也可以自动地反映到视图中。

视图有很多优点，主要表现在以下几点。

1. 视点集中

视图集中即是使用户只关心它感兴趣的某些特定数据和他们所负责的特定任务。这样通过只允许用户看到视图中所定义的数据而不是视图引用表中的数据而提高了数据的安全性。

2. 简化操作

视图大大简化了用户对数据的操作。因为在定义视图时，若视图本身就是一个复杂查询的结果集，这样在每一次执行相同的查询时，不必重新写这些复杂的查询语句，只要一条简单的查询视图语句即可。可见视图向用户隐藏了表与表之间的复杂的连接操作。

3. 定制数据

视图能够实现让不同的用户以不同的方式看到不同或相同的数据集。因此，当有许多不同水平的用户共用同一数据库时，这显得极为重要。

4. 合并分割数据

在有些情况下，由于表中数据量太大，故在表的设计时常将表进行水平分割或垂直分割，但表的结构的变化却对应用程序产生不良的影响。如果使用视图就可以重新保持原有的结构关系，从而使外模式保持不变，原有的应用程序仍可以通过视图来重载数据。

5. 安全性

视图可以作为一种安全机制。通过视图用户只能查看和修改他们所能看到的数据。其他数据库或表既不可见也不可以访问。如果某一用户想要访问视图的结果集，必须授予其访问权限。视图所引用表的访问权限与视图权限的设置互不影响。

7.4.2 创建视图

视图可以被看成是虚拟表或存储查询。除非是索引视图，否则视图的数据不会作为非重复对象存储在数据库中。数据库中存储的是 SELECT 语句。SELECT 语句的结果集构成视图所返回的虚拟表。用户可以采用引用表时所使用的方法，在 T-SQL 语句中引用视图名称来使用此虚拟表。

对其中所引用的基础表来说，视图的作用类似于筛选。定义视图的筛选可以来自当前或其他数据库的一个或多个表，或者其他视图。

和创建索引一样，在 SQL Server 2008 中创建视图的方法也有三种：一种是使用 SQL Server Management Studio 创建视图；一种是使用 T-SQL 语句创建视图；本节将详细介绍这两种方法，第三种是利用模板资源管理器创建视图，本节将进行简述。

1. 使用 SQL Server Management Studio 创建视图

（1）使用 SQL Server Management Studio 创建简单视图的步骤

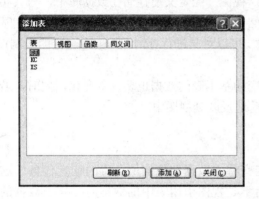

图 7.9　添加表对话框

1）打开 SQL Server Management Studio，并连接到服务器。

2）在对象资源管理器窗格中展开服务器节点，然后展开"数据库"节点，然后展开 school 数据库。

3）选中视图，单击右键，选中"新建视图"命令，弹出"添加表"对话框，如图 7.9 所示。

4）选择所有要定义的视图的基表，单击"添加"按钮，将准备添加到视图中的表添加进来，如添加 XS 表，然后单击"关闭"。

5）选中需要显示的列，单击"保存"按钮，弹出"选择名称"对话框，在文本框输入视图的名称，如 View_XS_学号，单击"确定"按钮。视图创建完成，如图 7.10 所示。

图 7.10　简单的视图

（2）使用 SQL Server Management Studio 创建复杂视图的步骤

1）～3）同创建简单的视图。

4）按住 Ctrl 键，选择所有要定义的视图的基表，单击"添加"按钮，将准备添加到视图中的表都添加进来，然后单击"关闭"，如添加 XS 表和 CJ 表。

5）选中需要显示的列，将需要关联的列用拖曳的方式连接。选中需要排序的列，选择排序方式。选中需要筛选的列，输入筛选条件，单击"保存"按钮，输入视图名称，单击"确定"按钮。视图创建完成，如图 7.11 所示。

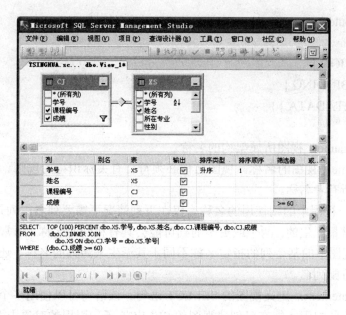

图 7.11　复杂的视图

建立视图后可以像查询表一样查询视图，如：

USE school

SELECT *

FROM View_XS_CJ

以上程序运行结果如图 7.12 所示。

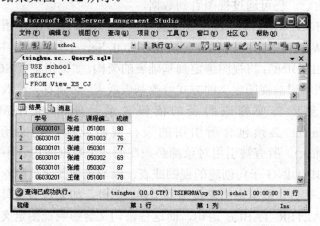

图 7.12　查询视图

2. 使用 CREATE VIEW 语句创建视图

（1）语法格式

CREATE VIEW [schema_name .] view_name [(column [,...n])]

[WITH <view_attribute> [,...n]]

AS select_statement

[WITH CHECK OPTION] [;]

<view_attribute> ::=

{

[ENCRYPTION]

[SCHEMABINDING]

[VIEW_METADATA] }

（2）参数

- schema_name：视图所属架构的名称。
- view_name：视图的名称。视图名称必须符合有关标识符的规则。可以选择是否指定视图所有者名称。
- Column：视图中的列使用的名称。仅在下列情况下需要列名：列是从算术表达式、函数或常量派生的；两个或更多的列可能会具有相同的名称（通常是由于联接的原因）；视图中的某个列的指定名称不同于其派生来源列的名称。还可以在 SELECT 语句中分配列名。
- select_statement：定义视图的 SELECT 语句。该语句可以使用多个表和其他视图。需要相应的权限才能在已创建视图的 SELECT 子句引用的对象中选择。视图不必是具体某个表的行和列的简单子集。可以使用多个表或带任意复杂性的 SELECT 子句的其他视图创建视图。在索引视图定义中，SELECT 语句必须是单个表的语句或带有可选聚合的多表 JOIN。
- CHECK OPTION：强制针对视图执行的所有数据修改语句都必须符合在 select_statement 中设置的条件。通过视图修改行时，WITH CHECK OPTION 可确保提交修改后，仍可通过视图看到数据。
- ENCRYPTION：对 sys.syscomments 表中包含 CREATE VIEW 语句文本的项进行加密。使用 WITH ENCRYPTION 可防止在 SQL Server 复制过程中发布视图。
- SCHEMABINDING：将视图绑定到基础表的架构。如果指定了 SCHEMABINDING，则不能按照将影响视图定义的方式修改基表或表。必须首先修改或删除视图定义本身，才能删除将要修改的表的依赖关系。使用 SCHEMABINDING 时，select_statement 必须包含所引用的表、视图或用户定义函数的两部分名称 (schema.object)。所有被引用对象都必须在同一个数据库内。不能删除参与了使用 SCHEMABINDING 子句创建的视图或表，除非该视图已被删除或更改而不再具有架构绑定。否则，数据库引擎将引发错误。另外，如果对参与具有架构绑定的视图的表执行 ALTER TABLE 语句，而这些语句又会影响视图定义，则这些语句将会失败。如果视图包含别名数据类型列，则无法指定 SCHEMABINDING。
- VIEW_METADATA：指定为引用视图的查询请求浏览模式的元数据时，SQL Server 实例将向 DB-Library、ODBC 和 OLE DB API 返回有关视图的元数据信息，而不返回基表的元数据信息。浏览模式元数据是 SQL Server 实例向这些客户端 API 返回的附加元数据。如果使用此元数据，客户端 API 将可以实现可更新客户端游标。浏览模式的元数据包含结果集中的列所属的基表的相关信息。对于使用 VIEW_METADATA 创建的视图，浏览模式的元数据在描述结果集内视图中的列时，将返回视图名，而不返回基表名。

（3）注意事项

1）在 SELECT 语句中，不能使用 ORDER BY（除非另外还指定了 TOP 或 FOR XML）、COMPUTE、COMPUTE BY 语句，不能使用 INTO 关键字，不能使用临时表。

2）如果准备建立索引视图，必须使用 SCHEMABINDING 子句。

（4）示例

示例一：

USE school

GO

CREATE VIEW VIEW_XS

AS

SELECT XS.学号, XS.姓名, XS.总学分

FROM XS

示例二：

USE school

GO

CREATE VIEW VIEW_XS_CJ

AS

SELECT XS.学号, XS.姓名, CJ.课程编号, CJ.成绩

FROM   CJ INNER JOIN XS ON CJ.学号 = XS.学号

WHERE   CJ.成绩 > 60

3. 使用模板资源管理器创建视图

使用模板资源管理器创建视图的步骤如下。

1）打开 SQL Server Management Studio，并连接到服务器。

2）选择视图菜单中的"模板资源管理器"选项。

3）在"模板资源管理器"中展开"View"节点，双击"Create View"，如图 7.13 所示。

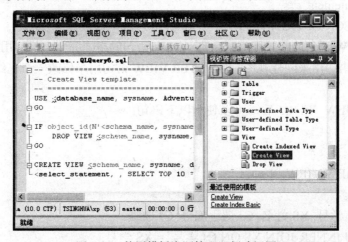

图 7.13　使用模板资源管理器创建视图

模版的内容如下：

```
-- ===============================================
-- Create View template
-- ===============================================
USE <database_name, sysname, AdventureWorks>
GO
IF object_id(N'<schema_name, sysname, dbo>.<view_name, sysname, Top10Sales>', 'V') IS
NOT NULL
        DROP VIEW <schema_name, sysname, dbo>.<view_name, sysname, Top10Sales>
GO
CREATE VIEW <schema_name, sysname, dbo>.<view_name, sysname, Top10Sales> AS
<select_statement, , SELECT TOP 10 * FROM Sales.SalesOrderHeader ORDER BY
TotalDue DESC>
```

4）对模版进行修改，最后保存。

7.4.3 修改视图

当需要通过视图查询其他信息时，可以修改视图，在 SQL Server 2008 中修改视图的方法有两种：一种是使用 SQL Server Management Studio 修改视图；另一种是使用 T-SQL 语句修改视图，本节将介绍这两种方法。

1. 使用 SQL Server Management Studio 修改视图

选中准备修改的视图，单击右键，选择"设计"命令，然后进行修改，修改后进行保存。

2. 使用 ALTER VIEW 语句修改视图

（1）语法格式

```
ALTER VIEW [ schema_name . ] view_name [ ( column [ ,...n ] ) ]
[ WITH <view_attribute> [ ,...n ] ]
AS select_statement
[ WITH CHECK OPTION ] [ ; ]
```

ALTER VIEW 语句的格式和 CREATE VIEW 语句的格式完全一样，用法也相同，只是 CREATE VIEW 语句用来创建视图，而 ALTER VIEW 语句用来修改一个已经被创建的视图。

（2）示例

创建视图 VIEW_XS_CJ 后，可以使用以下语句：

```
USE school
GO
ALTER   VIEW VIEW_XS_CJ
AS
SELECT XS.学号, XS.姓名, CJ.课程编号, CJ.成绩
FROM    CJ INNER JOIN XS ON CJ.学号 = XS.学号
```

WHERE　CJ.成绩 < 60

修改后的视图和修改前的视图，除了名称上的继承之外没有任何关系。

7.4.4 删除视图

当不再使用某些视图时，可以删除视图。在 SQL Server 2008 中删除视图的方法主要有两种：一种是使用 SQL Server Management Studio 删除视图；另一种是使用 T-SQL 语句删除视图。本节将介绍这两种方法，另外也可以利用模板资源管理器进行删除。

1. 使用 SQL Server Management Studio 修改视图

选中准备删除的视图，单击右键，选择"删除"命令。

2. 使用 DROP VIEW 语句修改视图

（1）语法格式

DROP VIEW view_name

在一条 DROP VIEW 语句中可以同时删除多个视图。

（2）示例

USE school

GO

DROP VIEW　VIEW_XS_CJ,View_XS_学号

7.5 利用视图修改数据

在视图中对其中的数据进行修改，实际上就是对其基表中的数据进行修改，这是由于视图本身的性质决定的。使用视图修改数据时，需要注意以下几点。

1）修改视图中的数据时，不能同时修改两个或者多个基表，可以对基于两个或多个基表或者视图的视图进行修改，但是每次修改都只能影响一个基表。

2）不能修改那些通过计算得到的字段，例如包含计算值或者合计函数的字段。

3）如果在创建视图时指定了 WITH CHECK OPTION 选项，那么使用视图修改数据库信息时，必须保证修改后的数据满足视图定义的范围。

4）执行 UPDATE、DELETE 命令时，所删除与更新的数据必须包含在视图的结果集中。

5）如果视图引用多个表时，无法用 DELETE 命令删除数据，若使用 UPDATE 命令则应与 INSERT 操作一样，被更新的列必须属于同一个表。

利用视图修改数据主要使用 INSERT 语句、UPDATE 语句和 DELETE 语句，这三条语句的使用上和前面讲述的基本相同，本节将介绍通过一些示例来讲述这个问题。

7.5.1 使用 INSERT 语句

利用视图插入数据实际上是在基表上插入数据，所以插入的数据必须满足基表对数据的要求，如数据类型、NULL 值的问题。

例如：利用以下语句创建一个视图。

USE school

GO

CREATE VIEW VIEW_KC

AS

SELECT KC.课程编号,KC.课程名称,KC.所属专业

FROM KC

示例：利用视图插入一行数据

USE school

GO

INSERT INTO VIEW_KC

VALUES('050314',N'组成原理',N'计算机')

SELECT 课程编号,课程名称,所属专业

FROM KC

以上程序运行结果如图 7.14 所示。

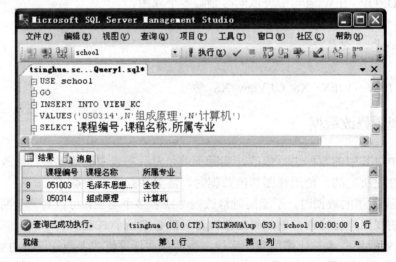

图 7.14 利用视图插入数据

需要注意的是，如果其他没有被插入数据的列是不允许有 Null 值的列，如"开设学期"不允许有 Null 值，则系统会给出出错信息："不能将值 NULL 插入列'开设学期'，表'school.dbo.KC'；列不允许有 Null 值。INSERT 失败。"

7.5.2 使用 UPDATE 语句

使用 UPDATE 语句更新数据时，必须保证数据符合基表的要求。

示例：把课程编号为"050314"的课程名称改为"微机组成原理"。

USE school

GO

UPDATE VIEW_KC

SET 课程名称=N'微机组成原理'

WHERE 课程编号='050314'

SELECT 课程编号,课程名称,所属专业

FROM KC

以上程序运行结果如图 7.15 所示。

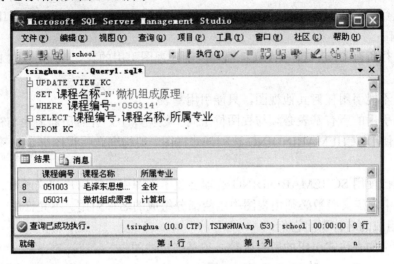

图 7.15　利用视图更新数据

7.5.3　使用 DELETE 语句

使用 DELETE 语句删除数据时，删除的是基表中的一行数据，即使基表的列不完全包含在视图中。

示例：删除课程编号为"051003"的行。

DELETE VIEW_KC

WHERE　课程编号='051003'

执行完以上语句后，执行 SELECT　课程编号,课程名称,所属专业 FROM　KC，可以看到 KC 表中课程编号为"051003"的行被完全删除了。

7.6　索引视图

在前面已经提到过常把视图称为虚表。标准视图的结果集并不以表的形式存储在数据库中，而是在执行引用了视图的查询时，SQL Server 才把相关的基本表中的数据合并成视图的逻辑结构。对于标准视图而言，动态地创建视图结果集将给系统带来沉重的负担，尤其是经常引用这种大容量视图。

解决这一令人头痛问题的方法就是为视图创建聚簇索引，只有这样才会显著地提高系统的性能。当在视图上创建了聚簇索引后，视图的结果集与有聚簇索引的表的数据集一样是存储在数据中的。

此外，在视图上创建索引还会带来这样的好处：优化器可以在那些在 FROM　从句中不直接命名视图的查询中使用视图索引，而且对已存在的视图而言，由于不必重新编写查询代码，从而提高了查询从索引视图中检索数据的效率。

索引视图有很多优点，它的建立和使用的方法和索引基本一致，但是有很多需要注意的问题。

1. 在对视图创建聚集索引之前，该视图必须符合下列要求

1）当执行 CREATE VIEW 语句时，ANSI_NULLS 和 QUOTED_IDENTIFIER 选项必须设置为 ON。

2）要执行所有 CREATE TABLE 语句以创建视图引用的表，ANSI_NULLS 选项必须设置为 ON。

3）视图不能引用任何其他视图，只能引用基表。

4）视图引用的所有基表必须与视图位于同一数据库中，并且所有者也与视图相同。

5）必须使用 SCHEMABINDING 选项创建视图。架构绑定将视图绑定到基础基表的架构。

6）必须已使用 SCHEMABINDING 选项创建了视图引用的用户定义函数。

7）表和用户定义函数必须由视图中由两部分组成的名称引用。不允许由一部分、三部分和四部分组成的名称引用它们。

8）视图中的表达式引用的所有函数必须是确定性的。

9）引用 SQL Server 2008 中的索引视图中的 datetime 和 smalldatetime 字符串文字时，建议使用确定性日期格式样式将文字显式转换为所需日期类型。将字符串隐式转换为 datetime 或 smalldatetime 所涉及的表达式被视为具有不确定性，除非兼容级别设置为 80 或更低。这是因为结果取决于服务器会话的 LANGUAGE 和 DATEFORMAT 设置。

10）为了确保能够正确维护视图并返回一致结果，在创建索引视图前必须使用下面语句：

SET NUMERIC_ROUNDABORT OFF;

SET ANSI_PADDING, ANSI_WARNINGS, CONCAT_NULL_YIELDS_NULL, ARITHABORT, QUOTED_IDENTIFIER, ANSI_NULLS ON;

2. 创建时注意的问题

1）执行 CREATE INDEX 的用户必须是视图所有者。

2）如果视图定义包含 GROUP BY 子句，则唯一聚集索引的键只能引用 GROUP BY 子句中指定的列。

3）在创建表时，基表必须具有正确的 SET 选项集，否则具有架构绑定的视图无法引用该表。

4）在视图定义中，必须使用两部分名称（即 schema.tablename）来引用表。

5）必须使用 WITH SCHEMABINDING 选项创建用户定义函数。

6）必须使用两部分名称 schema.function 来引用用户定义函数。

7）必须使用 WITH SCHEMABINDING 选项创建视图。

8）视图必须仅引用同一数据库中的基表，而不引用其他视图中的基表。

7.7　小结

索引是根据表中一列或若干列按照一定顺序建立的列值与记录行之间的对应关系表。

在数据库系统中建立索引主要有以下作用。

- 快速存取数据。
- 保证数据记录的唯一性。
- 实现表与表之间的参照完整性。
- 在使用 ORDER BY、GROUP BY 子句进行数据检索时，利用索引可以减少排序和分组的时间。

视图是从一个或多个表（或视图）导出的表。视图与表（有时为与视图区别，也称表为基本表——Base Table）不同，视图是一个虚表，即视图所对应的数据不进行实际存储，数据库中只存储视图的定义，对视图的数据进行操作时，系统根据视图的定义去操作与视图相关联的基本表。

通过本章学习，应该掌握索引和视图的区别和联系；熟练掌握它们的创建、修改、使用和删除的方法；掌握如何利用视图修改数据；掌握索引视图的使用。

第8章 存储过程和触发器

存储过程是数据库中重要的数据对象，一个设计良好的数据库应用程序通常都会用到存储过程。SQL Server 2008 数据库提供了多种建立存储过程的机制，用户可以使用 T-SQL 或者 CLR 方式建立存储过程。SQL Server 2008 数据库还提供了用户可直接使用的系统存储过程，通过这些存储过程，用户可以更加方便的管理数据。

触发器是一种特殊的存储过程，当在指定的数据表中，对数据进行插入、修改和删除操作时，触发器会自动执行。触发器为数据库提供了有效的监控和处理机制，确保了数据和业务的完整性。SQL Server 2008 数据库在传统的触发器基础上进行了扩展，实现了对数据库结构操作时的触发机制。本章将详细地介绍存储过程和触发器的原理和使用。

8.1 存储过程的基本使用

本节主要介绍存储过程的基本概念和创建、修改、删除、执行等基本使用方法。

8.1.1 存储过程的基本概述

存储过程是为完成特定的功能而汇集在一起的一组 SQL 程序语句，经编译后存储在数据库中的 SQL 程序。存储过程并不是"用来存储数据的过程"。

存储过程存储在数据库内，可由应用程序通过一个调用执行，而且允许用户声明变量、有条件执行以及其他强大的编程功能。存储过程可以使对数据库的管理，以及显示关于数据库及其用户信息的工作容易得多。

在 SQL Server 中使用存储过程而不使用存储在客户端计算机本地的 T-SQL 程序包括以下优点。

- 存储过程已在服务器注册。
- 存储过程具有安全特性（例如权限）和所有权链接，以及可以附加到它们的证书。
- 存储过程可以强制应用程序的安全性。
- 存储过程允许模块化程序设计。
- 存储过程是命名代码，允许延迟绑定。
- 存储过程可以减少网络通信流量。

存储过程主要有三种：用户定义的存储过程、扩展存储过程和系统存储过程。下面简要地介绍这三种存储过程。

1. 用户定义的存储过程

存储过程是指封装了可重用代码的模块或例程。存储过程可以接受输入参数、向客户端返回表格或标量结果和消息、调用数据定义语言(DDL)和数据操作语言(DML)语句，然后返回输出参数。在 SQL Server 2008 中，用户定义的存储过程有两种类型：T-SQL 存储过程和 CLR 存储过程。

（1）T-SQL 存储过程

T-SQL 存储过程是指保存的 Transact-SQL 语句集合，可以接受和返回用户提供的参数。例如，存储过程中可能包含根据客户端应用程序提供的信息在一个或多个表中插入新行所需的语句。存储过程也可能从数据库向客户端应用程序返回数据。例如，电子商务 Web 应用程序可能使用存储过程根据联机用户指定的搜索条件返回有关特定产品的信息。

（2）CLR 存储过程

CLR 存储过程是指对 Microsoft.NET Framework 公共语言运行时(CLR)方法的引用，可以接受和返回用户提供的参数。它们在 .NET Framework 程序集中是作为类的公共静态方法实现的。

2. 扩展存储过程

扩展存储过程允许您使用编程语言（例如 C）创建自己的外部例程。扩展存储过程是指 Microsoft SQL Server 的实例可以动态加载和运行的 DLL。扩展存储过程直接在 SQL Server 的实例的地址空间中运行，可以使用 SQL Server 扩展存储过程 API 完成编程。

注意：后续版本的 Microsoft SQL Server 将删除该功能。我们应避免在新的开发工作中使用该功能，可以改用 CLR 集成。CLR 集成提供了更为可靠和安全的替代方法来编写扩展存储过程。

3. 系统存储过程

SQL Server 中的许多管理活动都是通过一种特殊的存储过程执行的，这种存储过程被称为系统存储过程。例如，sys.sp_changedbowner 就是一个系统存储过程。从物理意义上讲，系统存储过程存储在源数据库中，并且带有 sp_前缀。从逻辑意义上讲，系统存储过程出现在每个系统定义数据库和用户定义数据库的 sys 构架中。在 SQL Server 2008 中，可将 GRANT、DENY 和 REVOKE 权限应用于系统存储过程。

SQL Server 支持在 SQL Server 和外部程序之间提供一个接口以实现各种维护活动的系统存储过程。这些扩展存储程序使用 xp_前缀。

8.1.2 创建存储过程

要使用存储过程，首先要创建一个存储过程。可以使用 SQL Server Management Studio 创建一个存储过程，也可以使用 T-SQL 语言的 CREATE PROCEDURE 语句创建一个存储过程，下面详细介绍这两种方法。

1. 使用 SQL Server Management Studio 创建存储过程

使用 SQL Server Management Studio 创建存储过程的步骤如下。

1）打开 SQL Server Management Studio，并连接到服务器。

2）在"对象资源管理器"窗格中展开服务器节点，然后展开"数据库"节点，然后展开所需要的数据库，如 school，最后展开"可编程性"，如图 8.1 所示。

3）选中存储过程，单击右键，选择"新建存储过程"，弹出如图 8.2 所示的 CREATE PROCEDURE 语句的框架，可以根据需要进行修改，最后保存，当需要执行时，单击"执行"按钮。

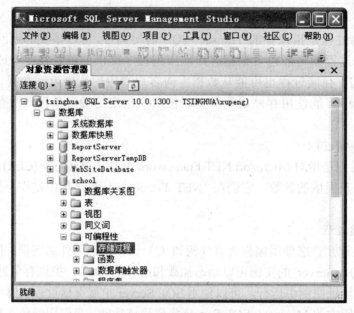

图 8.1 新建存储过程

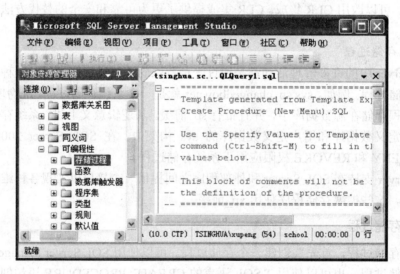

图 8.2 创建存储过程

2. 使用 CREATE PROCEDURE 语句创建存储过程

（1）语法格式

```
CREATE PROCEDURE    [schema_name.] procedure_name [ ; number ]
    [ { @parameter [ type_schema_name. ] data_type }
        [ VARYING ] [ = default ] [OUTPUT] [READONLY]
    ] [ ,...n ]
[ WITH <procedure_option> [ ,...n ] ]
[ FOR REPLICATION ]
AS { <sql_statement> [;][ ...n ] | <method_specifier> }
```

[;]

<procedure_option> ::=

[ENCRYPTION]

[RECOMPILE]

[EXECUTE_AS_Clause]

<sql_statement> ::= { [BEGIN] statements [END] }

<method_specifier> ::=

EXTERNAL NAME assembly_name.class_name.method_name

（2）参数

- procedure_name：新存储过程的名称。

- ; number：是可选整数，用于对同名的过程分组。使用一个 DROP PROCEDURE 语句可将这些分组过程一起删除。后续版本的 Microsoft SQL Server 将删除该功能。在新的开发工作中应避免使用该功能。

- @parameter：过程中的参数，在 CREATE PROCEDURE 语句中可以声明一个或多个参数。除非定义了参数的默认值或者将参数设置为等于另一个参数，否则用户必须在调用过程时为每个声明的参数提供值。存储过程最多可以有 2,100 个参数。

- [type_schema_name.] data_type：参数以及所属架构的数据类型。所有数据类型都可以用作 Transact-SQL 存储过程的参数。可以使用用户定义表类型来声明表值参数作为 Transact-SQL 存储过程的参数。只能将表值参数指定为输入参数，这些参数必须带有 READONLY 关键字。cursor 数据类型只能用于 OUTPUT 参数。如果指定了 cursor 数据类型，则还必须指定 VARYING 和 OUTPUT 关键字。可以为 cursor 数据类型指定多个输出参数。如果参数的数据类型为 CLR 用户定义类型，则必须对此类型有 EXECUTE 权限。

- VARYING：指定作为输出参数支持的结果集。该参数由存储过程动态构造，其内容可能发生改变。仅适用于 cursor 参数。

- default：参数的默认值。如果定义了 default 值，则无需指定此参数的值即可执行过程。默认值必须是常量或 NULL。如果过程使用带 LIKE 关键字的参数，则可包含下列通配符：%、_、[]和[^]。

- OUTPUT：指示参数是输出参数。此选项的值可以返回给调用 EXECUTE 的语句。使用 OUTPUT 参数将值返回给过程的调用方。除非是 CLR 过程，否则 text、ntext 和 image 参数不能用作 OUTPUT 参数。使用 OUTPUT 关键字的输出参数可以为游标占位符，CLR 过程除外。不能将用户定义表类型指定为存储过程的 OUTPUT 参数。

- READONLY：指示不能在过程的主体中更新或修改参数。如果参数类型为用户定义表类型，则应指定 READONLY。

- RECOMPILE：指示数据库引擎不缓存该过程的计划，该过程在运行时编译。如果指定了 FORREPLICATION，则不能使用此选项。对于 CLR 存储过程，不能指定 RECOMPILE。若要指示数据库引擎放弃存储过程内单个查询的计划，请使用 RECOMPILE 查询提示。有关详细信息，请参阅查询提示（Transact-SQL）。如果非典型值或临时值仅用于属于存储过程的查询子集，则使用 RECOMPILE 查询提示。

- ENCRYPTION：指示 SQL Server 将 CREATE PROCEDURE 语句的原始文本转换为模糊格式。模糊代码的输出在 SQL Server 的任何目录视图中都不能直接显示。对系统表或数据库文件没有访问权限的用户不能检索模糊文本。但是，可以通过 DAC 端口访问系统表的特权用户或直接访问数据文件的特权用户可以使用此文本。此外，能够向服务器进程附加调试器的用户可在运行时从内存中检索已解密的过程。有关访问系统元数据的详细信息，请参阅元数据可见性配置。该选项对于 CLR 存储过程无效。使用此选项创建的过程不能在 SQL Server 复制过程中发布。

- EXECUTE AS：指定在其中执行存储过程的安全上下文。

- FOR REPLICATION：指定不能在订阅服务器上执行为复制创建的存储过程。使用 FOR REPLICATION 选项创建的存储过程可用作存储过程筛选器，且只能在复制过程中执行。如果指定了 FOR REPLICATION，则无法声明参数。对于 CLR 存储过程，不能指定 FOR REPLICATION。对于使用 FOR REPLICATION 创建的过程，忽略 RECOMPILE 选项。

- <sql_statement>：要包含在过程中的一个或多个 Transact-SQL 语句。

- EXTERNAL NAME assembly_name.class_name.method_name：指定.NET Framework 程序集的方法，以便 CLR 存储过程引用。class_name 必须为有效的 SQL Server 标识符，并且该类必须存在于程序集中。如果类包含一个使用句点(.)分隔命名空间各部分的限定命名空间的名称，则必须使用方括号([ ])或引号(" ")将类名称分隔开。指定的方法必须为该类的静态方法。

（3）示例

```
USE school
GO
CREATE PROCEDURE XS_1
AS
SELECT XS.学号,XS.姓名,XS.所在专业
    FROM XS
    WHERE XS.性别=N'男'
    ORDER BY XS.学号
GO
EXEC XS_1 --执行存储过程
```

以上代码执行结果如图 8.3 所示。

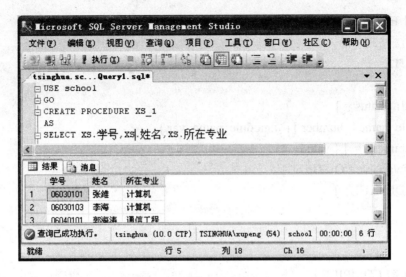

图 8.3 创建并执行存储过程

8.1.3 执行存储过程

执行存储过程的方法有两种：可以使用 SQL Server Management Studio 执行一个存储过程，也可以使用 Transact-SQL 语言的 EXECUTE 语句执行一个存储过程，下面详细介绍这两种方法。

1. 使用 SQL Server Management Studio 执行存储过程

使用 SQL Server Management Studio 执行存储过程的步骤如下：

1）打开 SQL Server Management Studio，并连接到服务器。

2）选中准备执行的存储过程，单击右键，选择"执行存储过程"命令，在"执行过程"窗口中单击"确定"按钮，执行存储过程，如图 8.4 所示。

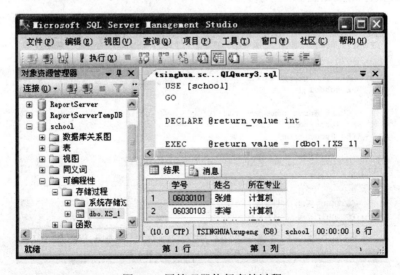

图 8.4 用管理器执行存储过程

2. 使用 EXECUTE 语句执行存储过程

（1）语法格式

EXECUTE

{

[@return_status =]

{ module_name [;number] | @module_name_var }

[[@parameter =] { value

　　 | @variable [OUTPUT]

　　 | [DEFAULT]

　　 }

]

[,...n]

[WITH RECOMPILE]

}

EXECUTE 语句的参数的含义与 CREATE PROCEDURE 语句的参数的含义基本相同，不再重复。

（2）示例

创建一个代表存储过程名称的变量，执行该存储过程。

USE school

GO

DECLARE @proc_name varchar(10)

SET @proc_name = 'XS_1'

EXEC @proc_name

以上代码执行结果如图 8.5 所示。

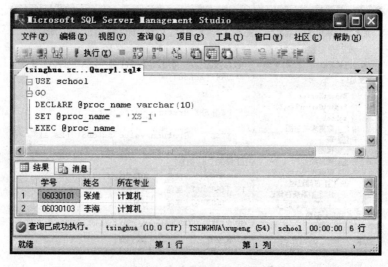

图 8.5　使用 EXECUTE 语句执行存储过程

8.1.4 修改存储过程

当某个存储过程不适合时，可以修改这个存储过程。修改存储过程相当于重建一个存储过程，修改后的存储过程与原来的存储过程没有任何关系，也不继承原来存储过程的任何属性。修改存储过程的方法有两种，可以使用 SQL Server Management Studio 修改一个存储过程，也可以使用 Transact-SQL 语言的 ALTER PROCEDURE 语句修改一个存储过程，下面详细介绍这两种方法。

1. 使用 SQL Server Management Studio 修改存储过程

使用 SQL Server Management Studio 修改存储过程的步骤如下：

1）打开 SQL Server Management Studio，并连接到服务器。

2）选中准备修改的存储过程，单击右键，选择"修改"命令，如图 8.6 所示，可以编辑修改语句。

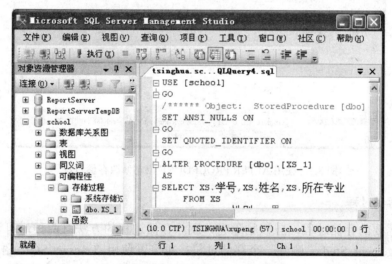

图 8.6 用管理器修改存储过程

2. 使用 ALTER PROCEDURE 语句修改存储过程

（1）语法格式

ALTER PROCEDURE   [schema_name.] procedure_name [; number]

    [{ @parameter [type_schema_name.] data_type }

    [VARYING] [= default] [OUTPUT   ] [,...n]

[WITH <procedure_option> [,...n]]

[FOR REPLICATION]

AS

    { <sql_statement> [...n] | <method_specifier> }

（2）示例

USE school

GO

ALTER PROCEDURE XS_1

AS

SELECT XS.学号,XS.所在专业,XS.总学分

FROM XS

ORDER BY XS.学号

GO

以上代码执行结果如图 8.7 所示。

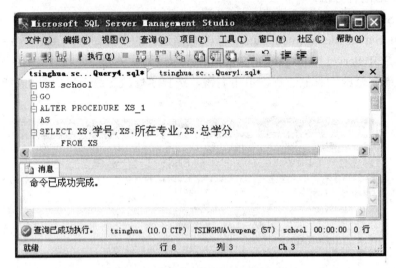

图 8.7 使用 ALTER PROCEDURE 语句修改存储过程

8.1.5 删除存储过程

对于不需要的存储过程，应该删除它，删除存储过程的方法有两种：可以使用 SQL Server Management Studio 删除一个存储过程；也可以使用 Transact-SQL 语言的 DROP PROCEDURE 语句删除一个存储过程，下面详细介绍这两种方法。

1. 使用 SQL Server Management Studio 删除存储过程

使用 SQL Server Management Studio 删除存储过程的步骤如下。

1）打开 SQL Server Management Studio，并连接到服务器。

2）选中准备删除的存储过程，单击右键，选择"删除"命令。在弹出的"删除对象"对话框中单击"确定"按钮。

2. 使用 CREATE PROCEDURE 语句创建存储过程

（1）语法格式

DROP PROCEDURE { [schema_name.] procedure } [,...n]

（2）示例

DROP PROCEDURE XS_1

8.1.6 在存储过程中使用参数

在使用存储过程时，其参数传递是非常重要的。如果存储过程不能进行参数传递的话，它的作用将会被严重的削弱。例如，想对表中的一些记录进行更新，并知道更新的数量时，

如果以数据记录集的形式并不能很简单地处理这种情况，则需要利用输出参数。

在调用存储过程时，有两种传递参数的方法：第一种是在传递参数时，使传递的参数和定义时的参数顺序一致；另外一种传递参数的方法是采用"参数=值"的形式，此时，各个参数的顺序可以任意排列。

1. 使用输入参数

使用输入参数可以向存储过程输入信息，控制存储过程，如果使用输入参数必须在创建存储过程时进行声明。创建存储过程时，可以为参数提供一个默认值，默认值必须为常量或者 NULL。

示例：

```
USE school
GO
CREATE PROCEDURE XS_CJ @CJ_MIN int=60,@CJ_MAX int=100
AS
SELECT XS.学号,XS.姓名,XS.所在专业,CJ.课程编号,CJ.成绩
    FROM XS INNER JOIN CJ
    ON XS.学号=CJ.学号
    WHERE CJ.成绩 BETWEEN @CJ_MIN AND @CJ_MAX
    ORDER BY XS.学号
GO
EXEC XS_CJ 60,80        ——执行存储过程
```

以上程序执行结果如图 8.8 所示。

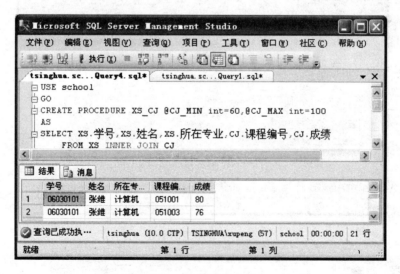

图 8.8 使用输入参数

还可以把执行语句分别改为以下语句：

```
EXEC XS_CJ
EXEC XS_CJ 70
```

EXEC XS_CJ_1 @CJ_MAX =90

将会得到不同的结果。

2. 使用输出参数

使用输出参数可以得到存储过程的返回值。

示例

USE school

GO

CREATE PROCEDURE CJMAX @XS_zy nchar(10),@CJ_MAX smallint OUT

AS

SELECT @CJ_MAX=MAX(CJ.成绩)

    FROM XS INNER JOIN CJ

    ON XS.学号=CJ.学号

    WHERE XS.所在专业=@XS_zy

GO

DECLARE @MAX smallint

DECLARE @XS_zy nchar(10)

EXECUTE CJMAX @XS_zy=N'计算机' ,@CJ_MAX=@MAX OUT   ——执行存储过程

SELECT   @MAX   N'计算机专业的最高成绩是：'

以上程序执行结果如图 8.9 所示。

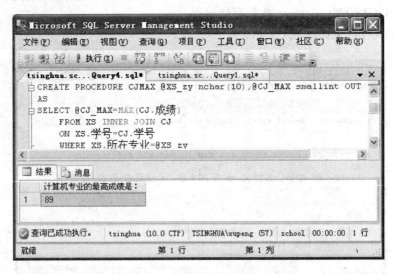

图 8.9 使用输出参数

8.2 触发器

    触发器是一种特殊类型的存储过程，它在指定的表中的数据发生变化时自动生效。触发器的应用广泛，例如银行的存取款系统，当系统一旦遇到用户存取款时必须立刻更新数据，这就需要使用触发器。本节主要介绍触发器的创建、使用、修改和删除等。

8.2.1 触发器简介

　　Microsoft SQL Server 提供两种主要机制来强制使用业务规则和数据完整性：约束和触发器。触发器为特殊类型的存储过程，可在执行语言事件时自动生效。SQL Server 2008 包括三种常规类型的触发器：DML 触发器、DDL 触发器和登录触发器。

　　当服务器或数据库中发生数据定义语言（DDL）事件时将调用 DDL 触发器。

　　当数据库中发生数据操作语言（DML）事件时将调用 DML 触发器。DML 事件包括在指定表或视图中修改数据的 INSERT 语句、UPDATE 语句或 DELETE 语句。DML 触发器可以查询其他表，还可以包含复杂的 Transact-SQL 语句。将触发器和触发它的语句作为可在触发器内回滚的单个事务对待。如果检测到错误（例如，磁盘空间不足），则整个事务即自动回滚。

　　登录触发器将为响应 LOGON 事件而激发存储过程。与 SQL Server 实例建立用户会话时将引发此事件。

　　触发器在 INSERT、UPDATE 或 DELETE 语句对表或视图进行修改时会被自动执行。触发器可以查询其他表，并可以包含复杂的 Transact-SQL 语句。一个表可以有多个触发器。触发器具有如下优点：

- 触发器可通过数据库中的相关表实现级联更改。但是，通过级联引用完整性约束可以更有效地执行这些更改。
- 触发器可以强制比用 CHECK 约束定义的约束更为复杂的约束。与 CHECK 约束不同，触发器可以引用其他表中的列。例如，触发器可以使用另一个表中的 SELECT 比较插入或更新的数据，以及执行其他操作，如修改数据或显示用户定义错误信息。
- 触发器也可以评估数据修改前后的表状态，并根据其差异采取对策。
- 一个表中的多个同类触发器（INSERT、UPDATE 或 DELETE）允许采取多个不同的对策，以响应同一个修改语句。
- 确保数据规范化。使用触发器可以维护非正规化数据库环境中的记录级数据的完整性。

8.2.2 创建触发器

　　触发器是数据库服务器中发生事件时自动执行的特种存储过程。如果用户要通过数据操作语言（DML）事件编辑数据，则执行 DML 触发器。DML 事件是针对表或视图的 INSERT、UPDATE 或 DELETE 语句。DDL 触发器用于响应各种数据定义语言（DDL）事件。这些事件主要对应于 Transact-SQL CREATE、ALTER 和 DROP 语句，以及执行类似 DDL 操作的某些系统存储过程。登录触发器在遇到 LOGON 事件时触发。LOGON 事件是在建立用户会话时引发的。触发器可以由 Transact-SQL 语句直接创建，也可以由程序集方法创建，这些方法是在 Microsoft .NET Framework 公共语言运行时（CLR）中创建并上载到 SQL Server 实例的。SQL Server 允许为任何特定语句创建多个触发器。

　　创建触发器的方法有两种，可以使用 SQL Server Management Studio 创建一个触发器，也可以使用 Transact-SQL 语言的 CREATE TRIGGER 语句创建一个触发器，下面我们详细介绍这两种方法。

1. 使用 SQL Server Management Studio 创建触发器

使用 SQL Server Management Studio 创建触发器的步骤如下：

1）打开 SQL Server Management Studio，并连接到服务器。

2）在数据库中展开准备创建触发器的表，选择"触发器"单击鼠标右键，选择"新建触发器"命令，在系统给出的查询中进行修改并保存，如图 8.10 所示。

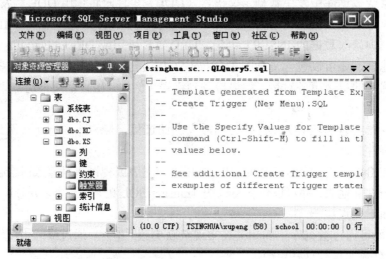

图 8.10　使用 SQL Server Management Studio 创建触发器

2. 使用 CREATE TRIGGER 语句创建触发器

（1）语法格式

创建 DML 触发器：

CREATE TRIGGER [schema_name .]trigger_name

ON { table | view }

[WITH <dml_trigger_option> [,...n]]

{ FOR | AFTER | INSTEAD OF }

{ [INSERT] [,] [UPDATE] [,] [DELETE] }

[WITH APPEND]

[NOT FOR REPLICATION]

AS { sql_statement　 [;] [,...n] | EXTERNAL NAME <method specifier [;] > }

<dml_trigger_option> ::=

　　[ENCRYPTION]

　　[EXECUTE AS Clause]

<method_specifier> ::=

　　assembly_name.class_name.method_name

创建 DDL 触发器

CREATE TRIGGER trigger_name

ON { ALL SERVER | DATABASE }

[WITH <ddl_trigger_option> [,...n]]

{ FOR | AFTER } { event_type | event_group } [,...n]

AS { sql_statement   [;] [,...n] | EXTERNAL NAME < method specifier >   [;] }

<ddl_trigger_option> ::=

    [ENCRYPTION]

    [EXECUTE AS Clause]

<method_specifier> ::=

    assembly_name.class_name.method_name

创建登陆触发器

Trigger on a LOGON event (Logon Trigger)

CREATE TRIGGER trigger_name

ON ALL SERVER

[WITH <logon_trigger_option> [,...n]]

{ FOR | AFTER } LOGON

AS { sql_statement   [;] [,...n] | EXTERNAL NAME < method specifier >   [;] }

<logon_trigger_option> ::=

    [ENCRYPTION]

    [EXECUTE AS Clause]

<method_specifier> ::=

    assembly_name.class_name.method_name

（2）参数

- trigger_name：触发器的名称。
- table | view：对其执行 DML 触发器的表或视图，有时称为触发器表或触发器视图。可以根据需要指定表或视图的完全限定名称。视图只能被 INSTEAD OF 触发器引用。不能对局部或全局临时表定义 DML 触发器。
- ALL SERVER：将 DDL 或登录触发器的作用域应用于当前服务器。如果指定了此参数，则只要当前服务器中的任何位置上出现 event_type 或 event_group，就会激发该触发器。
- WITH ENCRYPTION：对 CREATE TRIGGER 语句的文本进行模糊处理。使用 WITH ENCRYPTION 可以防止将触发器作为 SQL Server 复制的一部分进行发布。不能为 CLR 触发器指定 WITH ENCRYPTION。
- EXECUTE AS：指定用于执行该触发器的安全上下文。允许您控制 SQL Server 实例用于验证被触发器引用的任意数据库对象的权限的用户账户。
- FOR | AFTER：AFTER 指定 DML 触发器仅在触发 SQL 语句中指定的所有操作都已成功执行时才被触发。所有的引用级联操作和约束检查也必须在激发此触发器之前成功完成。如果仅指定 FOR 关键字，则 AFTER 为默认值。不能对视图定义 AFTER 触发器。
- INSTEAD OF：指定执行 DML 触发器而不是触发 SQL 语句，因此，其优先级高于触发语句的操作。不能为 DDL 或登录触发器指定 INSTEAD OF。

- event_type：执行之后将导致激发 DDL 触发器的 Transact-SQL 语言事件的名称。DDL 事件中列出了 DDL 触发器的有效事件。
- event_group：预定义的 Transact-SQL 语言事件分组的名称。执行任何属于 event_group 的 Transact-SQL 语言事件之后，都将激发 DDL 触发器。
- WITH APPEND：指定应该再添加一个现有类型的触发器。Microsoft SQL Server 2008 的下一版本将删除 WITH APPEND。请不要在新的开发工作中使 sql_statement 触发条件和操作。触发器条件指定其他标准，用于确定尝试的 DML、DDL 或 logon 事件是否导致执行触发器操作。

注意：SQL Server 的未来版本将删除从触发器返回结果的功能返回结果集的触发器可能会引起应用程序出现并非计划中与它们协同工作的意外行为。避免在新的开发工作中从触发器返回结果集，并计划修改当前执行此操作的应用程序。若要防止触发器返回结果集，请将 disallow results from triggers 选项设置为 1。

（3）示例

示例一：使用包含提醒消息的 DML 触发器。如果有人试图在 Customer 表中添加或更改数据，下列 DML 触发器将向客户端显示一条消息。

```
USE school
GO
CREATE TRIGGER reminder1
ON XS
AFTER INSERT, UPDATE
AS RAISERROR (N'表 XS 禁止被修改', 16, 10)
GO
```

以上程序执行结果如图 8.11 所示。

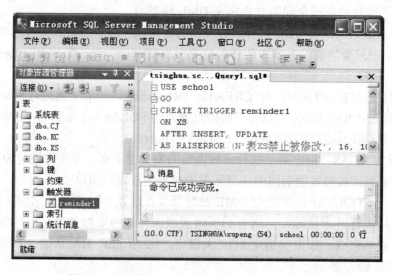

图 8.11　使用 CREATE TRIGGER 语句创建触发器

如果有人试图修改或添加数据的话，系统会弹出提示，如图 8.12 所示。

图 8.12 错误提示

示例二：如果当前服务器实例上出现任何 CREATE DATABASE 事件，则使用 DDL 触发器输出一条消息，并使用 EVENTDATA 函数检索对应 Transact-SQL 语句的文本。

```
IF EXISTS (SELECT * FROM sys.server_triggers
    WHERE name = 'ddl_trig_database')
DROP TRIGGER ddl_trig_database
ON ALL SERVER
GO
CREATE TRIGGER ddl_trig_database
ON ALL SERVER
FOR CREATE_DATABASE
AS
    PRINT 'Database Created.'
    SELECT
EVENTDATA().value('(/EVENT_INSTANCE/TSQLCommand/CommandText)[1]','nvarchar(max)')
GO
DROP TRIGGER ddl_trig_database
ON ALL SERVER;
GO
```

示例三：运用具有数据库范围的 DDL 触发器。

```
USE SCHOOL
GO
IF EXISTS (SELECT * FROM sys.triggers
WHERE parent_class = 0 AND name = 'safety')
DROP TRIGGER safety
ON DATABASE
GO
CREATE TRIGGER safety
ON DATABASE
```

```
FOR DROP_SYNONYM
AS
RAISERROR ('You must disable Trigger "safety" to drop synonyms!',10, 1)
ROLLBACK
GO
DROP TRIGGER safety
ON DATABASE
GO
```

示例四：运用具有服务器范围的 DDL 触发器。

```
IF EXISTS (SELECT * FROM sys.server_triggers
WHERE name = 'ddl_trig_database')
DROP TRIGGER ddl_trig_database
ON ALL SERVER;
GO
CREATE TRIGGER ddl_trig_database
ON ALL SERVER
FOR CREATE_DATABASE
AS
PRINT 'Database Created.'
SELECT
EVENTDATA().value('(/EVENT_INSTANCE/TSQLCommand/CommandText)[1]','nvarch
ar(max)')
GO
DROP TRIGGER ddl_trig_database
ON ALL SERVER
GO
```

8.2.3　修改触发器

当认为某个触发器不适合时，可以修改这个触发器。修改触发器相当于重建一个触发器，修改后的触发器与原来的触发器没有任何关系，也不继承原来触发器的任何属性。修改触发器的方法有两种，可以使用 SQL Server Management Studio 修改一个触发器，也可以使用 T-SQL 语言的 ALTER TRIGGER 语句修改一个触发器，下面我们详细介绍这两种方法。

1. 使用 SQL Server Management Studio 修改触发器

使用 SQL Server Management Studio 修改触发器的步骤如下。

1）打开 SQL Server Management Studio，并连接到服务器。

2）选中准备修改的触发器，单击右键，选择"修改"命令，在系统给出的查询中进行修改并保存，如图 8.13 所示。

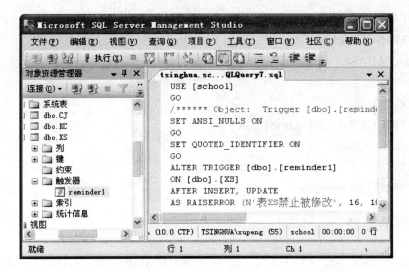

图 8.13　使用 SQL Server Management Studio 修改触发器

2. 使用 ALTER TRIGGER 语句修改触发器

ALTER TRIGGER 语句的语法结构和 CREATE TRIGGER 语句的语法结构基本一致，如 7.2.2 小节的示例一中的触发条件是 INSERT 和 UPDATE，可以改为 INSERT。

示例：

USE school

GO

ALTER TRIGGER reminder1

ON XS

AFTER INSERT

AS RAISERROR (N'表 XS 禁止被插入', 16, 10)

GO

8.2.4　删除触发器

当一个触发器不再需要时，可以删除触发器。删除触发器的方法有两种，可以使用 SQL Server Management Studio 删除一个触发器，也可以使用 Transact-SQL 语言的 DROP TRIGGER 语句删除触发器，下面我们详细介绍这两种方法。

1. 使用 SQL Server Management Studio 删除触发器

使用 SQL Server Management Studio 删除触发器的步骤如下。

1）打开 SQL Server Management Studio，并连接到服务器。

2）选中准备删除的触发器，单击鼠标右键，选择"删除"命令，在"删除对象"窗口中单击"确定"按钮，删除触发器。

2. 使用 DROP TRIGGER 语句删除触发器

（1）语法格式

删除 DML 触发器

DROP TRIGGER schema_name.trigger_name [,...n] [;]

删除 DDL 触发器

DROP TRIGGER trigger_name [,...n]

ON { DATABASE | ALL SERVER }

[;]

删除登陆触发器

DROP TRIGGER trigger_name [,...n]

ON ALL SERVER

（2）示例

DROP TRIGGER reminder1

8.3　触发器的类型

SQL Server 2008 包括三种常规类型的触发器：DML 触发器、DDL 触发器和登录触发器。本节详细地讲解这三种类型的触发器，并讲解触发器的嵌套和递归。

8.3.1　DDL 触发器

DDL 触发器是一种特殊的触发器，它在响应数据定义语言（DDL）语句时触发。它们可以用于在数据库中执行管理任务，例如，审核以及规范数据库操作。

DDL 触发器并不响应对表或视图的 UPDATE、INSERT 或 DELETE 语句时执行存储过程。它们主要在响应数据定义语言（DDL）语句执行存储过程。这些语句包括 CREATE、ALTER、DROP、GRANT、DENY、REVOKE 和 UPDATE STATISTICS 等语句。执行 DDL 式操作的系统存储过程也可以激发 DDL 触发器。

提示：测试 DDL 触发器，以确定它们对执行系统存储过程的响应。例如，CREATE TYPE 语句和 sp_addtype 存储过程都将激发针对 CREATE_TYPE 事件创建的 DDL 触发器。但是，sp_rename 存储过程不会激发任何 DDL 触发器。

对于影响局部或全局临时表和存储过程的事件，不会触发 DDL 触发器。

DDL 触发器的作用域不是架构。因此，不能将 OBJECT_ID、OBJECT_NAME、OBJECTPROPERTY 和 OBJECTPROPERTYEX 用于查询有关 DDL 触发器的元数据。请改用目录视图。

示例：

CREATE TRIGGER safety

ON DATABASE

FOR DROP_TABLE

AS

PRINT N'如果想删除表，请删除 safety 触发器。

ROLLBACK

8.3.2　DML 触发器

DDL 触发器用于响应各种数据定义语言（DDL）事件。这些事件主要对应于

Transact-SQLCREATE、ALTER 和 DROP 语句，以及执行类似 DDL 操作的某些系统存储过程。

1. DML 触发的应用

1）DML 触发器可通过数据库中的相关表实现级联更改。不过，通过级联引用完整性约束可以更有效地进行这些更改。

2）DML 触发器可以防止恶意或错误的 INSERT、UPDATE 以及 DELETE 操作，并强制执行比 CHECK 约束定义的限制更为复杂的其他限制。

3）与 CHECK 约束不同，DML 触发器可以引用其他表中的列。例如，触发器可以使用另一个表中的 SELECT 比较插入或更新的数据，以及执行其他操作，如修改数据或显示用户定义错误信息。

4）DML 触发器可以评估数据修改前后表的状态，并根据该差异采取措施。

5）一个表中的多个同类 DML 触发器（INSERT、UPDATE 或 DELETE）允许采取多个不同的操作来响应同一个修改语句。

2. DML 触发器的类型

DML 触发器分为三种：AFTER 触发器、INSTEAD OF 触发器和 CLR 触发器。

（1）AFTER 触发器

在执行了 INSERT、UPDATE 或 DELETE 语句操作之后执行 AFTER 触发器。指定 AFTER 与指定 FOR 相同，它是 Microsoft SQL Server 早期版本中唯一可用的选项。AFTER 触发器只能在表上指定。

（2）INSTEAD OF 触发器

执行 INSTEAD OF 触发器代替通常的触发动作。还可为带有一个或多个基表的视图定义 INSTEAD OF 触发器，而这些触发器能够扩展视图可支持的更新类型。

AFTER 触发器和 INSTEAD OF 触发器的区别见表 8.1。

表 8.1　　　　　　　　　　　　　两种触发器的区别表

函　　数	AFTER 触发器	INSTEADOF 触发器
适用范围	表	表和视图
每个表或视图包含触发器的数量	每个触发操作（UPDATE、DELETE 和 INSERT）包含多个触发器	每个触发操作（UPDATE、DELETE 和 INSERT）包含一个触发器
级联引用	无任何限制条件	不允许在作为级联引用完整性约束目标的表上使用 INSTEAD OF UPDATE 和 DELETE 触发器
执行	晚于： 约束处理； 声明性引用操作； 创建插入的和删除的表； 触发操作	早于:约束处理； 替代：触发操作； 晚于：创建插入的和删除的表
执行顺序	可指定第一个和最后一个执行	不适用
插入的和删除的表中的 varchar(max)、nvarchar(max)和 varbinary(max)列引用	允许	允许
插入的和删除的表中的 text、ntext 和 image 列引用	不允许	允许

（3）CLR 触发器

CLR 触发器可以是 AFTER 触发器或 INSTEAD OF 触发器。CLR 触发器还可以是 DDL 触发器。CLR 触发器将执行在托管代码（在.NET Framework 中创建并在 SQL Server 中上载的程序集的成员）中编写的方法，而不用执行 Transact-SQL 存储过程。

DML 触发器经常用于强制执行业务规则和数据完整性。SQL Server 通过 ALTER TABLE 和 CREATE TABLE 语句来提供声明性引用完整性（DRI）。但是，DRI 不提供跨数据库引用完整性。引用完整性是指有关表的主键和外键之间的关系的规则。若要强制实现引用完整性，必须在 ALTER TABLE 和 CREATE TABLE 中使用 PRIMARY KEY 和 FOREIGN KEY 约束。如果触发器表存在约束，则在 INSTEAD OF 触发器执行之后和 AFTER 触发器执行之前检查这些约束。如果违反了约束，则将回滚 INSTEAD OF 触发器操作，并且不激活 AFTER 触发器。

可以使用 sp_settriggerorder 来指定要对表执行的第一个和最后一个 AFTER 触发器。对于一个表，只能为每个 INSERT、UPDATE 和 DELETE 操作指定一个第一个和最后一个 AFTER 触发器。如果在同一个表上还有其他 AFTER 触发器，这些触发器将随机执行。

如果 ALTER TRIGGER 语句更改了第一个或最后一个触发器，将删除所修改触发器上设置的第一个或最后一个属性，并且必须使用 sp_settriggerorder 重置顺序值。只有在成功执行触发 SQL 语句之后，才会执行 AFTER 触发器。判断执行成功的标准是：执行了所有与已更新对象或已删除对象相关联的引用级联操作和约束检查。

3. 触发器限制

触发器在使用上有很多限制。

1）CREATE TRIGGER 必须是批处理中的第一条语句，并且只能应用于一个表。

2）触发器只能在当前的数据库中创建，但是可以引用当前数据库的外部对象。

3）如果指定了触发器架构名称来限定触发器，则将以相同的方式限定表名称。

4）在同一条 CREATE TRIGGER 语句中，可以为多种用户操作（如 INSERT 和 UPDATE）定义相同的触发器操作。

5）如果一个表的外键包含对定义的 DELETE/UPDATE 操作的级联，则不能对为表上定义 INSTEAD OF DELETE/UPDATE 触发器。

6）在触发器内可以指定任意的 SET 语句。选择的 SET 选项在触发器执行期间保持有效，然后恢复为原来的设置。

7）在 DML 触发器中不允许使用下列 Transact-SQL 语句：ALTER DATABASE、CREATE DATABASE、DROP DATABASE、LOAD DATABASE、LOAD LOG、RECONFIGURE、RESTORE DATABASE、RESTORE LOG。

8）如果对作为触发操作目标的表或视图使用 DML 触发器，则不允许在该触发器的主体中使用下列 Transact-SQL 语句：

- CREATE INDEX（包括 CREATE SPATIAL INDEX 和 CREATE XML INDEX）。
- ALTER INDEX。
- DROP INDEX。
- DBCC DBREINDEX。

- ALTER PARTITION FUNCTION。
- DROP TABLE。
- 用于执行添加、修改或删除列、切换分区、添加或删除 PRIMARY KEY 或 UNIQUE 约束的 ALTER TABLE。

8.3.3 登录触发器

登录触发器将为响应 LOGON 事件而激发存储过程。与 SQL Server 实例建立用户会话时将引发此事件。登录触发器将在登录的身份验证阶段完成之后且用户会话实际建立之前激发。因此，来自触发器内部且通常将到达用户的所有消息（例如错误消息和来自 PRINT 语句的消息）会传送到 SQL Server 错误日志。如果身份验证失败，将不激发登录触发器。

登录触发器可从任何数据库创建，但在服务器级注册，并驻留在 master 数据库中。

可以使用登录触发器来审核和控制服务器会话，例如通过跟踪登录活动、限制 SQL Server 的登录名或限制特定登录名的会话数。

示例：在以下代码中，如果登录名 login_test 已经创建了三个用户会话，登录触发器将拒绝由该登录名启动的 SQL Server 登录尝试。

```
USE master
GO
CREATE LOGIN login_test WITH PASSWORD = '3KHJ6dhx(0xVYsdf'
    MUST_CHANGE, CHECK_EXPIRATION = ON
GO
GRANT VIEW SERVER STATE TO login_test
GO
CREATE TRIGGER connection_limit_trigger
ON ALL SERVER WITH EXECUTE AS 'login_test'
FOR LOGON
AS
BEGIN
IF ORIGINAL_LOGIN()= 'login_test' AND
(SELECT COUNT(*) FROM sys.dm_exec_sessions
WHERE is_user_process = 1 AND
original_login_name = 'login_test') > 3
ROLLBACK
END
```

8.3.4 嵌套触发器

如果一个触发器在执行操作时引发了另一个触发器，而这个触发器又接着引发下一个触发器。这些触发器就是嵌套触发器。触发器可嵌套至 32 层，并且可以控制是否可以通过"嵌套触发器"服务器配置选项进行触发器嵌套。可以通过 nested triggers 服务器配置选项来控制是否可以嵌套 AFTER 触发器。但不管此设置为何，都可以嵌套 INSTEAD OF 触发器（只有 DML 触发器可以为 INSTEAD OF 触发器）。

可使用嵌套触发器执行一些有用的日常工作，如保存前一个触发器所影响行的一个备份副本。如果一个触发器更改了包含另一个触发器的表，则第二个触发器将被触发，然后该触发器又可以调用第三个触发器，依此类推。如果链中任意一个触发器引发了无限循环，则会超出嵌套级限制，从而导致取消触发器。若要禁用嵌套触发器，请用 sp_configure 将 nested triggers 选项设置为 0（关闭）。默认配置允许嵌套触发器。如果关闭嵌套触发器，则不管使用 ALTER DATABASE 设置的 RECURSIVE_TRIGGERS 设置如何，都将同时禁用递归触发器。

8.3.5 递归触发器

如果使用 ALTER DATABASE 启动了 RECURSIVE_TRIGGERS 设置，则 SQL Server 还允许递归调用触发器。

使用 server trigger recursion 选项可指定是否允许服务器级触发器递归激发。当此选项设置为 1(ON)时，将允许服务器级触发器递归激发。当设置为 0(OFF)时，服务器级触发器不能递归激发。当 server trigger recursion 选项设置为 0(OFF)时，仅阻止直接递归。（若要禁用间接递归，请将 nested triggers 选项设置为 0）该选项的默认值为 1(ON)。该设置更改后立即生效，而不需要重新启动服务器。

递归触发器可以采用下列递归类型：

1）间接递归。在间接递归中，一个应用程序更新了表 T1。这触发了触发器 TR1，从而更新了表 T2。在这种情况下，将触发触发器 T2，从而更新 T1。

2）直接递归。在直接递归中，应用程序更新了表 T1。这触发了触发器 TR1，从而更新了表 T1。由于表 T1 被更新，将再次触发触发器 TR1，依此类推。

注意事项：

- 禁用 RECURSIVE_TRIGGERS 的设置只能阻止直接递归。若要同时禁用间接递归，请使用 sp_configure 将 nested triggers 服务器选项设置为 0。
- 如果任一触发器执行了 ROLLBACK TRANSACTION 语句，则无论嵌套级是多少，都不会再执行其他触发器。
- 如果为表定义的 INSTEAD OF 触发器对表执行了一般会再次触发 INSTEAD OF 触发器的语句，该触发器不会被递归调用，而是像表中没有 INSTEAD OF 触发器一样处理该语句，并启动一系列约束操作和 AFTER 触发器执行。例如，如果触发器定义为表的 INSTEAD OF INSERT 触发器，并且触发器对同一个表执行 INSERT 语句，则由 INSTEAD OF 触发器执行的 INSERT 语句不会再次调用该触发器。触发器执行的 INSERT 将启动执行约束操作的进程，并触发为表定义的任一 AFTER INSERT 触发器。

8.4 小结

存储过程（Stored Procedure）是一组完成特定功能的 SQL 语句集，经编译后存储在数据库中，用户通过指定存储过程的名字并给出参数（如果该存储过程带有参数）来执行存储过程。存储过程主要有三种：用户定义的存储过程、扩展存储过程和系统存储过程。

触发器是一种特殊的存储过程，它在特定语言事件发生时自动执行，通常用于实现强制业务规则和数据完整性。触发器的特点如下。

- 触发器是在对表进行插入、更新或删除操作时自动执行的存储过程，触发器通常用于强制业务规则。
- 触发器还是一个特殊的事务单元，当出现错误时，可以执行 ROLLBACK TRANSACTION 回滚撤销操作。
- 触发器一般都需要使用临时表：deleted 表和 inserted 表，它们存放了被删除或插入的记录行副本。

通过本章学习了存储过程的基本概述；熟练掌握如何创建、修改、删除和执行存储过程，了解扩展存储过程；掌握触发器的作用和用途；掌握几种类型的触发器的各自作用；熟练掌握如何创建、修改、删除触发器。

第9章 安 全 管 理

数据库系统的安全性是每个数据库管理员都必须认真考虑的问题。对于数据库管理员和开发人员来说，保护数据不受外部或内部的侵害是一项非常重要的工作。作为数据库系统管理员，需要深入理解 SQL Server 2008 的安全性控制策略，以实现管理安全性的目标。本章将详细介绍 SQL Server 2008 的安全性以及安全模型，使得管理员能够应用 SQL Server 安全管理工具构造灵活的、可管理的安全策略。在实际应用中，用户可以根据系统对安全性的不同要求采用合适的方式来完成数据库系统安全体系的设计。

9.1 安全管理概述

SQL Server 的安全性机制可以分为四个等级：
- 操作系统的安全性。
- SQL Server 的登陆安全性。
- 数据库的使用安全性。
- 数据库对象的使用安全性。

如图 9.1 所示，SQL Server 2008 的安全管理是分层进行的，在每一层上都有相应的安全保护策略。实际上，其安全管理是通过对数据对象的分层管理来实现的，各层上数据对象的访问控制则通过权限管理来完成，从而保证数据库的安全使用。

图 9.1 SQL Server 2008 的安全机制

一个用户要访问数据库中的数据对象，首先必须是 Windows 系统的合法用户。在此基础上，他还要经过三个认证过程才能最终访问数据对象：第一个认证是身份验证，以确定用户是否具有服务器的连接权；第二个认证是验证是否为合法的数据库用户，以确定用户是否有权访问数据库；第三个认证是验证用户是否具有待访问数据对象的访问权限，以确定用户是否能够对该数据对象进行相应的操作。这三个认证是逐层递进，只有通过了前面的认证才有可能通过后面的认证，不会出现通过后面认证而不通过前面认证的情况。

1. Windows 操作系统的安全性

在用户使用客户计算机通过网络实现对 SQL Server 服务器的访问时，用户首先要获得客户计算机操作系统的使用权。只有登录了操作系统以后，才能使用应用系统或者 SQL Server 2008 管理工具来访问服务器。

一般来说，在能够实现网络互联的前提下，用户没有必要直接登录运行 SQL Server 服务器的主机，除非 SQL Server 服务器就运行在本地计算机上。SQL Server 可以直接访问网络端口，所以可以实现对 Windows Server 安全体系以外的服务器及其数据库的访问。

Windows 操作系统的安全管理是由操作系统本身完成的，主要是通过管理 Windows 操作系统的账号和密码来实现。由于 SQL Server 采用了集成 Windows Server 网络安全性的机制，所以使得操作系统安全性的地位得到提高，但同时也加大了管理数据库系统安全性和灵活性的难度。

2. SQL Server 服务器级的安全性

SQL Server 服务器级的安全性建立在控制服务器登录账号和密码的基础上，它们不是登录 Windows 系统用的账号和密码，而是 SQL Server 2008 服务器上的账号和密码。

在获得对 Windows 系统的使用权后，当用户通过 SQL Server 2008 工具登录到 SQL Server 2008 服务器上的时候，用户必须拥有一个有效的账号和密码才能进入服务器或者连接服务器，即获得对服务器的访问权或者连接权。SQL Server 2008 服务器主要通过两种身份验证方式来判断账号和密码的有效性：一种是 Windows 身份验证方式；另一种是 SQL Server 和 Windows 混合身份验证方式。

3. 数据库的安全性

用户在通过 SQL Server 服务器的安全性检验以后，将直接面对不同的数据库入口。这是用户将接受的第三次安全性检验。

在建立用户的登录账号信息时，SQL Server 会提示用户选择默认的数据库。以后用户每次连接上服务器后，都会自动转到默认的数据库上。对任何用户来说，master 数据库的门总是打开的，如果在设置登录账号时没有指定默认的数据库，则用户的权限将局限在 master 数据库以内。但是由于 master 数据库存储了大量的系统信息，对系统的安全和稳定起着至关重要的作用，所以建议用户在建立新的登录账号时，最好不要将默认的数据库设置为 master 数据库，而是应该根据用户实际将要进行的工作，将默认的数据库设置为具有实际操作意义的数据库。

在默认的情况下，数据库的拥有者(Owner)可以访问该数据库的对象，分配访问权给别的用户，以便让别的用户也拥有针对该数据库的访问权力。在 SOL Server 中，默认的情况是所有的权利都可以自由地转让和分配。

4. SQL Server 数据库对象的安全性

数据库对象的安全性是核查用户权限的最后一个安全等级。在创建数据库对象时，SQL Server 自动把该数据库对象的拥有权赋予该对象的创建者。对象的拥有者可以实现对该对象的完全控制。在默认情况下，只有数据库的拥有者可以在该数据库下进行操作。当一个非数据库拥有者想访问数据库里的对象时，必须事先由数据库拥有者赋予该用户对指定对象执行特定操作的权限。例如，一个用户想访问 Study 数据库里的 Score 表中的信息，则必须在成为数据库用户的前提下，获得由 Study 数据库拥有者分配的对 Score 表的访问权限。

5. SQL Server 2008 新增的安全策略

在 SQL Server 2005 的基础之上，SQL Server 2008 做了以下方面的增强来扩展它的安全性。

（1）数据加密

在 SQL 2005 中，支持基于密钥的加密功能，但是加密的字段不能被检索和搜索到。而且，客户端应用程序需要做修改以访问这些加密的数据。SQL Server 2008 支持透明数据加密（TDE），它可以在数据库级别实现，它能够将整个数据库、一个数据文件或一个日志文件加密，而不需要对客户端应用程序做改动。数据在磁盘中读写时进行加密和解密。这个方法可以创建索引和搜索加密的数据的内容，包括加密数据的纯文本搜索，使得更多的公司可以利用数据加密。

（2）外键管理

SQL Server 2008 为加密和密钥管理提供了一个全面的解决方案。在 SQL Server 2005 中，密钥是和数据存储在一起的，并且是由 SQL Server 完全管理的。除了这个本地的 SQL 密钥管理，SQL Server 2008 支持第三方加密提供商、第三方密钥管理软件和硬件安全模块（HSM），可以简化和合并公司内的应用程序和服务间的加密和密钥管理。

（3）增强了审查

SQL Server 2008 可以审查数据的操作，从而提高了遵从性和安全性。审查不只包括对数据修改的所有信息，还包括关于什么时候对数据进行读取的信息。SQL Server 2008 具有像服务器中加强的审查配置和管理这样的功能，这使得公司可以满足各种规范需求。SQL Server 2008 还可以定义每一个数据库的审查规范，所以审查配置可以为每一个数据库作单独的制定。为指定对象作审查配置使审查的执行性能更好，配置的灵活性也更高。

9.2 SQL Server 服务器的安全性

在获得 Windows 系统的使用权后，当用户登录到 SQL Server 2008 服务器上的时候，用户必须拥有一个有效的账号和密码才能进入服务器。本节主要介绍服务器级的用户身份验证的基本原理及其涉及的技术和方法。

9.2.1 身份验证模式

Windows 操作系统和 SQL Server 都是微软的产品，它们具有很高的集成度，其中包括了 SQL Server 安全机制与 Windows 操作系统安全机制的集成，这使得 SQL Server 的身份验证可以由 Windows 操作系统来完成。

SQL Server 用户有两种来源：一种是 Windows 授权的用户（简称 Windows 用户），即这种用户的账号和密码是由 Windows 操作系统建立、维护和管理的，对 SQL Server 而言它们是来自 Windows 操作系统，只不过是由 SQL Server 确认为 SQL Server 用户而已；另一种是 SQL Server 授权的用户，这种用户的账号和密码是由 SQL Server 服务器创建、维护和管理的，与 Windows 操作系统无关。

1. Windows 身份验证模式

如果使用 Windows 身份验证模式，则用户必须先登录 Windows 系统，然后以此用户名和密码进一步登录到 SQL Server 服务器。当 Windows 用户试图连接 SQL Server 服务器时，SQL Server 服务器将请求 Windows 操作系统对登录用户的账号和密码进行验证。由于 Windows 系统中保存了登录用户的所有信息，所以一进行对比即可发现该用户是否为 Windows 用户，以决定该用户是否可以连接到 SQL Server 服务器而成为数据库用户。

实际上，只要成功登录了 Windows 系统，就可以连接到 SQL Server 服务器，当然也成为数据库用户。Windows 身份验证模式是 SQL Server 默认的身份验证模式，比混合验证模式安全得多，其登录模式如图 9.2 所示。

图 9.2   Windows 身份验证登录模式

Windows 身份验证模式有以下优点。

1）数据库管理员的工作可以集中在管理数据库上面，而不是管理用户账户上。对用户账户的管理可以交给 Windows 去完成。

2）Windows 有着更强的用户账户管理工具，可以设置账户锁定、密码期限等。如果不是通过定制来扩展 SQL Server，SQL Server 是不具备这些功能的。

3）Windows 的组策略支持多个用户同时被授权访问 SQL Server。

2. 混合身份验证模式

混合身份验证模式是指 SQL Server 和 Windows 操作系统共同对用户身份进行验证的一种认证模式。

在混合身份验证模式下，SQL Server 既接受 Windows 用户也接受 SQL Server 用户。其验证过程为：对于一个试图登录 SQL Server 的用户，SQL Server 首先将该用户的账号和密码与 SQL Server 数据库中存储的账号和密码进行对比，如果匹配则允许该用户登录到 SQL Server，从而建立与 SQL Server 的连接；如果与数据库中所有的账号和密码都不匹配，则 SQL Server 通过 Windows 操作系统验证该用户是否为 Windows 用户，如果是则允许它登录到 SQL Server，否则不能登录 SQL Server，其登录模式和登录失败信息如图 9.3、图 9.4 所示。

混合身份验证模式有以下优点。

1）创建了 Windows 系统之上的另外一个安全层次。

2）支持更大范围的用户，例如非 Windows 客户等。

3）一个应用程序可以使用单个的 SQL Server 登录和口令。

图 9.3 混合身份验证登录模式

图 9.4 身份验证失败信息

3. 设置身份验证模式

在第一次安装 SQL Server 或者使用 SQL Server 连接其他服务器的时候，需要指定验证模式。对于已指定验证模式的 SQL Server 服务器，在 SQL Server 中还可以进行修改，具体步骤如下。

1）打开 SQL Server Management Studio，使用 Windows 或 SQL Server 身份验证建立连接。

2）在"对象资源管理器"窗格中选择服务器名并单击鼠标右键，在弹出的菜单中选择"属性"命令打开"服务器属性"窗口，如图 9.5 所示。

3）选择"安全性"选项，打开"安全性"选项窗口，如图 9.6 所示。在此窗口中可以设置身份验证模式。

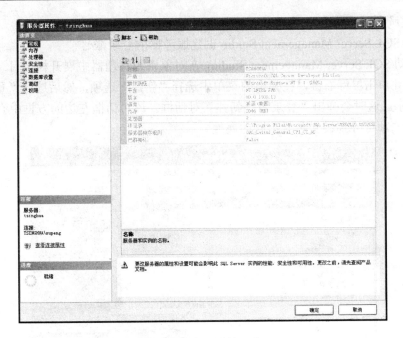

图 9.5 "服务器属性"窗口

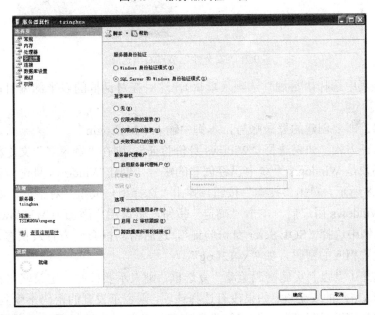

图 9.6 "安全性"选项窗口

9.2.2 管理服务器的登录账号

　　在 Windows 身份验证模式下并不需要服务器的登录账号和密码,但在混合身份验证模式下则必须提供有效的登录账号和密码才能连接到服务器。服务器登录账号也称登录名,在本小节中将介绍 SQL Server 2008 服务器登录账号及其密码等的创建、修改和删除方法。

1. 创建服务器的登录账号

（1）用 SQL Server Management Studio 创建服务器的登录账号

1）启动 SQL Server Management Studio，在对象资源管理器中展开树形目录，找到"安全性"节点并单击鼠标右键，在弹出的菜单中选择"新建"选项，然后选择"登录"选项，如图 9.7 所示。这时会弹出"登录名—新建"对话框。该对话框左边的方框中有五个选项，选择不同的选项可分别设置账号不同的属性。

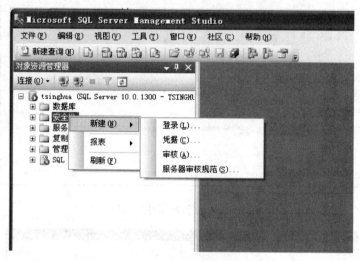

图 9.7 "安全性"节点右击选项

2）在选项页中选择"常规"选项（默认），这时在对话框的右半部分可以设置如下的一些项目：

- 登录名：即要创建的登录账号，本例中输入"MyLogin"。
- 身份验证方式：如果选择"Widows 身份验证"，则在"登录名"文本框中输入的登录名必须是 Windows 系统中已经创建的账号，创建 Windows 身份验证登录对话框如图 9.8 所示。单击"搜索"按钮，弹出"选择用户或组"对话框，如图 9.9 所示。选择 Windows 用户后，单击"确定"按钮，将该用户添加为 Windows 身份验证登录。本例中选择"SQL Serer 身份验证"，这时密码框会变为有效状态，然后在密码框中设置相应的密码，如"xy12Log"。
- 如果选择了"强制实施密码策略"复选框，则表示要按照一定策略来检查设置的密码，确保密码的安全性；如果没有选择该项，则表示设置的密码不受到任何的约束，密码位数可以是任意的，包括设置空密码。另外，当选择了该项以后，"强制密码过期"复选框和"用户在下次登录时必须更改密码"复选框将变为有效状态，可以对它们进行设置。在此，不选择该项。
- 选择了"强制密码过期"复选框，则表示将使用密码过期策略来检查设置的密码。
- 选择了"用户在下次登录时必须更改密码"复选框，则表示每次使用该账号登录时都必须更改密码。
- 设置默认数据库：在"默认数据库"下拉列表框中选择相应的数据库作为账号的默

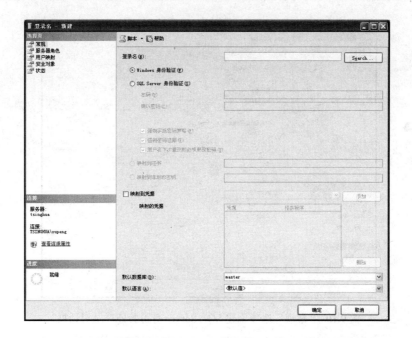

图 9.8　"常规"选项创建 Windows 身份验证登录对话框

图 9.9　选择用户或组对话框

认工作数据库。默认数据库是系统数据库 master，在此选择数据库 school。经过以上设置后，结果如图 9.10 所示。

3）在选项页中选择"服务器角色"选项，这时对话框右边将出现"服务器角色"列表框。该列表框中列出了所有的服务器角色，如果选择了某一角色，则表示该账号属于这一角色，从而拥有该角色所具有的操作权限。角色实际上是某些操作服务器的权限的集合，关于服务器角色的管理将在下节中介绍。

每个 SQL Server 登录名都属于 public 服务器角色。如果未向某个服务器主体授予或拒绝对某个安全对象的特定权限，该用户将继承授予该对象的 public 角色的权限。在此，选择了服务器角色 sysadmin,表示该账号拥有 sysadmin 角色所具有的一切权限，如图 9.11 所示。

图 9.10　"常规"选项创建 SQL Server 身份验证登录对话框

图 9.11　"服务器角色"选项对话框

4）在选项页中选择"用户映射"选项，这时可以在对话框的右半部分设置以下两个项目。

- 设置账号对应的用户名：在"映射到此登录名的用户"列表框设置账号（登录名）对应的用户名。注意，账号即登录名，它与用户名完全是两个不同的概念：账号是用于连接服务器的，它拥有操作服务器的一些权限；用户名则是用户登录数据库的，它拥有操作数据库的某些权限。一个账号可以对应多个不同的用户名，但在默认情况下账号和用户名是相同的。

- 设置用户所属的数据库角色：在"数据库角色成员身份"列表框中列出了当前数据

库用户可以选择的数据库角色。当一个用户选择了某一个角色，则该用户就拥有了这一角色所具有的全部权限。数据库角色是对数据库操作的某些权限的集合。关于数据库角色的管理将在后面章节介绍。

本例的设置结果如图 9.12 所示，表示了账号 MyLogin 对应数据库 school 的登录用户名为 MyLogin，该用户名具有角色 public 所拥有的一切权限。

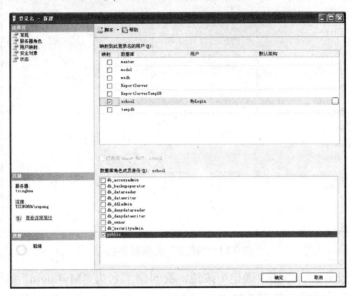

图 9.12 "用户映射"选项对话框

5）在选项页中选择"安全对象"选项，这时在出现的界面中可以设置一些对象（如服务器、账号等）的权限。对此，采用默认值，如图 9.13 所示。

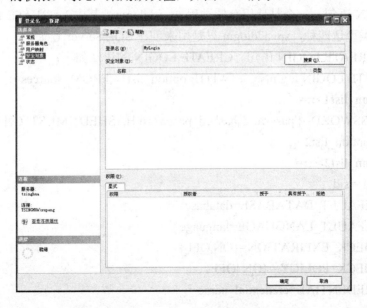

图 9.13 "安全对象"选项对话框

6）在选项页中选择最后一个选项——"状态"选项，这时在出现的界面中可以设置是否允许账号连接到数据库引擎以及是否启用账号等。采用默认值，如图 9.14 所示。

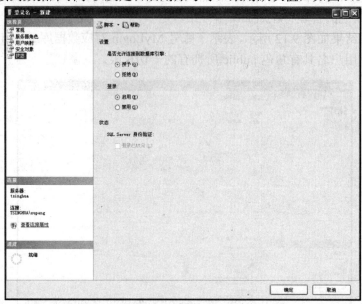

图 9.14 "状态"选项对话框

7）经过上述设置后，单击"确定"按钮，就创建了名为"MyLogin"的账号（登录名）。

账号创建完后，可以先关闭 SQL Server Management Studio。然后重新启动它，并用账号 MyLogin 来测试是否能够成功连接服务器。

（2）用 T-SQL 创建服务器的登录账号

SQL Server 2008 提供了两种功能类似的 T-SQL 方法实现登录账号的创建：一个是使用 CREATE LOGIN 语句；一个是使用存储过程 sp_addlogin。其中，CREATE LOGIN 语句可以创建的登录类型达四种，sp_addlogin 只是用来创建 SQL Server 登录。

1）使用 CREATE LOGIN 语句。CREATE LOGIN 的语法如下：

CREATE LOGIN loginName{WITH<option_list1>|FROM<sources>}

其中**<option_list1>::=**

　　PASSWORD={'password'|hashed_password HASHED}[MUST_CHANGE]

　　[,<option_list2>[,...]]

<option_list2> ::=

　　SID = sid

　　|DEFAULT_DATABASE=database

　　|DEFAULT_LANGUAGE=language

　　|CHECK_EXPIRATION={ON|OFF}

　　|CHECK_POLICY ={ON |OFF}

　　|CREDENTIAL=credential_name

<sources> ::=

```
WINDOWS[WITH<windows_options>[,... ]]
    |CERTIFICATE certname
    |ASYMMETRIC KEY asym_key_name
<windows_options> ::=
    DEFAULT_DATABASE=database
    |DEFAULT_LANGUAGE=language
```

其中各项参数的含义请读者参照 SQL Server 2008 的联机帮助。

应用实例：如要创建带密码的 zhudeli 登录账号，而且需要用户首次连接服务器时更改此密码，可以使用下列代码：

```
CREATE LOGIN zhudeli WITH PASSWORD = 'KHJ' MUST_CHANGE;
GO
```

2）使用存储过程 sp_addlogin。存储过程 sp_addlogin 的语法如下：

```
sp_addlogin[@loginame = ]'login'
    [,[@passwd = ]'password']
    [,[@defdb = ]'database']
    [,[@deflanguage = ]'language']
    [,[@sid = ]sid]
    [,[@encryptopt= ]'encryption_option']
```

其中各项参数的含义请读者参照 SQL Server 2008 的联机帮助。

应用实例：为用户 zhudeli 创建 SQL Server 登录，密码是 KHJ，并且不指定默认数据库，可以使用下列代码：

```
EXEC sp_addlogin 'zhudeli', 'KHJ';
GO
```

需要注意的是，sp_addlogin 存储过程是不能添加 Windows 用户或组的。如果要用存储过程来实现这样的功能，可以选择 sp_grantlogin 来完成，其语法如下：

```
sp_grantlogin [@loginame=]'login'
```

2. 修改服务器的登录账号

（1）用 SQL Server Management Studio 修改服务器的登录账号

修改账号是指修改账号的属性信息。方法是：在对象资源管理中找到要修改的账号对应的节点，并右击该节点，然后在弹出的菜单中选择"属性"命令，这时将打开账号的属性对话框。在此对话框中可以修改账号的许多属性信息，包括账号密码、默认数据库、隶属的服务器角色、映射到的用户及用户隶属的数据库角色等，但身份验证方式不能更改，修改账号对话框如图 9.15 所示。

（2）用 T-SQL 修改服务器的登录账号

修改登录账号也分为两个体系，对于使用 CREATE LOGIN 创建的账号可以用 ALTER LOGIN 来完成修改；对于用 sp_addlogin 创建的账号，可以使用 sp_password 存储过程来更改用户密码，用 sp_defaultdb 存储过程来更改用户的默认数据库，用 sp_defaultlanguage 存储过程来更改用户的默认语言。

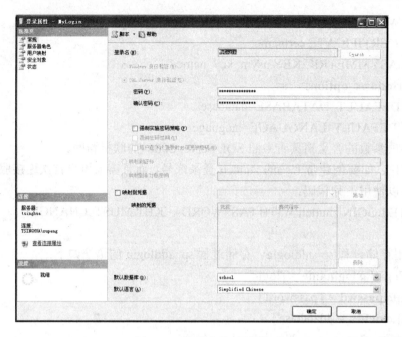

图 9.15 修改账号对话框

1）使用 **ALTER LOGIN** 语句。ALTER LOGIN 的语法如下：

```
ALTER LOGIN login_name
    {
    <status_option>
    | WITH<set_option>[ ,... ]
    | <cryptographic_credential_option>
    }
```

其中**status_option** ::=
        <u>ENABLE</u> | DISABLE

set_option ::=

```
    PASSWORD='password'|hashed_password HASHED
    [
        OLD_PASSWORD='oldpassword'
        |<password_option>[<password_option> ]
    ]
    |DEFAULT_DATABASE=database
    |DEFAULT_LANGUAGE=language
    |NAME=login_name
    |CHECK_POLIC ={ON|OFF}
    |CHECK_EXPIRATION={ON|OFF}
    |CREDENTIAL=credential_name
```

```
        |NO CREDENTIAL
    <password_option> ::=
        MUST_CHANGE|UNLOCK
    <cryptographic_credentials_option> ::=
            ADD CREDENTIAL credential_name
            |DROP CREDENTIAL credential_name
```

其中各项参数的含义请读者参照 SQL Server 2008 的联机帮助。

应用实例：要启用 zhudeli 登录可以使用下列代码：

```
        ALTER LOGIN zhudeli ENABLE;
        要将 zhudeli 登录密码更改为 123 可以使用下列代码：
        ALTER LOGIN zhudeli WITH PASSWORD = '123';
```

2）使用存储过程 **sp_password、sp_defaultdb、sp_defaultlanguage**。对于存储过程 sp_password、sp_defaultdb、sp_defaultlanguage 的语法分别如下。

- sp_password [[**@old** =]'old_password',]

    {[**@new** =]'new_password'}

    [,[**@loginame** =]'login']

- sp_defaultdb [@loginame =]'login',[**@defdb** =]'database'

- sp_defaultlanguage [**@loginame** =]'login'

            [,[**@language** =]'language']

其中各项参数的含义请读者参照 SQL Server 2008 的联机帮助。存储过程 sp_password、sp_defaultdb、sp_defaultlanguage 的使用非常详细，下面只以 sp_defaultdb 为例，介绍应用方法。

应用实例：将 AdventureWorks 设置为 SQL Server 登录名 zhudeli 的默认数据库，可以使用下列代码：

EXEC sp_defaultdb 'zhudeli', 'AdventureWorks'

3. 删除服务器的登录账号

（1）用 **SQL Server Management Studio** 删除服务器的登录账号

当确信一个账号不再使用的时候可以将其删除。删除方法是：在对象资源管理中找到要删除的账号对应的节点，单击鼠标右键，然后在弹出的菜单中选择"删除"命令，这时将打开"删除对象"对话框，如图 9.16 和图 9.17 所示。如果确认要删除则单击"确定"按钮即可。

（2）用 T-SQL 删除服务器的登录账号

对于使用 CREATE LOGIN 创建的账号可以用 DROP LOGIN 来完成删除；对于用 sp_addlogin 创建的账号，可以使用 sp_droplogin 存储过程来完成删除账号。

1）使用 DROP LOGIN 语句。DROP LOGIN 的语法如下：

DROP LOGIN login_name

应用实例：下列示例将删除登录名 zhudeli

```
    DROP LOGIN zhudeli;
    GO
```

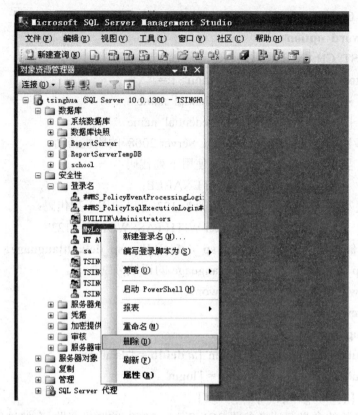

图 9.16 选择要删除账号对话框

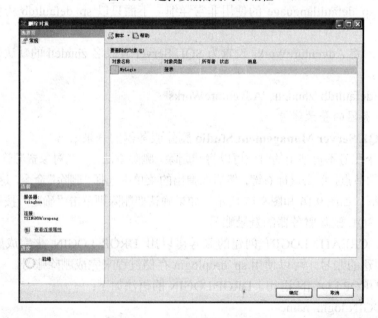

图 9.17 "删除对象"对话框

2）使用存储过程 **sp_droplogin**。对于存储过程 sp_droplogin 的语法分别如下：
sp_droplogin [@loginname =] 'login'

其中各项参数的含义请读者参照 SQL Server 2008 的联机帮助。

应用实例：删除登录名 zhudeli 可以使用下列代码：

　　　　EXEC sp_droplogin 'zhudeli'

9.2.3　服务器角色

1. 角色

角色是一种权限管理策略，可以理解为若干操作权限的集合。当一个用户被赋予一个角色时，该用户将拥有这个角色所包含的全部权限；一个角色可以赋给多个用户，一个用户也可以拥有多个角色；角色包含的权限变了，相关用户所拥有的权限也跟着发生改变。

角色的引入可以实现权限的集中管理并可以有效提高权限的管理效率。例如，一个系统可能有多种类型的用户，每一种类型的用户拥有多种相同的权限。如果对同一种用户，都逐个地对其授权，显然这种授权效率是很低的。但可以将每一种类型的用户所拥有的权限做成一个角色，然后将该角色赋给同类型中的每一用户，这样就可以极大地简化授权过程。此外，由于有多种不同类型的用户，如果单独地对每一用户授权，因为不能对权限进行集中管理，使得管理起来也非常繁琐。所以，从这种角度看，角色是对权限的集中管理机制。

2. 服务器角色

服务器角色是对服务器进行操作的若干权限的集合。服务器角色是系统预先定义好的、是系统内置的，常称固定服务器角色，只能使用但不能创建固定服务器角色。使用系统存储过程 sp_helpsrvrole 可以浏览固定服务器角色的内容。

EXEC sp_helpsrvrole

GO

还可以通过 SQL Server Management Studio 来浏览固定服务器角色，打开 SQL Server Management Studio，"在对象资源管理器"窗格中选择"安全性"选项并展开其节点，在其节点下展开"服务器角色"节点，如图 9.18 所示。

当几个用户共同完成一个公共的活动时，管理员就可以将它们集中到一个称为"角色"的单元中，并且给指定的角色分配一次权限即可。以下从高到低列出了固定的服务器角色的管理性访问权：

1）sysadmin 包含所有操作服务器的权限，拥有其他服务器角色的全部权限。

2）serveradmin 包含更改服务器范围的配置选项及关闭服务器的权限。

3）setupadmin 包含添加和删除链接服务器，并且可以执行某些系统存储过程的权限。

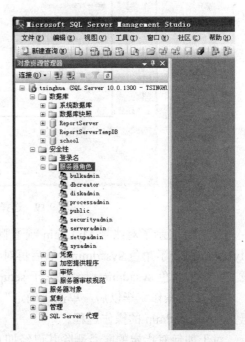

图 9.18　固定服务器角色

4）securityadmin 包含管理登录名及其属性的权限。

5）processadmin 包含终止 SQL Server 实例中运行进程的权限。

6）dbcreator 包含创建、更改、删除和还原任何数据库的权限。

7）diskadmin 包含管理磁盘文件的权限。

8）bulkadmin 包含执行 BULK INSERT 语句的权限，用于实现大容量数据的插入操作。

3. 服务器角色管理

可以根据实际需要，将服务器角色赋给账号，使该账号具有对服务器操作的相应权限。以账号 MyLogin 为例，介绍将服务器角色赋给账号的一般方法。

1）在对象资源管理器中展开树形目录，在"安全性"节点下面找到"服务器角色"节点，进一步展开此节点后将列出系统所有的服务器角色，如图 9.18 所示。

2）右击要赋给账号的服务器角色所对应的节点，并在弹出的菜单中选择"属性"命令，以打开该服务器角色的属性对话框。

3）在服务器角色属性对话框的右下角单击"添加"按钮，这时将打开"选择登录名"话框。在此对话框中单击"浏览"按钮，进一步按照提示选择一个或者多个登录名（账号），然后单击"确定"按钮回到服务器角色属性对话框界面，如图 9.19 和图 9.20 所示。

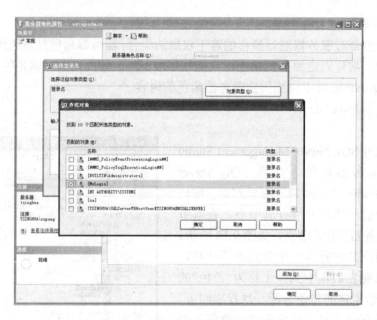

图 9.19　选择登陆名(账号)对话框

图 9.20 表示了对账号 MyLogin 赋予服务器角色 setupadmin 的结果。当然，如果已经对 MyLogin 赋予了角色 sysadmin，然后再对其赋予角色 setupadmin，则这种操作将没有任何意义，因为角色 svsadmin 已经包含了 setupadmin 的所有权限。

4）上述操作完毕以后，单击"确定"按钮，这样就完成了对账号 MyLogin 赋予服务器角色 setupadmin 的操作过程。

对于如何对指定的账号删除其已经拥有的服务器角色，可以在相对应的服务器角色属性对话框中，选择要删除的账号，点击"删除"按钮即可。

图 9.20   将服务器角色 setupadmin 赋给账号

9.3   数据库的安全性

用户是数据库安全性管理的一种策略。在通过账号连接到服务器以后，用户并不具有访问数据库的任何权限。只有具有对数据库操作的相应权限并能够连接到服务器的用户才具有访问数据库的能力。在 SOL Server 中，主要是通过数据库用户机制来完成这种访问控制。

那么，数据库用户与账号（登录名）又有什么关系呢？实际上，在前面介绍账号的创建方法时已经涉及过数据库用户，即映射到登录名的用户就是一种数据库用户。可以看出，数据库用户必须依赖于某一个账号，换句话说，在创建数据库用户前，必须先创建一个用于连接服务器的账号或者使用已有的账号；在创建数据库用户时必须指定一个已经存在的账号。

创建数据库用户时除了指定账号以外，还需要对它进行授权操作，这样才能使其具有操作数据库的能力。授权操作将涉及架构和数据库角色运用问题。以下先介绍架构和数据库角色的概念，然后介绍数据库用户的管理方法。

9.3.1   架构

1. 架构概述

架构是若干数据对象的集合，这些对象名是唯一的，它们共同构成了单个的命名空间。例如，在一个架构中不允许存在同名的两个表，只有在位于不同架构中的两个表才能重名。从管理的角度看，架构是数据对象管理的逻辑单位。

在 SQL Server 中，架构分为两种类型：一种是系统内置的架构，称为系统架构；另一种是由用户定义的架构，称为用户自定义架构。在创建数据库用户时，必须指定一个默认架构，即每个用户都有一个默认架构。如果不指定，则使用系统架构 dbo 作为用户的默认架构。服务器在解析对象的名称时，第一个要搜索的架构就是用户的默认架构。

下面介绍在 SQL Server 2008 中创建架构的一般方法。

1）启动 SQL Server Management Studio，在对象资源管理器中展开"数据库"节点，然后进一步展开该节点下指定的数据库节点，如数据库 school，找到并右击"安全性"节点，在弹出的菜单中选择"新建"菜单，再进一步选择"架构"命令，这时会打开"架构—新建"对话框。

2）在此对话框的选择页中选择"常规"选项（默认选项），这时在对话框右边的界面中有两个项目需要设置。

● 架构名称：在"架构名称"文本框中输入一个有效标识符，作为架构的名称。
● 架构所有者：在"架构所有者"文本框中可以直接输入已有的数据库用户或数据库角色，或者通过单击"搜索"按钮，找到所需的数据库用户或数据库角色，然后添加到该文本框中。

本例以 MySchema 为架构名称，MyLogin 为架构所有者，设置后的对话框如图 9.21 所示。

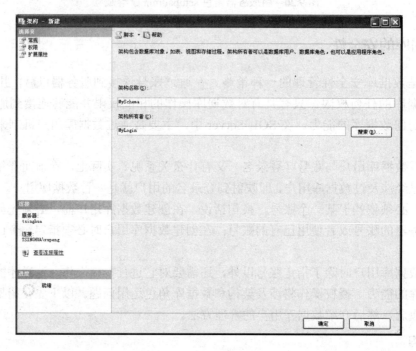

图 9.21 "架构—新建"中"常规"选项对话框

3）在选择页中选择"权限"选项，这时在对话框右边的界面中设置数据库用户或数据库角色对架构拥有什么样的操作权限，如插入权限、修改权限、更新权限等，如图 9.22 所示。

图 9.22 "架构—新建"中"权限"选项对话框

4）选择页中的"扩展属性"选项用于添加扩展的"属性—值"，一般不做设置。

5）设置完毕后，单击"确定"按钮，相应的架构即被创建，如图 9.23 所示。

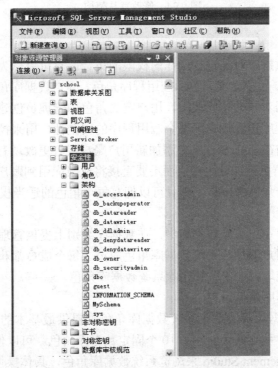

图 9.23 创建的 MySchema 架构

如果要删除某一个架构，只需要在对应的架构节点处右击，选择"删除"选项即可。

2. 修改默认架构

在 SQL Server Management Studio 中修改默认架构的方法如下：首先在对象资源管理器中找到相应的服务器登录账号（如 MyLogin），打开该账号的属性对话框，然后在选择页中选择"用户映射"，接着在对话框右边的界面中设置该账号对某个数据库的默认架构，如图 9.24 所示。

图 9.24　修改默认架构

9.3.2 数据库角色

数据库角色是对数据库对象进行操作的权限的集合。它可以分为系统数据库角色（常称为固定数据库角色）、用户定义角色和应用程序角色，固定数据库角色预定义了数据库的安全管理权限和对数据对象的访问权限，用户定义角色由管理员创建并且定义了对数据对象的访问权限。应用程序角色规定了某个应用程序的安全性，用来控制通过某个应用程序对数据的间接访问。当在 SQL Server 中添加新用户账户或者更改现有用户的权限时，可以向 SQL Server 数据库角色添加此用户，而不要直接将权限应用到账户上。用户账户可以是同一数据库中任意多个角色的成员，并且可以拥有每个角色的适当权限。

1. 系统数据库角色

系统数据库角色存在于每个数据库中，在数据库级别上提供管理特权分组。管理员可将任何有效的数据库用户添加为系统数据库角色成员。每个成员都获得应用于系统数据库角色的权限。用户不能增加、修改和删除系统数据库角色。

（1）浏览系统数据库角色

SQL Server 在数据库级设置了系统数据库角色来提供最基本的数据库权限的综合管理。在数据库创建时，系统默认创建了 10 个固定数据库角色。可以使用 SQL Server 2008 中的 SQL Server Management Studio 来浏览系统数据库角色，具体操作步骤如下：

- 打开 SQL Server Management Studio，在"对象资源管理器"窗格中选择任意一个数据库名。
- 展开该数据库的节点，选择"安全性"选项并展开其节点。
- 在"安全性"节点下面选择"角色"选项，并展开其节点，然后选择"数据库角色"选项展开，就可以看到系统默认的系统数据库角色了，如图 9.25 所示。

图 9.25　在管理器工具中浏览数据库角色

系统数据库角色提供了数据库级别的管理权限分组功能。下面列出了 SQL Server 中系统数据库角色的名称及其权限描述：

- public：为数据库用户维护所有的默认许可权限。每个数据库用户都属于 public 角色的成员。
- db_owner：进行所有数据库角色的活动，以及数据库中的其他维护和配置活动。该角色的权限跨越所有其他的系统数据库角色。
- db_accessadmin：在数据库中添加或删除 Windows 用户和组以及 SQL Server 用户。
- db_datareader：查看来自数据库中所有用户表的全部数据。
- db_datawriter：添加、更改或删除来自数据库中所有用户表的数据。
- db_ddladmin：添加、修改或除去数据库中的对象（运行所有 DDL）。
- db_securityadmin：管理 SQL Server 数据库的角色和成员，并管理数据库中的语句和对象权限。
- db_backupoperator：有备份数据库的权限。
- db_denydatareader：拒绝选择数据库数据的权限。
- db_denydatawriter：拒绝更改数据库数据的权限。

（2）管理系统数据库角色

通过 SQL Server Management Studio 还可以完成对系统数据库角色的管理，具体步骤如下。

- 打开 SQL Server Management Studio，在"对象资源管理器"窗格中选择任意一个数据库名。

- 展开该数据库节点下的"安全性"节点，选择"角色"节点下的"数据库角色"选项。
- 选中指定的数据库角色，单击鼠标右键，从弹出的菜单中选择"属性"命令，则系统弹出如图 9.26 所示的窗口，显示所有分配该数据库角色的登录账户。

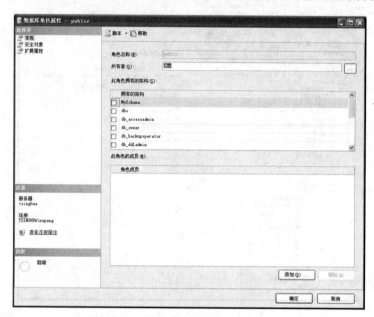

图 9.26　"数据库角色属性"对话框

- 单击"添加"按钮，从弹出的对话框中选取登录账户，添加到该数据库角色中去，如图 9.27 所示。

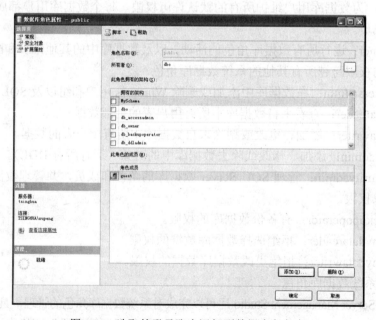

图 9.27　选取的登录账户添加到数据库角色中

public 数据库角色是 SQL Server 的最基本的操作，所有的数据库用户都属于 public 角色。public 角色的特点是：

- 替数据库用户捕获所有的数据库默认权限。
- 不能将 public 角色分配给任何用户、工作组，因为所有的用户都默认为属于该角色。
- public 角色存在于每一个数据库中，包括系统数据库和用户建立的数据库。
- 不允许被删除。

2. 用户自定义数据库角色

通过创建用户自定义数据库角色，可以建立具有某种公共许可权限的用户组。SQL Server 允许创建新的数据库角色。

可以使用 SQL Server 2008 的 SQL Server Management Studio 完成对用户自定义数据库角色的创建、删除和授权。步骤如下：

- 打开 SQL Server Management Studio，在"对象资源管理器"窗格中选择任意一个数据库名。
- 展开该数据库节点下的"安全性"节点，选择"角色"节点下的"数据库角色"选项。
- 在"数据库角色"选项上单击鼠标右键，从弹出的菜单中选择"新建数据库角色"选项，系统弹出如图 9.28 所示窗口。

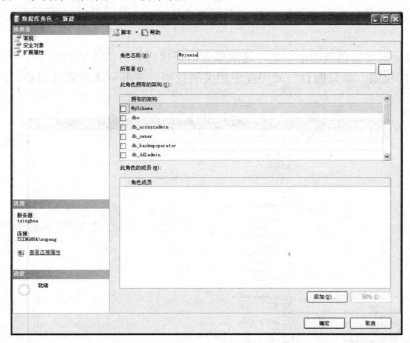

图 9.28　"数据库角色—新建"对话框

- 用户可以在图 9.28 所示的窗口中输入数据库角色的名字，或者单击"添加"按钮添加数据库成员。
- 单击"确定"按钮完成数据库角色的创建，如图 9.29 所示。

图 9.29　新建数据库角色结果

如果要删除某一个自定义数据库角色，只需要在对应的自定义数据库角色节点处右击，选择"删除"选项即可。

3．应用程序角色

应用程序角色是用户定义数据库角色的一种形式，与系统数据库角色不同。它规定了某个应用程序的安全性，用来控制通过某个应用程序对数据的间接访问。例如，管理员允许雇员使用雇员处理程序录入新员工、离职员工和打印统计报表等。此外，可能希望限制用户只能通过特定应用程序（例如使用 SQL 查询分析器）来访问数据或防止用户直接访问数据。

创建应用程序角色的过程与创建数据库角色的过程一样，如图 9.30 所示为应用程序角色的创建窗口。

应用程序角色和系统数据库角色的区别有如下四点。

1）应用程序角色不包含任何成员。不能将 Windows 组、用户和角色添加到应用程序角色。

2）当应用程序角色被激活以后，这次服务器连接将暂时失去所有应用于登录账户、数据库用户等的权限，而只拥有与应用程序相关的权限。在断开本次连接以后，应用程序失去作用。

图 9.30　"应用程序角色—新建"对话框

3）默认情况下，应用程序角色是非活动的，需要密码激活。

4）应用程序角色不使用标准权限。

应用程序角色是一个数据库主体，它使应用程序能够用其自身的、类似用户的特权来运行。使用应用程序角色，可以只允许通过特定应用程序连接的用户访问特定数据。与系统数据库角色不同的是，应用程序角色默认情况下不包含任何成员，而且是非活动的。应用程序角色使用两种身份验证模式，可以使用 sp_setapprole 来激活，并且需要密码。因为应用程序角色是数据库级别的主体，所以它们只能通过其他数据库授予的 guest 用户账户的权限来访问这些数据库。因此，任何已禁用 guest 用户账户的数据库对其他数据库中的应用程序角色都是不可访问的。

9.3.3　创建和管理数据库用户

一般情况下，用户登录数据库服务器后，还不具备访问数据库的条件。在用户可以访问数据库之前，管理员必须为该用户在数据库中建立一个数据库账号作为访问该数据库的 ID。这个过程就是将 SQL Server 登录账号映射到需要访问的每个数据库中，这样才能够访问数据库。如果数据库中没有用户账户，则即使用户能够连接到数据库服务器也无法访问该数据库。

1. 使用 SQL Server Management Studio 创建和管理数据库用户

在对象资源管理器中展开指定数据库（如 school）节点中的"安全性"节点，找到并右击此节点下的"新建"子节点，在弹出的菜单中选择"用户"命令，这时将打开"数据库用户—新建"对话框。在此对话框中可以设置以下几个项目。

1）用户名：是指数据库用户的名称，该项必须设置。它可以是任意合法的标识符。

2）登录名：为数据库用户指定已经存在的账号，该项必须设置。

3）默认架构：为数据库用户指定默认架构，该架构必须已经存在。

4）拥有架构：在"此用户拥有的架构"列表框中设置该用户拥有的架构，可以是一个或多个架构。

5）角色成员：在"数据库角色成员身份"列表框中设置该用户拥有的角色。

图 9.31 列出了名为"TeacherWang"的数据库用户的设置情况，其中登录名为 TSINGHUA\xupeng，默认架构为 sys，以及还拥有架构 db_accessadmin 和角色 MyJuese。显然，该用户拥有角色 MyJuese 所包含的全部权限。

通过角色来分配权限是按权限集合来进行的。如果希望对用户进行"个别"的权限分配，则可以通过下述方法来完成：在选择页中选择"安全对象"选项，打开"安全对象"选项对话框，通过"搜索"按钮在"安全对象"列表框中添加相应的对象；然后依次选择每一个对象，在显示权限列表框中设置具体的权限。

图 9.32 表示数据库用户 TeacherWang 具有对表 CJ 和表 XS 相应的操作权，其中对表 CJ 具有 Alter，Insert 权限，还具有对其他对象授予 Insert 权限的能力，但禁用 Select 权限。

在 SQL Server Management Studio 中，对于数据库用户修改，只要打开其"属性"对话框，然后对相应项目进行设置即可；对于删除操作，只要右击要删除的数据库用户，在弹出菜单中，选择"删除"选项即可。

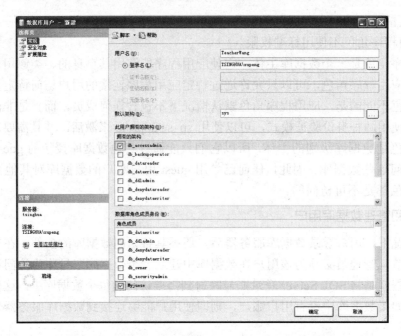

图 9.31 "数据库用户—新建"中"常规"选项对话框

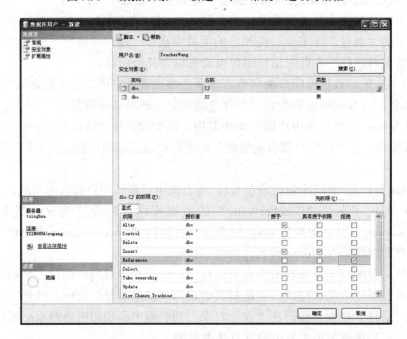

图 9.32 "数据库用户—新建"中"安全对象"选项对话框

2. 使用 SQL 语言创建和管理数据库用户

（1）向数据库添加用户

可以使用 CREATE USER 为当前数据库添加用户，其语法如下所示：

```
CREATE USER user_name
    [{{FOR|FROM}
```

```
        {
        LOGIN login_name
        |CERTIFICATE cert_name
        |ASYMMETRIC KEY asym_key_name
        }
        |WITHOUT LOGIN
    ]
    [WITH DEFAULT_SCHEMA=schema_name]
```

其中主要参数说明如下：

- user_name：指定在此数据库中用于识别该用户的名称。user_name 是 sysname。它的长度最多是 128 个字符。
- LOGIN login_name：指定要创建数据库用户的 SQL Server 登录名。login_name 必须是服务器中有效的登录名。当此 SQL Server 登录名进入数据库时，它将获取正在创建的数据库用户的名称和 ID。
- CERTIFICATE cert_name：指定要创建数据库用户的证书。
- ASYMMETRIC KEY asym_key_name：指定要创建数据库用户的非对称密钥。
- WITH DEFAULT_SCHEMA = schema_name：指定服务器为此数据库用户解析对象名时将搜索的第一个架构。
- WITHOUT LOGIN：指定不应将用户映射到现有登录名。

应用实例：创建名为"MyLogin"、密码为"111111"的账号，然后对当前数据库 school，创建名为"MyUser"的用户，该用户依赖于账号 MyLogin，其默认架构为 sys。

CREATE LOGIN MyLogin WITH PASSWORD='111111';

USE school;

CREATE USER MyUser FUR LOGIN MyLogin WITH DEFAULT_SCHEMA=sys;

如果不带 WITH DEFAULT 子句，则表示对创建的用户不设置默认架构。

（2）授予与收回用户权限

可以对一个已经存在的用户授予相应的权限，也可以对之收回已授予的权限。SQL Server 应用 GRANT 和 REVOKE 授予和收回用户权限,其语法如下：

- GRANT：

GRANT {ALL[PRIVILEGES]}

```
        |permission[(column[,...n])][,...n]
        [ON[class ::]securable]TO principal[,...n]
        [WITH GRANT OPTION][AS principal]
```

其中主要参数说明请参照后面章节内容。

应用实例：

在当前数据库 school 中，将对表 student 的 UPDATE 权限授给用户 TeacherWang

USE school;

GRANT UPDATE ON student TO TeacherWang;

将角色 MyRole 包含的 VIEW DEFINITION 权限授给用户 MyUser

USE school;

GRANT VIEW DEFINITION ON ROLE::MyRole TO MyUser;

GO

● REVOKE：

REVOKE [GRANT OPTION FOR]

    {

       [ALL[PRIVILEGES]]

       |permission[(column[,...n])]][,...n]

    }

    [ON[class ::]securable]

    {TO|FROM}principal[,...n]

    [CASCADE][AS principal]

其中主要参数说明请参照后面章节内容。

应用实例：取消已对用户 MyRole2 和 MyRole3 授予的对表 student 进行删除和插入的操作权限。

USE school;

GO

REVOKE DELETE ,INSERT ON student FROM MyRole2, MyRole3;

注意：对角色权限的授予和收回语法与对用户权限的授予和收回语法相同，请读者自己进行练习。

（3）修改和删除数据库用户

1）修改数据库用户。数据库用户的修改主要是指重命名数据库用户或者更改它的默认架构，其包含的其他属性不变。其语法如下：

ALTER USER userName   WITH<set_item>[,...n]

<set_item> ::=

    NAME=newUserName

    |DEFAULT_SCHEMA=schemaName

    |LOGIN=loginName

其中主要参数说明如下：

● userName：指定在此数据库中用于识别该用户的名称。

● LOGIN = loginName：通过将用户的安全标识符（SID）更改为另一个登录名的 SID，使用户重新映射到该登录名。

● NAME = newUserName：指定此用户的新名称。newUserName 不能已存在于当前数据库中。

● DEFAULT_SCHEMA = schemaName：指定服务器在解析此用户的对象名时将搜索的第一个架构。

应用实例：

将用户 MyUser 改名为 MyUser2

USE school;

ALTER USER MyUser WITH NAME = MyUser2;

GO

将用户 MyUser2 的默认架构改为 guest

USE school;

ALTER USER MyUser2 WITH DEFAULT_SCHEMA = guest;

GO

2）删除数据库用户。删除数据库用户的前提是该用户不拥有任何架构。如果已拥有了架构则先将其拥有的架构全部删除（不是一个一个地删除数据对象）。角色与数据库用户的删除方法基本相同。其语法如下：

DROP USER user _name

其中参数：

user _name：指定在此数据库中用于识别该用户的名称。

应用实例：删除用户 MyUser 的 SQL 语句如下：

DROP USER MyUser;

删除前要保证用户 MyUser 不拥有任何的构架，否则先删除架构然后再执行上述语句。

3. 使用存储过程创建和管理数据库用户

（1）使用 **sp_adduser** 添加用户

使用 sp_adduser 系统存储过程可为当前数据库创建一个新的用户，具体的语法格式如下：

sp_adduser [**@loginame** =]'login'

    [,[**@name_in_db** =]'user']

    ,[**@grpname** =]'role']

其中主要参数说明如下：

- [@loginame =] 'login'：SQL Server 登录或 Windows 登录的名称。login 的数据类型为 sysname，无默认值。login 必须是现有的 SQL Server 登录名或 Windows 登录名。
- [@name_in_db =]'user'：新数据库用户的名称。user 的数据类型为 sysname，默认值为 NULL。如果未指定 user，则新数据库用户的名称默认为 login 名称。指定 user 将为数据库中新用户赋予一个不同于服务器级别登录名的名称。
- [@grpname =]'role'：新用户成为其成员的数据库角色。role 的数据类型为 sysname，默认值为 NULL.role 必须是当前数据库中的有效数据库角色。

在添加完用户之后，可以使用 GRANT, DENY 和 REVOKE 等语句来定义控制用户所执行的活动的权限，具体方法请读者自己参照相关章节或者 SQL Server 2008 的联机帮助。

应用实例：用现有的登录名 new。将数据库用户 TeacherWang 添加到当前数据库中的现有 db_datareader 角色。

EXEC sp_adduser 'new', 'TeacherWang', 'db_datareader'

（2）使用 **sp_dropuser** 删除用户

sp_dropuser 用来从当前数据库中删除 SQL Server 和 Windows 用户，具体的语法格式如下：

sp_dropuser [@name_in_db =]'user'

其中参数说明如下：

[@name_in_db =]'user'：要删除的用户的名称。user 的数据类型为 sysname，没有默认值。user 必须存在于当前数据库中。指定 Windows 登录时，请使用数据库用于标识该登录的名称。

应用实例：

从当前数据库中删除用户 TeacherWang

EXEC sp_dropuser 'TeacherWang'

9.4 数据对象的安全性

所谓数据对象主要是指数据表、索引、存储过程、视图、触发器等。数据对象的安全性认证是用户能接触到数据的最后一道关卡，过了这一关用户才能对数据进行相应的操作。过关的凭证就是用户具有对数据对象操作的相应权限。

9.4.1 权限种类

在 SQL Server 2008 中，权限可以分为三种类型，即数据对象权限、语句权限和隐含权限。

1. 数据对象权限

数据对象权限简称对象权限，是指用户对数据对象的操作权限。这些权限主要是指数据操作语言的语句权限，即 SELECT, UPDATE、DELETE, INSERT, EXECUTE 等语句权限。如果用户想对某一个数据对象进行操作，则他必须拥有对该对象操作的相应权限。例如，用户如果要查询表中的数据，则查询的前提是该用户已被授予了对该表的 SELECT权限。

2. 语句权限

语句权限指用户对某一语句执行的权限，它属于用户是否有权执行某一语句的问题。这些语句主要是数据定义语言（DDL）的语句，包括 CREATE DATABASE（创建数据库）、CREATE TABLE（创建数据表）、CREATE VIEW（创建视图）、CREATE RULE（创建规则）、CREATE DEFAULT（创建默认值）、CREATE PROCEDURE（创建存储过程）、BACKUP DATABASE（备份数据库）、BACKUP LOG（备份日志）等，其共同特点是属于一些具有管理性的操作。

3. 隐含权限

隐含权限是指 SQL Server 2008 内置的或在创建对象时自动生成的权限。它们主要包含在固定服务器角色和固定数据库角色中。对于数据库和数据对象，其拥有者所默认拥有的权限（自动生成）也是隐含权限。例如，数据表的拥有者自动地拥有对该表进行操作的一切权限。

显然，隐含权限是根据权限生成的方式来分类的，它们在本质上可归结于数据对象权限和语句权限。对权限的管理操作主要分为以下三种方式。

1）授予(GRANT)：对用户、角色等授予某种权限。

2）收回(REVOKE)：对用户、角色等收回已授予的权限。

3）禁用(DENY)：禁止用户、角色等拥有某种权限。

9.4.2　对象权限的管理

1. 应用 SQL Server Management Studio 管理对象权限

各种类型的对象权限的授予和回收方法基本相同，以下主要以数据表为例来介绍这些操作方法。

1）在 SQL Server Management Studio 中，展开对象资源管理器中的树形目录，找到相应的数据表节点，然后通过鼠标右击的方法打开"属性"对话框。

2）在"属性"对话框的选择页中选择"权限"选项。在"权限"选项对话框中，可以对数据库用户或数据库角色授予相应的对象权限，但不同的数据对象其可授予的权限也不尽相同。在此对话框中设置的方法是：先通过"搜索"按钮在"选择用户或角色"列表框中加入相应的用户和角色，然后依次选择这些用户或角色并在显示权限列表框中设置其相应的权限。这些权限就是对用户或角色授予的表对象权限。

图 9.33 列出了对用户 TeacherWang 授予对象（此对象为表 CJ）权限的情况，其中对用户 TeacherWang 授予了对表 CJ 操作的 DELETE 权限和 SELECT 权限，同时授予了对 DELETE 权限的分配权，但禁用 UPDATE 权限。

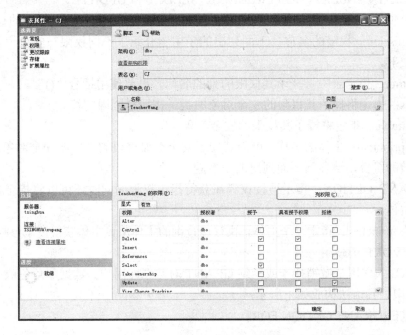

图 9.33　"权限"选项对话框

2. 应用数据控制语言管理对象权限

数据控制语言的主要功能就是控制用户对数据库对象操作的权限，包括 GRANT、REVOKE 和 DENY 等语句，分别对权限进行授予、撤销授予和防止授权行为。

（1）GRANT 的使用

GRANT 的语法很复杂，根据不同的对象，语法结构和参数都有些区别，但归结起来，它们都有以下的基本形式。

```
GRANT {ALL[PRIVILEGES]}
        |permission[(column[,...n])][,...n]
        [ON[class ::]securable]TO principal[,...n]
        [WITH GRANT OPTION][AS principal]
```

其中主要参数说明如下：

- ALL：不推荐使用此选项，保留此选项仅用于向后兼容。它不会授予所有可能的权限。授予 ALL 参数相当于授予以下权限。如果安全对象为数据库，则"ALL"表示 BACKUP DATABASE、BACKUP LOG、CREATE DATABASE、CREATE DEFAULT、CREATE FUNCTION、CREATE PROCEDURE、CREATE RULE、CREATE TABLE 和 CREATE VIEW。如果安全对象为标量函数，则"ALL"表示 EXECUTE 和 REFERENCES。如果安全对象为表值函数，则"ALL"表示 DELETE、INSERT、REFERENCES、SELECT 和 UPDATE。如果安全对象是存储过程，则"ALL"表示 EXECUTE。如果安全对象为表，则"ALL"表示 DELETE、INSERT、REFERENCES、SELECT 和 UPDATE。 如果安全对象为视图，则"ALL"表示 DELETE、INSERT、REFERENCES、SELECT 和 UPDATE。
- PRIVILEGES：包含此参数是为了符合 ISO 标准。请不要更改 ALL 的行为。
- permission：权限的名称。下面列出的子主题介绍了不同权限与安全对象之间的有效映射。
- column：指定表中将授予其权限的列的名称。需要使用括号"()"。
- class：指定将授予其权限的安全对象的类。需要范围限定符"::"。
- securable：指定将授予其权限的安全对象。
- TO principal：主体的名称。可为其授予安全对象权限的主体随安全对象而异。有关有效的组合，请参阅下面列出的子主题。
- GRANT OPTION：指示被授权者在获得指定权限的同时还可以将指定权限授予其他主体。
- 作为 principal：指定一个主体，执行该查询的主体从该主体获得授予该权限的权利。

（2）REVOKE 的使用

REVOKE 的作用是撤销授予或拒绝 GRANT 对数据库用户、数据库角色或应用程序角色授予的权限。其语法构成如下所示：

```
REVOKE [GRANT OPTION FOR]
        {
          [ALL[PRIVILEGES]]
          |permission[(column[,...n])][,...n]
        }
        [ON[class ::]securable]
```

　　　　　　{TO|FROM}principal[,...n]

　　　　　　[CASCADE][AS principal]

其中主要参数说明如下：

- GRANT OPTION FOR：指示将撤销授予指定权限的能力。在使用 CASCADE 参数时，需要具备该功能。注意：如果主体具有不带 GRANT 选项的指定权限，则将撤销该权限本身。

- ALL：该选项并不撤销全部可能的权限。撤销 ALL 相当于撤销以下权限。如果安全对象是数据库，则 ALL 对应 BACKUP DATABASE、BACKUP LOG、CREATE DATABASE、CREATE DEFAULT、CREATE FUNCTION、CREATE PROCEDURE、CREATE RULE、CREATE TABLE 和 CREATE VIEW。如果安全对象是标量函数，则 ALL 对应 EXECUTE 和 REFERENCES。如果安全对象是表值函数，则 ALL 对应 DELETE、INSERT、REFERENCES、SELECT 和 UPDATE。如果安全对象是存储过程，则 ALL 表示 EXECUTE。如果安全对象是表，则 ALL 对应 DELETE、INSERT、REFERENCES、SELECT 和 UPDATE。如果安全对象是视图，则 ALL 对应 DELETE、INSERT、REFERENCES、SELECT 和 UPDATE。

- PRIVILEGES：包含此参数是为了符合 ISO 标准。请不要更改 ALL 的行为。

- permission：权限的名称。

- column：指定表中将撤销其权限的列的名称。需要使用括号 "()"。

- class：指定将撤销其权限的安全对象的类。需要范围限定符 "::"。

- securable：指定将撤销其权限的安全对象。

- TO | FROM principal：主体的名称。可撤销其对安全对象的权限的主体随安全对象而异。

- CASCADE：指示当前正在撤销的权限也将从其他被该主体授权的主体中撤销。使用 CASCAD 参数时，还必须同时指定 GRANT OPTION FOR 参数。

注意：对授予 WITH GRANT OPTION 权限的权限执行级联撤销，将同时撤销该权限的 GRANT 和 DENY 权限。

- 作为 principal：指定一个主体，执行该查询的主体从该主体获得撤销该权限的权利。

（3）DENY 的使用

DENY 关键字可以在不撤销用户的访问许可的情况下，拒绝用户访问某一部分数据库对象，也可以防止主体通过其组或角色成员身份继承权限。其主要语法如下：

DENY {ALL[PRIVILEGES]}

　　　　　　|permission[(column[,...n])][,...n]

　　　　　　[ON[class ::]securable]TO principal[,...n]

　　　　　　[CASCADE][AS principal]

其中主要参数说明如下：

- ALL：该选项不拒绝所有可能权限。拒绝 ALL 相当于拒绝以下权限。如果安全对象为数据库，则 "ALL" 表示 BACKUP DATABASE、BACKUP LOG、CREATE DATABASE、CREATE DEFAULT、CREATE FUNCTION、CREATE PROCEDURE、

CREATE RULE、CREATE TABLE 和 CREATE VIEW。如果安全对象为标量函数，则"ALL"表示 EXECUTE 和 REFERENCES。如果安全对象为表值函数，则"ALL"表示 DELETE、INSERT、REFERENCES、SELECT 和 UPDATE。如果安全对象是存储过程，则"ALL"表示 EXECUTE。如果安全对象为表，则"ALL"表示 DELETE、INSERT、REFERENCES、SELECT 和 UPDATE。如果安全对象为视图，则"ALL"表示 DELETE、INSERT、REFERENCES、SELECT 和 UPDATE。

- PRIVILEGES：包含此参数是为了符合 ISO 标准。请不要更改 ALL 的行为。
- permission：权限的名称。下面列出的子主题介绍了不同权限与安全对象之间的有效映射。
- column：指定拒绝将其权限授予他人的表中的列名。需要使用括号"()"。
- class：指定拒绝将其权限授予他人的安全对象的类。需要范围限定符"::"。
- securable：指定拒绝将其权限授予他人的安全对象。
- TO principal：主体的名称。可以对其拒绝安全对象权限的主体随安全对象而异。
- CASCADE：指示拒绝授予指定主体该权限，同时，对该主体授予了该权限的所有其他主体，也拒绝授予该权限。当主体具有带 GRANT OPTION 的权限时，为必选项。
- 作为 principal：指定一个主体，执行该语句的主体从该主体获得拒绝授予该权限的权利。

9.5　SQL Server Profiler 对数据库的跟踪

大多数人在进入车站的候车室的时候都遇到过安全检查。在安检口，保安人员站在那里监视包裹。之所以在那里也需要保安人员，是因为即使拥有了世界上最先进的安全系统如果没有人不断监视，安全系统最终仍会失败。SQL Server 的情况也是这样。不能在建立安全系统之后就万事大吉了，必须像保安人员那样不断监视，以保证 SQL Server 的系统安全并防止企图侵入。而这项监视任务就是委托给了 SQL Profiler。

SQL Profiler 用来跟踪和记录 SQL Server 上的活动，这是通过执行跟踪来实现的。跟踪就是记录，其中包含关于事件的、已捕获的数据。跟踪可以存放在表中，而这个表是个可以在 SQL Profiler 中打开和阅读的跟踪日志文件。有两种类型的跟踪：共享和专用。共享跟踪是人人都可以查看的，而专用跟踪只能由创建它们的用户(或者说跟踪拥有者)查看。尽管安全跟踪应当是专用的，但优化与查询跟踪可以是共享的。

服务器上受到监视的操作称为事件，这些事件可以是数据库引擎中发生的任何事情，比如登录失败或查询结束。这些事件在 SQL Profiler 中被逻辑地分组成事件类以便查找和使用起来更容易。在这些事件当中，有些适用于维护安全性，有些适用于排查问题，但是大多数适用于监视与优化查询，下面列出了与安全性有关的重要类和事件：

- Errors and Warnings：这个类中的事件用来监视错误和警告，比如失败的登录或语法错误。
- Cursors：游标是用来一次一行地处理多个数据行的对象。这个事件类可以用来监视游标使用所产生的事件。

- Database：这是个事件集合，用来监视数据文件和日志文件在长度方面的自动变化。
- Locks：在用户访问数据时，数据被锁定，以使其他用户无法修改别人正在读取的数据。这个事件类可以用来监视数据上被放置的锁。
- Object：监视这个事件类可以了解对象（比如表、视图、索引等）是何时打开、关闭或以某种方式修改的。
- Performance：这个事件集合显示 Showplan 事件类，还显示数据操作员所产生的事件类。
- Server：这个类用来监视 SQL Server 启动、停止和暂停。知果遇到停止或暂停，并且只有唯一的管理员，那么服务器本身出现了问题或者有人已经使用管理账户侵入了系统。

下面，看一看如何使用 SQL Profiler 监视失败的登录，具体步骤如下：

1）从 Microsoft SQL Server 2008 中选择"Performance Tools"选项，并从弹出菜单中选择 SQL Server Profiler 命令将其打开。

2）选择"文件"菜单下的"新建跟踪"命令，并使用 Windows 身份验证方式建立连接，进入到"跟踪属性"对话框中，如图 9.34 所示。

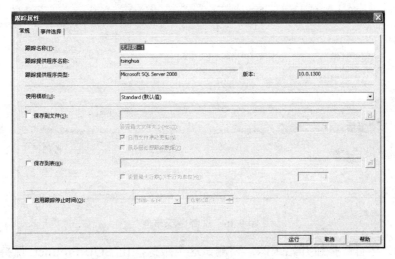

图 9.34　"跟踪属性"对话框

3）在"跟踪名称"文本框中，输入 security。选择"Standard（默认值）"选项作为要使用的模板。

4）选中"保存到文件"复选框，并单击"保存"按钮选择默认的文件名。

5）选中"保存到表"复选框，使用 Windows 身份验证方式建立连接。在"目标表"对话框中填写数据库及其他内容，单击"确定"按钮回到如图 9.35 所示的对话框。

6）单击"事件选择"按钮，进入配置"事件选择"的对话框。

7）在"检查选定要跟踪的事件和事件列"文本框中，展开 Security Audit 选项。选中 Audit Login Failed 复选框，如图 9.36 所示。

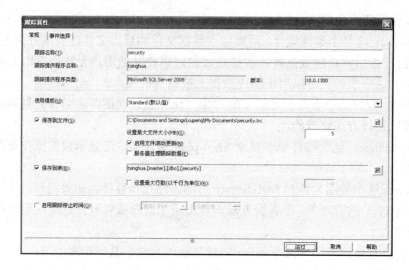

图 9.35　使用实例跟踪

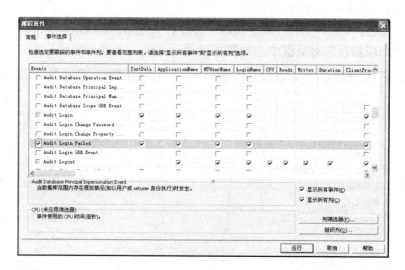

图 9.36　选择跟踪事件

8）单击"运行"按钮开始跟踪，要测试这个跟踪，让 SQL Prolfiler 保持打开，并在 SQL Server Management Studio 中打开一个新的 SQL Server 查询窗口。使用 SQL Server 身份验证方式和 adnnin 用户名与 admin 密码建立连接。连接将会失败，因为找不到与所提供的名称相匹配的登录名。

9）返回到 SQL Profiler，并会注意一次登录失败已被记录到用户 admin 的名下，如图 9.37 所示。

10）返回到 SQL Server Management Studio，并使用 Teacher 用户名和 Teacher 密码进行登录。登录将会成功，因为提供了正确的用户名和密码。

11）关闭 SQL Server Management Studio，并返回到 SQL Profiler。应该注意到这里没有 Teacher 用户成功登录的记录，因为只监视失败的登录。

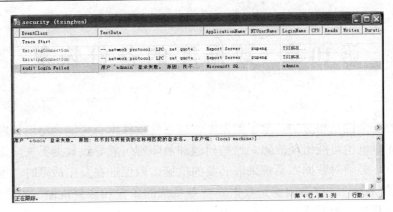

图 9.37 监视失败的登录

9.6 小结

任何未经授权而非法进入数据库并查看甚至修改数据的行为都会对数据库造成极大的危害。所以，安全管理是任何数据库管理系统都必须认真考虑的问题，对数据库的影响是至关重要的。本章从服务器级、数据库级和数据对象级的安全性管理出发，全面介绍了 SQL Server 2008 安全性管理的实施办法。通过对本章的学习，应该掌握下列内容：

- SQL Server 服务器的安全性管理方法，包括对身份验证模式的理解、登录账号的管理以及服务器角色的运用等。
- 数据库的安全性管理方法，包括架构的运用、用户管理、权限管理、角色管理等。
- 数据对象的安全性管理方法，主要包括数据对象权限的管理。
- 如何应用 SQL Server Profiler 对数据库进行跟踪和记录 SQL Server 上的活动。

第 10 章　数据库的备份恢复

数据库的安全性是相对的。除了数据库管理系统软件本身可能会出现问题以外，作为硬件支撑的计算机也可能出现故障。这些问题和故障都可能导致数据丢失，进而引起灾难性后果。因此，必须对数据库系统采取必要的措施，以保证在发生故障时，可以将数据库恢复到最新的状态，这种措施就是数据库管理系统的备份和恢复机制。本章将介绍 SQL Server 2008 数据库备份和恢复的实现技术和操作方法。

10.1　备份恢复数据的原理

10.1.1　备份的重要性

数据库的安全性是相对的。当数据库系统出现下列情况时还是可能导致数据丢失。

- 存储介质故障。如果保存有数据库文件的磁盘驱动器彻底损坏，而用户又不曾进行过数据库备份，则有可能导致数据的彻底丢失。
- 错误操作或恶意破坏。例如，用户错误地使用 DROP、DELETE、UPDATE 等命令，可能会把整个数据库或数据表彻底删除。
- 计算机病毒。计算机病毒已经成为当前数据安全的一大隐患，有时候甚至破坏到计算机系统的硬件设备。这种破坏多是毁灭性的，因此对计算机病毒应引起足够的重视。
- 盗窃。存储数据的设备被偷，显然也会导致数据丢失。
- 自然灾害。地震、水灾、火灾等会造成一种不可抗拒的破坏。

因此，必须为数据库中的数据制作一个副本，保存到另外一个地方，而这种操作就是所谓的数据库备份。备份的目的是使得数据库在遭到破坏时能够恢复到破坏前的正确状态，避免或最大限度地减少数据丢失。如何有效地对数据库进行备份，使得即使出现上述情况也可以将数据损失减少到最小程度，这就是数据库备份要讨论的内容。

数据库备份是一项非常麻烦的工作，由于数据库中的数据是随时间变化的，所涉及的问题包括何时备份、备份哪些内容、备份多少、如何管理备份出来的数据等。而且备份过程并不是简单地对数据文件和日志文件进行复制，而是经过内部的压缩和处理，做成另外一种文件保存起来，这都是由 SQL Server 2008 提供的工具来完成的。

10.1.2　数据库备份设备

数据库备份设备是用来存储备份数据的存储介质。当建立一个备份设备时，要给该设备分配一个逻辑备份名和一个物理备份名。物理备份名主要用来供操作系统对备份设备进行管理，通常为备份在硬盘上以文件方式存储的完整路径名，如 "d:\BACKUP\DemoFull.bak"。逻辑备份名是物理备份的别名，通常比物理备份名更能简单、有效地描述备份设备的特征，它被永久地记录在 SQL Server 的系统表中。如 "d:\BACKUP\DemoFull.bak" 的逻辑名可以为 Demo_BACKUP。

常见的备份设备类型包括磁盘设备、磁带设备和命名管道设备。

1. 磁盘备份设备

磁盘备份一般以硬盘或其他磁盘类设备为存储介质，按一般操作系统文件进行管理。磁盘备份设备能存储在本地机器上，也可以存储在网络的远程磁盘上。如果是网络设备，则需要使用统一命名方式(UNC)来引用此文件，即 "\\远程服务器名\共享文件名\路径名\文件名"。

当存储介质故障或服务器崩溃而造成数据丢失时，若数据备份也正好存储在损坏的硬盘或服务器上，则该备份就没有意义了，所以要注意及时将备份设备复制到磁带上或网络服务器上。

2. 磁带备份设备

使用磁带备份设备时，必须将磁带物理地安装到运行 SQL Server 实例的计算机上。磁带备份不支持远程网络设备备份。如果在执行备份操作的过程中，磁带备份设备被写满，则 SQL Server 会提示用户更换新的磁带，然后继续进行备份操作。

3. 命名管道设备

这是微软专门为第三方软件供应商提供的一个备份和恢复方式。若要将数据备份到一个命名管道设备上，必须在 BACKUP 或 RESTORE 中提供管道名。

10.1.3　备份类型

针对不同数据库系统的实际情况，SQL Server 提出了四种备份类型，即完全数据库备份、差异数据库备份、事务日志备份以及数据文件和文件组备份。

1. 完全数据库备份

简称完全备份，它是指对整个数据库进行备份，包括所有的数据文件和足够信息量的事务日志文件。完全备份代表了备份时刻的整个数据库。当数据库出现故障时可以利用这种完全备份恢复到备份时刻的数据库状态，但从备份后到出现故障的这一段内所进行的修改将被丢失。

完全备份的优点是操作简单（可一次操作完成），备份了数据库的所有信息，可以使用一个完全备份来恢复整个数据库；其缺点是操作耗时，可能需要很大的存储空间，同时也影响系统的性能。

2. 差异备份

又称增量备份，是指对自上次完全备份以来发生过变化的数据库中的数据进行备份。可以看出，对差异备份的恢复操作不能单独完成，在其前面必须有一次完全备份作为参考点（称为基础备份），因此差异备份必须与其基础备份进行结合才能将数据库恢复到差异备份时刻的数据库状态。此外，由于差异备份的内容与完全备份的内容一样，都是数据库中的数据，因此它所需要的备份时间和存储空间仍然比较大。当然，由于差异备份只记录自基础备份以来发生变化的数据（而不是所有数据），所以它较完全备份在各方面的性能都显著的提高，这是它的优点。

3. 事务日志备份

简称日志备份，它记录了自上次日志备份到本次日志备份之间的所有数据库操作(日志记录)。由于日志备份记录的内容是一个时间段内的数据库操作，而不是数据库中的数据，因此在备份时所处理的数据量小得多，所需要的备份时间和存储空间也就相对小得多。但它也不能单独完成对数据库的恢复，而必须与一次完全备份相结合。实际上，"完全备份+日志备份"是常采用的一种数据库备份方法。

日志备份又分为纯日志备份、大量日志备份和尾日志备份。纯日志备份仅包含某一个时间段内的日志记录；大量日志备份则主要用于记录大批量的批处理操作；尾日志备份主要包含数据库发生故障后到执行尾日志备份时的数据库操作，以防止故障后相关修改工作的丢失。在 SQL Server 中，一般要求先进行尾日志备份，然后才能进行恢复当前数据库。

4. 数据文件和文件组备份

这是指对指定的数据文件和文件组进行备份。它一般与日志备份结合使用。利用文件和文件组备份，可以对受到损坏的数据文件和文件组进行恢复，而不必恢复数据库的其他部分，从而提高了恢复的效率。对于数据文件和文件组在物理上分散的数据库系统，多用这种备份。

10.1.4　恢复模式

恢复是备份的逆过程，是指在出现数据库故障时利用已有的数据库备份将数据库还原到备份时的数据库状态。在备份和恢复中总是存在这样一对矛盾：如果希望保证在发生所有故障情况下都可以完全恢复数据库，备份时需要占用很大的空间，如果希望在空间上稍微缓解一下压力，则又不能完全保证数据库的顺利恢复，SQL Server 为了给用户在空间需求和安全保障方面更多的选择余地，设计了三种恢复模式：简单恢复模式、完整恢复模式和大容量日志模式。

1. 完整恢复模式

当数据库在完整恢复模式下工作时，用户对数据库的每一个操作都将被记录在事务日志中。这样，一旦数据库出现故障，可以通过事务日志将数据库还原到指定的历史状态。

完整恢复模式主要应用于那些"绝对不能丢失数据"的数据库。例如，银行系统、电信系统中的数据库等，对这些数据库的任何操作记录都不能缺少，因为任何的数据丢失都会引起严重的后果。显然，完整恢复模式是以牺牲数据库性能为代价来换取数据的安全性。因此，基于完整恢复模式的系统一般都要求有较高的硬件配置。

将数据库设置为完整恢复模式的方法是：启动 SQL Server Management Studio，在对象资源管理器中找到相应的数据库节点，并右击它，然后在弹出的菜单中选择"属性"命令，这时将打开"数据库属性"对话框。在此对话框的选择页中选择"选项"，然后单击对话框右边的"恢复模式"下拉列表，并从中选择"完整"，如图 10.1 所示。最后单击对话框右下角的"确定"按钮即可。

图 10.1　设置恢复模式

2. 大容量日志模式

完整恢复模式固然可以充分保证数据库的安全性，但需要付出的代价却很高，而有时候这种高代价的付出却是不必要的。例如，对于大容量的数据输入，如果每插入一条记录都写一次日志文件，那么对于一次输入上万条记录的批量数据输入所需要的时间将是十分可观的，而且日志文件也将急剧膨大，从而降低数据库性能、耗费系统资源。

实际上，对于大容量的数据输入（对修改、删除情况也一样），没有必要插入一条数据就写一次日志记录，可以简化日志记录，减少对日志文件的写操作次数，以提高数据库性能。SQL Server 2008 为此提供了另外的一种恢复模式——大容量日志恢复模式。在这种模式下 SQL Server 简化了日志记录，减少了 I/O 操作次数，使得可以快速完成数据库操作。

将数据库设置为大容量日志恢复模式的方法是：在图 10.1 所示的界面中选择"大容量日志"选项，然后单击"确定"按钮即可。

3. 简单恢复模式

有些数据库主要注重于执行效率，而对安全性要求不高，甚至允许丢失少量的数据。如果在这种情况下还使之处于完整恢复模式下工作，这显然是不明智的。这时应将数据库设置为另外一种模式——简单恢复模式。

在简单恢复模式下，数据库也会在日志中记录下每一次的操作，但 SQL Server 2008 会通过检查点进程自动截断日志中不活动的部分，且每执行一次检查点都将不活动的部分删除。可见，这样的事务日志是"欠缺"的，因此无法由此类日志还原到历史上指定的数据库状态。但其唯一优点就是执行效率高。

将数据库设置为简单恢复模式的方法是：在图 10.1 所示的对话框中选择"简单"选项，然后单击"确定"按钮即可。

10.1.5　恢复数据库前的准备工作

在数据库的恢复过程中，用户不能进入数据库。当数据库被恢复后，数据库中的所有数据都将被替换掉。在恢复数据前，应该做好充分的准备工作。

1. 验证备份的有效性

在恢复数据库之前，用户必须保证备份文件的有效性。通过 SQL Server Management Studio 管理工具，用户可以查看备份设备的属性页，这样有助于避免还原错误的备份文件，如图 10.2 所示。

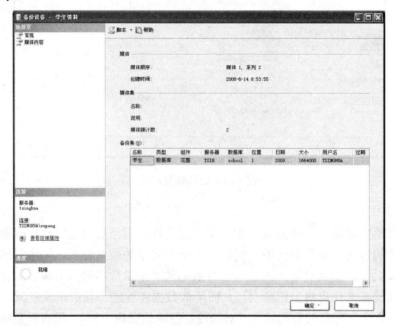

图 10.2　查看备份设备信息

使用下列 T-SQL 语句可以获得备份媒体的更多信息：

- RESTORE HEADERQNLY 语句：获得指定的备份文件中所有备份设备的文件首部信息。
- RESTORE FILELISTONLY 语句：获得备份文件中的原数据库或事务日志的有关信息。
- RESTORE VERIFYONLY 语句：检查备份集是否完整以及所有卷是否都可读，需要强调的是 SOL Server 不尝试验证备份卷中的数据结构。

2. 断开用户与数据库的连接

恢复数据前，管理员应当断开准备恢复的数据库和客户端应用程序之间的一切连接，此时，所有用户都不允许访问该数据库，并且执行恢复操作的管理员也必须更改数据库连接到 master 或其他数据库，否则不能启动恢复进程。断开数据库连接的步骤如下。

1）在"对象资源管理器"中，选择要进行分离的数据库。

2）右击该数据库，在弹出菜单中选择"任务"子菜单下的"分离"命令。

3）在"分离数据库"窗口中将要分离的数据库的"删除连接"复选框选中，强制断开所有用户和数据库的连接，如图 10.3 所示。

图 10.3　断开数据库的连接

4）单击"确定"按钮，则数据库和客户端应用程序之间的一切连接都被断开。

3. 备份事务日志

在执行任何恢复操作前，用户要对事务日志进行备份，这样有助于保证数据的完整性。如果用户在恢复之前不备份事务日志，那么用户将丢失从最近一次数据库备份到数据库脱机之间的数据更新。

10.1.6　规划数据库的备份和恢复

在规划数据库的备份和恢复时，必须结合两者一起考虑。一般来说，用户设计的操作方案将受到数据库运行的实际情况和可利用的数据库备份资源的限制。但是，无论如何数据的价值将是放在第一位考虑的因素。根据数据的价值，用户可以预测自己所能承受的数据损失，从而选择合适的恢复方案，并根据恢复方案设计出合理的备份方案。

一般来说，规划数据库备份应该按照下面的步骤进行。

1）预测自己的数据库可能遇到的意外事故。

2）针对不同的意外事故一一设计对应的恢复方案。在进行恢复方案设计的时候，必须综合考虑数据的价值和事故可能造成的最大损失，以及恢复系统所能承受的时间限制。

3）针对所有的恢复方案设计可行的备份方案。如果在实现恢复方案时所需要的备份方案太过复杂或者需要花费的代价过于庞大，需要用户重新调整自己的恢复方案。

4）在一定备份资源和时间限制内对设计的方案进行测试。方案的测试是非常重要而且是必须进行的工作。没有进行过测试的方案是不可行的方案。在方案的具体实施过程中会出现许多设计阶段想不到的问题，也许花费时间过长，也许耗费的资源过多。这些问题都必须在方案投入正式实施之前就得到解决，否则在意外发生时才发现方案不可行就可能造成重大的损失。

建议用户在设计备份与恢复方案时考虑以下因素。

- 对备份的设备和资源进行有条理的存放和管理。
- 规划合理的覆盖备份介质的时间间隔。
- 在多服务器的情况下，选择进行集中式或者是分布式的备份。
- 规划一套时刻备用的不影响生产的灾难恢复计划。

10.2　创建和使用备份设备

备份设备名是 SQL Server 访问该备份设备的唯一途径。创建备份设备就是将一个操作系统文件或磁带等存储媒体映射到 SOL Server 中并为之起一个逻辑名称，使之成为 SQL Server 中一个逻辑对象的过程。

10.2.1　使用 SQL Server Management Studio 创建备份设备

1）在对象资源管理器中展开树形目录，在"服务器对象"节点下找到"备份设备"节点，单击鼠标右键，在弹出的菜单中选择"新建备份设备"，这时会打开"备份设备"对话框。

2）在"备份设备"对话框中，需要对两个项目进行设置。

- 设备名称：即逻辑备份设备在 SQL Server 中的逻辑名称.它可以是任意合法的标识符，但必须唯一。
- 文件：这是指操作系统文件等。它以".bak"为扩展名，在默认情况下其文件名与设备名称一样，存储路径为 C:\Program Files\Microsoft SQL Server \MSSQL10.MSSQLSERVER\ MSSQL\Backup，但我们可以根据需要进行更改，包括更改存储路径。

图 10.4 的设置表示了准备在操作系统目录 C:\Program Files\Microsoft SQL Server \MSSQL10.MSSQLSERVER \MSSQL\Backup 下创建文件"StudentBF.bak"，并以此文件映射到 SQL Server 2008 中作为一个逻辑备份设备，其逻辑名称为"StudentBF"。

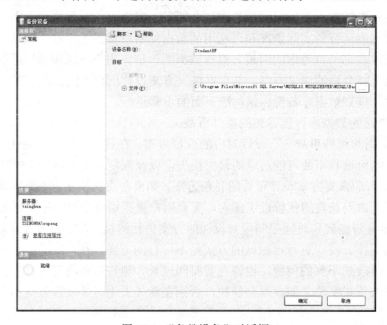

图 10.4　"备份设备"对话框

3）设置完毕后，单击"确定"按钮，名为"StudentBF"的备份设备创建操作完毕。

10.2.2 使用系统存储过程创建备份设备

使用 sp_addumpdevice 存储过程也可以创建备份设备，其语法如下：

```
sp_addumpdevice [@devtype = ]'device_type'
                ,[@logicalname = ]'logical_name'
                ,[@physicalname = ]'physical_name'
                [,{[@cntrltype = ]controller_type |
                [@devstatus = ]'device_status' } ]
```

其中主要参数说明如下：

- [@devtype =]'device_type': 备份设备的类型。device_type 的数据类型为 varchar(20)，无默认值，可以是 disk（表示使用磁盘文件作为备份设备）、pipe（命名管道）、tape（磁带）。
- [@logicalname =]'logical_name': 在 BACKUP 和 RESTORE 语句中使用的备份设备的逻辑名称。logical_name 的数据类型为 sysname，无默认值，且不能为 NULL。
- [@physicalname =]'physical_name': 备份设备的物理名称。物理名称必须遵从操作系统文件名规则或网络设备的通用命名约定，并且必须包含完整路径。physical_name 的数据类型为 nvarchar（260），无默认值，且不能为 NULL。
- [@cntrltype =]'controller_type': 已过时。如果指定该选项，则忽略此参数。支持它完全是为了向后兼容。新的 sp_addumpdevice 使用应省略此参数。
- [@devstatus =]'device_status': 已过时。如果指定该选项，则忽略此参数。支持它完全是为了向后兼容。新的 sp_addumpdevice 使用应省略此参数。

应用实例：创建一个名为"StudentBF"的备份设备，使其对应的文件存储在目录"D:\Backup\"下，名为"StudentBFsys.bak"。

EXEC sp_addumpdevice 'disk', 'StudentBF', 'D:\Backup\ StudentBFsys.bak';

10.2.3 查看备份设备

可以在 SQL Server Management Studio 中展开对象资源管理器中的树形目录，找到"备份设备"节点，然后进一步展开该节点。该节点下面的所有子节点所代表的设备都是备份设备，如图 10.5 所示。

系统中的逻辑备份设备都保存在系统数据表 sys.backup_devices 中，可以通过 SELECT 语句来查看当前系统已创建的所有逻辑备份设备：

select * from sys.backup_devices;

另外，可以通过查询系统数据表 sys.backup_devices 的方法来判断一个备份设备是否已存在（是否已被创建），这在创建备份设备时经常用到。例如，判断备份设备 StudentBF 是否已存在，如果存在则将其删除，以便重新创建名为"StudentBF"的备份设备。相应的实现代码如下：

IF EXISTS (SELECT*FROM sys.backup_devices WHERE name = 'StudentBF')
    EXEC sp_dropdevice 'StudentBF';

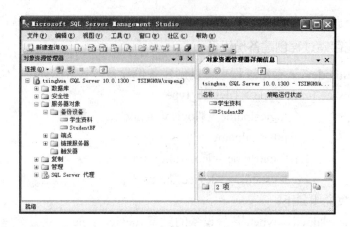

图 10.5　使用 SQL Server Management Studio 查看备份设备

10.2.4　删除备份设备

当现有的备份设备不再使用时，应将其删除。在 SQL Server Management Studio 中删除一个备份设备的操作方法是只要在对象资源管理器中选择相应的图标，单击鼠标右键在弹出的快捷菜单中选择"删除"命令即可，或者是选择该图标以后按键盘上的 Delete 键，然后按照相应的提示操作即可，如图 10.6 所示。

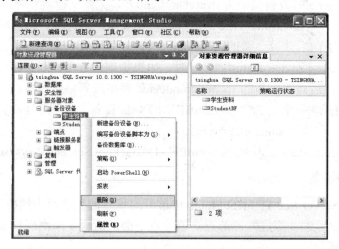

图 10.6　使用 SQL Server Management Studio 删除备份设备

也可以使用系统存储过程 sp_dropdevice 来删除一个已经存在的备份设备。例如，删除以上创建的备份设备 StudentBF：

```
EXEC sp_dropdevice'StudentBF';
```

10.3　完全数据库备份与恢复

10.3.1　使用 SQL Server Management Studio 创建完整备份

1）在对象资源管理器中展开树形目录，进入"数据库"项，然后根据数据库的不同，选择用户数据库，或展开"系统数据库"项，再选择系统数据库。用在数据库上单击鼠标右键，选择"任务"选项，在弹出的菜单中选择"备份"命令，如图 10.7 所示。

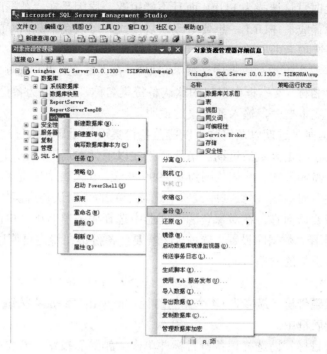

图 10.7　选择"备份"命令

2）此时，出现"备份数据库"对话框，如图 10.8 所示。

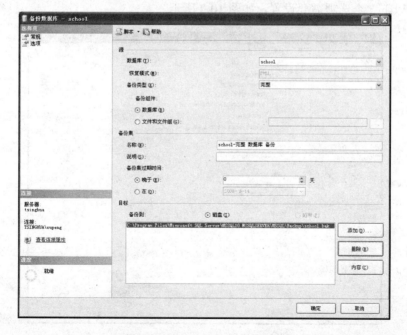

图 10.8　"备份数据库"对话框

3）在"数据库"下拉列表框中，验证数据库名称。也可以从列表中选择其他数据库。

4）可以对任意恢复模式（FULL，BULK_LOGGED 或 SIMPLE）执行数据库备份。注意，对于 school 此时默认选择为 FULL 而且不能更改，原因是在"数据库属性"对话框中它的恢复模式被设置成了 FULL，想要更改恢复模式，可以在本数据库的"数据库属性"对话框的"选项"选项卡中更改。

5）在"备份类型"下拉列表框中选择"完整"，在"备份组件"选项中选择"数据库"。

6）可以接受"名称"文本框中建议的默认备份集名称，也可以为备份集输入其他名称。或者，在"说明"文本框中，输入备份集的说明。

7）指定备份集何时过期以及何时可以覆盖备份集而不用显式跳过过期数据验证。

若要使备份集在特定天数后过期，请选择"在以下天数后"（默认选项），并输入备份集从创建到过期所需的天数。此值范围为 0～99999 天，0 天表示备份集将永不过期。默认值在"服务器属性"对话框（"数据库设置"选项卡）的"默认备份媒体保持期（天）"选项中进行设置。若要访问它，在对象资源管理器中选择服务器名称，单击鼠标右键，选择"属性"命令，再选择"数据库设置"选项卡。若要使备份集在特定日期过期，请选择"在"单选项，并输入备份集的过期日期。

8）通过选择"磁盘"或"磁带"单选项，选择备份目标的类型。若要选择包含单个媒体集的多个磁盘或磁带机（最多为 64 个）的路径，请单击"添加"按钮。选择的路径将显示在"备份到"列表框中。

若要删除备份目标，请选择该备份目标并单击"删除"按钮。若要查看备份目标的内容，请选择该备份目标并单击"内容"按钮。

9）若要查看或选择高级选项，请在"选择页"窗格中单击"选项"。在打开的"选项"选项卡中有以下 5 个选项需要设置，如图 10.9 所示。

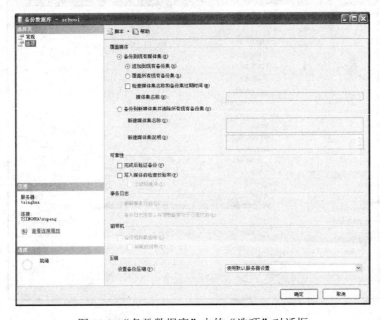

图 10.9　"备份数据库"中的"选项"对话框

- "覆盖媒体"选项。如果选择了"备份到现有媒体集"选项，请单击"追加到现有备份集"或"覆盖所有现有备份集"单选按钮，或者，选择"检查媒体集名称和备份集过期时间"复选框，并在"媒体集名称"文本框中输入名称（可选）。如果没有指定名称，将使用空白名称创建媒体集。如果指定了媒体集名称，将检查媒体（磁带或磁盘），以确定实际名称是否与此处输入的名称匹配。如果在"媒体集名称"文本框中保留空白，而又选中上面的复选框以便与媒体进行核对，则只有当媒体上的媒体名称也是空白时才能成功。如果选择了"备份到新媒体集并清除所有现有备份集"选项，请在"新建媒体集名称"文本框中输入名称，并在"新建媒体集说明"文本框中描述媒体集。
- "可靠性"选项。在"可靠性"部分中，根据需要选择任意选项：

  选择"完成后验证备份"可以验证备份集是否完整以及所有卷是否都可读。

  选择"写入媒体前检查校验和"则在写入备份媒体前验证校验和，选择此选项等效于在 T-SQL BACKUP 语句中指定 CHECKSUM/NOCHECKSUM 选项。选择此选项可能会增大工作负荷，并降低备份操作的备份吞吐量。选择此选项将激活"出错时继续"选项。
- "事务日志"选项。只有在"常规"选项卡上指定"事务日志"作为备份类型时，才会激活此选项。故这里对此部分的选项不做解释。
- "磁带机"选项。如果备份到磁带机（同在"常规"选项卡的"目标"部分指定的一样），则"备份后卸载磁带"选项处于活动状态。选择此选项可以激活"卸载前倒带"选项。
- "压缩"选项，设置备份压缩，有下列 3 个选项。

  选择"使用默认服务器设置"可使用服务器级别默认值。此默认值可通过"备份压缩默认值"服务器配置选项进行设置。在对象资源管理器中，选择相应的服务器，单击鼠标右键，再选择"属性"选项，然后单击"数据库设置"节点。在"备份和还原"下，"压缩备份"显示了"备份压缩默认设置"选项的当前设置。该设置确定压缩备份的服务器级默认设置，如果未选中"压缩备份"框，在默认情况下将不压缩新备份。如果"压缩备份"框已选中，则默认情况下将压缩新备份。

  选择"压缩备份"可创建压缩的备份，而不考虑服务器级别默认值。注意，压缩备份可减小其大小，但会在备份过程中增加 CPU 使用率。

  选择"不压缩备份"可创建未压缩的备份，而不考虑服务器级别默认值。

10）以上所有的设置完成以后，单击"确定"按钮，这时如果没有错误的话，会弹出如图 10.10 所示的提示框，表明备份成功。

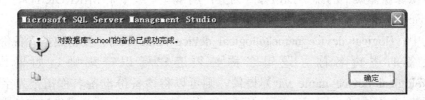

图 10.10　备份成功提示框

10.3.2 使用 BACKUP 语句创建完整备份

用 BACKUP 语句可以备份整个数据库、事务日志或者备份一个或多个文件或文件组。备份这些对象的语法比较复杂，但是大同小异，所以对于整个数据库的备份的语法本书将做详细的讲解，而对针对其他对象的 BACKUP 语句将只讲述其基本使用方法。

应用 BACKUP 备份整个数据库的语法如下。

BACKUP DATABASE {database_name|@database_name_var }

        TO <backup_device> [,...n]

        [<MIRROR TO clause>][next-mirror-to]

        [WITH{DIFFERENTIAL|<general_WITH_options>[,...n]}] [;]

< backup_device>::=

    {{logical_device_name|@logical_device_name_var}

    |{DISK|TAPE}= {'physical_device_name'|@physical_device_name_var }}

<MIRROR TO clause>::= MIRROR TO <backup_device>[,...n]

<general_WITH_options>[,...n]::=

    ——Backup Set Options

    COPY_ONLY

  |{COMPRESSION|NO_COMPRESSION}

  |DESCRIPTION={'text'|@text_variable}

  |NAME={backup_set_name|@backup_set_name_var}

  |PASSWORD={password|@password_variable}

  |{EXPIREDATE={'date'|@date_var}

 |RETAINDAYS={days|@days_var}}

其中主要参数说明如下：

- DATABASE：指定一个完整数据库备份。如果指定了一个文件和文件组的列表，则仅备份该列表中的文件和文件组。在进行完整数据库备份或差异数据库备份时，SQL Server 会备份足够的事务日志，以便在还原备份时生成一个一致的数据库。

- { database_name|@database_name_var}：备份事务日志、部分数据库或完整的数据库时所用的源数据库。如果作为变量（@database_name_var）提供，则可以将该名称指定为字符串常量（@database_name_var =database name）或指定为字符串数据类型（ntext 或 text 数据类型除外）的变量。

- TO <backup_device> [,...n]：指示附带的备份设备集是一个未镜像的媒体集，或者是镜像媒体集中的第一批镜像（为其声明了一个或多个 MIRROR TO 子句）。

- <backup_device>：指定用于备份操作的逻辑备份设备或物理备份设备。
其中：{logical_device_name|@logical_device_name_var}：要将数据库备份到的备份设备的逻辑名称。逻辑名称必须遵守标识符规则。如果作为变量（@logical_device_name_var）提供，则可以将该备份设备名称指定为字符串常量（@logical_device_name_var = logical backup device name）或任何字符串数据类型

（ntext 或 text 数据类型除外）的变量。

{DISK|TAPE}={'physical_device_name'|@physical_device_name_var}指定磁盘文件或磁带设备。

- n：一个占位符，表示最多可以在逗号分隔的列表中指定 64 个备份设备。
- MIRROR TO <backup_device> [,...n] :指定将要镜像 TO 子句中指定备份设备的一个或多个备份设备。必须对 MIRROR TO 子句和 TO 子句指定相同类型和数量的备份设备。最多可以使用三个 MIRROR TO 子句。
- [next-mirror-to]：一个占位符，表示一个 BACKUP 语句除了包含一个 TO 子句外，最多还可包含三个 MIRROR TO 子句。
- WITH 选项：指定要用于备份操作的选项。
- DIFFERENTIAL：只能与 BACKUP DATABASE 一起使用，指定数据库备份或文件备份应该只包含上次完整备份后更改的数据库或文件部分。差异备份一般会比完整备份占用更少的空间。对于上一次完整备份后执行的所有单个日志备份，使用该选项可以不必再进行备份。默认情况下，BACKUP DATABASE 创建完整备份。
- <general_WITH_options>：备份集选项，这些选项对此备份操作创建的备份集进行操作。
- COPY_ONLY：指定备份为"仅复制备份"，该备份不影响正常的备份顺序。仅复制备份是独立于定期计划的常规备份而创建的。仅复制备份不会影响数据库的总体备份和还原过程。仅复制备份是在 SQL Server 2005 中引入的，用于执行特殊目的的备份，例如在进行联机文件还原前备份日志。通常，仅复制日志备份仅使用一次即被删除。与 BACKUP DATABASE 一起使用时，COPY_ONLY 选项创建的完整备份不能用作差异基准。差异位图不会被更新，因此差异备份的表现就像仅复制备份不存在一样。后续差异备份将最新的常规完整备份用作它们的基准。与 BACKUP LOG 一起使用时，COPY_ONLY 选项将创建"仅复制日志备份"，该备份不会截断事务日志。仅复制日志备份对日志链没有任何影响，因此其他日志备份的表现就像仅复制备份不存在一样。
- { COMPRESSION | NO_COMPRESSION }：仅适用于 SQL Server 2008 Enterprise Edition 及更高版本；指定是否对此备份执行备份压缩；优先于服务器级默认设置。安装时，默认行为是不进行备份压缩。但此默认设置可通过设置 backup compression default 服务器配置选项进行更改。其中，COMPRESSION 表示显式启用备份压缩。NO_COMPRESSION 表示显式禁用备份压缩。
- DESCRIPTION={'text'| @text_variable}：指定说明备份集的自由格式文本。该字符串最长可以有 255 个字符。
- NAME={backup_set_name|@backup_set_var}：指定备份集的名称。名称最长可达 128 个字符。如果未指定 NAME，它将为空。
- PASSWORD={password | @password_variable }：为备份集设置密码。PASSWORD 是一个字符串。
- {EXPIREDATE='date'||RETAINDAYS =days}：指定允许覆盖该备份的备份集的日

期。如果同时使用这两个选项，RETAINDAYS 的优先级别将高于 EXPIREDATE。如果这两个选项均未指定，则过期日期由 media retention 配置设置确定。其中 EXPIREDATE = {'date'|@date_var}指定备份集到期和允许被覆盖的日期。如果作为变量（@date_var）提供，则该日期必须采用已配置系统 datetime 的格式，并指定为字符串常量、字符串数据类型的变量、一个 smalldatetime 类型的值或者 datetime 变量中四个类型之一。RETAINDAYS ={days | @days_var }指定必须经过多少天才可以覆盖该备份媒体集。如果作为变量（@days_var）提供，则必须指定为整数。

应用实例：将 AdventureWorks 数据库备份到磁盘文件。

```
BACKUP DATABASE AdventureWorks
TO DISK = 'Z:\SQLServerBackups\AdvWorksData.bak'
WITH FORMAT;
GO
```

10.3.3　使用 SQL Server Management Studio 恢复完整备份

使用 SQL Server Management Studio 恢复完整备份的操作步骤如下。

1）在对象资源管理器中，用鼠标右键单击"系统数据库"，在弹出菜单中选择"还原数据库"选项，弹出如图 10.11 所示的对话框。

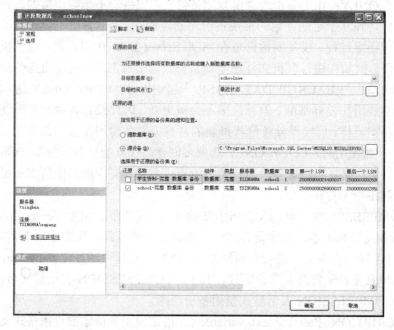

图 10.11　"还原数据库"的"常规"选项对话框

2）在"常规"选项卡上，还原数据库的名称将显示在"目标数据库"下拉列表框中。如果要将备份还原成新的数据库，同样也可以在这里输入需要创建的数据库名称。

3）在"目标时间点"文本框中，可以保留默认值（"最近状态"），也可以单击旁边的浏览按钮打开"时点还原"对话框，以选择具体的日期和时间。

4）若要指定要还原的备份集的源和位置，请选择以下选项之一。

- 源数据库。在列表框中输入源数据库名称。
- 源设备。单击后面的浏览按钮，打开"指定备份"对话框。在"备份媒体"列表框中，从列出的设备类型中选择一种。若要为"备份位置"列表框选择一个或多个设备，请单击"添加"按钮。将所需设备添加到"备份位置"列表框后，单击"确定"返回到"常规"对话框。

5）在"选择用于还原的备份集"表格中，选择用于还原的备份。

6）单击"选择页"窗格中的"选项"，这时会切换到如图 10.12 所示的"选项"对话框，查看或进行高级选项设置。

图 10.12 "还原数据库"的"选项"选项对话框

7）在"还原选项"区域中，有下列几个选项。

- 覆盖现有数据库。指定还原操作应覆盖所有现有数据库及其相关文件，即使已存在同名的其他数据库或文件。选择此选项等效于在 T-SQL RESTORE 语句中使用 REPLACE 选项。
- 保留复制设置。将已发布的数据库还原到创建该数据库的服务器之外的服务器时，保留复制设置。选择此选项等效于在 RESTORE 语句中使用 KEEP_REPLICATION 选项，并且只能与"回滚未提交的事务，使数据库处于可以使用的状态……"选项一起使用。
- 还原每个备份之前进行提示。还原初始备份之后，此选项会在还原每个附加备份集之前打开"继续还原"对话框，该对话框将要求您指示是否要继续进行还原。该对话框中将显示下一个媒体集（如果有）的名称、备份集名称及备份集说明。在必须交换不同媒体集磁带的情况下，此选项尤其有用。例如，如果服务器只有一个磁带设备，则可以使用此选项。待做好继续操作的准备后，再单击"确定"按钮。

● 限制访问还原的数据库。使还原的数据库仅供 db_owner, dbcreator 或 sysadmin 的成员使用。选择此选项等效于在 RESTORE 语句中使用 RESTRICTED_USER 选项。

8）设置"将数据库文件还原为"选项。在"将数据库文件还原为"窗格中列出了原始数据库文件名称，可以更改要还原到的任意文件的路径及名称。

9）设置"恢复状态"选项。"恢复状态"选项用来指定还原操作之后的数据库状态。这个选项有以下需要设置的项目。

● 回滚未提交的事务。用于恢复数据库，此选项等效于 RESTORE 语句中的 RECOVERY 选项。请仅在没有要还原的日志文件时选择此选项。

● 不对数据库执行任何操作，不回滚未提交的事务。使数据库处于未恢复状态。选择此选项等效于在 T-SQL RESTORE 语句中使用 NORECOVERY 选项。选择此选项时，"保留复制设置"选项将不可用。

● 使数据库处于只读模式。使数据库处于备用状态。选择此选项等效于在 RESTORE 语句中使用 STANDBY 选项。选择此选项需要指定一个备用文件。也可以在"备用文件"文本框中指定备用文件名。

10）以上所有的设置完成以后，单击"确定"按钮，这时如果没有错误的话，会弹出如图 10.13 所示的提示框，表明恢复成功。

图 10.13　还原成功提示框

10.3.4　使用 RESTORE 语句恢复完整备份

与 BACKUP 语句配套使用的 SQL 语句是 RESTORE 恢复语句。它的语法定义如下：

RESTORE DATABASE{database_name|@database_name_var}
　[FROM{<backup_device>[,...n]|<database_snapshot>}
　[WITH
　　{[RECOVERY|NORECOVERY|STANDBY =
　　{standby_file_name|@standby_file_name_var}]
　　|, <general_WITH_options>[,...n]
　　|,<replication_WITH_option>
　　|,<change_data_capture_WITH_option>
　　|,<service_broker_WITH options>
　　|,<point_in_time_WITH_options—RESTORE_DATABASE> }[,...n]][;]
<backup_device>::=
　{ {logical_backup_device_name|@logical_backup_device_name_var}
　|{DISK|TAPE}={'physical_backup_device_name'|
　　　　　@physical_backup_device_name_var } }

<general_WITH_options>[,...n]::=

——Restore Operation Options

    MOVE 'logical_file_name_in_backup' TO 'operating_system_file_name'

        [,...n]

  | REPLACE

  | RESTART

  | RESTRICTED_USER

<replication_WITH_option>::=

  | KEEP_REPLICATION

<change_data_capture_WITH_option>::=

  | KEEP_CDC

<service_broker_WITH_options>::=

  | ENABLE_BROKER

  | ERROR_BROKER_CONVERSATIONS

  | NEW_BROKER

<point_in_time_WITH_options—RESTORE_DATABASE>::=

  |{STOPAT={'datetime'|@datetime_var}

  |STOPATMARK={'lsn:lsn_number'}

        [AFTER 'datetime']

  |STOPBEFOREMARK={ 'lsn:lsn_number'}

        [AFTER 'datetime']}

其中主要参数说明如下：

- DATABASE：指定目标数据库。如果指定了文件和文件组列表，则只还原那些文件和文件组。对于使用完全恢复模式或大容量日志恢复模式的数据库，在大多数情况下，SQL Server 都要求您在还原数据库前备份日志尾部。除非 RESTORE 语句包含 WITH REPLACE 或 WITH STOPAT 子句，否则，在没有先备份日志尾部的情况下还原数据库时将导致错误。

- { database_name | @database_name_var }：是将日志或整个数据库还原到的数据库。如果作为变量（@database_name_var）提供，则可以将该名称指定为字符串常量（@database_name_var = database_name）或字符串数据类型（ntext 或 text 数据类型除外）的变量。

- FROM{<backup_device>[,...n]|<database_snapshot>}：通常指定要从哪些备份设备还原备份。此外，在 RESTORE DATABASE 语句中，FROM 子句可以指定要向哪个数据库快照还原数据库，在这种情况下不允许使用 WITH 子句。如果省略了 FROM 子句，将不会还原备份，而是会恢复数据库。这样，就可以恢复用 NORECOVERY 选项还原的数据库，或者转到一个备用服务器。如果省略 FROM 子句，则必须在 WITH 子句中指定 NORECOVERY、RECOVERY 或 STANDBY。

- RECOVERY：指示还原操作回滚任何未提交的事务。在恢复进程后即可随时使用数据库。如果既没有指定 NORECOVERY 和 RECOVERY，也没有指定 STANDBY，则默认为 RECOVERY。如果安排了后续 RESTORE 操作（RESTORE LOG 或从差异数据库备份 RESTORE DATABASE），则应改为指定 NORECOVERY 或 STANDBY。注意，如果省略 FROM 子句，则必须在 WITH 子句中指定 NORECOVERY、RECOVERY 或 STANDBY。

- NORECOVERY：指示还原操作不回滚任何未提交的事务。如果稍后必须应用另一个事务日志，则应指定 NORECOVERY 或 STANDBY 选项。如果既没有指定 NORECOVERY 和 RECOVERY，也没有指定 STANDBY，则默认为 RECOVERY。使用 NORECOVERY 选项执行脱机还原操作时，数据库将无法使用。还原数据库备份和一个或多个事务日志时，或者需要多个 RESTORE 语句（例如还原一个完整数据库备份并随后还原一个差异数据库备份）时，RESTORE 需要对所有语句使用 WITH NORECOVERY 选项，但最后的 RESTORE 语句除外。最佳方法是按多步骤还原顺序对所有语句都使用 WITH NORECOVERY，直到达到所需的恢复点为止，然后仅使用单独的 RESTORE WITH RECOVERY 语句执行恢复。在某些情况下，RESTORE WITH NORECOVERY 会将前滚集滚动到足够靠前的位置，使它与数据库一致。在这种情况下将不会出现回滚，数据仍会保持脱机状态，正如使用该选项预期出现的情况一样。但数据库引擎会发出一条信息性消息，表明现在可以用 RECOVERY 选项恢复前滚集。

- STANDBY = standby_file_name：指定一个允许撤销恢复效果的备用文件。STANDBY 选项可以用于脱机还原（包括部分还原），但不能用于联机还原。尝试为联机还原操作指定 STANDBY 选项将会导致还原操作失败。如果必须升级数据库，也不允许使用 STANDBY 选项。备用文件用于为 RESTORE WITH STANDBY 的撤销过程中修改的页面保留一个“写入时副本”预映象。备用文件允许用户在事务日志还原期间以只读方式访问数据库，并允许数据库用于备用服务器情形，或用于需要在日志还原操作之间检查数据库的特殊恢复情形。执行完 RESTORE WITH STANDBY 操作之后，下一个 RESTORE 操作会自动删除撤销文件。如果在下一个 RESTORE 操作之前手动删除了这个备用文件，则必须重新还原整个数据库。当数据库处于 STANDBY 状态时，应将这个备用文件视为和任何其他数据库文件同样重要。该文件与其他数据库文件不同，数据库引擎仅在活动还原操作过程中持续打开该文件。其中，standby_file_name 指定了一个备用文件，其位置存储在数据库的日志中。如果某个现有文件使用了指定的名称，该文件将被覆盖，否则数据库引擎会创建该文件。给定备用文件的大小要求取决于由还原操作过程中未提交的事务所导致的撤销操作数。注意，如果指定备用文件所在的驱动器上的磁盘空间已满，还原操作将停止。

- MOVE'logical_file_name_in_backup' TO 'operating_system_file_name' [,...n]：指定对于逻辑名称由 logical_file_name_in_backup 指定的数据或日志文件，应当通过将其还原到 operating_system_file_name 所指定的位置来对其进行移动。创建备份集时，备份集中的数据或日志文件的逻辑文件名与其在数据库中的逻辑名称匹配。n 是占位符，它指示可以指定其他 MOVE 语句。请为每个要从备份集还原到新位置的逻辑文件指定 MOVE 语句。默认情况下，logical_file_name_in_backup 文件将还原到它的原始位置。如果使用 RESTORE 语句将数据库重新定位到同一个服务器或将其复制到不同的服务器上，则最好使用 MOVE 选项重新定位数据库文件以避免与现有文件冲突。与 RESTORE LOG 配合使用时，MOVE 选项只能用来重新定位在还原日志的那段时间内添加的文件。例如，如果日志备份中包含一个添加 file23 文件的操作，系统将使用 RESTORE LOG 的 MOVE 选项重新定位该文件。如果使用 RESTORE VERIFYONLY 语句将数据库重新定位到同一个服务器或复制到不同的服务器上，则最好使用 MOVE 选项来验证目标服务器上是否有足够的空间并找出可能与现有文件存在的冲突。

- REPLACE：指定即使存在另一个具有相同名称的数据库，SQL Server 也应该创建指定的数据库及其相关文件。在这种情况下将删除现有的数据库。如果不指定 REPLACE 选项，则会执行安全检查。这样可以防止意外覆盖其他数据库。安全检查可确保在以下条件同时存在的情况下，RESTORE DATABASE 语句不会将数据库还原到当前服务器：在 RESTORE 语句中命名的数据库已存在于当前服务器中，并且该数据库名称与备份集中记录的数据库名称不同。若无法验证现有文件是否属于正在还原的数据库，则 REPLACE 也允许 RESTORE 覆盖该文件。RESTORE 通常拒绝覆盖已存在的文件。WITH REPLACE 也可以同样的方式用于 RESTORELOG 选项。REPLACE 还会覆盖在恢复数据库之前备份尾日志的要求。

- RESTART：指定 SQL Server 应重新启动被中断的还原操作。RESTART 从中断点重新启动还原操作。

- RESTRICTED_USER：限制只有 db_owner、dbcreator 或 sysadmin 角色的成员才能访问新近还原的数据库。RESTRICTED_USER 替换了 DBO_ONLY 选项。在 SQL Server 2008 中已停止使用 DBO_ONLY。该选项可与 RECOVERY 选项一起使用。

- <replication_WITH_option>：此选项只适用于在创建备份时对数据库进行了复制的情况。

- KEEP_REPLICATION：将复制设置为与日志传送一同使用时，需使用 KEEP_REPLICATION。这样，在备用服务器上还原数据库或日志备份并恢复数据库时，可防止删除复制设置。还原备份时若指定了该选项，则不能使用 NORECOVERY 选项。要确保复制功能在还原之后正常发挥作用，必须满足以下条件：
备用服务器上的 msdb 和 master 数据库必须与主服务器上的 msdb 和 master 数据库同步；
必须重命名备用服务器，以使用与主服务器同样的名称。

- <change_data_capture_WITH_option>：此选项只适用于在创建备份时启用了数据库的变更数据捕获的情况。

- KEEP_CDC：应用于防止在其他服务器中还原数据库备份或日志备份并恢复数据库时删除变更数据捕获设置。还原备份时若指定了该选项，则不能使用 NORECOVERY 选项。使用 KEEP_CDC 还原数据库不会创建变更数据捕获作业。若要在还原数据库后从日志中提取更改，请为还原的数据库重新创建捕获进程作业和清除作业。

- <service_broker_WITH_options> [,...n]：此选项只适用于在创建备份时启用（激活）了数据库的 Service Broker 的情况。

- ENABLE_BROKER：在启用模式下启动 Service Broker 以便消息可以立即发送。默认情况下，在还原期间 Service Broker 在禁用模式下启动。

- ERROR_BROKER_CONVERSATIONS：结束所有会话，并产生一个错误指出数据库已附加或还原。Broker 一直处于禁用状态直到此操作完成，然后再将其启用。

- NEW_BROKER：在 sys.databases 和还原数据库中都创建一个新的 service_broker_guid 值，并通过清除结束所有会话端点。Broker 已启用，但未向远程会话端点发送消息。

- <point_in_time_WITH_options>：仅用于完全恢复模式和大容量日志记录恢复模式。

- STOPAT ={'datetime'|@datetime_var}：指定将数据库还原到它在 datetime 或 @datetime_var 参数指定的日期和时间时的状态。如果某变量用于 STOPAT，则此变量必须是 varchar、char、smalldatetime 或 datetime 数据类型。只有在指定的日期和时间前写入的事务日志记录才能应用于数据库。注意，如果指定的 STOPAT 时间是在最后日志备份之后，则数据库将继续处于未恢复状态，如同以 NORECOVERY 运行 RESTORE LOG 时的情况。

- STOPATMARK ={'mark_name'|'lsn:lsn_number'}[AFTER'datetime']：指定恢复至指定的恢复点。恢复中包括指定的事务，但是，仅当该事务最初于实际生成事务时已获得提交，才可进行本次提交。RESTORE DATABASE 和 RESTORE LOG 都支持 lsn_number 参数。该参数指定了一个日志序列号。只有 RESTORE LOG 语句支持 mark_name 参数。此参数在日志备份中标识一个事务标记。在 RESTORE LOG 语句中，如果省略 AFTER datetime，则恢复操作将在含有指定名称的第一个标记处停止。如果指定了 AFTER datetime，则恢复操作将于达到 datetime 时或之后在含有指定名称的第一个标记处停止。注意，如果指定的标记、LSN 或时间是在最后日志备份之后，则数据库将继续处于未恢复状态，如同以 NORECOVERY 运行 RESTORE LOG 的情况。

- STOPBEFOREMARK={'mark_name'|'lsn:lsn_number'}[AFTER'datetime']：指定恢复至指定的恢复点为止。在恢复中不包括指定的事务，且在使用 WITH RECOVERY 时将回滚。RESTORE DATABASE 和 RESTORE LOG 都支持 lsn_number 参数。该参数指定了一个日志序列号。只有 RESTORE LOG 语句支持 mark_name 参数。此参数在日志备份中标识一个事务标记。在 RESTORE LOG 语句中，如果省略 AFTER datetime，则恢复操作将在含有指定名称的第一个标记处停止。如果指定了 AFTER datetime，则恢复操作将于达到 datetime 时或之后在含有指定名称的第一个标记处停止。

应用实例：完全恢复数据库 AdventureWorks

RESTORE DATABASE AdventureWorks

FROM AdventureWorksBackups

10.4   差异数据库备份与恢复

"差异备份"仅记录自上次备份后更改过的数据。差异备份比完整备份更小、更快，可以简化频繁的备份操作，减小数据丢失的风险。

10.4.1   使用 SQL Server Management Studio 创建差异备份

创建差异备份有一个先决条件，这就是必须基于一个完整备份，如果选定的数据库从未进行备份，则必须先执行一次完整备份才能创建差异备份。

使用 SQL Server Management Studio 创建差异备份的步骤与完整备份的创建步骤类似，唯独在选择"备份类型"时需要注意选择"差异"选项，如图 10.14 所示。

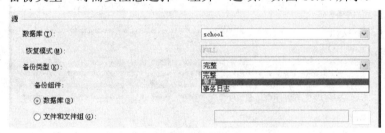

图 10.14   选择"差异"备份类型

10.4.2   使用 BACKUP 语句创建差异备份

使用 BACKUP 语句对数据库创建差异备份的语法如下所示：

BACKUP DATABASE{database_name|@database_name_var }

READ_WRITE_FILEGROUPS[,<read_only_filegroup>[,...n]]

TO <backup_device> [,...n]

[<MIRROR TO clause>][next-mirror-to]

[WITH{DIFFERENTIAL|<general_WITH_options>[,...n]}] [;]

使用 BACKUP 语句对数据库创建差异备份和用它来创建完整备份类似，除了执行 BACKUP DATABASE 语句时需要指定要备份的数据库的名称和写入完整备份的备份设备外，还要用 DIFFERENTIAL 子句来标明备份类型是差异备份，它可以指定只对在创建最后一个完整备份后数据库中发生变化的部分进行备份。

应用实例：以下示例将创建 school 数据库的完整备份和差异备份。

首先是执行完整备份

BACKUP DATABASE school

TO schoolbak

WITH INIT

GO

创建一个差异备份附加到包含完整备份的设备中

BACKUP DATABASE school

TO schoolbak

WITH DIFFERENTIAL

GO

10.4.3　使用 SQL Server Management Studio 恢复差异备份

通过 SQL Server Management Studio 恢复差异备份和完整备份的恢复类似，不过经过差异备份的数据库在恢复的时候在"选择用于还原的备份集"表格中会多一个选项，如图 10.15 所示。这里所列出的一个是完整备份集，一个是差异各份集，如果需要恢复到差异备份，记住两个都应该选择。

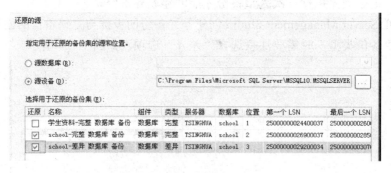

图 10.15　"选择用于还原的备份集"表格

10.4.4　使用 RESTORE 语句恢复差异备份

用 RESTORE 语句恢复差异备份从语法上与前面所讲的用 RESTORE 语句恢复完整备份类似，不过和差异备份的创建一样，恢复之前首先需要还原差异备份之前的完整备份，具体步骤如下。

1）指定 NORECOVERY 子句后，执行 RESTORE DATABASE 语句以还原差异备份之前的完整备份。

2）在 RESTORE　DATABASE 语句中指定将应用差异备份的数据库名称，以及要从中还原差异备份的备份设备名称。

3）如果还原了差异备份后，还有要应用的事务日志备份，则应该再指定 NORECOVERY 子句，否则应指定 RECOVERY 子句。

4）执行 RESTORE DATABASE 语句以还原差异备份。

应用实例：还原 school 数据库及其差异备份，可以执行以下的操作。

假设原来的完整备份使用了 NORECOVERY 参数，可以先使用下面的语句恢复完整备份：

RESTORE DATABASE school

FROM schoolbak

WITH NORECOVERY

GO

恢复在 schoolbak 备份设备上的差异备份，使用了 RECOVERY 参数

RESTORE DATABASE school

```
FROM schoolbak
WITH FILE=2,
RECOVERY
GO
```

10.5 日志备份与恢复

事务日志记录数据库所有操作的内容。通过事务日志备份，可以在数据库出现故障时，将数据库恢复到一个特定时间点上。当恢复一个事务日志时，SQL Server 回滚事务日志记录的对数据库进行的所有操作。当达到事务日志的结尾时，数据库就恢复到所要记录时的状态。

在完整恢复模式或大容量日志恢复模式下，必须先备份活动事务日志(称为日志尾部)，然后才能在 SQL Server Management Studio 中还原数据库。在对数据库的操作失败之后，为了防止工作丢失，从可能已损坏的数据库中进行尾日志备份是必要的。尾日志备份捕获那些尚未备份的日志记录，这些记录称为日志尾部，对于数据库恢复到失败操作前的状态有很大的作用。

10.5.1 使用 SQL Server Management Studio 创建事务日志备份

通过可视化的方法备份事务日志和完整备份类似，不过要注意事务日志备份的两个特别之处：一是恢复模式必须是 FULL 或者 BULK_LOGGED 才能继续进行下去；二是需要在"备份类型"下拉列表框中，选择"事务日志"选项，如图 10.16 所示。

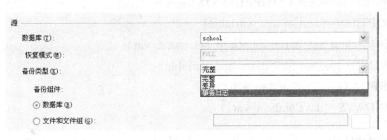

图 10.16 选择"事务日志"备份类型

当在"备份数据库"对话框的"常规"选项卡上指定"事务日志"作为备份类型时，在"选项"选项卡中会激活"事务日志"选项，如图 10.17 所示。

图 10.17 "事务日志"选项

这里需要在两个选项中进行选择。这两个选项的含义分别如下：

- 截断事务日志。备份事务日志并将其截断，以释放日志空间。数据库仍然处于在线状态，在数据库完全还原之前，用户将无法使用它。

- 备份日志尾部，并使数据库处于还原状态。备份日志尾部并使数据库处于还原状态。此选项创建尾日志备份，用于备份尚未备份的日志（活动日志）。当故障转移到辅助数据库时，或为了防止在还原操作之前丢失所做工作，此选项很有用。

10.5.2 使用 BACKUP LOG 语句创建事务日志备份

使用 BACKUP LOG 语句对数据库创建事务日志备份的语法如下所示：

BACKUP LOG{database_name|@database_name_var}

 TO <backup_device>[,...n]

 [<MIRROR TO clause>][next-mirror-to]

 [WITH{<general_WITH_options>|<log-specific_optionspec>}[,...n]][;]

<backup_device>::=

 {{logical_device_name|@logical_device_name_var}

 |{DISK|TAPE}=

  {'physical_device_name'|@physical_device_name_var}}

<MIRROR TO clause>::=

 MIRROR TO <backup_device> [,...n]

<general_WITH_options> [,...n]::=

——Backup **Set Options**

  COPY_ONLY

 |{COMPRESSION|NO_COMPRESSION}

 |DESCRIPTION={'text'|@text_variable}

 |NAME={backup_set_name|@backup_set_name_var}

 |PASSWORD={password|@password_variable}

 |{EXPIREDATE={'date'|@date_var}

 |RETAINDAYS={days|@days_var}}

Media Set Options

 {NOINIT|INIT}

 |{NOSKIP|SKIP}

 |{NOFORMAT|FORMAT}

 |MEDIADESCRIPTION={'text'|@text_variable}

 |MEDIANAME={media_name|@media_name_variable}

 |MEDIAPASSWORD={mediapassword|@mediapassword_variable}

 |BLOCKSIZE={blocksize|@blocksize_variable}

Data Transfer Options

 BUFFERCOUNT={buffercount|@buffercount_variable}

 |MAXTRANSFERSIZE={maxtransfersize|@maxtransfersize_variable}

Error Management Options

  {NO_CHECKSUM|CHECKSUM}

 |{STOP_ON_ERROR|CONTINUE_AFTER_ERROR}

Compatibility Options

  RESTART

Monitoring Options

  STATS[=percentage]

Tape Options

  {REWIND|NOREWIND}

 |{UNLOAD|NOUNLOAD}

Log-specific Options

  {NORECOVERY|STANDBY=undo_file_name}

 |NO_TRUNCATE

可以看到,除了必须在 BACKUP 后面加个关键词 LOG 外,很多参数的含义和 BACKUP 语句中的参数类似。下面仅解释一些区别较大的语句和参数,其他的参数说明请读者自行参照本书其他章节内容。

- LOG:指定仅备份事务日志。该日志是从上一次成功执行的日志备份到当前日志的末尾。必须创建完整备份,才能创建第一个日志备份。
- NORECOVERY:备份日志的尾部并使数据库处于 RESTORING 状态。当将故障转移到辅助数据库或在执行 RESTORE 操作前保存日志尾部时,NORECOVERY 很有用。若要执行最大程度的日志备份(跳过日志截断)并自动将数据库置于 RESTORING 状态,请同时使用 NO_TRUNCATE 和 NORECOVERY 选项。
- STANDBY = standby_file_name:备份日志的尾部并使数据库处于只读和 STANDBY 状态。将 STANDBY 子句写入备用数据(执行回滚,但需带进一步还原选项)。使用 STANDBY 选项等同于 BACKUP LOG WITH NORECOVERY 后跟 RESTORE WITH STANDBY。使用备用模式需要一个备用文件,该文件由 standby_file_name 指定,其存储于数据库的日志中。如果指定的文件已经存在,则数据库引擎会覆盖该文件;如果指定的文件不存在,则数据库引擎将创建它。备用文件将成为数据库的一部分。该文件将保存对回滚所做的更改,如果要在以后应用 RESTORE LOG 操作,则必须反转这些更改。必须有足够的磁盘空间供备用文件增长,以使备用文件能够包含数据库中由回滚的未提交事务修改的所有不重复的页。
- NO_TRUNCATE:指定不截断日志,并使数据库引擎尝试执行备份,而不考虑数据库的状态。因此,使用 NO_TRUNCATE 执行的备份可能具有不完整的元数据。该选项允许在数据库损坏时备份日志,BACKUP LOG 的 NO_TRUNCATE 选项相当于同时指定 COPY_ONLY 和 CONTINUE_AFTER_ERROR。如果不使用 NO_TRUNCATE 选项,则数据库必须联机。如果数据库处于 OFFLINE 或

EMERGENCY 状态，则即使使用 NO_TRUNCATE，也不允许进行 BACKUP。

应用实例：在备份设备 schoolbak 中创建 school 数据库的事务日志备份，可以使用如下语句。

BACKUP LOG school

TO schoolbak_logl

10.5.3　使用 SQL Server Management Studio 恢复事务日志备份

使用 SQL Server Management Studio 恢复事务日志备份也是通过"还原数据库"对话框进行的。针对事务日志的特点，在操作的时候除了和上面的还原方法相似的做法外，还有以下值得注意的地方。

1. 日志备份的顺序

在"选择用于还原的备份集"窗格中列出了选定数据库可以使用的事务日志备份。只有在日志备份的"第一个 LSN"大于数据库的"最后一个 LSN"时，此日志备份才可用。日志备份按照它们所包含的日志序列号（LSN）的顺序排列，并且也必须按照该种顺序恢复，如图 10.18 所示。

还原	名称	组件	类型	服务器	数据库	位置	第一个 LSN	最后一个
☐	学生资料-完整 数据库 备份	数据库	完整	TSINGHUA	school	1	25000000024400037	250000000
☑	school-完整 数据库 备份	数据库	完整	TSINGHUA	school	2	25000000026900037	250000000
☑	school-差异 数据库 备份	数据库	差异	TSINGHUA	school	3	25000000029200034	250000000
☑	school-事务日志 备份	事务日志	TSINGHUA	school	4	24000000031100001	250000000

图 10.18　"选择用于还原的备份集"对话框

2. 时间点的选择

在"还原的目标"选项中有"目标时间点"可供选择，如图 10.19 所示。可以在这里保留默认值（"最近状态"），或者通过单击"浏览"按钮，打开"时点还原"对话框，从中选择特定的日期和时间，其设置界面如图 10.20 所示。

图 10.19　设置"目标时间点"

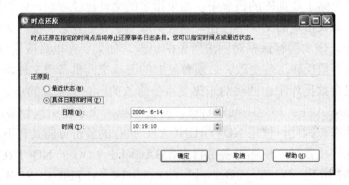

图 10.20　"时点还原"对话框

10.5.4　使用 RESTORE LOG 语句恢复事务日志备份

使用 RESTORE LOG 语句恢复事务日志备份的语法如下所示：

RESTORE LOG{database_name|@database_name_var}
  [<file_or_filegroup_or_pages>[,...n]]
  [FROM<backup_device>[,...n]]
  [WITH
    {[RECOVERY|NORECOVERY|STANDBY=
       {standby_file_name|@standby_file_name_var}]
    |,<general_WITH_options>[,...n]
    |,<replication_WITH_option>
    |,<point_in_time_WITH_options—**RESTORE_LOG**>}[,...n]][;]

<backup_device>::=
{ {logical_backup_device_name|
         @logical_backup_device_name_var }
 |{DISK|TAPE}={'physical_backup_device_name'|
         @physical_backup_device_name_var}}

<general_WITH_options> [,...n]::=
--Restore Operation Options
    MOVE 'logical_file_name_in_backup' TO 'operating_system_file_name'
       [,...n]
 |REPLACE
 |RESTART
 |RESTRICTED_USER

--Backup Set Options
 |FILE={backup_set_file_number|@backup_set_file_number}
 |PASSWORD={password|@password_variable}

--Media Set Options
 |MEDIANAME={media_name|@media_name_variable}
 |MEDIAPASSWORD={mediapassword|@mediapassword_variable}
 |BLOCKSIZE={blocksize|@blocksize_variable}

--Data Transfer Options
 |BUFFERCOUNT={buffercount|@buffercount_variable}

|MAXTRANSFERSIZE={maxtransfersize|@maxtransfersize_variable}

--Error Management Options
|{CHECKSUM|NO_CHECKSUM}
|{STOP_ON_ERROR|CONTINUE_AFTER_ERROR}

--Monitoring Options
|STATS[=percentage]

--Tape Options
|{REWIND|NOREWIND}
|{UNLOAD|NOUNLOAD}

<replication_WITH_option>::=
|KEEP_REPLICATION

<change_data_capture_WITH_option>::=
|KEEP_CDC

<point_in_time_WITH_options—RESTORE_LOG >::=
|{STOPAT={'datetime'|@datetime_var}
|STOPATMARK={'mark_name'|'**lsn**:lsn_number'}[AFTER'datetime']
|STOPBEFOREMARK={'mark_name'|'lsn:lsn_number'}[AFTER'datetime']}

RESTORE LOG 语句与 RESTORE 语句之间，除了必须在 RESTORE 后面加个关键词 LOG 外，很多参数的含义和 RESTORE 语句中的参数类似。下面仅解释一些区别较大的语句和参数，其他的参数说明请读者自行参照本书其他章节内容。

- LOG：指示对该数据库应用事务日志备份，必须按顺序应用事务日志。SQL Server 检查已备份的事务日志，以确保按正确的序列将事务加载到正确的数据库。若要应用多个事务日志，请在除上一个外的所有还原操作中使用 NORECOVERY 选项。注意，上一个还原的日志通常是结尾日志备份。结尾日志备份指在还原数据库之前（通常在数据库出现故障之后）执行的日志备份。从可能已损坏的数据库备份结尾日志可以捕获尚未备份的日志（日志的尾部），从而防止工作丢失。

- <file_or_filegroup_or_page>[,...n]：指定要包含在 RESTORE DATABASE 或 RESTORE LOG 语句中的逻辑文件或文件组或页面的名称。您可以指定文件或文件组列表。对于使用简单恢复模式的数据库，仅当目标文件或文件组是只读的，或者这是 PARTIAL 还原（其结果是失效文件组）时，才允许使用 FILE 和 FILEGROUP 选项。对于使用完全恢复模式或大容量日志记录恢复模式的数据库而言，在使用

RESTORE DATABASE 还原了一个或多个文件、文件组和/或页面之后，通常必须将事务日志应用于包含已还原数据的文件，以使这些文件与数据库的剩余部分保持一致。不过，有时不需要应用事务日志，具体情况包括：如果要还原的文件在上次备份之前是只读的，则不需要应用事务日志，RESTORE 语句会通知您这种情况；如果备份中包含主文件组，则会执行部分还原。在这种情况下，由于日志可从备份集中自动还原，因此不需要还原日志。

其中：

FILE={logical_file_name_in_backup| @logical_file_name_in_backup_var}表示命名一个要包含在数据库还原任务中的文件。

FILEGROUP={logical_filegroup_name|@logical_filegroup_name_var}表示命名一个要包含在数据库还原任务中的文件组。注意，仅当指定文件组为只读文件组，且还原任务是部分还原（也就是说，如果使用的是 WITH PARTIAL）时，才允许在简单恢复模式中使用 FILEGROUP。任何未还原的读写文件组将被标记为失效，而且以后无法被还原到最终的数据库中。

READ_WRITE_FILEGROUPS：选择所有读写文件组。如果希望在还原读写文件组之后，并在还原只读文件组之前还原某些只读文件组，该选项尤其有用。

PAGE='file:page[,...n]'：指定用于页面还原的一页或多页列表（只有使用完整恢复模式或大容量日志恢复模式的数据库支持页面还原）。这些值为：

PAGE：指示一个由一个或多个文件和页面构成的列表；

file：文件的文件 ID，该文件包含要还原的特定页面；

page：文件中要还原的页面的页 ID；

n：指示可以指定多个页面的占位符。可按还原顺序还原到任何单个文件中的最大页面数是 1000。然而，如果文件中损坏的页面过多，则应考虑还原整个文件而不是还原这些页面。

应用实例：对数据库 school 进行事务日志备份的还原，代码如下。

```
RESTORE LOG school
FROM schoolbak_logl
WITH NORECOVERY
GO
```

10.6 数据文件和文件组备份与恢复

和其他类型的备份相比，文件和文件组备份具有能更快地从隔离的媒体故障中恢复，可以同时创建文件和事务日志备份，增加了计划和媒体处理的灵活性等优点，因而在数据库非常庞大的时候，或者包含具有不同更新特征的数据的数据库备份的时候，非常有用。

10.6.1 使用 SQL Server Management Studio 创建文件和文件组备份

使用 SQL Server Management Studio 创建文件和文件组备份同样使用的是"备份数据库"对话框不过根据"文件和文件组"的特点，其选项有如下需要特别注意的地方。

1）在"备份类型"下拉列表框中，同样选择"完整"或"差异"，这意味着文件和文件组也可以进行完整备份和差异备份，同时在备份组件中应该选择"文件和文件组"选项，如图 10.21 所示。

图 10.21　选择"文件和文件组"选项

2）选择"文件和文件组"选项后将弹出如图 10.22 所示的对话框，从中选择要备份的文件和文件组。可以选择一个或多个单独文件，也可以单击文件组前的复选框来快捷选择该文件组中的所有文件。

图 10.22　"选择文件和文件组"对话框

3）以上设置完成以后，单击"确定"按钮即可创建所选择的文件和文件组的备份。

10.6.2　使用 BACKUP 语句创建文件和文件组备份

备份数据库文件和文件组的语法形式如下：

BACKUP DATABASE {database_name|@database_name_var}

<file_or_filegroup>[,...n]

TO <backup_device>[,...n]

[<MIRROR TO clause>][next-mirror-to]

[WITH{DIFFERENTIAL|<general_WITH_options>[,...n]}] [;]

其中<file_or_filegroup>是备份数据库文件和文件组语句的特有参数，其的表现形式是：

<file_or_filegroup>::=

{FILE={logical_file_name|@logical_file_name_var}

|FILEGROUP={logical_filegroup_name|@logical_filegroup_name_var }}

参数说明如下：

- <file_or_filegroup>[,...n]：只能与 BACKUP DATABASE 一起使用，用于指定某个数据库文件或文件组包含在文件备份中，或某个只读文件或文件组包含在部分备份中。
- FILE={logical_file_name|@logical_file_name_var}：文件或变量的逻辑名称，其值等于要包含在备份中的文件的逻辑名称。
- FILEGROUP={logical_filegroup_name|@logical_filegroup_name_var}：文件组或变量的逻辑名称，其值等于要包含在备份中的文件组的逻辑名称。在简单恢复模式下，只允许对只读文件组执行文件组备份。

应用实例：备份 school 文件或文件组可以使用以下的语句实现。

        FILE='school_data1'

        FILEGROUP='new_students'

        FILE='school_data2',

        FILEGROUP='teacher'

        To schoolbak

        GO

10.6.3　使用 SQL Server Management Studio 恢复文件和文件组备份

在对象资源管理器中，在"系统数据库"上单击鼠标右键，在弹出菜单中选择"还原文件和文件组"选项，弹出如图 10.23 所示的对话框。

图 10.23　"还原文件和文件组"对话框

此对话框的选择项和"还原数据库"对话框类似。但对于还原文件和文件组，需要注意的是，如果在创建文件备份之后对文件进行了修改，则执行 RESTORE LOG 语句以恢复事务日志后才可以还原。

10.6.4 使用 RESTORE 语句恢复文件和文件组备份

RESTORE DATABASE{database_name|@database_name_var}

    <file_or_filegroup>[,...n]

 [FROM<backup_device>[,...n]]

    WITH

    {[RECOVERY|NORECOVERY]

       [,<general_WITH_options>[,...n]]}[,...n][;]

其中<files_or_filegroups>是恢复数据库文件和文件组备份语句的特有参数，他的表现形式是：

<files_or_filegroups>::=

{ FILE={logical_file_name_in_backup| @logical_file_name_in_backup_var }

 |FILEGROUP={logical_filegroup_name|@logical_filegroup_name_var}

 |READ_WRITE_FILEGROUPS}

参数说明如下：

- FILE={logical_file_name_in_backup|@logical_file_name_in_backup_var}：命名一个要包含在数据库还原任务中的文件。
- FILEGROUP={logical_filegroup_name|@logical_filegroup_name_var }：命名一个要包含在数据库还原任务中的文件组。
- READ_WRITE_FILEGROUPS：选择所有读写文件组。如果希望在还原读写文件组之后，并在还原只读文件组之前还原某些只读文件组，该选项尤其有用。

应用实例：以下示例将还原 school 数据库的文件和文件组。为了将数据库还原到当前时间，还将应用一个事务日志。

```
USE master
GO
恢复 school 数据库的文件和文件组备份
RESTORE DATABASE school
    FILE='schooldata1',
    FILEGROUP='new_student'
    FILE='schooldata2',
    FILEGROUP='teacher'
    FROM schoolbak
    WITH NORECOVERY
GO
恢复事务日志备份
RESTORE LOG school
    FROM school_log1
        WITH RECOVERY
GO
```

10.7 系统数据库的备份与恢复

系统数据库中保存了有关 SQL Server 的许多重要数据信息，如果系统数据库损坏则将无法启动 SQL Server，这些系统数据库有 master、msdb、model 和 tempdb 等。其中，不需要对 tempdb 数据库进行备份和恢复，因为 SQL Server 每次启动时都会重新创建该数据库，而当 SQL Server 停止运行时，tempdb 数据库中的所有数据又会被自动清除。下面以 master 数据库为例讲述系统数据库的备份与恢复过程。

master 数据库记录 SQL Server 系统的所有系统级信息，例如，登录账户、系统配置设置、端点和凭据，以及访问其他数据库所需的信息，此外还记录启动服务器实例所需的初始化信息。正是因为 master 数据库的重要性，为了给业务需求提供足够的数据保护，应该对 master 数据库频繁进行日常完整备份。

对于 master 数据库只能采用完整数据库备份。如果数据库的恢复功能还能使用，恢复损坏的 master 数据库必须执行 RESTORE DATABASE 语句以还原 master 完整备份。但实际情况常常是，如果 master 数据库损坏了，SQL Server 实例往往无法启动，针对这种情况，可以将主数据库以文件拷贝的形式做备份，并且通过再拷贝回去来恢复主数据库的方法解决这一问题。即使整个操作系统，甚至整个机器都不能使用了，用这种方法也可以完全恢复主数据库。同时要注意的是，通过文件的方式拷贝数据库必须是在 SQL Server 服务停止的情况下进行。建议每次改变了 master 数据库后都要将其备份。禁止在 master 数据库中创建用户自定义对象，并小心地使用语句和系统存储过程来修改这个数据库中的数据。如果在 master 数据库进行备份以后，创建、扩大或缩小一个用户数据库，又要重载 master 数据库，则用户数据库及其所有的数据都会丢失。所以，每次创建、扩大或缩小一个用户数据库之后，都要对 master 数据库进行备份。

10.8 数据库的复制

复制是数据库管理员经常要进行的一种操作，在 SQL Server 2008 中能够非常方便地进行复制操作。

在 SQL Server 2008 中，可以通过复制数据库向导方便地将数据库及其对象从一台服务器移动或复制到另一台服务器，而服务器无需停机。使用此向导可执行以下操作：

- 选取源服务器和目标服务器。
- 选择要移动或复制的数据库。
- 为数据库指定文件位置。
- 在目标服务器上创建登录名。
- 复制其他支持的对象、作业、用户定义的存储过程和错误消息。
- 计划何时移动或复制数据库。

除了复制数据库，还可以复制关联的元数据，例如 master 数据库的登录名和对象，它们是复制的数据库所必需的。

使用复制数据库向导的步骤包括以下几点。

1）在对象资源管理器中，选择要进行复制操作的数据库，单击鼠标右键，选择"任务"命令，在弹出菜单中选择"复制数据库"命令，弹出如图 10.24 所示的"复制数据库向导"起始页对话框。在该页面中，可以选择"不再显示此起始页"选项，屏蔽该页。

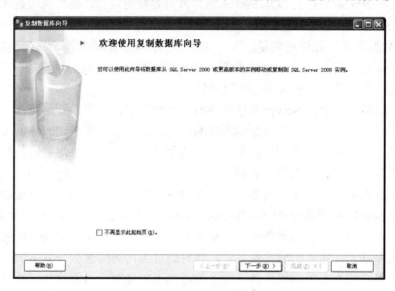

图 10.24　"复制数据库向导"起始页对话框

2）单击"下一步"按钮，进入"选择源服务器"对话框，如图 10.25 所示。可以根据具体情况选择 Windows 身份验证方式或者 SQL Server 身份验证方式。

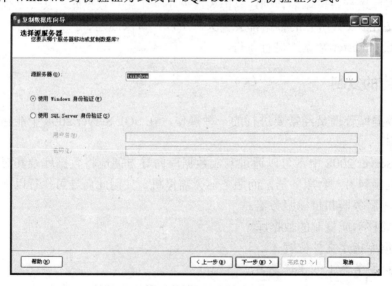

图 10.25　"选择源服务器"对话框

3）单击"下一步"按钮，进入"选择目标服务器"对话框，如图 10.26 所示。单击"目标服务器"选择按钮，弹出"查找服务器"对话框，如图 10.27 所示，进行目标服务器的选择。

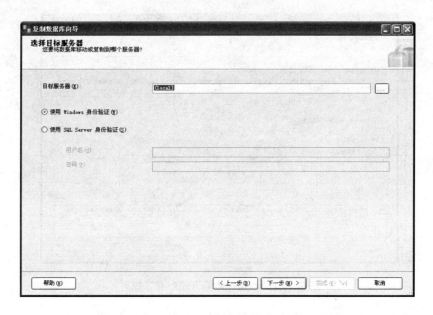

图 10.26 "选择目标服务器"对话框

4）设置完毕，单击"下一步"按钮，进入"选择传输方法"对话框，如图 10.28 所示。可以在两种传输方法中进行选择，分别是使用分离和附加方法、使用 SQL 管理对象方法。

- 使用分离和附加方法：它是从源服务器上分离数据库，将数据库文件（.mdf、.ndf和.ldf）复制到目标服务器，然后在目标服务器上附加数据库。此方法通常较快，因为其主要任务只是读取源磁盘和写入目标磁盘。无需使用 SQL Server逻辑在数据库中创建对象或创建数据存储结构。但是，如果数据库包含大量已分配但未使用的空间，此方法会比较慢。例如，对于一个在创建时分配了100 MB 空间的几乎为空的新数据库，即使只使用了 5MB 空间，也会复制全部100 MB 空间。注意，如果使用此方法，用户将无法在传输过程中使用数据库。

图 10.27 "查找服务器"对话框

- 使用 SQL 管理对象方法，此方法是读取源数据库上每个数据库对象的定义，在目标数据库上创建各个对象。然后从源表向目标表传输数据，重新创建索引和元数据。选用此方法数据库用户可以在传输过程中继续访问数据库。

在应用"使用分离和附加方法"时，如果用户选取了"如果失败，则重新附加源数据库"复选框，则数据库复制之后，原始数据库文件将始终重新附加到源服务器。如果无法完成数据库移动，请使用此框将原始文件重新附加到源数据库。

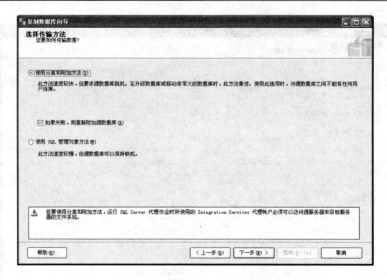

图 10.28　"选择传输方法"对话框

5）单击"下一步"按钮，进入"选择数据库"对话框，如图 10.29 所示。使用此屏幕可以选择一个或多个数据库，以便从源服务器移动或复制到目标服务器。不能移动或复制下列数据库：

- 无权访问的数据库。
- 系统数据库。
- 为复制操作标记的数据库。
- 标记为"无法访问"、"正在加载"、"脱机"、"正在恢复"、"可疑"或处于"紧急模式"的数据库。

如果选取某个数据库对应的"移动"复选框，则将数据库移动到目标服务器，如果选取"复制"复选框，则将数据库复制到目标服务器。

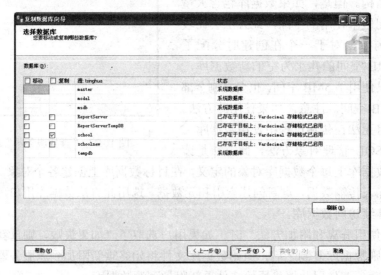

图 10.29　"选择数据库"对话框

6）单击"下一步"按钮，进入"配置目标数据库"对话框，如图 10.30 所示。在此页中可以更改数据库名称以及指定数据库文件的位置和名称。在移动或复制每个数据库时都会出现此页。其中"源数据库"显示要移动或复制的数据库的名称，该框是只读的。"目标数据库"中输入要创建的数据库的名称或数据库在移动后的名称。在"如果目标数据库已存在"选项中，可以设置"如果目标服务器上已存在同名的数据库，则取消复制或移动操作"或者"如果目标服务器上已存在同名的数据库，则删除目标数据库，然后继续复制或移动操作。"

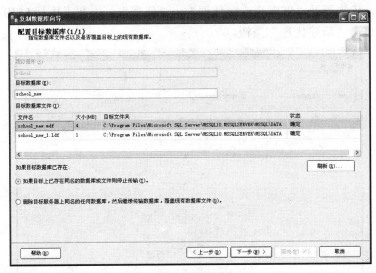

图 10.30 "配置目标数据库"对话框

7）单击"下一步"按钮，进入"配置包"对话框，如图 10.31 所示，本页可以编辑配置包。

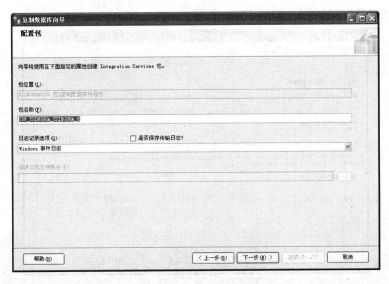

图 10.31 "配置包"对话框

8）单击"下一步"按钮，进入"安排运行包"对话框，如图 10.32 所示。在这里可以选择"立即运行"选项，则立即启动移动操作或复制操作。如果选择"计划"选项，则以后启动移动操作或复制操作。当前的计划设置显示在说明框中，若要更改该计划，请单击"更改计划"按钮。

"Integration Services 代理账户"选项可以选择可用的代理账户。若要计划传输，则必须至少有一个代理账户可供用户使用，而且必须将该账户配置为拥有对"SQL Server Integration Services 包执行"子系统的权限。若要为 SSIS 包执行创建代理账户，请在对象资源管理器中，依次展开"SQL Server 代理"、"代理"，再在"执行 SSIS 包"上单击鼠标右键，然后单击"新建代理"按钮。

图 10.32　"安排运行包"对话框

9）在"安排运行包"对话框中，选择"立即运行"选项，然后单击"下一步"按钮，进入"完成该向导"对话框，如图 10.33 所示。

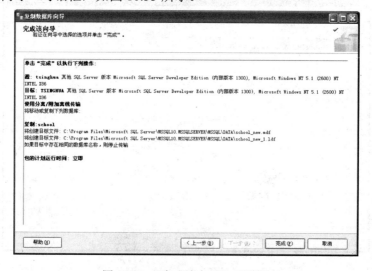

图 10.33　"完成该向导"对话框

10）确定无误后单击"完成"按钮，这时系统会进行复制数据库的工作，如图 10.34 所示。如果无误的话，一切很顺利地完成了。

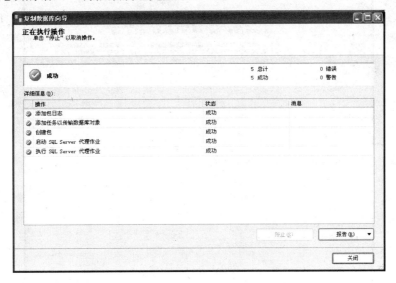

图 10.34 "复制数据库向导"完成复制操作

10.9 数据的导入导出

导入和导出数据是在不同应用之间按普通格式读写数据从而实现数据交换的过程。例如 SQL Server 中的数据转换服务工具（Data Transformation Services，简称 DTS）可以将从一个 ASC II 格式的文本文件或 Access 数据库中读出的数据导入到 SQL Server 数据库中。同样，用户也可以将数据从 SQL Server 数据库中导出并输入到另一个 OLE DB 数据源或 ODBC 数据源中。

利用导入向导可以从别的数据源中将数据导入 SQL Server，并实现数据格式的转化。使用数据转换服务导入向导的方法包括以下几点。

1）在对象资源管理器中，选择要进行导入操作的数据库，如果要把数据导入到一个新建的数据库，请读者先自行创建一个新数据库。用鼠标右键单击该数据库，选择"任务"命令，在弹出菜单中选择"导入数据"命令，弹出如图 10.35 所示的"SQL Server 导入和导出向导"起始页窗口。在该页面中，可以选择"不再显示此起始页"选项，屏蔽该页。

2）单击"下一步"按钮，进入"选择数据源"窗口，使用该页可以指定要复制的数据的源。其中"数据源"选项可以从下拉列表中选择与源的数据存储格式相匹配的数据访问接口。可用于数据源的访问接口可能不止一个，用户可以从下拉列表中选择数据源，本例选择的数据源是 SQL Server Native Client 10.0。根据选择的访问接口的不同，"数据源"属性的选项数也会不同。当完成数据源的选择以后，SQL Server 会自动将界面变化成适合输入该种数据源参数的形式。数据源 SQL Server Native Client 10.0 对应的选项如下所示：

图 10.35 "SQL Server 导入和导出向导"起始页对话框

- "服务器名称"：输入包含相应数据的服务器的名称，或者从列表中选择服务器。
- "使用 Windows 身份验证"：指定包是否应使用 Microsoft Windows 身份验证登录数据库。为了实现更好的安全性，建议使用 Windows 身份验证。
- "使用 SQL Server 身份验证"：指定包是否应使用 SQL Server 身份验证登录数据库。如果使用 SQL Server 身份验证，则必须提供用户名和密码。
- "用户名"：使用 SQL Server 身份验证时，指定数据库连接的用户名。
- "密码"：使用 SQL Server 身份验证时，提供数据库连接的密码。
- "数据库"：从指定的 SQL Server 实例上的数据库列表中选择。
- "刷新"：通过单击"刷新"，还原可用数据库的列表。

设置"服务器名称"参数为"local"；选择"使用 Windows 身份验证"单选按钮；"数据库"参数设置为"school 数据库"。设置后的窗口如图 10.36 所示。

3）单击"下一步"按钮，进入"选择目标"窗口。使用"选择目标"页，可以指定要复制的数据的目标。在"目标"参数中选择与目标的数据存储格式相匹配的数据访问接口。根据"目标"参数选择的访问接口的不同，"数据源"属性的选项数也会不同。本例选择的数据源是 SQL Server Native Client 10.0，它对应的选项如下所示：

- "服务器名称"：输入接收数据的服务器的名称，或者从列表中选择服务器。
- "使用 Windows 身份验证"：指定包是否应使用 Microsoft Windows 身份验证登录数据库。为了实现更好的安全性，建议使用 Windows 身份验证。
- "使用 SQL Server 身份验证"：指定包是否应使用 SQL Server 身份验证登录数据库。如果使用 SQL Server 身份验证，则必须提供用户名和密码。

图 10.36　"选择数据源"窗口

- "用户名"：使用 SQL Server 身份验证时，指定数据库连接的用户名。
- "密码"：使用 SQL Server 身份验证时，提供数据库连接的密码。
- "数据库"：从指定 SQL Server 实例的数据库列表中选择，或通过单击"新建"创建一个新的数据库。
- "刷新"：通过单击"刷新"，还原可用数据库的列表。
- "新建"：通过使用"创建数据库"对话框创建一个新的目标数据库。

设置"服务器名称"为 tsinghua；选择"使用 Windows 身份验证"单选按钮；"数据库"参数设置为"schoolnew 数据库"，设置后的窗口如图 10.37 所示。

4）单击"下一步"按钮，进入"指定表复制或查询"窗口。设置该页可以指定如何复制数据。用户可以使用图形界面选择所希望复制的现有数据库对象，或使用 Transact-SQL 创建更复杂的查询。此页共有两个参数，说明如下：

- "复制一个或多个表或视图的数据"：使用"选择源表和源视图"对话框，可以将字段从所选择的源表和源视图中复制到指定的目标。如果希望在不对记录进行筛选或排序的情况下复制源中的所有数据，请使用此选项。
- "编写查询以指定要传输的数据"：使用"提供源查询"对话框生成 SQL 语句以检索行。如果希望在复制操作中修改或限制源数据，请使用此选项。只有符合选择条件的行才可用于复制。

根据实际情况，选择"复制一个或多个表或视图的数据"单选框，如图 10.38 所示。

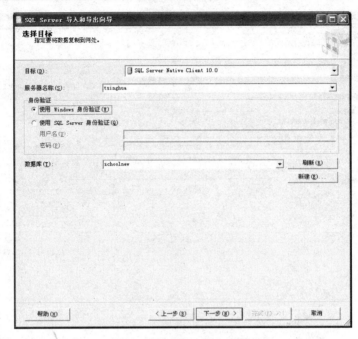

图 10.37 "选择目标"窗口

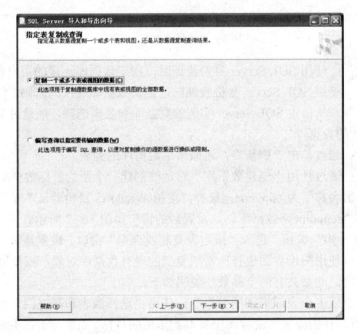

图 10.38 "指定表复制或查询"窗口

5）单击"下一步"按钮，进入"选择源表和源视图"窗口。设置该页可以指定要从数据源复制到目标中的表和视图。设置"源"参数对应的复选框，可以从可用表和视图的列表中进行选择，以复制到目标。如果选择了源表或源视图并且不执行其他操作，将从源不加更改地复制架构和数据。设置"目标"参数可以从列表中为每个源表选择一个目标表。选择所有的源，如图 10.39 所示。

图 10.39　"选择源表和源视图"窗口

6）单击"下一步"按钮，进入"保存并运行包"窗口。设置该页可以指示是否保存 SSIS 包。选择"立即运行"复选框，如图 10.40 所示。

图 10.40　"保存并运行包"窗口

7）单击"下一步"按钮，进入"完成该向导"窗口，如图 10.41 所示。

图 10.41　"完成该向导"窗口

8）单击"完成"按钮，开始转换和传输数据，完成后出现提示对话框，如图 10.42 所示。

图 10.42　创建导入导出过程窗口

9）单击"关闭"按钮，关闭 SQL Server 导入和导出向导。

利用"导出向导"从 SQL Server 数据库将数据导出到别的数据源中的操作与"导入向导"的操作类似，请大家自行验证，这里不再赘述。

10.10   小结

本章首先介绍了备份和恢复的概念，以及备份的原因、备份类型、恢复模式等基本问题；然后通过具体案例详细介绍了数据库备份和恢复的实现技术及操作方法；最后，进一步介绍了数据库的复制以及数据的导入导出。通过对本章的学习，读者应该掌握下列内容：

- SQL Server2008 数据库备份的实施方法，能够根据实际需要采取相应的备份方法。
- SQL Server2008 数据库恢复的实施方法，能够利用已有的备份进行数据库恢复操作。
- 数据库复制的方法以及数据的导入导出的方法。

第 11 章　SQL Server 自动化和事务

为了进一步减轻管理的工作量，同时实现多服务器管理的规范化和简单化，SOL Server 提供了使任务自动化的内部功能。这样包括备份数据库、创建大型数据库、重构索引以及诸如类的活动都可以在无人操作的情况下自动执行。

11.1　自动化基础

所谓自动化管理实际上是对预先已经预测到的服务器事件或按时必须执行的管理任务，根据已经订好的计划做出必要的反应。通过自动化管理，用户可以将一些每天都必须进行的固定不变的日常维护任务交给服务器自动执行;当服务器发生异常事件时，自动发出通知，以便让操作人员及时获得信息，并进行及时处理。

11.1.1　自动化管理概述

在 SQL Server 2008 中很多项管理任务都可以设置成自动化来实现。这些管理任务主要包括以下方面。

- 任何 Transact-SQL 语法中的语句。
- 操作系统命令。
- VBScript 或 JavaScript 之类的脚本语言。
- 复制任务。
- 数据库创建和备份。
- 索引重构。
- 报表生成。

由此可以看出 SQL Server 的自动化功能非常强大，但是要实现自动化管理，通常需要管理员预先完成以下工作。

- 找出可能会周期性出现的管理任务或服务器事件，从中筛选出可以预先提出解决方案的任务或事件。
- 定义一系列的作业和警报。
- 合理配置并运行 SQL Server 代理服务。

当要跨多个服务器进行自动化管理时称为"多服务器管理"。在多服务器管理时必须至少有一台主服务器且至少有一台目标服务器。主服务器将作业分发到目标服务器并从它那里接收事件。主服务器还存储在目标服务器上运行的作业定义的中央副本中。目标服务器定期连接到主服务器来更新它们的作业计划。如果主服务器上存在新作业，目标服务器将下载该作业。目标服务器在完成作业后，会重新连接到主服务器并报告作业状态。多服务器自动化管理可以在一定程度上大大减轻服务器管理员的工作量。如果用户是一个大型数据库备份管理员，则可以在主服务器上定义一个备份作业，并制订该作业的执行时间表。

这样，所有的目标服务器都将自动从主服务器上下载该作业，并自动按时间表的规定完成该作业。这样，用户虽然只做了一次作业的定义，却可以完成范围较大的备份任务。

11.1.2 自动化管理元素

SQL Server 的自动化能力的核心是 SQL Server 代理服务。这个服务能使作业、警报和操作员完成它们的自动化功能。

1. 作业

作业就是一个任务系列，其中的任务能被自动化成在需要它们的任何时候运行。作业可以在本地服务器和多台远程服务器上运行，它可以通过警报来触发执行。

2. 警报

警报是 SQL Server 中产生并记录在 Windows 应用程序日志中的错误消息或事件。它可通过电子邮件、传呼机或 Net Send 发送给用户。如果错误消息没有记录在 Windows 应用程序日志中，警报无法激活。

3. 操作员

当警报激活时，它们可以发送给用户。需要接收这些消息的用户在 SQL Server 中称为操作员，操作员用来配置谁接收警报和他们何时可以接收警报。操作员可以是一个用户，也可以是多个用户。

4. 举例

下面举例说明这三个元素如何合作完成管理的自动化。

假设，王明是一个 SQL Server 的服务器管理人员，负责每天备份两台通过网络连接的 SQL Server 服务器上的数据。王明希望备份工作能准确地完成，当备份执行过程中出现问题时，服务器应该能够及时通知他，以便能迅速解决问题。

为了能自动完成每天的备份工作，王明设计了以下操作。

1）为了取得操作权限，设置王明为 DailybackupOperator 操作员。

2）定义一台服务器为主服务器，而另一台为目标服务器。

3）定义一个备份作业，并指定该作业在每天晚上 22 点自动执行。

4）当该作业运行时发生错误，将一条错误信息写到 Windows 事件日志上。

5）当 SQL Server 代理服务读取 Windows 事件日志时，这个代理发现了失败的作业所写入的错误信息，并将其与 MSDB 数据库中的 sysalerts 表做比较。

6）当代理找到一个匹配项目时，激活一个警报。

7）该警报在激活时就会发送电子邮件通知王明。

8）王明及时对问题进行解决。

11.2 配置数据库邮件

SQL Serer 最突出的管理性能之一在于能够将服务器与邮件系统集成起来。一旦配置好"数据库邮件"以后，就可以使用该邮件系统来处理警报通知。

11.2.1 数据库邮件概述

数据库邮件是一种通过 Microsoft SQL Server 数据库引擎发送电子邮件的企业解决方

案。通过使用数据库邮件，数据库应用程序可以向用户发送电子邮件。邮件中可以包含查询结果，还可以包含来自网络中任何资源的文件。数据库邮件旨在实现可靠性、灵活性、安全性和兼容性。

1. 可靠性

1）无需 Microsoft Outlook 或扩展消息处理应用程序编程接口（扩展 MAPI）。数据库邮件使用标准的简单邮件传输协议(SMTP)发送邮件。无须在运行 SQL Server 的计算机上安装扩展 MAPI 客户端便可以使用数据库邮件。

2）进程隔离。若要最大程度上减小对 SQL Server 的影响，传递电子邮件的组件必须在 SQL Server 外围的单独进程中运行。即使外部进程停止或失败，SQL Server 也会继续对电子邮件进行排队。队列中的邮件将在外部进程或 SMTP 服务器联机时发送。

3）故障转移账户。数据库邮件配置文件允许用户指定多台 SMTP 服务器。如果一台 SMTP 服务器不可用，还可以将邮件传递至其他的 SMTP 服务器。

4）群集支持。数据库邮件与群集兼容，并且可以完全用于群集中。

2. 灵活性

1）后台传递。数据库邮件提供后台（或异步）传递。调用 sp_send_dbmail 发送消息时，数据库邮件可以向 Service Broker 队列中添加请求。存储过程将立即返回。外部电子邮件组件将接收请求并传递电子邮件。

2）多个配置文件。数据库邮件允许用户在一个 SQL Server 实例中创建多个配置文件。另外，用户也可以选择发送邮件时数据库邮件使用的配置文件。

3）多个账户。每个配置文件都可以包含多个故障转移账户。用户可以配置包含不同账户的不同配置文件以跨多台电子邮件服务器分发电子邮件。

4）64 位兼容性。数据库邮件完全可以用于采用 64 位安装的 SQL Server。

3. 安全性

1）默认为关闭。为了减少 SQL Server 的外围应用，默认情况下，禁用数据库邮件存储过程。若要启用数据库邮件存储过程，用户应该使用 SQL Server 外围应用配置器工具。

2）用户必须是 msdb 数据库中的 DatabaseMailUserRole 数据库角色的成员，才能发送数据库邮件。

3）配置文件安全性。数据库邮件增强了邮件配置文件的安全性。用户可以选择对数据库邮件配置文件具有访问权限的 msdb 数据库用户或组，并可以为 msdb 中的任一特定用户或所有用户授予访问权限。专用配置文件用于限制指定用户的访问权限。公共配置文件可供数据库中的所有用户使用。

4）附件大小调控器。数据库邮件增强了对附件文件大小的可配置限制。

5）禁止的文件扩展名。数据库邮件维护一个禁止的文件扩展名列表。用户无法附加扩展名为列表中某个扩展名的文件。

4. 兼容性

1）集成配置。数据库邮件在 SQL Server 数据库引擎中维护电子邮件账户的信息。无需在外部客户端应用程序中管理邮件配置文件。数据库邮件配置向导提供了十分方便的界面来配置数据库邮件。用户还可以使用 Transact_SQL 创建并维护数据库邮件的配置。

2）日志记录。数据库邮件将电子邮件活动记录到 SQL Server、Microsoft Windows 应用程序事件日志和 msdb 数据库的表中。

3）审核。数据库邮件将发送的邮件和附件的副本保留在 msdb 数据库中。用户可以轻松地审核数据库邮件的使用情况并检查保留的邮件。

4）支持 HTML。数据库邮件允许用户以 HTML 格式发送电子邮件。

11.2.2 配置数据库邮件过程

在开始配置“数据库邮件”之前，首先，网络上的某个地方应当有一个 SMTP 邮件服务器，并且该服务器有一个针对 SQL Server Agent 服务账户而配置的邮件账户。具体如何安装和配置 SMTP 服务器不在本书介绍的范围，如有需要可参考其他相关书籍。但是，如果已经向某个因特网服务提供商（ISP）注册了一个电子邮件账户，则就可以使用那个账户通过配置向导配置“数据库邮件”了。

数据库邮件配置向导提供了一种管理数据库邮件配置对象的简便方式。数据库邮件配置向导将根据需要启用数据库邮件。数据库邮件配置向导执行下列任务：

- 安装数据库邮件。
- 管理数据库邮件账户和配置文件。
- 管理配置文件安全性。
- 查看或更改系统参数。

应用数据库邮件配置向导配置数据库邮件的过程包括以下内容。

1）打开 SQL Server Management Studio，并使用 Windows 或 SQL Server 身份验证连接到服务器。在“对象资源管理器”窗格中，展开“管理”节点，右击“数据库邮件”节点，在弹出菜单中选择“配置数据库邮件”命令。打开“数据库邮件配置向导”起始窗口，如图 11.1 所示。

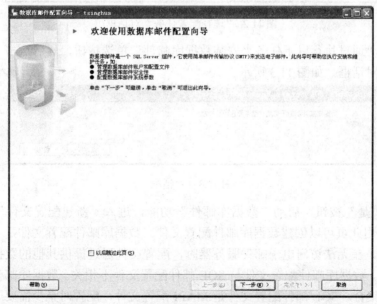

图 11.1 “数据库邮件配置向导”起始对话框

2）单击"下一步"按钮，进入"选择配置任务"窗口，如图 11.2 所示。此窗口指示每次使用此向导时要完成的任务，共有四个选项，说明如下：

- 通过执行以下任务来安装数据库邮件：执行第一次安装数据库邮件所需的所有任务。此选项包含所有其他 3 个选项。
- 管理数据库邮件账户和配置文件：创建新的数据库邮件账户和配置文件，或者查看、更改或删除现有数据库邮件账户和配置文件。
- 管理配置文件安全性：配置对数据库邮件配置文件具有访问权限的用户。
- 查看或更改系统参数：配置数据库邮件系统参数，例如附件的最大文件大小。

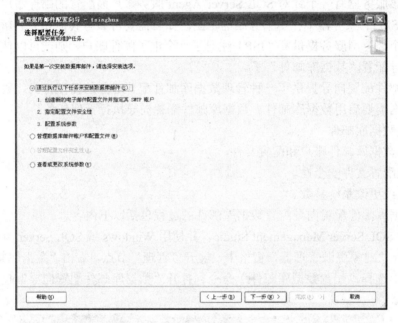

图 11.2　"选择配置任务"对话框

这里选择"通过执行以下任务来安装数据库邮件"单选按钮，然后点击"下一步"按钮，弹出一个对话框，如图 11.3 所示。

图 11.3　对话框

3）单击"是"按钮，启动"数据库邮件"功能，进入"新建配置文件"窗口，如图 11.4 所示。使用此页可以创建数据库邮件配置文件。数据库邮件配置文件是一组数据库邮件账户的集合。在无法访问电子邮件服务器时，配置文件通过提供其他的数据库邮件账户来提高可靠性。数据库邮件配置文件与 SQL 邮件配置文件不相关。数据库邮件配置文件是 SMTP 账户的集合。SQL 邮件配置文件是 MAPI 配置文件，配置时至少需要一个数据库邮件账户。

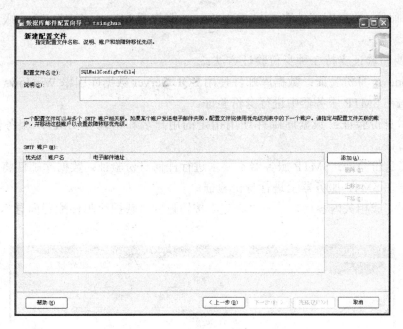

图 11.4 "新建配置文件"对话框

在"配置文件名"对话框中，输入 SQLMailConfigProfile，然后单击"添加"按钮，打开"新建数据库邮件账户"窗口，如图 11.5 所示。

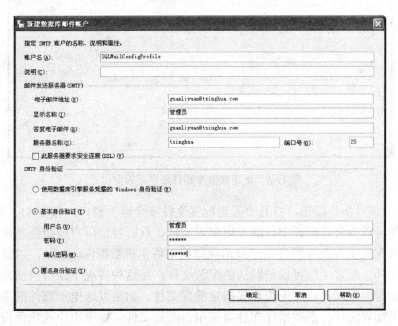

图 11.5 "新建数据库邮件账户"对话框

4）"新建数据库邮件账户"窗口中，可以配置账户名、邮件发送服务器以及 SMTP 身份验证等参数。其中数据库邮件账户包含由 Microsoft SQL Server 用于向 SMTP 服务器发送电子邮件的信息。每个账户均包含一个电子邮件服务器的信息，数据库邮件账户仅用于数据库邮件，数据库邮件账户与 SQL Server 账户或 Microsoft Windows 账户之间不相互对应。

SMTP 身份验证支持 3 种身份验证方法：

- Windows 身份验证：数据库邮件使用 SQL Server 数据库引擎 Windows 服务账户的凭据在 SMTP 服务器中进行身份验证。
- 基本身份验证：数据库邮件使用指定的用户名和密码在 SMTP 服务器上进行身份验证。
- 匿名身份验证：SMTP 服务器不要求进行任何身份验证。数据库邮件将不使用任何凭据在 SMTP 服务器上进行身份验证。

5）设置完成相关内容后，单击"确定"按钮返回"数据库邮件配置向导"窗口，如图 11.6 所示。

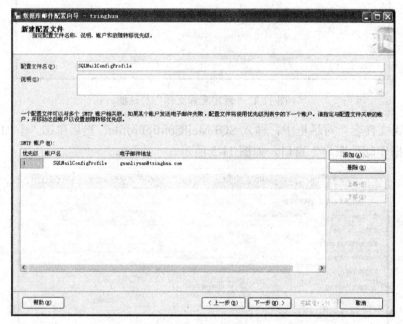

图 11.6　新建数据库邮件账户后的窗口

6）单击"下一步"按钮，打开"管理配置文件安全性"窗口，如图 11.7 所示。

配置文件可以为公共配置文件或专用配置文件。只有特定用户或角色才能访问专用配置文件。公共配置文件允许所有用户或角色访问邮件主机数据库(msdb)，以使用该配置文件发送电子邮件。配置文件可以是默认的配置文件，在这种情况下，用户或角色可以使用该配置文件发送电子邮件，而无需显式指定配置文件。如果发送电子邮件的用户或角色具有默认的专用配置文件，则数据库邮件将使用该配置文件。如果用户或角色没有默认的专用配置文件，则 sp_send_dbmail 将使用 msdb 数据库的默认公共配置文件。如果用户或角色没有默认的专用配置文件，且该数据库也没有默认的公共配置文件，则 sp_send_dbmail 将返回错误。

如果在"公共配置文件"选择框中选择"公共"复选框，可将指定的配置文件转为公共配置文件，让所有用户都可以访问它。如果在"专用配置文件"选择框中选择"访问"复选框，"用户名"所指定的用户或角色可以访问指定的配置文件。

图 11.7 "管理配置文件安全性"窗口

7）设置完成后，单击"下一步"按钮，进入"配置系统参数"窗口，如图 11.8 所示。

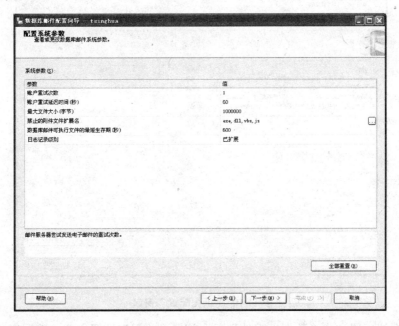

图 11.8 "配置系统参数"窗口

8）在"配置系统参数"窗口中，可以根据实际要求进行参数更改，或者接受默认设置，并单击"下一步"按钮，打开"完成该向导"窗口，如图 11.9 所示。

341

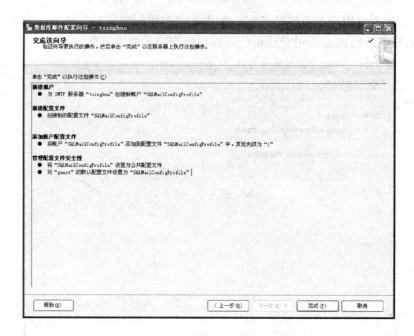

图 11.9　"完成该向导"窗口

9）单击"完成"按钮，打开"正在配置"窗口，如图 11.10 所示。

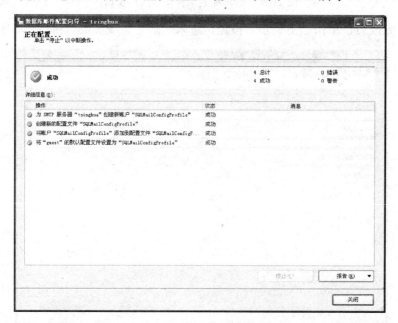

图 11.10　"正在配置"窗口

10）当系统配置完成"数据库邮件"后，单击"关闭"按钮完成"数据库邮件"配置。

11.2.3　使用邮件配置文件

现在，将 SQL Server Agent 服务配置成使用刚才创建的邮件配置文件。

1）在"对象资源管理器"窗格中，右击"SQL Server 代理"节点，在弹出菜单中选择"属性"命令，打开"SQL Server 代理属性"窗口，如图 11.11 所示。

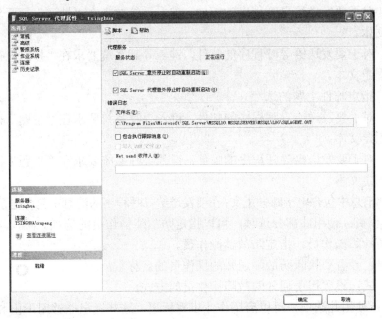

图 11.11　"SQL Server 代理属性"窗口

2）打开"警报系统"选择页，在此页可以查看和修改由 Microsoft SQL Server 代理警报所发送的消息的设置，共有邮件会话、寻呼电子邮件、防故障操作员和标记替换等参数，具体参数说明如下：

邮件会话，此选项用于配置 SQL Server 代理邮件。

- 启用邮件配置文件：用于启用 SQL Server 代理邮件。默认情况下，不启用 SQL Server 代理邮件。
- 邮件系统：用于设置 SQL Server 代理要使用的邮件系统。建议使用数据库邮件。
- 邮件配置文件：用于设置 SQL Server 代理要使用的配置文件。如果使用的邮件系统是数据库邮件，则还可以选择"<新建数据库邮件配置文件……>"创建新的配置文件。
- 测试：使用指定的邮件系统和邮件配置文件发送测试消息。

寻呼电子邮件：使用此部分中的选项，可以配置发送给寻呼地址的电子邮件，以便与您的寻呼系统协同工作。

- 寻呼电子邮件的地址格式：使用此部分选项，可以指定包含在寻呼电子邮件中的地址和主题行的格式。
- "收件人"行：指定邮件的"收件人"行的选项。
- 前缀：对于要发送给寻呼程序的邮件，键入系统要求在"收件人"行开头显示的任何固定文本。
- 寻呼程序：在前缀和后缀之间包括邮件的电子邮件地址。
- 后缀：对于要发送给寻呼程序的邮件，键入寻呼系统要求在"收件人"行末尾显示的任何固定文本。

- "抄送"行：指定邮件的"抄送"行的选项。
- 前缀：对于要发送给寻呼程序的邮件，键入系统要求在"抄送"行开头显示的任何固定文本。
- 后缀：对于要发送给寻呼程序的邮件，键入寻呼系统要求在"抄送"行末尾显示的任何固定文本。
- 主题：指定邮件主题的选项。
- 前缀：对于要发送给寻呼程序的邮件，键入寻呼系统要求在"主题"行开头显示的任何固定文本。
- 后缀：对于要发送给寻呼程序的邮件，键入寻呼系统要求在"主题"行末尾显示的任何固定文本。
- 在通知消息中包含电子邮件正文：在要发送给寻呼程序的消息中包含电子邮件的正文。

防故障操作员：使用此部分选项，可以指定防故障操作员的选项。

- 启用防故障操作员：指定防故障操作员。
- 操作员：设置要接收防故障通知的操作员的名称。
- 通知方式：设置用于通知防故障操作员的方式。

标记替换：使用此选项，可以启用作业步骤标记，这些标记能够用于由 SQL Server 代理警报运行的作业。

- 为警报的所有作业响应替换标记：选中此复选框可以为由 SQL Server 警报激活的作业启用标记替换。选中"启用邮件配置文件"复选框；从"邮件系统"下拉列表中，选择"数据库邮件"选项；从"邮件配置文件"下拉列表中，选择 SQLMailConfigProfile 选项，如图 11.12 所示。

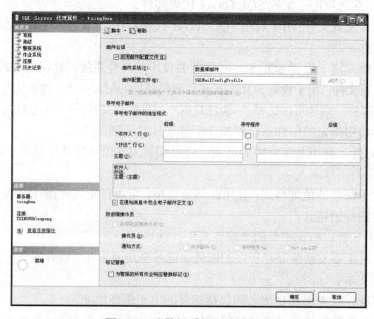

图 11.12　"警报系统"选项窗口

3）单击"确定"按钮完成属性设置。

4）从"计算机管理"窗口中，停止并重新启动 SQL Server 代理服务。在"数据库邮件"配置好以后，可以根据具体情况再次运行配置向导对"数据库邮件"配置进行修改。

11.3 操作员

在完成配置"数据库邮件"之后，下一步就可以创建从 SQL Server 那里接收电子邮件的"操作员"了。

"操作员"是在完成作业或出现警报时可以接收电子通知的人员或组的别名，"操作员"的主要属性包括"操作员"名称和联系信息两项，建议在定义警报之前定义操作员。配置"操作员"的步骤如下所示。

1）鼠标右击"SQL Server 代理"节点，在弹出的菜单中选择"启动"命令，启动 SQL Server 代理服务。

2）在"对象资源管理器"窗格中，展开"服务器"节点，然后展开"SQL Server 代理"节点。右击"操作员"节点，在弹出菜单中选择"新建操作员"命令，打开"新建操作员"窗口。在"常规"选择页中（默认选项页）可以配置如下参数。

- 名称：操作员的名称。
- 启用：启用操作员。在未启用时，不会向操作员发送通知。
- 电子邮件名称：指定操作员的电子邮件地址。
- Net send 地址：指定用于"Net send"的地址。
- 寻呼电子邮件名称：指定用于操作员的寻呼程序的电子邮件地址。
- 寻呼值班计划：设置寻呼程序处于活动状态的时间。
- 星期一——星期日：选择寻呼程序在一周中的哪些天处于活动状态。
- 工作日开始：选择一天之中的特定时间，SQL Server 代理在该时间之后才可向寻呼程序发送消息。
- 工作日结束：选择一天之中的特定时间，SQL Server 代理在该时间之后不再向寻呼程序发送消息。

在"名称"文本框中，输入 Administrator；如果已经将系统配置成使用"数据库邮件"发送邮件，则输入电子邮件地址作为电子邮件名称（这里输入 guanliyuan@tsinghua.com）；如果没有将系统配置成使用电子邮件，则跳过这一步。在 Net Send 文本框中，输入计算机名称，这里输入 tsinghua。设置完成的窗口如图 11.13 所示。

3）单击"通知"选项，进入"通知"选择页。使用此页可设置向操作员通知的警报和作业，如图 11.14 所示。其中各项参数说明如下：

- 警报：查看实例中的警报。选择"警报"选项后，警报列表列出实例中的警报。
- 作业：查看实例中的作业。选择"作业"选项后，作业列表列出实例中的作业。
以下选项在警报列表和作业列表中都是可用的：
- 电子邮件：使用电子邮件通知此操作员。
- 寻呼程序：通过将电子邮件发送到寻呼地址来通知此操作员。

- Net send：使用"Net send"通知此操作员

在此页中，保持默认设置。

4）单击"确定"按钮完成故障保险操作员的创建。

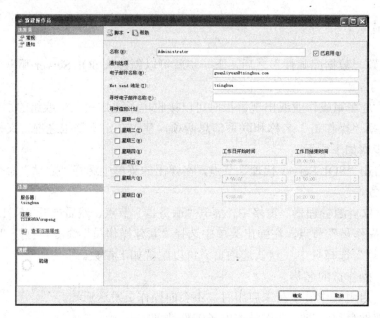

图 11.13　"常规"选项页

11.4　警报

事件由 SQL Server 生成并被输入到 Microsoft Windows 应用程序日志中。SQL Server 代理读取应用程序日志，并将写入的事件与定义的警报比较。当 SQL Server 代理找到匹配项时，它将发出自动响应事件的警报。除了监视 SQL Server 事件以外，SQL Server 代理还监视性能条件和 Windows Management Instrumentation（WMI）事件。

警报基于下列 3 个元素:错误号、错误严重级别、性能计算器。

SQL Server 中可以出现的错误都有编号（约 3000 个）。即使已经列出了这么多种错误，但仍然不够。例如，假设希望在用户从客户数据库中删除客户时激活某个警报，但 SQL Server 并没有包括与数据库的结构或用户的名称有关的警报，因此需要创建新的错误号，并针对这样的私有事件产生一个警报。警报可以创建成基于任何一个有效的错误号。

SQL Server 中的每个错误还有一个关联的严重级别，用于指示错误的严重程度。警报可以按严重级别产生。

警报也可以从性能计数器中产生。这些计数器与性能监视器中的计数器完全相同，而且对纠正事务日志填满(或几乎填满)之类的性能问题是非常有用的。

11.4.1　标准事件警报

标准警报是基于 SQL Server 中的内部错误消息与严重级别的警报。要创建基于这些事件之一的警报，必须将错误写到 Windows 事件日志上，因为 SQL Server 代理从该事件日志上读取错误信息。一旦 SQL Server 代理读取了该事件日志并检测到了新错误，它就会搜索整个数据库查找匹配的警报。当这个代理发现匹配的警报时，该警报立即洗涤，进而可以通知操作员，执行作业或者同时做这两件事情。

下面，创建一个警报，它从错误中激活，在这里使用专门的警报激活命令 RAISERROR()。首先，创建一个基于错误号 1 的警报，它将发送一个 Net send 通知给操作员：

1）在"对象资源管理器"窗格中，展开"服务器"节点，然后展开"SQL Server 代理"节点。右击"警报"节点，从弹出的菜单中选择"新建警报"命令，打开"新建警报"窗口的"常规"选择页。

2）在选择页的"名称"文本框中，输入 Alert1 作为警报的名称。选择"启用"复选框，启用警报。如果未启用警报，则警报中指定的操作将不会发生。

3）打开"类型"选项的下拉列表，选择警报的类型。有以下三种警报类型可供选择。

- SQL Server 事件警报，该警报用于响应 Microsoft Windows 事件日志中的消息。
- SQL Server 性能条件警报，该警报用于响应性能计数器中的特定条件。
- WMI 事件警报，该警报用于响应 Windows Management Instrumentation（WMI）事件。

选取不同的警报类型，"警报定义"会显示不同的参数。此次选择"SQL Server 事件警报"，其他两种警报类型对应的"警报定义"参数将在其他章节进行介绍，这里不再赘述。

4）从"数据库名称"下拉列表中选择"所有数据库"选项，这样不管在哪一个数据库中发生该事件，都会对消息作出响应。由于无法手工激活 13000 以下的错误，因此使用错误号 14623，所以选中"错误号"单选按钮，在文本框中输入 14623，设置后的窗口如图 11.14 所示。

图 11.14　"常规"选择页

　　"严重性"选项指定此事件将用于响应特定严重级别的所有消息，并指定严重级别。"当消息包含以下内容时触发警报"复选框用来按特定字符串筛选事件。选中此选项时，该警报只对包含特定字符串的事件作出响应。"消息正文"文本框指定要用于筛选事件的字符串。这三个选项此次不进行设置。

　　5）选择"响应"选项，打开"响应"选择页，"执行作业"选项设置在发生指定的事件时运行作业。"通知操作员"选项设置在发生指定的事件时通知一个或多个操作员。此次选取"通知操作员"复选框，并选中 Administrator 行的 Net Send 复选框，使用 Net send 通知操作员，如图 11.15 所示。

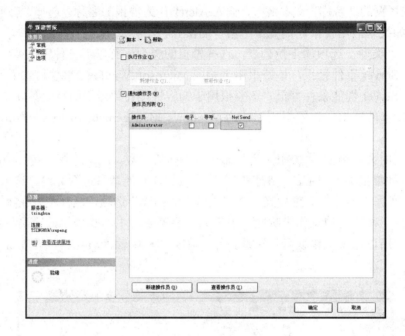

图 11.15　"响应"选择页

　　6）选择"选项"选项，打开"选项"选择页，选中"警报错误文本发送方式"下面的 Net Send 复选框，设置在 net send 通知中包括事件错误文本（如果有的话），如图 11.16 所示。该页面中的"要发送的其他通知消息"和"两次响应之间的延迟时间"两个参数分别用来设置"要包括在通知消息中的任何其他文本"和"为重复发生的事件指定延迟时间"。这两个参数此次不做设置。

　　7）单击"确定"按钮，完成标准警报的创建。

　　上面设计了一个每当出现错误号 14623 时就激活的警报，下面就用 RASIERROR()命令产生错误号 14623，来验证设置的警报是否能够正常工作。

　　用 RASIERROR()命令产生错误号 14623 的方法如下所示：

　　首先，在 SQL Server Management Studio 中，单击"新建查询"按钮，打开一个新的 SQL Server 查询窗口，如图 11.17 所示。

　　然后，输入并执行下列代码来激活这个错误：

RAISERROR(14623,10,1)

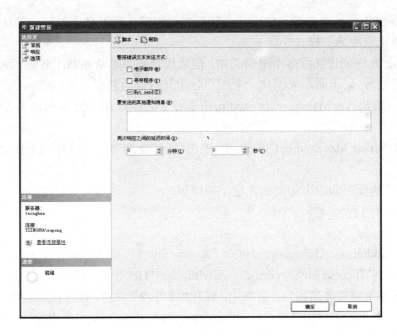

图 11.16　"选项"选择页

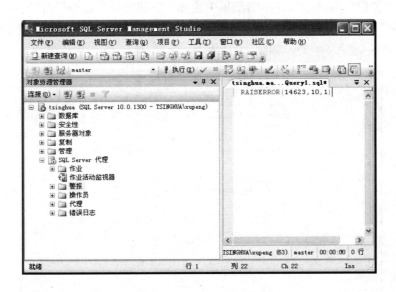

图 11.17　SQL Server 查询窗口

　　最后，当 Net Send 消息弹出时，仔细观察它给出的细节，其中包括错误号、描述和其他文本，然后单击"确定"按钮返回。

11.4.2　自定义事件警报

　　虽然 SQL Server 包含的错误的种类很多，但是它并没有涵盖全部的情况。例如，如果客户使用信用卡订购产品，那么管理人员就需要跟踪客户的信用情况。每当信用好的客户被删除或该客户信用额度被降低时，销售经理可能需要得到通知，用于了解公司当前的销售情况。但是 SQL Server 中没有包含这类默认错误消息，所以必须创建一条这样的错误消息，然后才能用它激活警报。

SQL Sever 允许创建任意多个错误类型，但错误号必须是从 50001 开始（这是所有用户定义错误的开始号）。下面，来创建一个用户自定义错误的警报。

1）打开 SQL Server Management Studio，并使用 Windows 或 SQL Server 身份验证连接到服务器。

2）在 SQL Server Management Studio 中，单击"新建查询"按钮，打开一个新的 SQL Server 查询窗口。

3）输入并执行下面的语句来创建这个新错误：

USE 手镯营销系统

GO

EXEC sp_addmessac @msgnum=50005，@severity=11

@msgtext=N'This is a custom error.'，@with_log='TRUE'

4）在"对象资源管理器窗口"窗格中，展开"服务器"节点，首先鼠标右击"SQL Server 代理"节点，在弹出的菜单中选择"启动"命令，启动 SQL Server 代理服务。然后展开"SQL Serer 代理"节点。

5）右击"警报"节点，从弹出的菜单中选择"新建警报"命令，打开"新建警报"窗口中的"常规"选择页，在"名称"文本框中输入 Customer Alert，选中"错误号"单选按钮，并在文本框中输入 50005，如图 11.18 所示。

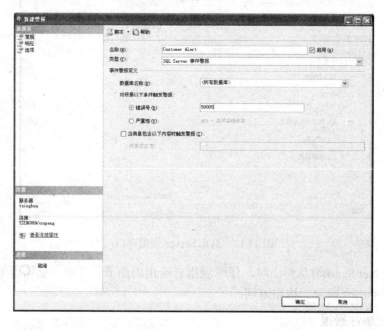

图 11.18 "新建警报"窗口中的"常规"选择页

6）选择"响应"选项，打开"响应"选择页，选中"通知操作员"复选框，并选中 Administrator 行的 Net Send 复选框，如图 11.19 所示。

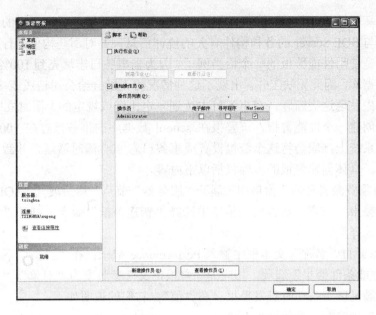

图 11.19 "新建警报"窗口中的"响应"选择页

7）选择"选项"选项，打开"选项"选择页，选中"警报错误文本发送方式"下面的
Net Send 复选框，如图 11.20 所示。

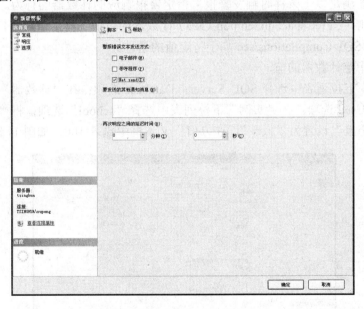

图 11.20 "新建警报"窗口中的"选项"选择页

8）单击"确定"按钮，完成新警报的创建。

11.4.3　性能警报

事件警报适合处理事后的问题，但并不是所有问题都可以等到出现之后再解决。有些
问题需要提前发现，以避免对系统造成破坏，可以使用性能警报来达到这个目的。

性能警报基于性能计数器，这些计数器与 Windows 性能监视器程序中的性能计数器相同。它们提供与 SQL Server 的各种构件有关的统计信息，并对那些构件进行操作。处理填满的事务日志是使用性能警报的一个恰当例子。因为当事务日志填充到 100% 时，任何用户都无法访问数据库，因此无法工作。出现了这种情况将无疑会给公司造成或多或少的损失，因此，应当事先发现这类问题，在事务日志达到一定比例或规定的上限时立即将其清除。

下面，来创建一个性能警报，该警报在 school 数据库的事务日志在 100% 满时激活。在用户自己的系统上，应当将这个警报设置成事务日志 80% 满时激活，并激发一个备份事务日志的作业。具体创建警报的步骤包括以下内容。

1）在"对象资源管理器"窗格中，展开"服务器"节点，然后展开"SQL Server 代理"节点。右击"警报"节点，从弹出的菜单中选择"新建警报"命令，打开"新建警报"窗口的"常规"选择页。

2）在选择页的"名称"文本框中输入 Performance Alert；在"类型"下拉列表中选择"SQL Server 性能条件警报"选项，相应的"警报定义"参数变为"对象"、"计数器"、"实例"、"计数器满足以下条件时触发警报"和"值"，它们的说明如下：

- "对象"指定要监视的性能对象。
- "计数器"指定位于要监视的性能对象内的计数器。
- "实例"指定要监视的计数器实例。
- "计数器满足以下条件时触发警报"指定警报响应的计数器的行为。例如，可能想让警报响应 Free space in tempdb（KB）计数器的值低于特定值的条件，或者想让警报响应 SQL Compilations/sec 高于特定值的条件。
- "值"指定计数器的值。

在"对象"下拉列表中选择 SQL Server：Database 选项；在"计数器"下拉列表中选择 Percent Log Used 选项；在"实例"下拉列表中选择"school"选项；将"计数器满足以下条件时触发警报"设置为"低于"，在"值"文本框中输入 100，如图 11.21 所示。

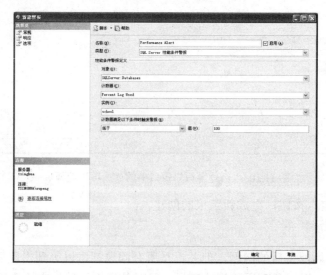

图 11.21 "新建警报"窗口中的"常规"选择页

3）选择"响应"选项，打开"响应"选择页，选中"通知操作员"复选框，并选中 Administrator 行的 Net Send 复选框。

4）单击"确定"按钮，性能条件警报创建完成。

11.4.4 WMI 警报

Windows Management Instrumentation（WMI）是 WBEM（WebBased Enterprise Management）的 Windows 实现，WBEM 是一个行业规范，建立了在企业网络中访问和共享管理信息的标准。WMI 符合 WBEM 标准，并为"公用信息模型（CIM）"（它是描述存在于管理环境中的对象的数据模型）提供完整的支持。SQL Server 已经更新成使用 WMI 并响应 WMI 事件。

利用 WMI 警报，可以响应以前可能从未见过的事件。例如，可以将警报创建成在运行 CREATETABLE 语句时激活，这样就可以跟踪数据库上的存储情况;或者在发布 ALTER LOGIN 命令时激活，这样对管理安全性是非常有用的。所以有效利用 WMI 警报是非常有好处的。下面，介绍一下如何创建 WMI 警报。

1）在 SQL Server Manager Studio 的资源管理器中，展开"服务器"及其下面的"SQL Server 代理"节点。右击"警报"节点，在弹出的菜单中选择"新建警报"命令，打开"新建警报"窗口。

2）在"名称"文本框中输入 WMI Alert；在"类型"下拉列表中选择"WMI 事件警报"选项。相应的"警报定义"参数变为"命名空间"和"查询"。它们的说明如下：

- 命名空间：为标识触发该警报的 WMI 事件的 WMI 查询语言（WQL）语句指定 WMI 命名空间。仅支持运行 SQL Server 代理的计算机上的命名空间。
- 查询：指定标识该警报所响应事件的 WQL 语句。

3）在"命名空间"的文本框中，采用默认值"\\.\root\Microsoft\SqlServer\ServerEvents\ MSSQLSERVER"；在"查询"文本框中输入如下语句，如图 11.22 所示。

图 11.22 "新建警报"窗口中的"常规"选择页

SELECT * FROM DDL_DATABASE_LEVEL_EVENT

WHERE DatabaseName='AdventureWorks'

4）选择"响应"选项，打开"响应"选择页，选中"通知操作员"复选框，并选中 Administrator 行的 Net Send 复选框。

5）选择"选项"选项，打开"选项"选择页，选中"警报错误文本发送方式"下面的 Net Send 复选框。

6）单击"确定"按钮，WMI 警报创建完成。

11.5　作业

11.5.1　作业概述

作业是一系列由 SQL Server 代理按顺序执行的指定操作。一个作业可以执行各种类型的活动，包括运行 Transact-SQL 脚本、命令提示符应用程序、Microsoft ActiveX 脚本、Integration Services 包、Analysis Services 命令和查询或复制任务。作业可以运行重复或可计划的任务，然后它们可以通过生成警报来自动通知用户作业状态，从而极大地简化了 SQL Server 管理。SQL Server 使用了两种类型的作业：本地和多服务器作业。下面将分别对这两种类型的作业进行介绍。

11.5.2　创建本地作业

本地作业是包含一系列步骤和执行计划的标准。这些作业只能运行在创建它们的计算机上，因此称为本地作业。下面，将创建一个本地作业，该作业用于创建一个新的数据库，然后备份该数据库。具体过程包括以下内容：

1）在 SQL Server Manager Studio 的资源管理器中，展开"服务器"及其下面的"SQL Server 代理"节点。右击"作业"节点，在弹出的菜单中选择"新建作业"命令，打开"新建作业"窗口。

2）在窗口中"常规"选择页（默认选择页）的"名称"文本框中输入"Create and Backup Database Job"设置作业的名称。保持"所有者"文本框的默认值不变，作为作业的所有者。从"类别"下拉列表中选择"[未分类（本地）]"选项，作为此次作业的作业类别。选择"启用"复选框，启用作业。设置后的页面如图 11.23 所示

3）选择"步骤"选项，打开"步骤"选择页，如图 11.24 所示。单击"新建"按钮打开"新建作业步骤"窗口。

4）在"新建作业步骤"窗口的"常规"选择页（默认选择页）中，在"步骤名称"文本框中输入"Create Database"，作为作业步骤的名称；从"类型"下拉列表中选择"Transact-SQL 脚本（T-SQL）"选项，作为作业步骤使用的子系统。注意，显示的用于定义作业步骤的选项会根据所选子系统的不同而变化。

5）"运行身份"选项为作业步骤设置代理账户，这里不做设置。在"数据库"下拉列表选项中，选用"master"数据库，使其成为运行作业步骤的数据库。

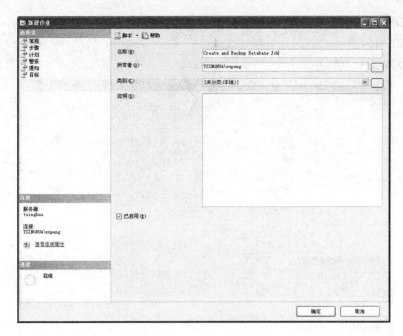

图 11.23 "新建作业"窗口中的"常规"选择页

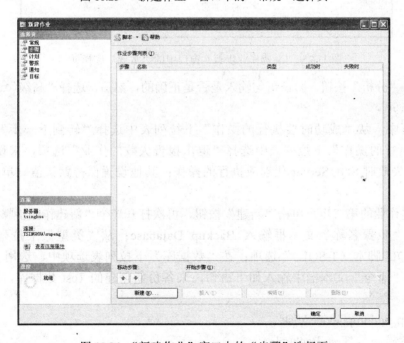

图 11.24 "新建作业"窗口中的"步骤"选择页

6）在"命令"文本框中输入如下语句，作为作业步骤运行的命令。此命令用于在 C 盘驱动器 SQLDB 文件夹下创建一个名为 Test 的数据库。设置后的页面如图 11.25 所示。

```
CREATE DATABASE Test
ON PRIMARY (NAME=Test_dat,
FILENAME='c:\sqldb\Test.mdf',
```

SIZE=1OMB，

MAXSIZE=15，

FILEGROWTH=10%）

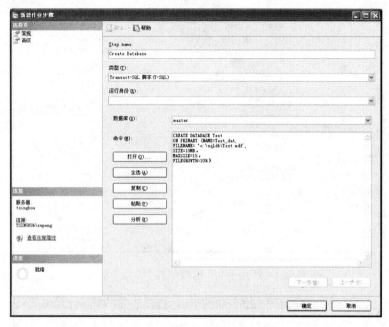

图 11.25　"新建作业步骤"窗口中的"常规"选择页

7）单击"分析"按钮，验证语句输入是否是正确的，然后，选择"高级"选项，打开"高级"选择页。

8）此页中，从"成功时要执行的操作"下拉列表中选择"转到下一步"选项；从"失败时要执行的操作"下拉列表中选择"退出报告失败的作业"选项，来设置作业步骤成功或者失败时 SQL Server 代理应执行的操作；其他设置保持默认值。单击"确定"按钮返回。

9）创建作业的第二步，单击"新建"按钮，再次打开一个"新建作业步骤"窗口。

10）在"步骤名称"文本框输入 Backup Database；从"类型"下拉列表中选择"Transact-SQL 脚本（T-SQL）"选项；在"数据库"下拉列表选项中，选用"master"数据库；在"命令"文本框中输入如下语句，来备份新创建的 Test 数据库，如图 11.26 所示。

EXEC sp_addumpdevice 'disk',

　　　　　　'Test_Backup',

　　　　　　'c:\sqldb\Test_Backup.dat'

BACKUP DATABASE Test to Test_Backup

11）设置完成后单击"确定"按钮返回，设置完成的"步骤"选择页如图 11.27 所示。

12）选择"计划"选项，打开"计划"选择页。单击"新建"按钮打开"新建作业计划"窗口，用来创建一个执行计划来通知 SQL Server 执行该作业。

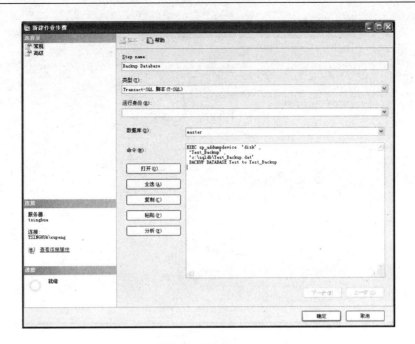

图 11.26 "新建作业步骤"窗口(二)

图 11.27 设置完成的"步骤"选择页

13)在"名称"文本框输入"Create and Backup Database",为计划键入一个新名称;在"计划类型"下拉列表中选择"执行一次"选项,设置计划的类型;选择"已启用"复选框,启用该计划;然后设置想让作业开始执行的时间和日期,这里设定为当前系统时间加上 10 分钟,如图 11.28 所示。

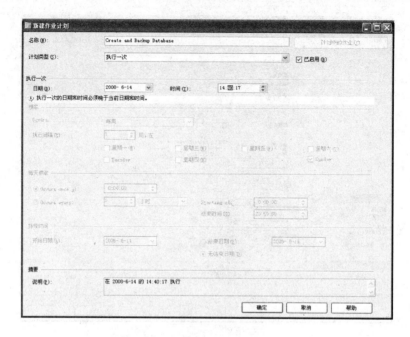

图 11.28　"新建作业计划"窗口

14）设置完成后单击"确定"按钮返回，如图 11.29 所示。

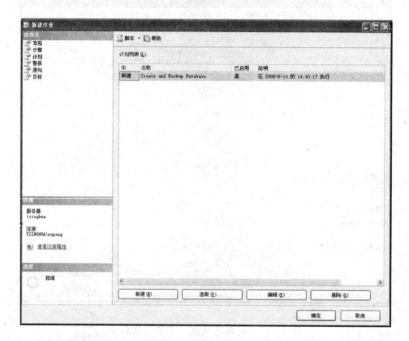

图 11.29　"新建作业"窗口中的"计划"选择页

15）选择"通知"选项，打开"通知"选择页。因为前面已经配置了"数据库邮件"，所以选中"电子邮件"和"Net Send"复选框，并选择 Administrator 作为接到通知的操作员，并选择"当作业完成时"选项作为通知的条件（当作业完成时包括了当作业成功时和当作业失败时），如图 11.30 所示。该页中的"写入 Windows 应用程序事件日志"和"自动删除作业"复选框分别用来"在作业完成时将条目写入到应用程序事件日志中"和"在作业完成时删除该作业"。此次这两项不做设置。

图 11.30　"新建作业"窗口中的"通知"选择页

16）单击"确定"按钮创建作业。那么作业就会在上面设定的时间开始执行，具体执行情况可以通过右击某一作业从弹出菜单中选择"查看历史记录"命令，打开"日志文件查看器"窗口进行验证。

11.5.3　创建多服务器作业

在对单个服务进行管理时，创建本地服务管理是非常有好处的，但现在越来越多的企业拥有多个数据库服务器。这些服务器每个可能都需要作业，并且，有些作业是服务器独有的，有些作业是重复的，如果在每个服务器上分别创建本地作业，不但这个过程费时又不容易管理。所以使用另一种更好的办法就是创建多服务器作业。

多服务器作业只需在一个服务器上创建一次，然后通过网络下载到运行该作业的其他服务器上。在创建多服务器作业之前，必须先指定两种类型的服务器；主服务器和目标服务器。主服务(简称 MSX)是创建和管理多服务器作业的地方，目标服务器每隔一定时间向主服务器查询一次作业，并下载这些作业，然后按预定的时间运行它们。下面介绍如何配置完成多服务器作业的服务器。

1）打开 SQL Server Management Studio，并使用 Windows 或 SQL Server 身份验证连接到服务器。

2）在"对象资源管理器"窗格中，展开"服务器"节点，右击"SQL Server 代理"节点，选择"多服务器管理"命令，从弹出的菜单中选择"将其设置为主服务器"命令，打开"主服务器向导"窗口，如图 11.31 所示。

图 11.31 "主服务器向导"起始页

3）单击"下一步"按钮，打开"主服务器向导"的"主服务器操作员"窗口。在"电子邮件"文本框中输入前面已经配置好的操作员电子邮件 guanliyuan@tsinghua.com，在 Net Send 文本框中输入计算机名称 tsinghua，如图 11.32 所示。

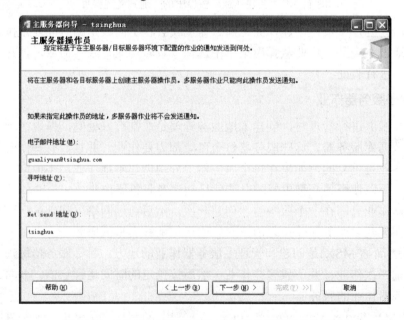

图 11.32 "主服务器向导"的"主服务器操作员"窗口

4）单击"下一步"按钮，打开"主服务器向导"的"目标服务器"窗口，如图 11.33 所示。首先单击"添加连接"按钮，向目标服务器列表中添加服务器。在弹出的"连接到服务器"窗口中，单击"服务器名称"的下拉菜单，选择"浏览更多"选项，会出现"查

找服务器"窗口，如图 11.34 所示。在"网络服务器"选择页中，就能对目标服务器进行
选择。

图 11.33　"主服务器向导"的"目标服务器"窗口

图 11.34　"查找服务器"窗口

5）配置完目标服务器后，在"已注册的服务器"列表中选择相关的目标服务器实例，
单击按钮 ② 将其添加到"目标服务器"列表中，它将接收来自主服务器的作业。

6）单击"下一步"按钮，打开"检查服务器兼容性"窗口，如图 11.35 所示。如果测
试结果有错误将无法继续下一步操作，则需要纠正它们；如果测试结果无错误，则单击"关
闭"按钮继续下一步操作。

7）在"主服务器向导"的"主服务器登录凭据"窗口，选中"在必要时创建新登录名，
并为其分配针对 MSX 的权限"复选项。

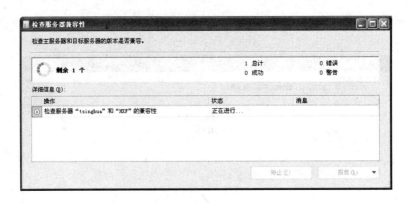

图 11.35 "检查服务器兼容性"窗口

8）单击"下一步"按钮，打开"主服务器向导"的"完成该向导窗口"。单击"确定"按钮完成创建主服务器和指定目标服务器。

11.6　维护计划向导

为了使数据库一直保持最佳的运行状态，需要执行许多的任务，如数据库与事务日志备份、索引重组、优化数据库等，这些必须定期执行，才能使服务器保持正常运行。可以通过创建作业来执行它们，但是必须为每个数据库都创建许多的作业才行，这是相当麻烦和辛苦的。通过使用"维护计划向导"可以达到使数据库保持正常运行的目的。

维护计划向导有助于您设置核心维护任务，从而确保数据库运行正常、定期进行备份并确保数据库一致。维护计划向导可创建一个或多个 SQL Server 代理作业，代理作业可对多服务器环境中的本地服务器或目标服务器执行这些任务；可以按预订的时间间隔执行任务也可以按需执行任务。

若要创建或管理维护计划，必须是 sysadmin 固定服务器角色的成员。注意，只有当用户是 sysadmin 固定服务器角色的成员，对象资源管理器才会显示维护计划。可以创建维护计划来执行以下任务：

- 用新填充因子重新生成索引来重新组织数据和索引页上的数据。用新填充因子重新生成索引会确保数据库页中包含的数据量和可用空间的平均分布。还使得以后能够更快地增长。有关详细信息，请参阅填充因子。
- 通过删除空数据库页压缩数据文件。
- 更新索引统计信息，确保查询优化器含有关于表中数据值分布的最新信息。这使得查询优化器能够更好地确定访问数据的最佳方法，因为可以获得数据库中存储数据的详细信息。虽然 SQL Server 会定期自动更新索引统计信息，但是此选项可以对统计信息立即进行强制更新。
- 对数据库内的数据和数据页执行内部一致性检查，确保系统或软件故障没有损坏数据。
- 备份数据库和事务日志文件。数据库和日志备份可以保留一段指定时间。这样，就可以为备份创建一份历史记录，以便在需要将数据库还原到早于上一次数据库备份的时间的时候使用，还可以执行差异备份。

- 运行 SQL Server 代理作业。这可以用来创建可执行各种操作的作业以及运行这些作业的维护计划。

维护任务生成的结果可以作为报表写入文本文件，或写入 msdb 中的 sysmaintplan_log 和 sysmaintplan_logdetail 维护计划表。若要在日志文件查看器中查看结果，请右键单击"维护计划"，再单击"查看历史记录"。

下面介绍使用"维护计划向导"的过程。

1）打开 SQL Server Management Studio，并使用 Windows 或 SQL Server 身份验证连接到服务器。

2）在"对象资源管理器"窗格中，展开"服务器"节点，然后展开"管理"节点。

3）右击"维护计划"节点，从弹出的菜单中选择"维护计划向导"命令，打开"维护计划向导"起始窗口，如图 11.36 所示。

图 11.36 "维护计划向导"起始窗口

4）单击"下一步"按钮，打开"维护计划向导"的"选择计划属性"窗口。在"名称"文本框中输入 MaintenancePlan，作为计划的名称；选择"整个计划统筹安排或无计划"单选按钮，激活"计划"参数和"更改"按钮，如图 11.37 所示。

5）单击"更改"按钮，弹出"作业计划属性"窗口。作业计划的名称默认为是"MaintenancePlan"；在"计划类型"下拉列表中选择"重复执行"选项；选择"已启用"复选框，启用该计划。

6）在"频率"参数中，设置"Occurs"为"每周"，来指定重复执行计划的间隔；设置"执行间隔"参数为"1 周"并选择"星期一"复选框，来指定重复执行计划的间隔天数或星期数并设置作业在特定的星期一发生。

7）在"每天频率"参数中，选择"Occurs once at"单选按钮并设置为"23：00：00"

图 11.37　"维护计划向导"的"选择计划属性"窗口

8）在"持续时间"参数中，设置"开始日期"为"2008-6-14"；并选择"无结束日期"单选按钮。设置后的"作业计划属性"窗口如图 11.38 所示。

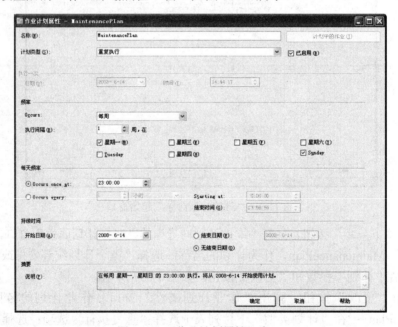

图 11.38　"作业计划属性"窗口

9）单击"确定"按钮，返回"选择计划属性"窗口，如图 11.39 所示。

10）单击"下一步"按钮，打开"选择维护任务"窗口。在该页中可以确定该向导将执行的任务。对于要用此向导创建的每一个任务，选中与其相应的复选框。如果不希望该任务出现在此向导中，请清除与其相应的复选框，如图 11.40 所示。

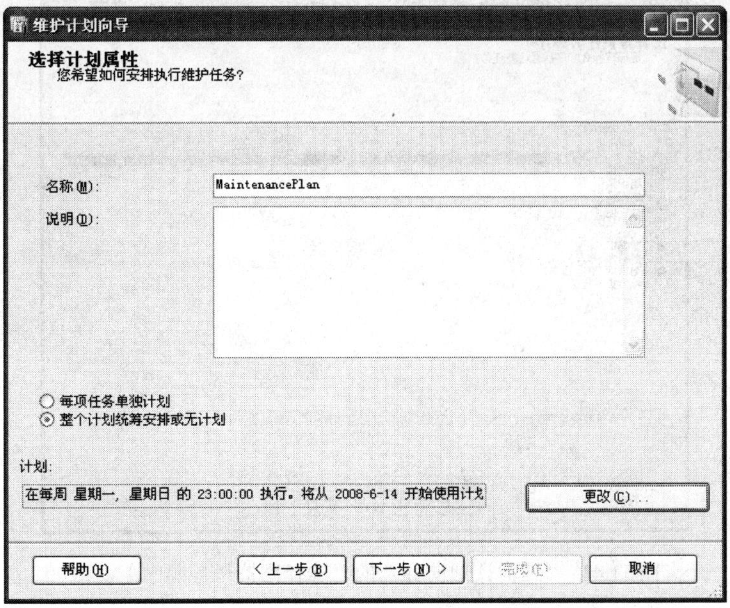

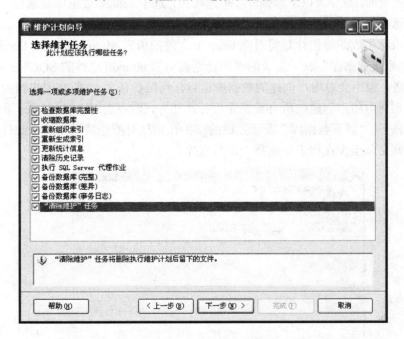

图 11.39 设置后的"选择计划属性"窗口

图 11.40 "维护计划向导"的"选择维护任务"窗口

11）单击"下一步"按钮，打开"选择维护任务顺序"窗口，如图 11.41 所示。在该页中可更改将执行任务的顺序。选择一个任务，再单击"上移"，以提前执行该任务，或单击"下移"按钮，以靠后执行该任务。若要创建更为复杂的任务优先顺序系统，请完成该向导，然后从对象资源管理器打开维护计划，再修改优先顺序步骤。

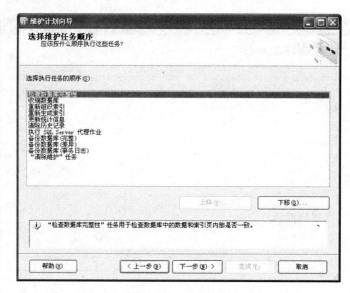

图 11.41　"维护计划向导"的"选择维护任务顺序"窗口

12）单击"下一步"按钮，打开"定义'数据库检查完整性'任务"窗口。单击"数据库"下拉列表框，选中"以下数据库"单选按钮，选中 school 数据库复选框；并选择"包括索引"复选框设置检查所有索引页以及表数据页的完整性，如图 11.42 所示。其中"所有数据库"表示生成的维护计划将对除 tempdb 之外的所有 Microsoft SQL Server 数据库运行此任务。"系统数据库"表示生成的维护计划将对除 tempdb 之外的 SQL Server 系统数据库运行此任务，但不会对用户创建的数据库运行任何维护任务。"所有用户数据库"表示生成的维护计划将对用户创建的所有数据库运行此任务，但不会对 SQL Server 系统数据库运行任何维护任务。"以下数据库"表示生成的维护计划只对所选数据库运行此任务。如果选择此选项，则必须至少在列表中选择一个数据库。

图 11.42　"数据库"下拉列表框窗口

13）选择 school 数据库选项后单击"确定"按钮返回，如图 11.43 所示。

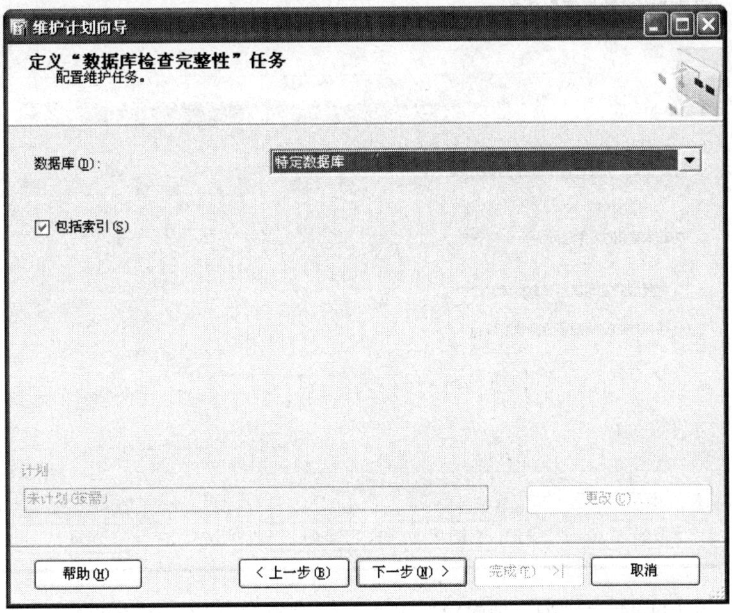

图 11.43 设置后的"定义'数据库检查完整性'任务"窗口

14）单击"下一步"按钮，打开"定义'收缩数据库'任务"窗口。该页面可以创建一个任务，尝试减小所选数据库的大小。使用下面的选项可以确定数据库收缩后在数据库中保留的未使用空间量（该百分比越大，数据库可收缩的量越小）。该数值取决于数据库中实际数据的百分比。例如，某个 100MB 数据库包含 60MB 的数据和 40MB 的可用空间，当可用空间百分比为 50%时，则将保留 60MB 的数据和 30MB 的可用空间（因为 60MB 的 50%是 30MB）。只会去除数据库中的多余空间。有效值为 0～100。其中各项参数的说明如下：

- "数据库"：指定受此任务影响的数据库。
- "当数据库大小超过指定值时收缩数据库"：指定引发此任务的数据库大小。
- "收缩后保留的可用空间"：设置当数据库文件中的可用空间达到此值时停止收缩。
- "将释放的空间保留在数据库文件中"：指定将数据库精简为连续页，但不释放这些页，因此数据库文件不会收缩。如果希望数据库再次扩大，但不希望重新分配空间，则使用此选项。使用此选项时，数据库文件不会尽可能地收缩，这将使用 NOTRUNCATE 选项。
- "将释放的空间归还给操作系统"：将数据库精简为连续页，并将这些页释放回操作系统，以供其他程序使用。此数据库文件将尽可能地收缩，这将使用 TRUNCATEONLY 选项。

在"数据库"选项中，选择 school 数据库。设置"当数据库大小超过指定值时收缩数据库"参数为 50MB；"收缩后保留的可用空间"参数为 10%；并选择"将释放的空间归还给操作系统"单选按钮。设置后的页面如图 11.44 所示。

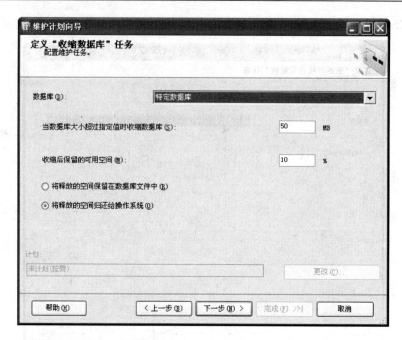

图 11.44 "维护计划向导"的"定义'收缩数据库'任务"窗口

15）单击"下一步"按钮，打开"定义'重新组织索引'任务"窗口。设置该页参数可以重新组织索引页，以提高搜索效率。在"数据库"选项中，选择 school 数据库；"对象"参数设置为"表和视图"，将"选择"网格限制为显示表和视图；"选择"参数是用来指定受此任务影响的表或索引，在"对象"框中选择"表和视图"时不可用；选择"压缩大型对象"复选框，在可能的情况下，释放表和视图的空间。设置后的页面如图 11.45 所示。

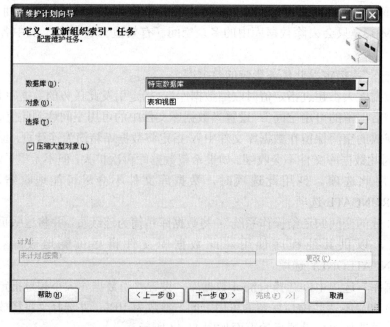

图 11.45 "维护计划向导"的"定义'重新组织索引'任务"窗口

16）单击"下一步"按钮，打开"定义'重新生成索引'任务"窗口。设置本页参数可以利用新的填充因子对数据库中的表重新创建索引。填充因子确定索引中每页上的可用空间，以容纳将来的扩展内容。随着向表中添加数据，由于没有维持填充因子，可用空间将逐渐填满。重新组织数据页和索引页可以重新建立可用空间。本页各项参数的说明如下：

- "数据库"：指定受此任务影响的数据库。
- "对象"：限制"选择"框，使其不显示表或视图，或者两者都不显示。
- "选择"：指定受此任务影响的表或索引。在"对象"框中选择"表和视图"时不可用。
- "使用默认可用空间重新组织页"：删除数据库中表上的索引，并使用在创建索引时指定的填充因子重新创建索引。
- "将每页的可用空间百分比改为"：删除数据库中表上的索引，并使用新的、自动计算的填充因子重新创建索引，从而在索引页上保留指定的可用空间。百分比越高，索引页上保留的可用空间就越多，并且索引增长也就越大。有效值为 0～100。
- "对 tempdb 中的结果进行排序"：该选项确定在索引创建过程中生成的中间排序结果的临时存储位置。
- "重建索引时保持索引联机"：用户可以在索引操作期间访问基础表或聚集索引数据以及任何关联的非聚集索引。

在"数据库"选项中，选择 school 数据库；"对象"参数设置为"表和视图"；选择"使用默认可用空间重新组织页"单选按钮。设置后的页面如图 11.46 所示。

图 11.46 "维护计划向导"的"定义'重新生成索引'任务"窗口

17）单击"下一步"按钮，打开"定义'更新统计信息'任务"窗口。设置该页参数可以更新与表和索引中的数据有关的 Microsoft SQL Server 信息。此任务对选定对象的每个索引的分发统计信息重新抽样。分发统计信息由 SQL Server 使用，以便在处理 Transact-SQL 语句期间优化在各表之间的导航。为了自动生成分发统计信息，SQL Server 定期从每个索引所对应的表中抽样一定百分比的数据，此百分比取决于表中的行数和数据修改的频率，使用此选项可以利用表中指定的数据百分比执行另一次采样。SQL Server 使用此信息来创建更好的查询计划。本页各项参数的说明如下：

- "数据库"：指定受此任务影响的数据库。
- "对象"：将"选择"网格限制为显示表、显示视图或两者同时显示。
- "选择"：指定受此任务影响的表或索引。在"对象"框中选择"表和视图"时不可用。
- "所有现有统计信息"：同时更新列和索引的统计信息。
- "仅限列统计信息"：仅更新列统计信息。
- "仅限索引统计信息"：仅更新索引统计信息。
- "扫描类型"：用于收集已更新统计信息的扫描的类型。
- "完全扫描"：读取表或视图中的所有行来收集统计信息。
- "抽样依据"：指定在收集较大型的表或视图的统计信息时要抽样的表或索引视图的百分比或者行数。

在"数据库"选项中，选择 school 数据库；"对象"参数设置为"表和视图"；选择"所有现有统计信息"单选按钮；并把扫描类型设置为"完全扫描"。设置后的页面如图 11.47 所示。

图 11.47　"维护计划向导"的"定义'更新统计信息'任务"窗口

18）单击"下一步"按钮，打开"定义'清除历史记录'任务"窗口。利用本页相关参数可以删除旧的任务历史记录。此任务将删除发生特定类型的作业时的记录。本页各项参数的说明如下：

- "备份和还原历史记录"：当用户希望还原数据库时，保留有关最近备份创建时间的记录可帮助 SQL Server 创建恢复计划。保持期应当至少为完整数据库备份的频率。
- "SQL Server 代理作业历史记录"：使用此历史记录有助于排除失败作业的故障，或者确定数据库操作发生的原因。
- "维护计划历史记录"：使用此历史记录有助于排除失败的维护计划作业的故障，或者确定数据库操作发生的原因。
- "删除历史数据，如果其保留时间超过"：指定要删除项的保留时间。

根据实际情况，此次保留默认设置，如图 11.48 所示。

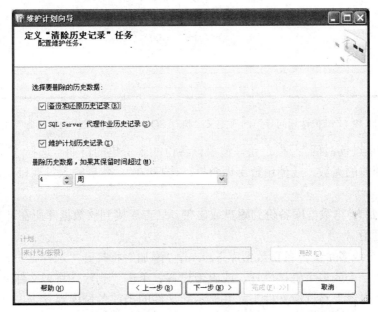

图 11.48 "维护计划向导"的"定义'清除历史记录'任务"窗口

19）单击"下一步"按钮，打开"定义'执行 SQL Server 代理作业'任务"窗口。使用该页可以向此维护计划中添加 SQL 代理作业。如果没有 SQL 代理作业，此选项将不可用。选择 Create and Backup Database Job 作业，如图 11.49 所示。

20）单击"下一步"按钮，打开"定义'备份数据库（完整）'任务"窗口。使用该页可向维护计划中添加备份任务。本页各项参数的说明如下：

- "备份类型"：显示要执行的备份类型。
- "数据库"：指定受此任务影响的数据库。
- "备份组件"：选择"数据库"将备份整个数据库。选择"文件和文件组"将只备份部分数据库。如果选择此选项，请提供文件或文件组名称。如果在"数据库"框中选择了多个数据库，只能对"备份组件"指定"数据库"。若要执行文件或文件组备份，请为每个数据库创建一个任务。

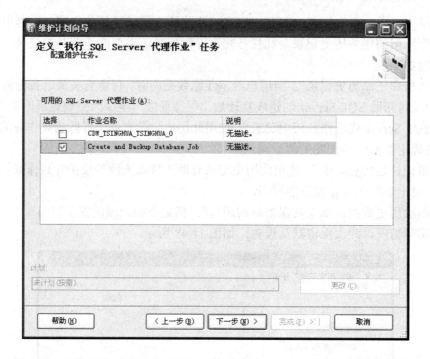

图 11.49　"维护计划向导"的"定义'执行 SQL Server 代理作业'任务"窗口

- "备份集过期时间"：指定允许覆盖该备份的备份集的日期。选择"晚于"，然后输入过期前的天数，或使用数字调整框。选择"在"，然后输入过期日期，或使用下拉日历。
- "备份到"：将数据库备份到磁盘或磁带。只有连接到该数据库所在计算机的磁带设备才可用。
- "跨一个或多个文件备份数据库"：单击"添加"将打开"选择备份目标"对话框，并提供一个或多个磁盘位置，或磁带设备。单击"删除"将把文件从该框中删除。单击"内容"将读取文件头，并显示此文件的当前备份内容。
- "如果备份文件存在"：指定如何处理现有备份。选择"覆盖"将删除文件或磁带中的旧内容，并将其替换为新备份。选择"追加"则将新备份添加到文件或磁带中的所有现有备份之后。
- "为每个数据库创建备份文件"：在文件夹框中指定的位置创建一个备份文件。为选定的每个数据库创建一个文件。
- "为每个数据库创建一个子目录"：在指定磁盘目录下创建一个子目录，指定的磁盘目录包含维护计划中要备份的每一个数据库的数据库备份。
- "文件夹"：指定用来放置自动创建的数据库文件的文件夹。
- "备份文件扩展名"：指定备份文件要使用的扩展名，默认为.bak。
- "验证备份完整性"：验证备份集是否完整以及所有卷是否都可读。

在"数据库"选项中，选择 school 数据库，其他参数保持默认设置不变，如图 11.50 所示。

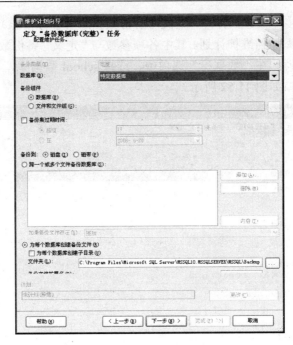

图 11.50　"维护计划向导"的"定义'备份数据库（完整）'任务"窗口

21）单击"下一步"按钮，打开"定义'备份数据库（差异）'任务"窗口。使用该页可以向维护计划中添加备份任务。其中各项参数与"定义'备份数据库（完整）'任务"窗口中的各项参数类似。在"数据库"选项中，选择 school 数据库，其他参数保持默认设置不变，设置后的窗口如图 11.51 所示。

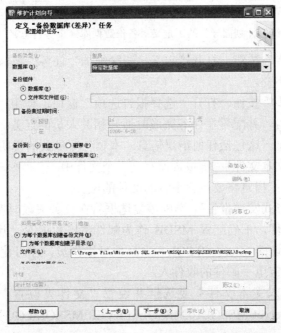

图 11.51　"维护计划向导"的"定义'备份数据库（差异）'任务"窗口

22）单击"下一步"按钮，打开"定义'备份数据库（事务日志）'任务"窗口。使用该页可以将备份任务添加到维护计划。其中各项参数与"定义'备份数据库（完整）'任务"窗口中的各项参数类似。在"数据库"选项中，选择 school 数据库，其他参数保持默认设置不变，设置后的窗口如图 11.52 所示。

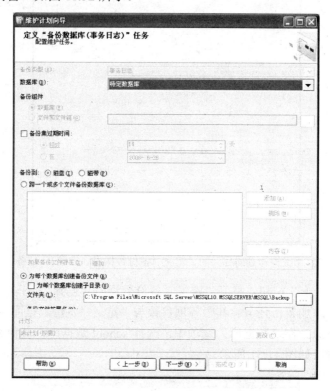

图 11.52　"维护计划向导"的"定义'备份数据库（事务日志）'任务"窗口

23）单击"下一步"按钮，打开"定义'清除维护'任务"窗口，如图 11.53 所示。本页中保持默认参数不变。

24）单击"下一步"按钮，打开"选择报告选项"窗口，使用"选择报告选项"页可以定义任务活动的报告，并配置在任务完成时通知相关人员的任务。报告将包含维护计划所执行步骤的详细信息。这包括任何错误信息。本页各项参数的说明如下：

- "将报告写入文本文件"：将报告保存到一个文件中。
- "文件夹位置"：指定将要包含报告的文件的位置。
- "以电子邮件形式发送报告"：选中该复选框将在任务失败时发送电子邮件。您必须启用数据库邮件，正确配置 MSDB 作为邮件主机数据库，并且还要有一个拥有有效电子邮件地址的 Microsoft SQL Server 代理操作员，才可使用此任务。
- "收件人"：指定电子邮件的收件人。

选择"将报告写入文本文件"复选框并设置"文件夹位置"参数为"C:\Program Files\Microsoft SQL Server\MSSQL10.MSSQLSERVER\MSSQL\LOG"。设置后的窗口如图 11.54 所示。

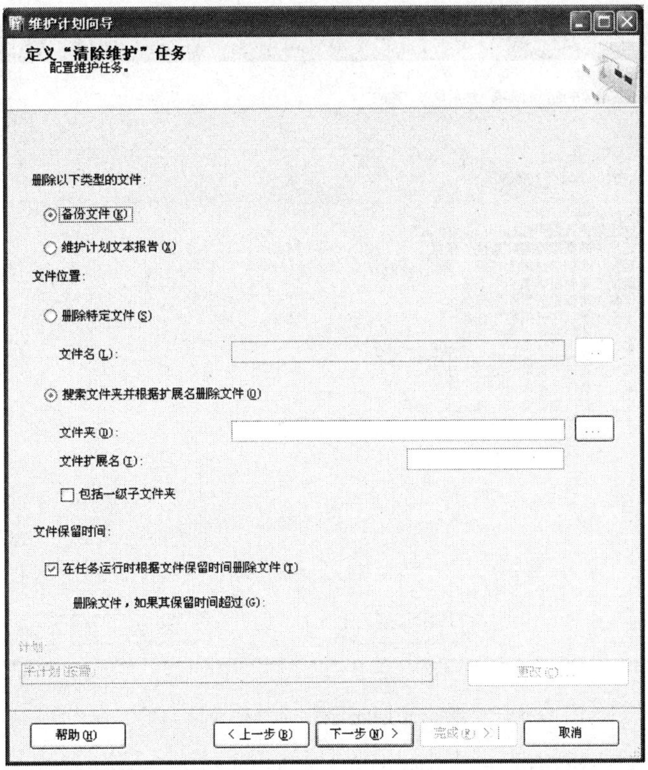

图 11.53 "维护计划向导"的"定义'清除维护'任务"窗口

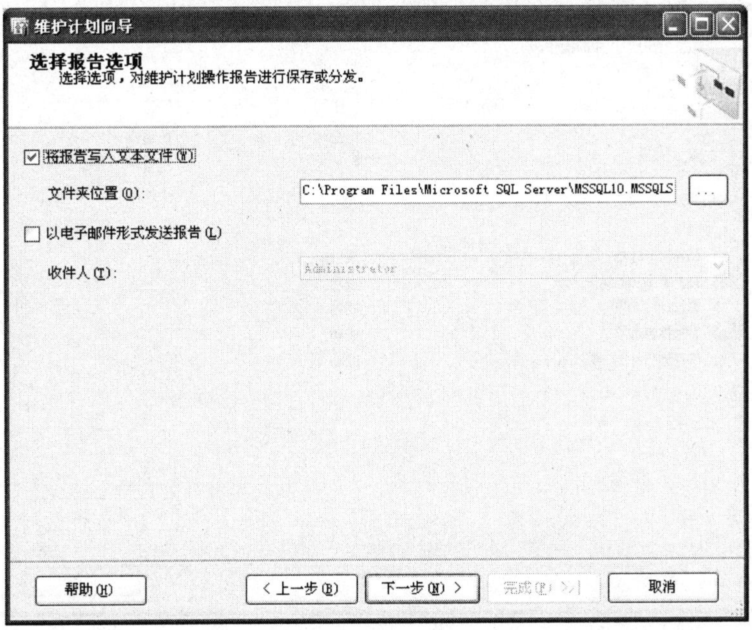

图 11.54 "维护计划向导"的"选择报告选项"窗口

25）单击"下一步"按钮，打开"完成该向导"窗口，如图 11.55 所示。

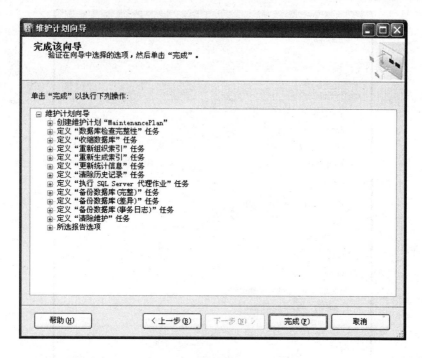

图 11.55　"维护计划向导"的"完成该向导"窗口

26）单击"完成"按钮创建这个维护计划，如图 11.56 所示。

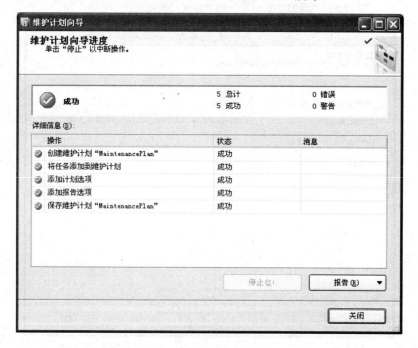

图 11.56　"维护计划向导进度"窗口

27）单击"关闭"按钮完成维护计划向导。

11.7　事务

事务，在英语里是 transaction，本意为交易、处理，这里引申为把一系列需要处理的事情当成一个整体来看待。在事务执行过程中，如果遇到错误，则可以回滚事务，取消该事务所做的全部改变，从而保证数据库数据的一致性和可恢复性。也就是说，一个事务要么其中的语句全部正确执行，要么全部语句不起作用。

11.7.1　事务概述

事务的概念对维护数据库的一致性非常重要。例如在银行转账工作中，从一个账号提款并存入另一个账号，这两个操作要么都执行，要么都不执行。如果提款的工作成功完成了，存入另一个账号时发生了错误，那么提款操作的结果也应被撤销，否则就会造成转出账号的款少了，转入账号的款却没有增加的情况。

在 SQL Server 里，事务作为单个逻辑工作单元来执行一系列操作。一个逻辑工作单元必须有 4 个属性，分别为原子性、一致性、隔离性和持久性（ACID）属性，只有这样才能成为一个事务。

- 原子性：事务必须是原子工作单元。对于其数据修改，要么全都执行，要么全都不执行。
- 一致性：事务在完成时，必须使所有的数据都保持一致状态，在相关数据库中，所有规则都必须应用于事务的修改，以保持所有数据的完整性。事务结束时，所有的内部数据结构都必须是正确的。
- 隔离性：由并发事务所做的修改必须与任何其他并发事务所做的修改隔离。事务识别数据时数据所处的状态，要么是另一并发事务修改它之前的状态，要么是第二个事务修改它之后的状态，事务不会识别中间状态的数据。这称为可串行性。因为它能够重新装载起始数据，并且重播一系列事务，以使数据结束时的状态与原始事务执行的状态相同。
- 持久性：事务完成之后，它对于系统的影响是永久性的。该修改即使导致系统故障也将一直保持。

SQL Server 中的事务分为显式事务、自动提交事务和隐式事务，下面分别介绍这 3 种事务。

11.7.2　显式事务

显式事务就是可以显式地在其中定义事务的开始和结束的事务。这类事务又称为用户定义事务。

DB-Library 应用程序和 Transact-SQL 脚本使用 BEGIN TRANSACTION、COMMIT TRANSACTION 、COMMIT WORK、ROLLBACK TRANSACTION 或 ROLLBACK WORK 等 Transact-SQL 语句定义显式事务。

1. BEGIN TRANSACTION

BEGIN TRANSACTION 标记显式连接事务的起始点。它使@@TRANCOUNT 按 1 递

增。其语法格式如下：

BEGIN { TRAN | TRANSACTION }

　　[{ transaction_name | @tran_name_variable }

　　[WITH MARK ['description']]][;]

其中各项参数说明如下：

- transaction _name：分配给事务的名称。transaction _name 必须符合标识符规则，但标识符所包含的字符数不能大于 32。仅在最外面的 BEGIN...COMMIT 或 BEGIN...ROLLBACK 嵌套语句对中使用事务名。

- @tran_name_variable：用户定义的、含有有效事务名称的变量的名称。必须用 char、varchar、nchar 或 nvarchar 数据类型声明变量。如果传递给该变量的字符多于 32 个，则仅使用前面的 32 个字符；其余的字符将被截断。

- WITH MARK ['description']：指定在日志中标记事务。description 是描述该标记的字符串。如果 description 是 Unicode 字符串，那么在将长于 255 个字符的值存储到 msdb.dbo.logmarkhistory 表之前，先将其截断为 255 个字符。如果 description 为非 Unicode 字符串，则长于 510 个字符的值将被截断为 510 字符。如果使用了 WITH MARK，则必须指定事务名。WITH MARK 允许将事务日志还原到命名标记。

BEGIN TRANSACTION 代表一点，由连接引用的数据在该点逻辑和物理上都一致的。如果遇上错误，在 BEGIN TRANSACTION 之后的所有数据改动都能进行回滚，以将数据返回到已知的一致状态。每个事务继续执行直到它无误地完成并且用 COMMIT TRANSACTION 对数据库作永久的改动，或者遇上错误并且用 ROLLBACK TRANSACTION 语句擦除所有改动。

BEGIN TRANSACTION 为发出本语句的连接启动一个本地事务。根据当前事务隔离级别的设置，为支持该连接所发出的 Transact-SQL 语句而获取的许多资源被该事务锁定，直到使用 COMMIT TRANSACTION 或 ROLLBACK TRANSACTION 语句完成该事务为止。长时间处于未完成状态的事务会阻止其他用户访问这些锁定的资源，也会阻止日志截断。

虽然 BEGIN TRANSACTION 启动一个本地事务，但是在应用程序接下来执行一个必须记录的操作（如执行 INSERT、UPDATE 或 DELETE 语句）之前，它并不被记录在事务日志中。应用程序能执行一些操作，例如为了保护 SELECT 语句的事务隔离级别而获取锁，但是直到应用程序执行一个修改操作后日志中才有记录。

在一系列嵌套的事务中用一个事务名给多个事务命名对该事务没有什么影响。系统仅登记第一个（最外部的）事务名。回滚到其他任何名称（有效的保存点名除外）都会产生错误。事实上，回滚之前执行的任何语句都不会在错误发生时回滚。这些语句仅当外层的事务回滚时才会进行回滚。

如果在语句提交或回滚之前执行了如下操作，由 BEGIN TRANSACTION 语句启动的本地事务将升级为分布式事务：

- 执行一个引用链接服务器上的远程表的 INSERT、DELETE 或 UPDATE 语句。如果用于访问链接服务器的 OLE DB 访问接口不支持 ITransactionJoin 接口，则 INSERT、UPDATE 或 DELETE 语句会失败。

- 当启用了 REMOTE_PROC_TRANSACTIONS 选项时，将调用远程存储过程。

2. COMMIT TRANSACTION

COMMIT TRANSACTION 标志一个成功的隐性事务或显式事务的结束。如果 @@TRANCOUNT 为 1，COMMIT TRANSACTION 使得自从事务开始以来所执行的所有数据修改成为数据库的永久部分，释放事务所占用的资源，并将 @@TRANCOUNT 减少到 0。如果 @@TRANCOUNT 大于 1，则 COMMIT TRANSACTION 使 @@TRANCOUNT 按 1 递减并且事务将保持活动状态。其语法格式如下：

COMMIT {TRAN|TRANSACTION}[transaction_name|@tran_name_variable]][;]

其中各项参数说明如下：

- transaction_name：SQL Server 数据库引擎忽略此参数。transaction_name 指定由前面的 BEGIN TRANSACTION 分配的事务名称。transaction_name 必须符合标识符规则，但不能超过 32 个字符。transaction_name 通过向程序员指明 COMMIT TRANSACTION 与哪些 BEGIN TRANSACTION 相关联，可作为帮助阅读的一种方法。
- @tran_name_variable：用户定义的、含有有效事务名称的变量的名称。必须用 char、varchar、nchar 或 nvarchar 数据类型声明变量。如果传递给该变量的字符数超过 32，则只使用 32 个字符，其余的字符将被截断。

仅当事务被引用所有数据的逻辑都正确时，Transact-SQL 程序员才应发出 COMMIT TRANSACTION 命令。

如果所提交的事务是 Transact-SQL 分布式事务，COMMIT TRANSACTION 将触发 MS DTC 使用两阶段提交协议，以便提交所有涉及该事务的服务器。如果本地事务跨越同一数据库引擎实例上的两个或多个数据库，则该实例将使用内部的两阶段提交来提交所有涉及该事务的数据库。

当在嵌套事务中使用时，内部事务的提交并不释放资源或使其修改成为永久修改。只有在提交了外部事务时，数据修改才具有永久性，而且资源才会被释放。当 @@TRANCOUNT 大于 1 时，每发出一个 COMMIT TRANSACTION 命令只会使 @@TRANCOUNT 按 1 递减。当 @@TRANCOUNT 最终递减为 0 时，将提交整个外部事务。因为 transaction_name 被数据库引擎忽略，所以当存在显著内部事务时，发出一个引用外部事务名称的 COMMIT TRANSACTION 只会使 @@TRANCOUNT 按 1 递减。当 @@TRANCOUNT 为 0 时发出 COMMIT TRANSACTION 将会导致出现错误；因为没有相应的 BEGIN TRANSACTION。

不能在发出一个 COMMIT TRANSACTION 语句之后回滚事务，因为数据修改已经成为数据库的一个永久部分。

仅当事务计数在语句开始处为 0 时，SQL Server 2000 及更高版本中的数据库引擎才会增加语句内的事务计数。在 SQL Server 7.0 版中，事务计数始终增加，而不考虑在语句开始处为何值。这可能会导致 SQL Server 2000 及更高版本的触发器的 @@TRANCOUNT 中返回的值低于 SQL Server 7.0 版中的对应值。

在 SQL Server 2000 及更高版本中，如果在触发器中执行 COMMIT TRANSACTION 或

COMMIT WORK 语句，并且在触发器的开始位置没有对应的显式或隐式 BEGIN TRANSACTION 语句，则用户看到的行为可能与在 SQL Server 7.0 版中看到的行为有所不同。建议不要在触发器中使用 COMMIT TRANSACTION 或 COMMIT WORK 语句。

3. COMMIT WORK

COMMIT WORK 标志事务的结束。其语法格式如下：

COMMIT [WORK][;]

此语句的功能与 COMMIT TRANSACTION 相同，但 COMMIT TRANSACTION 接受用户定义的事务名称。这个指定或没有指定可选关键字 WORK 的 COMMIT 语法与 SQL-92 兼容。

4. ROLLBACK TRANSACTION

ROLLBACK TRANSACTION 将显式事务或隐性事务回滚到事务的起点或事务内的某个保存点。其语法格式如下：

ROLLBACK {TRAN|TRANSACTION}

    [transaction_name | @tran_name_variable

    | savepoint_name | @savepoint_variable] [;]

其中各项参数说明如下：

- transaction_name：是为 BEGIN TRANSACTION 上的事务分配的名称。transaction_name 必须符合标识符规则，但只使用事务名称的前 32 个字符。嵌套事务时，transaction_name 必须是最外面的 BEGIN TRANSACTION 语句中的名称。
- @ tran_name_variable：用户定义的、含有有效事务名称的变量的名称。必须用 char、varchar、nchar 或 nvarchar 数据类型声明变量。
- savepoint_name：是 SAVE TRANSACTION 语句中的 savepoint_name。savepoint_name 必须符合标识符规则。当条件回滚应只影响事务的一部分时，可使用 savepoint_name。
- @ savepoint_variable：是用户定义的、包含有效保存点名称的变量的名称。必须用 char、varchar、nchar 或 nvarchar 数据类型声明变量。

ROLLBACK TRANSACTION 清除自事务的起点或到某个保存点所做的所有数据修改。它还释放由事务控制的资源。

不带 savepoint_name 和 transaction_name 的 ROLLBACK TRANSACTION 回滚到事务的起点。嵌套事务时，该语句将所有内层事务回滚到最外面的 BEGIN TRANSACTION 语句。无论在哪种情况下，ROLLBACK TRANSACTION 都将 @@TRANCOUNT 系统函数减小为 0。ROLLBACK TRANSACTION savepoint_name 不减小 @@TRANCOUNT。指定了 savepoint_name 的 ROLLBACK TRANSACTION 语句释放在保存点之后获得的任何锁，但升级和转换除外。这些锁不会被释放，而且不会转换回先前的锁模式。

在由 BEGIN DISTRIBUTED TRANSACTION 显式启动或从本地事务升级而来的分布式事务中，ROLLBACK TRANSACTION 不能引用 savepoint_name。在执行 COMMIT TRANSACTION 语句后不能回滚事务。

在事务内允许有重复的保存点名称，但 ROLLBACK TRANSACTION 如果使用重复的保存点名称，则只回滚到最近的使用该保存点名称的 SAVE TRANSACTION。

在存储过程中，不带 savepoint_name 和 transaction_name 的 ROLLBACK TRANSACTION 语句将所有语句回滚到最外面的 BEGIN TRANSACTION。在存储过程中，ROLLBACK TRANSACTION 语句使@@TRANCOUNT 在存储过程完成时的值不同于调用此存储过程时的@@TRANCOUNT 值，并且生成信息性消息，该信息不影响后面的处理。

如果在触发器中发出 ROLLBACK TRANSACTION，将出现以下情况：

- 将回滚对当前事务中的那一点所做的所有数据修改，包括触发器所做的修改。
- 触发器继续执行 ROLLBACK 语句之后的所有其余语句。如果这些语句中的任意语句修改数据，则不回滚这些修改。执行其余的语句不会激发嵌套触发器。
- 在批处理中，不执行所有位于激发触发器的语句之后的语句。

当输入触发器时@@TRANCOUNT 将以 1 递增，即使在自动提交模式下也是如此（系统将触发器视为隐含的嵌套事务处理）。

在存储过程中，ROLLBACK TRANSACTION 语句不影响调用该过程的批处理中的后续语句；将执行批处理中的后续语句。在触发器中，ROLLBACK TRANSACTION 语句终止包含激发触发器的语句的批处理；不执行批处理中的后续语句。

ROLLBACK TRANSACTION 语句不生成显示给用户的消息。如果在存储过程或触发器中需要警告，请使用 RAISERROR 或 PRINT 语句。RAISERROR 是用于指出错误的首选语句。ROLLBACK 对游标的影响由下面三个规则定义：

- 当 CURSOR_CLOSE_ON_COMMIT 设置为 ON 时，ROLLBACK 关闭但不释放所有打开的游标。
- 当 CURSOR_CLOSE_ON_COMMIT 设置为 OFF 时，ROLLBACK 不影响任何打开的同步 STATIC 或 INSENSITIVE 游标，也不影响已完全填充的异步 STATIC 游标。将关闭但不释放任何其他类型的打开的游标。
- 终止批处理并生成内部回滚的错误将释放在包含错误声明的批处理中声明的所有游标，而不考虑它们的类型或 CURSOR_CLOSE_ON_COMMIT 的设置情况。这包括在错误批处理调用的存储过程中声明的游标。

5. ROLLBACK WORK

ROLLBACK WORK 将用户定义的事务回滚到事务的起点。其语法格式如下：

ROLLBACK [WORK][;]

此语句的功能与 ROLLBACK TRANSACTION 相同，但 ROLLBACK TRANSACTION 接受用户定义的事务名称。无论是否指定可选的 WORK 关键字，此 ROLLBACK 语法都兼容 ISO 标准。嵌套事务时，ROLLBACK WORK 始终回滚到最远的 BEGIN TRANSACTION 语句，并将@@TRANCOUNT 系统函数减为 0。

11.7.3 自动提交事务

自动提交模式是 SQL Server 数据库引擎的默认事务管理模式。每个 Transact-SQL 语句在完成时，都被提交或回滚。如果一个语句成功地完成，则提交该语句；如果遇到错误，则回滚该语句。只要没有显式事务或隐性事务覆盖自动提交模式，与数据库引擎实例的连接就以此默认模式操作。自动提交模式也是 ADO、OLE DB、ODBC 和 DB 库的默认模式。

在使用 BEGIN TRANSACTION 语句启动显式事务或隐性事务模式设置为开启之前，与数据库引擎实例的连接一直以自动提交模式操作。当提交或回滚显式事务，或当关闭隐性事务模式时，连接将返回到自动提交模式。

11.7.4　隐式事务

当连接以隐性事务模式进行操作时，SQL Server 数据库引擎实例将在提交或回滚当前事务后自动启动新事务。无须描述事务的开始，只需提交或回滚每个事务。隐性事务模式生成连续的事务链。

为连接将隐性事务模式设置为打开之后，当数据库引擎实例首次执行下列任何语句时，都会自动启动一个事务：

ALTER TABLE、CREATE、DELETE、DROP、FETCH、GRANT、INSERT、OPEN、REVOKE、SELECT、TRUNCATE TABLE、UPDATE。

在发出 COMMIT 或 ROLLBACK 语句之前，该事务将一直保持有效。在第一个事务被提交或回滚之后，下次当连接执行以上任何语句时，数据库引擎实例都将自动启动一个新事务。该实例将不断地生成隐性事务链，直到隐性事务模式关闭为止。

11.8　小结

为了进一步减轻管理的工作量。同时实现多服务器管理的规范化和简单化，SQL Server 提供了使任务自动化的内部功能。这样包括备份数据库、创建大型数据库、重构索引以及诸如类的活动都可以在无人操作的情况下自动执行。本章主要介绍了 SQL Server 2008 中自动化任务的基本知识，如何配置"数据库邮件"，如何配置操作员、警报和作业，以及如何使用"维护计划向导"。最后，对"事务"的概念及其分类和应用进行了简单的介绍。通过对本章的学习，读者应该掌握下列内容：

- "数据库邮件"的作用及其配置方法。
- 操作员、警报和作业的作用及其配置方法。
- "事务"的概念、分类和应用。

第 12 章　SQL Server 与 ADO.NET 集成

12.1　.NET Framework 简介

.NET Framework 是支持生成和运行下一代应用程序和 XML Web services 的内部 Windows 组件，是 Visual Studio.NET 应用程序开发环境的核心。它定义了语言之间互操作的规则，以及如何把应用程序编辑为可执行代码，它还负责管理任何 Visual Studio.NET 语言创建的应用程序的执行。.NET Framework 旨在实现以下目标：

- 提供一个一致的面向对象的编程环境，而无论对象代码是在本地存储和执行，还是在本地执行但在 Internet 上分布，或者是在远程执行的。
- 提供一个将软件部署和版本控制冲突最小化的代码执行环境。
- 提供一个可提高代码（包括由未知的或不完全受信任的第三方创建的代码）执行安全性的代码执行环境。
- 提供一个可消除脚本环境或解释环境的性能问题的代码执行环境。
- 使开发人员的经验在面对类型大不相同的应用程序（如基于 Windows 的应用程序和基于 Web 的应用程序）时保持一致。
- 按照工业标准生成所有通信，以确保基于.NET Framework 的代码可与任何其他代码集成。

.NET Framework 具有两个主要组件：公共语言运行库和.NET Framework 类库。公共语言运行库是.NET Framework 的基础。您可以将运行库看作一个在执行时管理代码的代理，它提供内存管理、线程管理和远程处理等核心服务，并且还强制实施严格的类型安全以及可提高安全性和可靠性的其他形式的代码准确性。事实上，代码管理的概念是运行库的基本原则。以运行库为目标的代码称为托管代码，而不以运行库为目标的代码称为非托管代码。.NET Framework 的另一个主要组件是类库，它是一个综合性的面向对象的可重用类型集合，可以使用它开发多种应用程序，这些应用程序包括传统的命令行或图形用户界面（GUI）应用程序，也包括基于 ASP.NET 所提供的最新创新的应用程序（如 Web 窗体和 XML Web services）。

12.2　ADO.NET 概述

ADO.NET 是.NET Framework 中用于数据访问的组件，微软公司认为，它是对早期 ADO 技术的"革命性改进"。应该说，它确实是一个非常优秀的数据访问技术，对于使用.NET Framework 进行软件开发的程序员来说，它是必须掌握的技术之一。

要想掌握 ADO.NET，必须要熟悉它的对象模型，该模型如图 12.1 所示。

从该模型可以看出，ADO.NET 可分为数据提供程序（DataProvider）和数据集（DataSet）两部分，所使用的数据源可以是数据库，也可以是 XML 文件。数据提供程序（DataProvider）的作用在于创建与数据源的连接并发出数据操作的命令，数据集（DataSet）则是用于在内存中定义数据的存储结构。下面分别对数据提供程序（DataProvider）和数据集（DataSet）进行叙述。

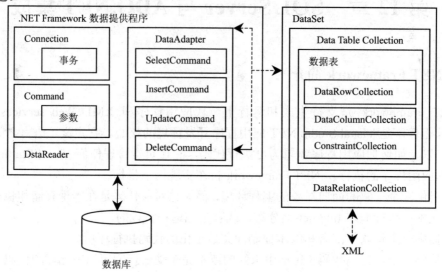

图 12.1　ADO.NET 对象模型

1. 数据提供程序

.NET Framework 中的数据提供程序组件用于同数据源打交道，换句话说，它是数据源所特有的。它包含四个对象：Connection 对象、Command 对象、DataReader 对象和 DataAdapter 对象。由于数据源不同，上述四个对象分别针对不同的数据源做了不同的实现，比如对于 SQL Server 数据库，它们的具体实现是 SqlConnection、SqlCommand、SqlDataReader 和 SqlDataAdapter；对于 Access 数据库，它们的实现是 OleDbConnection、OleDbCommand、OleDbDataReader 和 OleDbDataAdapter。

- Connection 对象表示与一个数据源的物理连接，它有一个 ConnectionString 属性，用于设置打开数据库的字符串。
- Command 对象代表在数据源上执行的 SQL 语句或存储过程，它有一个 CommandText 属性，用于设置针对数据源执行的 SQL 语句或存储过程。
- DataReader 对象用于从数据源获取只进的、只读的数据流，它是一种快速的、低开销的对象，注意它不能用代码直接创建，只能通过 Command 对象的 ExecuteReader 方法来获得。
- DataAdapter 对象是数据提供程序组件中功能最复杂的对象，是 Connection 对象和数据集之间的桥梁。

2. 数据集

数据集（DataSet）是数据库中的表记录在内存中的映象，并提供了多种对数据操作的方法。一个数据集包含多个数据表，这些表就组成了一个非连接的数据库数据视图。这种非连接的结构体系使得只有在读写数据库时才需要使用数据库服务器资源，因而提供了更好的可伸缩性。

12.3 ADO.NET 与 ADO 的比较

ADO.NET 是 ADO 的升级版，是对 ADO 根本性改进的结果，它们之间既有相似也有区别。它们都能够编写对数据库服务器中的数据进行访问和操作的应用程序，并且易于使用、高速度、低内存支出和占用磁盘空间较少，支持用于建立基于客户端/服务器和 Web 的应用程序的主要功能；但是 ADO 使用 OLE DB 接口并基于微软的 COM 技术，而 ADO.NET 拥有自己的 ADO.NET 接口并且基于微软的.NET 体系架构。众所周知.NET 体系不同于 COM 体系，ADO.NET 接口也就完全不同于 ADO 和 OLE DB 接口，这也就是说，ADO.NET 和 ADO 是两种数据访问方式。

ADO.NET 与 ADO 之间的区别主要表现在以下几点：

1）ADO.NET 为.NET 构架提供了优化的数据访问模型，和基于 COM 的 ADO 是完全两样的数据访问方式。

2）ADO.NET 遵循更通用的原则，不那么专门面向数据库。ADO.NET 集合了所有允许数据处理的类。这些类表示具有典型数据库功能（如索引，排序和视图）的数据容器对象。尽管 ADO.NET 是.NET 数据库应用程序的权威解决方案，但从总体设计上看，它不像 ADO 数据模型那样以数据库为中心。

3）ADO 是采用记录集(Recordset)存储数据，而 ADO.NET 则以数据集(DataSet)来存储。

4）ADO.NET 统一了数据容器类编程接口，无论编写何种应用程序，如 Windows 窗体、Web 窗体还是 Web 服务，都可以通过同一组类来处理数据。不管在后端的数据源是 SQL Server 数据库、OLE DB、XML 文件还是一个数组，都可以通过相同的方法和属性来滚动和处理它们的内容。

5）ADO 是在线方式运作，而 ADO.NET 则以离线方式运作。所以，使用 ADO 连接数据库会占较大的服务器系统资源，而采用 ADO.NET 技术的应用程序则具有较高的系统性能。

总之，ADO.NET 和 ADO 是两种不同的数据访问方式。利用 ADO.NET 技术开发数据库应用程序，可以有效提高程序的整体性能和系统资源的利用率。ADO.NET 是 ADO 的升级版本，是微软最新数据库访问技术的集成，它提供了全新的数据访问机制，在提高数据访问效率的同时也大大简化了程序员的工作量。

对 ADO.NET 对象进行编程的目的就是从数据操作中分解出数据访问。为完成这一分解任务，ADO.NET 完全依赖于其两个核心对象：.NET 框架数据提供程序（.NET Framework DataProvider）和数据集（DataSet），如图 12.1 所示。前者主要包括 Connection、Command、DataReader 和 DataAdapter 等对象，而后者则是包含，一个或多个 DataTable 对象的集合，这些对象是由数据行和数据列以及主键、外键等有关 DataTable 对象中数据之间关系的信息组成。可见，ADO.NET 对象是非常重要的，在下面的内容将通过介绍这些对象的使用方法来说明如何对 ADO.NET 对象进行编程。

12.4 命名空间

命名空间是多个对象的逻辑分组。.NET Framework 很大，所以为了更容易地利用.NET

Framework 开发应用程序，微软将对象划分到不同的命名空间中。

命名空间是完成类似功能的对象组。命名空间还包含结构、枚举、代数和接口之类的其他.NET 实体。命名空间又被组织成分级结构。例如，ADO.NET 中使用的一个类被命名为 System.Data.SqlClient.SqlConnection。.NET Framework 类库包含了差不多 100 个命名空间。

ADO.NET 由分散在几个.NET 命名空间内的几十个类组成。在这里只介绍最重要的三个命名空间。

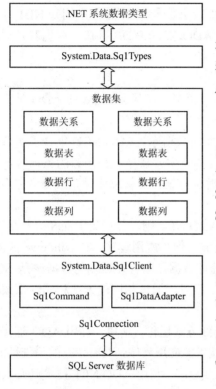

图 12.2　ADO.NET 对象

（1）System.Data

System.Data 命名空间提供对表示 ADO.NET 结构的类的访问。它包含表示内存数据的类。这些类独立于数据的源，即无论数据来自 SQL Server、Access 还是 XML 文件，都可以使用相同的类。

（2）System.Data.SqlClient

System.Data.SqlClient 命名空间是 SQL Server 的.NET Framework 数据提供程序。这个命名空间包含直接连接到 SQL Server 的类。这些类直接作用于 SQL Server 数据库中的数据，或者作用于将 System.Data 类关联到 SQL Server 数据库的服务器。

（3）System.Data.SqlTypes

System.Data.SqlTypes 命名空间为 SQL Server 中的本机数据类型提供类。这些类为.NET Framework 公共语言运行库（CLR）所提供的数据类型提供了一种更为安全和快速的替代项。使用此命名空间中的类有助于防止出现精度损失造成的类型转换错误。

图 12.2 示意性地描述了这些命名空间及其部分类是怎样结合的。

使用命名空间的最重要原因在于防止程序集中出现名称冲突。在利用不同的命名空间时，如果开发人员处理的不同组件将被合并为单一解决方案，则可以为不同项使用相同名称。因为这些名称是分离的，所以它们在编译时不会相互影响。使用命名空间的一个更实际原因在于：对象分组后更易于查找。有时，人们在查找类时可能忘记类的确切名称。如果.NET Framework 中的类没有被划分为较小的命名空间，就需要在框架的所有类中，按字母表顺序寻找所需要的类。幸运的是，人们一般会记得所需类的命名空间。在命名空间中寻找类要简单一些，这是因为要查看的类数目少得多。

12.5　SqlConnection 对象

在 ADO.NET 中，SqlConnection 对象用于连接 SQL Server 数据库，它是 Connection 类的一个实例。对于客户端/服务器数据库系统，它等效于到服务器的网络连接。SqlConnection

与 SqlDataAdapter 和 SqlCommand 一起使用，可以在连接 Microsoft SQL Server 数据库时提高性能。

12.5.1 SqlConnection 对象的常用属性

SqlConnection 对象的属性有 ConnectionString 属性、ConnectionTimeout 属性、Database 属性、DataSource 属性、State 属性、ServerVersion 属性、PacketSize 属性、StatisticsEnabled 属性、Workstation Id 属性和 FireInfoMessageEventOnUserErrors 属性。下面对 SqlConnection 对象的一些常用属性进行具体的介绍。

1. ConnectionString 属性

ConnectionString 属性用于获取或设置用于打开 SQL Server 数据库的字符串。下面的示例阐释了一个典型的连接字符串。

"Persist Security Info=False;Integrated Security=true;

Initial Catalog=Northwind;server=(local)"

ConnectionString 类似于 OLE DB 连接字符串，但并不相同。与 OLE DB 或 ADO 不同，如果"Persist Security Info"值设置为 false（默认值），则返回的连接字符串与用户设置的 ConnectionString 相同但去除了安全信息。除非将"Persist Security Info"设置为 true，否则，SQL Server .NET Framework 数据提供程序将不会保持，也不会返回连接字符串中的密码。

连接字符串的基本格式为：

关键字 1=值 1；[关键字 2=值 2，关键字 3=值 3；…]

即连接字符串的基本格式是由一系列由分号分隔的"关键字"/"值"对组成。其中，等号(=)连接各个关键字及其值，"关键字"/"值"对在连接字符串中的先后顺序并无关系。若要包括含有分号、单引号字符或双引号字符的值，则该值必须用双引号括起来。如果该值同时包含分号和双引号字符，则该值可以用单引号括起来。如果该值以双引号字符开始，则也可以使用单引号。相反，如果该值以单引号开始，也可以使用双引号。如果该值同时包含单引号和双引号字符，则用于将该值括起来的引号字符每次出现时，都必须成对出现。若要在字符串值中包括前导或尾随空格，则该值必须用单引号或双引号括起来。即使将整数、布尔值或枚举值用引号括起来，其周围的任何前导或尾随空格也将被忽略。

表 12.1 列出了 ConnectionString 中的关键字值的有效名称。

表 12.1　　　　　　　　**ConnectionString 属性中的关键字及其不同取值的含义**

关　键　字	默认值	说　　明
Application Name	N/A	应用程序的名称，默认值为".Net SqlClient Data Provider"
Async	false	如果设置为 true，则启用异步操作支持。可识别的值为 true、false、yes 和 no
AttachDBFilename 或 extended properties 或 Initial File Name	N/A	主数据库文件的名称，包括可连接数据库的完整路径名。只有具有.mdf 扩展名的主数据文件才支持 AttachDBFilename。 如果主数据文件为只读，则附加操作将失败。 该路经可以是绝对路径，也可以是相对路径，这取决于是否使用 DataDirectory 替换字符串。如果使用 DataDirectory，则对应的数据库文件必须存在于替换字符串指向的目录的子目录中。 必须按照如下方式使用关键字 database（或其别名之一）指定数据库名称： "AttachDbFileName=|DataDirectory|\data \YourDB.mdf; integrated security=true;

关　键　字	默认值	说　　明
AttachDBFilename 或 extended properties 或 Initial File Name	N/A	database=YourDatabase" 如果数据文件所在的目录中存在日志文件，并且在附加主数据文件时使用了 database 关键字，则会生成错误。这种情况下，请移除日志文件。附加了数据库后，系统将根据物理路径自动生成一个新的日志文件
Connect Timeout 或 Connection Timeout	15	在终止尝试并产生错误之前，等待与服务器的连接的时间长度（以秒为单位）
Context Connection	false	如果应对 SQL Server 进行进程内连接，则为 true
Current Language	N/A	SQL Server 语言记录名称
Data Source 或 Server 或 Address 或 Addr 或 Network Address	N/A	要连接的 SQL Server 实例的名称或网络地址。可以在服务器名称之后指定端口号： server=tcp:servername, portnumber 指定本地实例时，始终使用(local)。若要强制使用某个协议，请添加下列前缀之一： np:(local), tcp:(local), lpc:(local)
Encrypt	false	当该值为 true 时，如果服务器端安装了证书，则 SQL Server 将对所有在客户端和服务器之间传送的数据使用 SSL 加密。可识别的值为 true、false、yes 和 no
Enlist	false	true 表明 SQL Server 连接池程序在创建线程的当前事务上下文中自动登记连接
Failover Partner	N/A	在其中配置数据库镜像的故障转移合作伙伴服务器的名称
Initial Catalog 或 Database	N/A	数据库的名称
Integrated Security 或 Trusted_Connection	false	当为 false 时，将在连接中指定用户 ID 和密码。当为 true 时，将使用当前的 Windows 账户凭据进行身份验证。可识别的值为 true、false、yes、no 以及与 true 等效的 sspi（强烈推荐）
MultipleActiveResultSets	false	如果为 true，则应用程序可以维护多活动结果集(MARS)。如果为 false，则应用程序必须在执行该连接上的任何其他批处理之前处理或取消一个批处理中的多个结果集
Network Library 或 Net	dbmssocn	用于建立与 SQL Server 实例的连接的网络库。支持的值包括 dbnmpntw（命名管道）、dbmsrpcn（多协议）、dbmsadsn(Apple Talk)、dbmsgnet(VIA)、dbmslpcn（共享内存）及 dbmsspxn (IPX/SPX)和 dbmssocn(TCP/IP) 相应的网络 DLL 必须安装在要连接的系统上。如果不指定网络而使用一个本地服务器[比如"."或"(local)"]，则使用共享内存
Packet Size	8192	用来与 SQL Server 的实例进行通信的网络数据包的大小，以字节为单位
Password 或 Pwd	N/A	SQL Server 账户登录的密码。建议不要使用。为保持高安全级别，我们强烈建议您使用 Integrated Security 或 Trusted_Connection 关键字
Persist Security Info	false	当该值设置为 false 或 no（强烈推荐）时，如果连接是打开的或者一直处于打开状态，那么安全敏感信息（如密码）将不会作为连接的一部分返回。重置连接字符串将重置包括密码在内的所有连接字符串值。可识别的值为 true、false、yes 和 no

关 键 字	默认值	说　明
Replication	false	如果使用连接来支持复制，则为 true
Transaction Binding	Implicit Unbind	控制与登记的 System.Transactions 事务关联的连接。可能的值包括： Transaction Binding=Implicit Unbind; Transaction Binding=Explicit Unbind; Implicit Unbind 可使连接在事务结束时从事务中分离。分离后，连接上的其他请求将以自动提交模式执行。在事务处于活动状态的情况下执行请求时，不会检查 System.Transactions.Transaction.Current 属性。事务结束后，其他请求将以自动提交模式执行。 Explicit Unbind 可使连接保持连接到事务，直到连接关闭或调用显式 SqlConnection.TransactionEnlist(null)。如果 Transaction.Current 不是登记的事务或登记的事务未处于活动状态，则引发 InvalidOperationException
TrustServerCertificate	false	如果设置为 true，则使用 SSL 对通道进行加密，但不通过证书链对可信度进行验证。如果将 TrustServerCertificate 设置为 true 并将 Encrypt 设置为 false，则不对通道进行加密。可识别的值为 true、false、yes 和 no
Type System Version	N/A	指示应用程序期望的类型系统的字符串值。可能的值包括： Type System Version=SQL Server 2000; Type System Version=SQL Server 2005; Type System Version=SQL Server 2008; Type System Version=Latest; 如果设置为 SQL Server 2000，将使用 SQL Server 2000 类型系统。与 SQL Server 2008 实例连接时，执行下列转换： XML 到 NTEXT UDT 到 VARBINARY VARCHAR(MAX)、NVARCHAR(MAX) 和 VARBINARY(MAX) 分别到 TEXT、NEXT 和 IMAGE。 如果设置为 SQL Server 2008，将使用 SQL Server 2008 类型系统。对 ADO.NET 的当前版本不进行任何转换。 如果设置为 Latest，将使用此客户端—服务器对无法处理的最新版本。这个最新版本将随着客户端和服务器组件的升级自动更新
User ID	N/A	SQL Server 登录账户。建议不要使用。为保持高安全级别，强烈建议您使用 Integrated Security 或 Trusted_Connection 关键字
User Instance	false	一个值，用于指示是否将连接从默认的 SQL Server 速成版实例重定向到调用方账户下运行的运行时启动的实例
Workstation ID	本地计算机名称	连接到 SQL Server 的工作站的名称

2. ConnectionTimeout 属性

ConnectionTimeout 属性用于获取在尝试建立连接时终止尝试并生成错误之前所等待的时间。如果连接数据库的时间超出该值则会产生一个错误；如果该属性设置为 0，表示无限制。在 ConnectionString 中应避免值 0，否则会无限期地等待连接尝试。

3. Database 属性

该属性用于获取当前数据库或连接打开后要使用的数据库的名称。Database 属性会动态更新。如果使用 Transact-SQL 语句或 ChangeDatabase 方法更改当前数据库，就会发送信息性消息并自动更新此属性。

4. DataSource 属性

该属性用于获取要连接的 SQL Server 实例的名称。

5. State 属性

State 属性用于指示 SqlConnection 的状态。

12.5.2　SqlConnection 对象的常用方法

Sq1Connection 对象的常用方法及其说明见表 12.2。

表 12.2　　　　　　　　　　　SqlConnection 对象的常用方法及其说明

名　　称	说　　明
BeginDbTransaction	开始数据库事务
BeginTransaction	已重载。开始数据库事务
ChangeDatabase	为打开的 SqlConnection 更改当前数据库
ChangePassword	将连接字符串中指示的用户的 SQL Server 密码更改为提供的新密码
ClearAllPools	清空连接池
ClearPool	清空与指定连接关联的连接池
Close	关闭与数据库的连接。这是关闭任何打开连接的首选方法
CreateCommand	创建并返回一个与 SqlConnection 关联的 SqlCommand 对象
CreateDbCommand	创建并返回与当前连接关联的 DbCommand 对象
CreateObjRef	创建一个对象，该对象包含生成用于与远程对象进行通信的代理所需的全部相关信息
Dispose	已重载
EnlistDistributedTransaction	在指定的事务中登记为分布式事务
EnlistTransaction	在指定的事务中登记为分布式事务
Equals	确定指定的 Object 是否等于当前的 Object
Finalize	在通过垃圾回收将 Component 回收之前，释放非托管资源并执行其他清理操作
GetHashCode	用作特定类型的哈希函数
GetLifetimeService	检索控制此实例的生存期策略的当前生存期服务对象
GetSchema	已重载。返回此 SqlConnection 的数据源的架构信息
GetService	返回一个对象，该对象表示由 Component 或它的 Container 提供的服务
GetType	获取当前实例的 Type
InitializeLifetimeService	获取控制此实例的生存期策略的生存期服务对象
MemberwiseClone	已重载
OnStateChange	引发 StateChange 事件
Open	使用 ConnectionString 所指定的属性设置打开数据库连接
ResetStatistics	如果启用统计信息收集，则所有的值都将重置为零
RetrieveStatistics	调用该方法时，将返回统计信息的名称值对集合
ToString	返回包含 Component 的名称的 String（如果有）。不应重写此方法

下面重点介绍几种常用的方法：

- Open 方法：Open 方法用于打开已经设置好了的数据库连接，如果没有则它会创建一个新的 SQL Server 实例的连接。
- Close 方法：关闭与数据库的连接。这是关闭任何打开连接的首选方法。
- ChangeDatabase 方法：当改变连接的当前数据库时，该方法被触发。

12.5.3 使用 SqlConnection 对象

要用 ADO.NET 创建一条与 SQL Server 数据库的连接，最容易的方法是使用一个产生连接字符串的构造器实例化一个 SqlConnection 对象。下列程序显示了连接到 SQL Server 数据库是怎么实现的。程序如下：

```
using System;
using System.Collections.Generic;
using System.Text;
using System.Data;
using System.Data.SqlClient;

namespace dbApp
{
    class Program
    {
        static void Main(string[] args)
        {
            string connstr=
            "initial catalog=school;"+
             "data source=(local);
            integrated security=SSPI;";
            SqlConnection con =
                new SqlConnection(connstr);
            con.Open();
            Console.WriteLine(con.ConnectionString);
            Console.ReadLine();
        }
    }
}
```

本章中的代码示例都使用 C#语言；C#是 Microsoft 于 2002 年作为原始.NET 版本引进的编程语言。它与许多开发人员所熟知的 C、C++和 Java 很相似，所以对大多数开发人员来说即使不了解 C#也是相当容易理解的。

图 12.3 显示了以上程序的输出结果。

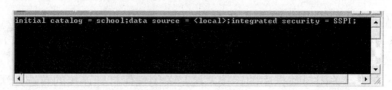

initial catalog = school;data source = <local>;integrated security = SSPI;

图 12.3　输出结果

12.5.4　连接池

连接到数据库是个代价相当高的操作。SQL Server 必须验证连接的安全，分配一个线程供连接在里面运行等。为了加快操作的速度，SqlConnection 命名空间实现了连接池（Connection pooling）。当通知.NET 应用程序已经利用完 SqlConnection 对象时，.NET 并不立即从连接池中拆卸该连接并释放资源，而是将该连接保存在连接池中供将来使用。当请求另一条连接时，从连接池中返回一条连接会比从头创建一条连接快速得多。

SQL Server 数据提供者为应用程序中的每个唯一性连接字符串分别维护一个连接池。在为某个特定连接字符串打开第一条连接时，数据提供者立即创建这个连接池。如果已经指定了一个最小连接池大小，数据提供者还会实例化出指定数量的连接。每次打开一条连接时，数据提供者都进行检查，以了解连接池中是否有一条可用的连接。如果有，那条连接立即被返回。如果没有，并且连接池含有少于最大数量的连接，数据提供者就创建一条新连接。如果连接池已满，并且没有可用的连接，申请新连接的请求存放在队列中，直至一条连接变得可用时为止。

当连接达到它们的指定寿命时，数据提供者就从连接池中删除它们。无效连接也被删除，但是数据提供者并不立即做这项工作，直到它通过尝试发现那些连接已变得无效时，才会删除它们。

12.6　SqlCommand 对象

ADO.NET 的 Command 对象主要用于执行一些 SQL 语句，包括用于返回数据、修改数据、运行存储过程以及发送或检索参数信息的数据库命令。目前它有 3 种版本：SqlCommand、DleDbCommand 和 OdbcCommand，它们的属性和方法基本相同，在此主要介绍 SqlCommand 对象。

12.6.1　SqlCommand 对象的常用属性

SqlCommand 对象的常用属性有 CommandText 属性、CommandTimeout 属性、CommandType 属性、Connection 属性、Container 属性、DesignTimeVisible 属性、Notification 属性、NotificationAutoEnlist 属性、Parameters、Site 属性、Transaction 属性和 UpdatedRowSource 属性。相关属性名称及其说明见表 12.3。

表 12.3　　　　　　　　　　SqlCommand 对象的属性及其说明

名　　称	说　　明
CommandText	获取或设置要对数据源执行的 Transact-SQL 语句或存储过程
CommandTimeout	获取或设置在终止执行命令的尝试并生成错误之前的等待时间

名　称	说　明
CommandType	获取或设置一个值，该值指示如何解释 CommandText 属性
Connection	获取或设置 SqlCommand 的此实例使用的 SqlConnection
Container	获取 IContainer，它包含 Component
DesignTimeVisible	获取或设置一个值，该值指示命令对象是否应在 Windows 窗体设计器控件中可见
Notification	获取或设置一个指定与此命令绑定的 SqlNotificationRequest 对象的值
NotificationAutoEnlist	获取或设置一个值，该值指示应用程序是否应自动接收来自公共 SqlDependency 对象的查询通知
Parameters	获取 SqlParameterCollection
Site	获取或设置 Component 的 ISite
Transaction	获取或设置将在其中执行 SqlCommand 的 SqlTransaction
UpdatedRowSource	已重写。获取或设置命令结果在由 DbDataAdapter 的"Update"方法使用时，如何应用于 DataRow

12.6.2　SqlCommand 对象的常用方法

与 SqlConnection 对象相似，SqlCommand 对象也有许多常用方法，具体名称及说明见表 12.4。

表 12.4　　　　　　　　　SqlCommand 对象的方法及其说明

名　称	说　明
BeginExecuteNonQuery	启动此 SqlCommand 描述的 Transact-SQL 语句或存储过程的异步执行
BeginExecuteReader	启动此 SqlCommand 描述的 Transact-SQL 语句或存储过程的异步执行，并从服务器中检索一个或多个结果集
BeginExecuteXmlReader	启动此 SqlCommand 描述的 Transact-SQL 语句或存储过程的异步执行，并将结果作为 XmlReader 对象返回
Cancel	尝试取消 SqlCommand 的执行
Clone	创建作为当前实例副本的新 SqlCommand 对象
CreateDbParameter	创建 DbParameter 对象的新实例
CreateObjRef	创建一个对象，该对象包含生成用于与远程对象进行通信的代理所需的全部相关信息
CreateParameter	创建 SqlParameter 对象的新实例
Dispose	已重载
EndExecuteNonQuery	完成 Transact-SQL 语句的异步执行
EndExecuteReader	完成 Transact-SQL 语句的异步执行，返回请求的 SqlDataReader
EndExecuteXmlReader	完成 Transact-SQL 语句的异步执行，将请求的数据以 XML 形式返回
Equals	确定指定的 Object 是否等于当前的 Object
ExecuteDbDataReader	对连接执行命令文本
ExecuteNonQuery	对连接执行 Transact-SQL 语句并返回受影响的行数。[重写 DbCommand. ExecuteNonQuery()]
ExecuteReader	将 CommandText 发送到 Connection 并生成一个 SqlDataReader

名　称	说　明
ExecuteScalar	执行查询，并返回查询所返回的结果集中第一行的第一列。忽略其他列或行。[重写 DbCommand. ExecuteScalar()]
ExecuteXmlReader	将 CommandText 发送到 Connection 并生成一个 XmlReader 对象
Finalize	在通过垃圾回收将 Component 回收之前，释放非托管资源并执行其他清理操作
GetHashCode	用作特定类型的哈希函数
GetLifetimeService	检索控制此实例的生存期策略的当前生存期服务对象
GetService	返回一个对象，该对象表示由 Component 或它的 Container 提供的服务
GetType	获取当前实例的 Type
InitializeLifetimeService	获取控制此实例的生存期策略的生存期服务对象
MemberwiseClone	已重载
Prepare	在 SQL Server 的实例上创建命令的一个准备版本。[重写 DbCommand. Prepare()]
ResetCommandTimeout	将 CommandTimeout 属性重置为其默认值
ToString	返回包含 Component 的名称的 String（如果有）

12.6.3　使用 SqlCommand 对象

SqlCommand 对象表示单条 Transact-SQL 语句或单个存储过程。视基础语句而定，可以从 SqlCommand 对象中取回结果，也可以不取回结果。SqlCommand 对象同时提供对输入和输出参数的完全支持。

下面的示例创建一个 SqlCommand 对象和一个 SqlConnection 对象。SqlConnection 打开，并设置为 SqlCommand 的 Connection。然后，该示例调用 ExecuteNonQuery 并关闭该连接。为了完成此任务，将为 ExecuteNonQuery 传递一个连接字符串和一个查询字符串，后者是一个 Transact-SQL INSERT 语句。程序如下：

```
private static void OpenSqlConnection()
{
    string connectionString = GetConnectionString();
    using (SqlConnection connection = new SqlConnection(connectionString))
    {
        connection.Open();
        Console.WriteLine("ServerVersion: {0}", connection.ServerVersion);
        Console.WriteLine("State: {0}", connection.State);
    }
}

static private string GetConnectionString()
{
```

```
// To avoid storing the connection string in your code,
// you can retrieve it from a configuration file, using the
// System.Configuration.ConfigurationSettings.AppSettings property
return "Data Source=(local);Initial Catalog=AdventureWorks;"
    + "Integrated Security=SSPI;";
}
```

下面程序给出了使用 SqlCommand 对象在 SQL Server 数据库中执行查询的代码。程序如下：

```
using System;
using System.Collections.Generic;
using System.Text;
using System.Data;
using System.Data.SqlClient;

namespace ConsoleApplication1
{
    class Program
    {
        static void Main(string[] args)
        {
            string connstr=
            "initial catalog=school;";
            "data source=(local);integrated security=SSPI;";
            SqlConnection con =
                new SqlConnection(connstr);
            SqlCommand cmd=
            new SqlCommand("update StudentID set"+
            "StudentName='class' where Level=1",con);
            con.Open();
            cmd.ExecuteNonQuery();
            con.Close();
        }
    }
}
```

这段特定的代码使用了 SqlCommand 对象的一个构造器；该构造器接受两个参数：一个要执行的 SQL 字符串和一条用来执行命令的连接。要执行命令，必须首先打开相关的连接，然后调用 SqlCommand 对象的 ExecuteNonQuery 方法。最后，代码关闭连接并将该连接返回给连接池。

12.7　SqlDataReader 对象

SqlDataReader 对象提供一种从 SQL Server 数据库读取行的只进流的方式。使用 SqlDataReader 对象的方法非常简单，即调用其 Read 方法以便推进到结果集的下一行，并检查其返回值，查看是否还有其他结果（如果值为 True），或者是否已经达到结果集的末尾（如果值为 False）。有了这种双重功能，可以创建以 SqlDataReader 对象为基础的紧凑循环。

12.7.1　SqlDataReader 对象的常用属性

SqlDataReader 对象的属性相对来说比较少，有 Depth 属性、FieldCount 属性、HasRows 属性、IsClosed 属性、Item 属性、RecordsAffected 属性和 VisibleFieldCount 属性。它们的说明如下所示。

- Depth 属性获取一个值，用于指示当前行的嵌套深度。
- FieldCount 属性获取当前行中的列数。
- HasRows 属性获取一个值，该值指示 SqlDataReader 是否包含一行或多行。
- IsClosed 属性检索一个布尔值，该值指示是否已关闭指定的 SqlDataReader 实例。
- Item 属性获取以本机格式表示的列的值。
- RecordsAffected 属性获取执行 Transact-SQL 语句所更改、插入或删除的行数。
- VisibleFieldCount 属性获取 SqlDataReader 中未隐藏的字段的数目。

12.7.2　SqlDataReader 对象的常用方法

SqlDataReader 对象方法的数量非常多，这里只介绍一些常用的方法。

- Read 方法使 SqlDataReader 前进到下一条记录。还有其他行，则返回 True；如果已经到达结果集的末尾，则返回 False。
- Close 方法用于关闭 SqlDataReader 对象。释放所有分配的资源，使连接可供其他命令使用。
- NextResult 方法用于当读取批处理 Transact-SQL 语句的结果时，使数据读取器前进到下一个结果。如果还有另一个结果集，则返回 True。
- CreateObjRef 方法用于创建一个对象，该对象包含生成用于与远程对象进行通信的代理所需的全部相关信息。
- GetName 方法用于获取指定列的名称。
- ToString 方法用于返回表示当前 Object 的 String。
- GetBoolean 方法获取指定列的布尔值形式的值。
- GetByte 方法获取指定列的字节形式的值。
- GetBytes 方法从指定的列偏移量将字节流读入缓冲区，并将其作为从给定的缓冲区偏移量开始的数组。
- GetChar 方法获取指定列的单个字符串形式的值。
- GetSqlDateTime 方法获取指定列的 SqlDateTime 形式的值。
- GetSchemaTable 方法返回一个 DataTable，它描述 SqlDataReader 的列元数据。

- GetSqlBinary 方法获取指定列的 SqlBinary 形式的值。
- GetSqlBoolean 方法获取指定列的 SqlBoolean 形式的值。
- GetSqlByte 方法获取指定列的 SqlByte 形式的值。
- GetSqlInt16 方法获取指定列的 SqlInt16 形式的值。
- GetSqlValue 方法返回指定列中 SQL Server 类型的数据值。
- GetSqlValues 方法填充包含记录中所有列的值的 Object 数组，这些值表示为 SQL Server 类型。
- GetSqlXml 方法获取指定列的 XML 形式的值。

12.7.3 使用 SqlDataReader 对象

使用 SqlDataReader 对象的第一步是打开它。不能直接使用 new 关键字实例化 SqlDataReader 对象，必须使用 SqlCommand 对象的 ExecuteReader 方法，程序如下：

```csharp
using System;
using System.Collections.Generic;
using System.Text;
using System.Data;
using System.Data.SqlClient;

namespace dbAPP
{
    class Program
    {
        static void Main(string[] args)
        {
            string connstr =
            "initial catalog = school；" +
            "data source=(local);integrated security=SSPI;";
            SqlConnection con =
                new SqlConnection(connstr);
            SqlCommand cmd =
                new SqlCommand("SELECT * FROM StudentName");
            cmd.Connection = con;
            con Open();
            SqlDataReader dr = cmd.ExecuteReader();
            Console.WriteLine(dr.HasRows);
            dr.Close();
            con.Close();
            Console.ReadLine();
        }
    }
}
```

假设 SqlCommand 对象的文本是一条返回行的语句，则可以使用 ExecuteReader 方法取回那些行，并将它们递交给 SqlDataReader 对象。这使得 SqlDataReader 对象能够检索指定的数据。在本例中，代码只调用了 HasRow 属性，该属性在 SqlDataReader 对象包含任何数据时返回 True。程序的运行结果如图 12.4 所示。

图 12.4　程序运行结果

下面的示例创建一个 SqlConnection 对象、一个 SqlCommand 对象和一个 SqlDataReader 对象。该示例读取所有数据，并将其写到控制台。最后，该示例先关闭 SqlDataReader，然后关闭 SqlConnection。程序如下：

```
private static void ReadOrderData(string connectionString)
{
    string queryString =
        "SELECT OrderID, CustomerID FROM dbo.Orders;";
    using (SqlConnection connection = new SqlConnection(
            connectionString))
    {
        SqlCommand command = new SqlCommand(
            queryString, connection);
        connection.Open();
        SqlDataReader reader = command.ExecuteReader();
        try
        {
            while (reader.Read())
            {
                Console.WriteLine(String.Format("{0}, {1}",
                    reader[0], reader[1]));
            }
        }
        finally
        {
            // Always call Close when done reading.
            reader.Close();
        }
    }
}
```

12.8 SqlDataAdapter 对象

SqlDataAdapter 是 DataSet 和 SQL Server 之间的桥接器，用于检索和保存数据。SqlDataAdapter 通过对数据源使用适当的 Transact-SQL 语句映射 Fill（它可更改 DataSet 中的数据以匹配数据源中的数据）和 Update（它可更改数据源中的数据以匹配 DataSet 中的数据）来提供这一桥接。当 SqlDataAdapter 填充 DataSet 时，它为返回的数据创建必需的表和列（如果这些表和列尚不存在）。

SqlDataAdapter 与 SqlConnection 和 SqlCommand 一起使用，以便在连接到 SQL Server 数据库时提高性能。

12.8.1 SqlDataAdapter 对象的常用属性

SqlDataAdapter 对象包括 SelectCommand、InsertCommand、DeleteCommand 和 UpdateCommand 属性，以便于数据的加载和更新。下面对这些属性进行具体的介绍。

- DeleteCommand 属性用于获取或设置一个 Transact-SQL 语句或存储过程，以从数据集删除记录。在 Update 过程中，如果未设置此属性而且 DataSet 中存在主键信息，那么在设置 SelectCommand 属性并使用 SqlCommandBuilder 的情况下，可以自动生成 DeleteCommand。然后，SqlCommandBuilder 将生成其他任何未设置的命令。此生成逻辑要求 DataSet 中存在键列信息。
- SelectCommand 属性用于获取或设置一个 Transact-SQL 语句或存储过程，用于在数据源中选择记录。如果 SelectCommand 不返回任何行，则没有任何表添加到 DataSet 中，并且不会引发任何异常。
- InsertCommand 属性用于获取或设置一个 Transact-SQL 语句或存储过程，以在数据源中插入新记录。在 Update 过程中，如果未设置此属性而且 DataSet 中存在主键信息，那么在设置 SelectCommand 属性并使用 SqlCommandBuilder 的情况下，可以自动生成 InsertCommand。然后，SqlCommandBuilder 将生成其他任何未设置的命令。此生成逻辑要求 DataSet 中存在键列信息。
- UpdateCommand 属性用于获取或设置一个 Transact-SQL 语句或存储过程，用于更新数据源中的记录。

12.8.2 SqlDataAdapter 对象的常用方法

SqlDataAdapter 对象方法的名称及其相关说明见表 12.5。

表 12.5　　　　　　　　　　SqlDataAdapter 对象方法的名称及其说明

名　　　称	说　　　明
CreateObjRef	创建一个对象，该对象包含生成用于与远程对象进行通信的代理所需的全部相关信息
Dispose	释放由 Component 占用的资源
Equals	确定两个 Object 实例是否相等
Fill	填充 DataSet 或 DataTable

续表

名　　称	说　　明
FillSchema	将 DataTable 添加到 DataSet 中，并配置架构以匹配数据源中的架构
GetFillParameters	获取当执行 SQL SELECT 语句时由用户设置的参数
GetHashCode	用作特定类型的哈希函数。GetHashCode 适合在哈希算法和数据结构（如哈希表）中使用
GetLifetimeService	检索控制此实例的生存期策略的当前生存期服务对象
GetType	获取当前实例的 Type
InitializeLifetimeService	获取控制此实例的生存期策略的生存期服务对象
ReferenceEquals	确定指定的 Object 实例是否是相同的实例
ResetFillLoadOption	将 FillLoadOption 重置为默认状态，并使 Fill 接受 AcceptChangesDuringFill
ShouldSerializeAcceptChangesDuringFill	确定是否应保持 AcceptChangesDuringFill 属性
ShouldSerializeFillLoadOption	确定是否应保持 FillLoadOption 属性
ToString	返回包含 Component 的名称的 String（如果有）
Update	为 DataSet 中每个已插入、已更新或已删除的行调用相应的 INSERT、UPDATE 或 DELETE 语句

12.8.3　使用 SqlDataAdapter 对象

下面用一个建立 SqlDataAdapter 对象的示例说明使用 SqlDataAdapter 对象的方法。程序如下：

```
using System;
using System.Collections.Generic;
using System.Text;
using System.Data;
using System.Data.SqlClient;

namespace dbAPP
{
    class Program
    {
        static void Main(string[] args)
        {
            string connstr =
            "initial catalog = school;" +
            "data source=(local);integrated security=SSPI;";
            SqlConnection con =
                new SqlConnection(connstr);
            SqlDataAdapter da = new SqlDataAdapter();
```

```
//set up the SqlDataAdapter
SqlCommand cmds = new SqlCommand("SELECT StudentID, " +
    " StudentID FROM StudentInfo", con);
da.SelectCommand = cmds;
SqlCommand cmdI = new SqlCommand("INSERT INTO " +
    " StudentInfo (StudentID，StudentName)" +
"VALUES(@ID,@Name),", con);
cmdI.Parameters.Add(new SqlParameter ("@ID",SqlDbType.Int,3," StudentID"));
    cmdI.Parameters.Add(new SqlParameter("@Name",
    SqlDbType.NVarChar,50," StudentName "));
da.InsertCommand = cmdI;
SqlCommand cmdU = new SqlCommand("UPDATE " +
"StudentInfo SET StudentID =" +
"@ID, StudentName = @Name WHERE " +
" StudentID = @Original_ID", con);
cmdU.Parameters.Add(new SqlParameter("@ID",
    SqlDbType.Int, 3," StudentID"));
cmdU.Parameters.Add(new SqlParameter("@Name",
    SqlDbType.NVarChar, 50,"Name"));
cmdU.Parameters.Add(new SqlParameter("@ID",
    SqlDbType.Int, 3, ParameterDirection.Input,
    false, 0, 0, " StudentID ",
    DataRowVersion.Original, null));

da.UpdateCommand = cmdU;
SqlCommand cmdD = new SqlCommand("DELETE FROM " +
" StudentInfo WHERE " +
" StudentID = @ID", con);
cmdD.Parameters.Add(new SqlParameter("@ID",
    SqlDbType.Int, 3, ParameterDirection.Input,
    false, 0, 0, " StudentID ",
    DataRowVersion.Original, null));
da.DeleteCommand = cmdD;
    }
    }
}
```

在这段代码中，需要重点注意的是 SqlParameter 对象的两个新构造器。它们直接将 SqlParameter 对象关联到结果 DataSet 对象的列中。这两个构造器中的第一个接受参数名称、数据类型、大小和源列的名称。

　　cmdU.Parameters.Add(new SqlParameter("@Name", SqlDbType.NVarChar, 50,"Name"));

　　　　第二个构造器接受参数名称、数据类型、大小、可空性、精度、标量、列名称、行版本和默认值。

```
    cmdD.Parameters.Add(new SqlParameter("@ID",
        SqlDbType.Int, 3, ParameterDirection.Input,
        false, 0, 0, " StudentID ",
        DataRowVersion.Original, null));
```

　　因此，即使列中的值已经发生变化，仍可以使用原始值作为传给存储过程的参数。DataRowVersion 枚举还允许指定列的当前、默认或推荐的值。

　　下面的示例使用 SqlCommand、SqlDataAdapter 和 SqlConnection 从数据库中选择记录，并用选定的行填充 DataSet。然后返回已填充的 DataSet。为完成此任务，向该方法传递一个已初始化的 DataSet、一个连接字符串和一个查询字符串，后者是一个 Transact-SQL SELECT 语句。程序如下：

```
  private static DataSet SelectRows(DataSet dataset,
      string connectionString, string queryString)
  {
      using (SqlConnection connection =
          new SqlConnection(connectionString))
      {
          SqlDataAdapter adapter = new SqlDataAdapter();
          adapter.SelectCommand = new SqlCommand(
              queryString, connection);
          adapter.Fill(dataset);
          return dataset;
      }
  }
```

12.9　DataSet 对象

　　DataSet 是 ADO.NET 结构的主要组件，它是从数据源中检索到的数据在内存中的缓存。DataSet 由一组 DataTable 对象组成，可使这些对象与 DataRelation 对象互相关联。还可通过使用 UniqueConstraint 和 ForeignKeyConstraint 对象在 DataSet 中实施数据完整性。

　　尽管 DataTable 对象中包含数据，但是 DataRelationCollection 允许遍览表的层次结构。这些表包含在通过 Tables 属性访问的 DataTableCollection 中。当访问 DataTable 对象时，请注意它们是按条件区分大小写的。例如，如果一个 DataTable 被命名为"mydatatable"，另一个被命名为"Mydatatable"，则用于搜索其中一个表的字符串被认为是区分大小写的。但是，如果"mydatatable"存在而"Mydatatable"不存在，则认为该搜索字符串不区分大小写。

DataSet 可将数据和架构作为 XML 文档进行读写。数据和架构可通过 HTTP 传输，并在支持 XML 的任何平台上被任何应用程序使用。可使用 WriteXmlSchema 方法将架构保存为 XML 架构，并且可以使用 WriteXml 方法保存架构和数据。若要读取既包含架构也包含数据的 XML 文档，请使用 ReadXml 方法。

在典型的多层实现中，用于创建和刷新 DataSet 并依次更新原始数据的步骤包括以下内容：

1）通过 DataAdapter 使用数据源中的数据生成和填充 DataSet 中的每个 DataTable。

2）通过添加、更新或删除 DataRow 对象更改单个 DataTable 对象中的数据。

3）调用 GetChanges 方法以创建只反映对数据进行的更改的第二个 DataSet。

4）调用 DataAdapter 的 Update 方法，并将第二个 DataSet 作为参数传递。

5）调用 Merge 方法将第二个 DataSet 中的更改合并到第一个中。

6）针对 DataSet 调用 AcceptChanges。或者，调用 RejectChanges 以取消更改。

12.9.1 DataSet 对象的常用属性

DataSet 对象的属性有 CaseSensitive 属性、Container 属性、DataSetName 属性、Default-ViewManager 属性、DesignMode 属性、EnforceConstraints 属性、Events 属性、Extended-Properties 属性、HasErrors 属性、IsInitialized 属性、Locale 属性、Namespace 属性、Prefix 属性、Relations 属性、RemotingFormat 属性、SchemaSerializationMode 属性、Site 属性和 Tables 属性。

- CaseSensitive 属性用于获取或设置一个值，该值指示 DataTable 对象中的字符串比较是否区分大小写。
- Container 属性用于获取组件的容器。
- DataSetName 属性用于获取或设置当前 DataSet 的名称。
- DefaultViewManager 属性用于获取 DataSet 所包含的数据的自定义视图，以允许使用自定义的 DataViewManager 进行筛选、搜索和导航。
- DesignMode 属性用于获取指示组件当前是否处于设计模式的值。
- EnforceConstraints 属性用于获取或设置一个值，该值指示在尝试执行任何更新操作时是否遵循约束规则。
- Events 属性用于获取附加到该组件的事件处理程序的列表。
- ExtendedProperties 属性用于获取与 DataSet 相关的自定义用户信息的集合。
- HasErrors 属性用于获取一个值，指示在此 DataSet 中的任何 DataTable 对象中是否存在错误。
- IsInitialized 属性用于获取一个值，该值表明是否初始化 DataSet。
- Locale 属性用于获取或设置用于比较表中字符串的区域设置信息。
- Namespace 属性用于获取或设置 DataSet 的命名空间。
- Prefix 属性用于获取或设置一个 XML 前缀，该前缀是 DataSet 的命名空间的别名。
- Relations 属性用于获取将表链接起来并允许从父表浏览到子表的关系的集合。

- RemotingFormat 属性用于为远程处理期间使用的 DataSet 获取或设置 SerializationFormat。
- SchemaSerializationMode 属性用于获取或设置 DataSet 的 SchemaSerializationMode。
- Site 属性用于获取或设置 DataSet 的 System.ComponentModel.ISite。
- Tables 属性用于获取包含在 DataSet 中的表的集合。

12.9.2　DataSet 对象的常用方法

DataSet 对象的方法及其说明见表 12.6。

表 12.6　　　　　　　　　　**DataSet 对象的方法及其说明**

名　　称	说　　明
AcceptChanges	提交自加载此 DataSet 或上次调用 AcceptChanges 以来对其进行的所有更改
BeginInit	开始初始化在窗体上使用或由另一个组件使用的 DataSet。初始化发生在运行时
Clear	通过移除所有表中的所有行来清除任何数据的 DataSet
Clone	复制 DataSet 的结构，包括所有 DataTable 架构、关系和约束。不要复制任何数据
Copy	复制该 DataSet 的结构和数据
CreateDataReader	为每个 DataTable 返回带有一个结果集的 DataTableReader，顺序与 Tables 集合中表的显示顺序相同
DetermineSchemaSerializationMode	确定 DataSet 的 SchemaSerializationMode
Dispose	释放由 MarshalByValueComponent 使用的所有资源
EndInit	结束在窗体上使用或由另一个组件使用的 DataSet 的初始化。初始化发生在运行时
Equals	确定指定的 Object 是否等于当前的 Object
GetChanges	获取 DataSet 的副本，该副本包含自上次加载以来或自调用 AcceptChanges 以来对该数据集进行的所有更改
GetDataSetSchema	基础结构
GetHashCode	用作特定类型的哈希函数
GetObjectData	用序列化 DataSet 所需的数据填充序列化信息对象
GetSchemaSerializable	基础结构
GetSerializationData	基础结构
GetService	获取 IServiceProvider 的实施者
GetType	获取当前实例的 Type
GetXml	返回存储在 DataSet 中的数据的 XML 表示形式
GetXmlSchema	返回存储在 DataSet 中的数据的 XML 表示形式的 XML 架构
HasChanges	获取一个值，该值指示 DataSet 是否有更改，包括新增行、已删除的行或已修改的行
InferXmlSchema	将 XML 架构应用于 DataSet
InitializeDerivedDataSet	基础结构
IsBinarySerialized	检查 DataSet 的序列化表示形式的格式
Load	通过所提供的 IDataReader，用某个数据源的值填充 DataSet

续表

名 称	说 明
MemberwiseClone	创建当前 Object 的浅表副本
Merge	将指定的 DataSet、DataTable 或 DataRow 对象的数组合并到当前的 DataSet 或 DataTable 中
OnPropertyChanging	引发 OnPropertyChanging 事件
OnRemoveRelation	当从 DataTable 中移除 DataRelation 对象时发生
OnRemoveTable	当从 DataSet 中移除 DataTable 时发生
RaisePropertyChanging	发送指定的 DataSet 属性将要更改的通知
ReadXml	将 XML 架构和数据读入 DataSet
ReadXmlSchema	将 XML 架构读入 DataSet
ReadXmlSerializable	基础结构
RejectChanges	回滚自创建 DataSet 以来或上次调用 DataSet..::.AcceptChanges 以来对其进行的所有更改
Reset	将 DataSet 重置为其初始状态。子类应重写 Reset，以便将 DataSet 还原到其原始状态
ShouldSerializeRelations	获取一个值，该值指示是否应该保持 Relations 属性
ShouldSerializeTables	获取一个值，该值指示是否应该保持 Tables 属性
ToString	返回包含 Component 的名称的 String（如果有）。不应重写此方法
WriteXml	从 DataSet 写 XML 数据，还可以选择写架构
WriteXmlSchema	写 XML 架构形式的 DataSet 结构

12.9.3 使用 DataSet 对象

下面的示例介绍了如何在 Northwind 数据库中创建并填充 DataSet 对象的方法。程序如下：

```
using System;
using System.Data;
using System.Data.SqlClient;

namespace Microsoft.AdoNet.DataSetDemo
{
class NorthwindDataSet
{
    static void Main()
    {
        string connectionString = GetConnectionString();
        ConnectToData(connectionString);
    }
```

```csharp
private static void ConnectToData(string connectionString)
{
        //Create a SqlConnection to the Northwind database.
        using (SqlConnection connection =
                    new SqlConnection(connectionString))
        {
                //Create a SqlDataAdapter for the Suppliers table.
                SqlDataAdapter adapter = new SqlDataAdapter();

                // A table mapping names the DataTable.
                adapter.TableMappings.Add("Table", "Suppliers");

                // Open the connection.
                connection.Open();
                Console.WriteLine("The SqlConnection is open.");

                // Create a SqlCommand to retrieve Suppliers data.
                SqlCommand command = new SqlCommand(
                    "SELECT SupplierID, CompanyName FROM dbo.Suppliers;",
                    connection);
                command.CommandType = CommandType.Text;

                // Set the SqlDataAdapter's SelectCommand.
                adapter.SelectCommand = command;

                // Fill the DataSet.
                DataSet dataSet = new DataSet("Suppliers");
                adapter.Fill(dataSet);

                // Create a second Adapter and Command to get
                // the Products table, a child table of Suppliers.
                SqlDataAdapter productsAdapter = new SqlDataAdapter();
                productsAdapter.TableMappings.Add("Table", "Products");

                SqlCommand productsCommand = new SqlCommand(
                    "SELECT ProductID, SupplierID FROM dbo.Products;",
                    connection);
                productsAdapter.SelectCommand = productsCommand;
```

```
        // Fill the DataSet.
        productsAdapter.Fill(dataSet);

        // Close the connection.
        connection.Close();
        Console.WriteLine("The SqlConnection is closed.");

        // Create a DataRelation to link the two tables
        // based on the SupplierID.
        DataColumn parentColumn =
            dataSet.Tables["Suppliers"].Columns["SupplierID"];
        DataColumn childColumn =
            dataSet.Tables["Products"].Columns["SupplierID"];
        DataRelation relation =
            new System.Data.DataRelation("SuppliersProducts",
            parentColumn, childColumn);
        dataSet.Relations.Add(relation);
        Console.WriteLine(
            "The {0} DataRelation has been created.",
            relation.RelationName);
    }
}

static private string GetConnectionString()
{
    // To avoid storing the connection string in your code,
    // you can retrieve it from a configuration file.
    return "Data Source=(local);Initial Catalog=Northwind;"
        + "Integrated Security=SSPI";
}
    }
}
```

　　在将数据加载到 DataSet 对象中之后，就可以自由地修改数据。如果以前曾经用过较早期的 Microsoft 数据访问 API，比如数据访问对象（DAO）或 ActiveX 对象（ADO），则可能会以为这是个相当复杂的过程，但事实上却不是这样的。Microsoft 已经作了大量的工作来简化 ADO.NET 的数据访问过程，而数据修改恰恰就是真正体现这项简化的一个方面。下面给出了一个编辑 DataSet 对象中数据的示例。程序如下：

```csharp
using System;
using System.Collections.Generic;
using System.Text;
using System.Data;
using System.Data.SqlClient;

namespace dbApp
{
    class Program
    {
        static void Main(string[] args)
        {
            string connstr =
            "initial catalog = school;" +
            "data source=(local);integrated security=SSPI;";
            SqlConnection con =new SqlConnection(connstr);
            SqlDataAdapter da = new SqlDataAdapter();

            //set up the SqlDataAdapter
            SqlCommand cmds = new SqlCommand("SELECT StudentID, " +
                " StudentName FROM StudentInfo", con);
            da.SelectCommand = cmds;
            SqlCommand cmdI = new SqlCommand("INSERT INTO " +
                " StudentInfo（StudentID，  StudentName）" +
                "VALUES(@ID,@Name),", con);
            cmdI.Parameters.Add(new SqlParameter("@ID,SqlDbType.Int,
                3," StudentID "));
            cmdI.parameters.Add(new SqlParameter("@Name",
                SqlDbType.NVarChar, 50, " StudentName "));
            da.InsertCommand = cmdI;
            SqlCommand cmdU = new SqlCommand("UPDATE " +
                " StudentInfo SET StudentID = " +
                "@ID, StudentID = @Original_ID, con);
            cmdU.Parameters.Add(new SqlParameter("@ID",
                SqlDbType.Int, 3, " StudentID "));
            cmdU.Parameters.Add(new SqlParameter)"@Name",
                SqlDbType.NVarChar, 50, "Name"));
            cmdU.Parameters.Add(new SqlParameter("@ID",
                    SqlDbType.Int, 3, ParameterDirection.Input,
                    false, 0, 0, " StudentID ",
```

```
        DataRowVersion.Original, null);

        da.UpdateCommand = cmdU;
        SqlCommand cmdD = new SqlCommand("DELETE FROM " +
            " StudentInfo WHERE " +" StudentID = @ID",    con);
        cmdD.Parameters.Add(new SqlParameter(@ID",
            SqlDbType.Int, 3, ParameterDirection.Input,
            false, 0, 0, " StudentID ",DataRowVersion.Original, null));
        da.DeleteCommand = cmdD;

        //Fill the DataSet
        DataSet ds = new DataSet();
        da.Fill(ds, " StudentInfo ");

        //Print the contents of the fourth row
        DataRow dr = ds.Table[0].Rows[3];
        Console.WriteLine("Original: " + dr[0] + " " + dr [1]);

        //Now change them
        dr[0] = "6";
        dr[1] = "王爱国";

        //Print the changed contents
        Console.WriteLine("Edited: " + dr[0] + " " +dr[1]);
        Console.ReadLine();
        }
    }
}
```

12.10　小结

本章首先对.NET Framework、ADO 和 ADO.NET 进行了简单的介绍，然后分别详细介绍了 SqlConnection 对象、SqlCommand 对象、SqlDataReader 对象、SqlDataAdapter 对象以及 DataSet 对象的常用属性和常用方法，同时给出了相应的应用实例。通过对本章的学习，应该掌握下列内容。

- .NET Framework、ADO 以及 ADO.NET 的基本概念。
- 使用 ADO.NET 访问数据库的方法，主要熟悉 SqlConnection、SqlCommand、SqlDataReader、SqlDataAdapter 和 DataSet 对象的使用。

第 13 章　报　　表

13.1　报表服务概述

为了在当今竞争激烈的市场上获胜，企业需要将信息扩展到企业外部，并与客户、合作伙伴和供应商开展实时的完美协作。SQL Server 报表服务（Reporting Services）确保企业将宝贵的企业数据转换为被分享的信息，进而以较低的总拥有成本制定富有洞察力的、及时的决策。报表服务（Reporting Services）为公司提供了满足各种各样的报表场景的能力。

- 管理报表生成。也经常用作企业报表生成——支持创建涵盖了业务的所有方面的报表，并可在整个企业范围内发送报表，使每个雇员都可以及时地访问到与业务领域相关的信息，并可以作出更好的决策。

- 即席报表生成。使用户可以创建自己的报表，并快速灵活地获得需要的信息，并且是以用户需要的格式，而不必提交请求和等待报表开发人员来为他们创建报表。

- 内嵌的报表。可以将报表直接内嵌到商业应用程序和 web 门户网站中，使得用户可以在业务处理过程中使用这些报表。与 Microsoft Office SharePoint Server 2007 的深度集成还使得公司可以通过一个中央库来发送报表，或直接在 SharePoint 中使用用于轻度渲染报表的 Web 部分，轻松地创建仪表盘。在这种方式下，公司可以将整个公司的所有关键的商业数据，包括结构化的和非结构化的数据放在一个中央存储地址，为信息访问提供了一个共同的体验，以便用户浏览到主要的业务执行信息。

SQL Server 报表服务架构如图 13.1 所示。SQL Server 报表服务（Reporting Services）是一个完整的基于服务器的平台，它可以建立、管理、发布传统的基于纸张的报表或者交互的、基于 Web 的报表。SQL Server 报表服务（Reporting Services）支持完整的报表生命周期，包括以下内容。

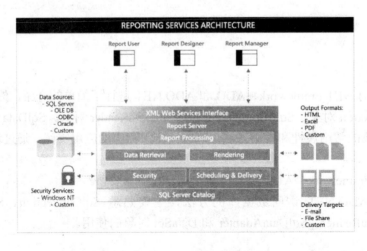

图 13.1　SQL Server 报表服务架构

- 报表制作。通过使用 Microsoft 或其他使用报表定义语言（RDL）的设计工具，报表开发人员可制作发布在报表服务其上的报表。报表定义语言（RDL）是基于 XML 的用于定义报表的行业标准。
- 报表管理。报表定义、文件夹和资源被作为一项 Web 服务来发表和管理。受管理的报表可根据随机请求或按特定进度被执行，并且在一致性和性能方面提供了缓存方式。SQL　Server　2005 报表服务新增功能之一，是管理员能使用 Management Studio 来组织报表和数据源，确定报表执行的进度，交付和跟踪报表历史记录。
- 报表提交。报表服务支持随机请求的（拉）方式提交，以及基于时间表或事件的（推）方式提交。用户可访问基于 WEB 的格式或者通过电子邮件阅读报表。
- 报表安全。SQL Server 报表服务实施一种灵活的基于角色的安全模式，从而保护了报表与数据源。该产品也包含为整合其他安全模式提供的可扩展的界面。

作为 Microsoft 商务智能框架的一部分，报表服务将 SQL Server 和 Microsoft Windows Server 的数据管理功能与大众熟悉的和强大的 Microsoft Office System 应用系统相结合，实现信息的实时传递，以支持日常运作和推动决策制定。

13.1.1　SQL Server 2008 报表服务的新特性

SQL　Server　2008 提供了一个可扩展的商业智能基础设施，使得 IT 人员可以在整个公司内使用商业智能来管理报表以及任何规模和复杂度的分析。SQL Server 2008 使得公司可以有效地以用户想要的格式和地址发送相应的、个人的报表给成千上万的用户。通过提供交互发送用户需要的企业报表，获得报表服务的用户数目大大增加，这使得用户可以获得对各自领域的洞察的相关信息的及时访问，可以作出更好、更快、更符合实际的决策。SQL Server 2008 让所有的用户可以通过下面的报表改进之处来制作、管理和使用报表。

1. 企业报表引擎

有了简化的部署和配置，可以在企业内部更简单的发送报表，用户能够轻松的创建和共享所有规模和复杂度的报表。

2. 新的报表设计器

改进的报表设计器可以创建广泛的报表，使公司可以满足所有的报表需求。独特的显示能力使报表可以被设计为任何结构，同时增强的可视化功能进一步丰富了用户的体验，如图 13.2 所示。

此外，SQL Server 2008 报表服务使商业用户可以在 Microsoft Office 的环境中编辑或更新现有的报表，不论这个报表最初是在哪里设计的，从而使公司能够从现有的报表中获得更多的价值。

3. 强大的可视化

SQL Server 2008 扩展了报表中可用的可视化组件。可视化工具（如地图、量表和图表等）使得报表更加友好和易懂。

4. Microsoft Office 渲染

SQL Server 2008 提供了新的 Microsoft Office 渲染，用户可以从 Word 直接访问报表。此外，现有的 Excel® 渲染器被极大地增强了，它被用以支持像嵌套数据区域、子报表和合并单元格等功能。这使得用户可以维护显示保真度和改进 Microsoft Office 应用中所创建的报表的全面可用性。

图 13.2　报表设计器

5. Microsoft SharePoint 集成

SQL Server 2008 报表服务将 Microsoft Office SharePoint Server 2007 和 Microsoft SharePoint Services 深度集成，提供了企业报表和其他商业信息的集中发送和管理。这使得用户可以访问包含了与他们直接在商业门户中所做的决策相关的结构化和非结构化信息的报表。

13.1.2　报表服务的基本概念

在开始实际创建报表以前，先掌握与报表有关的关键术语很重要。本节将比较全面地介绍这些术语，希望大家重点掌握，因为理解这些术语在某种程度上比使用技术更困难。

1. 报表定义

报表定义是一种在"报表设计器"或"报表生成器"中创建的文件。对于可能包含在报表中的设计元素，例如数据源连接、用来检索数据的查询、表达式、参数、图像、文本框、表以及任何其他元素，它都提供了完整的说明。在运行时，报表定义作为已处理的报表呈现。尽管报表定义可以很复杂，但是也可以在最低条件下只指定一个查询及其他报表内容、报表属性和报表布局。

报表定义以 XML 格式编写，该格式应符合一种称为报表定义语言（Report Definition Language，RDL）的 XML 语法。RDL 描述了 XML 元素，包括报表会采用的所有可能变体。

2. 发布的报表

创建.rdl 文件之后，将该文件发布到报表服务器，通过报表设计器部署报表项目解决方案，使用报表生成器进行保存，或者通过报表管理器或 SQL Server Management Studio 上载该文件。发布的报表存储在报表服务器数据库中，并在报表服务器上进行管理。报表以部分编译的中间格式存储，以便报表用户访问。

发布的报表是通过角色分配进行保护的，这种角色分配使用的是基于 Reporting Services 角色的安全模式。通过 URL、Share Point Web 部件或报表管理器，即可访问发布的报表。除了在报表生成器中创建和保存的报表之外，无法编辑发布的报表，也不能将其保存回报表服务器。

3. 呈现的报表

呈现的报表是指经过完全处理的报表，其中包含格式适于查看（如 HTML）的数据和布局信息。只有在报表以输出格式呈现之后，才能查看报表。报表呈现由报表服务器执行。呈现报表的方法有两种：从报表服务器打开发布的报表和订阅报表。这样报表将以指定的输出格式传递到电子邮件收件箱或文件共享位置。

4. 参数化报表

参数化报表是指使用输入值来完成报表或数据的处理。使用参数化报表，可以通过占位符值（在报表运行时设置）来更改报表的输出结果。目前，在报表服务中支持两种参数：查询参数和报表参数。

5. 链接报表

链接报表是提供对现有报表的访问点的报表服务器项。从概念上说，它与用于运行程序或打开文件的程序快捷方式类似。

链接报表是从现有报表派生的、保留原始报表的报表定义。它始终会继承原始报表的报表布局和数据源属性。所有其他属性和设置都可以与原始报表不同，其中包括安全性、参数、位置、订阅和计划。

虽然链接报表通常基于参数化报表，但并不一定需要使用参数化报表。无论何时希望使用不同设置部署现有报表，都可以创建链接报表。

6. 报表模型

报表模型是对用于生成即时报表的基础数据库的业务性说明。报表模型提供的附加信息可以将数据库表和视图与业务用户可以理解的一些概念关联起来。设计良好的报表模型应能够以明晰的组织形式反映业务用户要报告的信息。

通过报表模型，业务用户不必了解特定的专业性知识，就可创建自己的报表。用户使用报表模型时，并不需要对生成查询构造、数据源连接以及身份验证、表达式、筛选器和参数等有很深的了解。报表模型大大降低了报表设计中所有这些方面的专业性要求，以便业务用户专注于所关心的数据。

7. 报表快照

报表快照是包含布局信息以及在特定时间点所检索到的查询结果的报表。与按需运行报表（在选择该报表时可获得最新的查询结果）不同，报表快照按计划进行处理，再保存到报表服务器中。当选择报表快照进行查看时，报表服务器将在报表服务器数据库中检索存储的报表，然后显示快照创建时报表的数据和布局。

8. 报表服务器文件夹命名空间

报表服务器文件夹命名空间是一种包含预定义文件夹和用户定义文件夹的层次结构。其中，预定义的文件夹是报表服务的保留文件夹，不能移动、重命名或删除它们。命名空间唯一标识存储在报表服务器中的报表和其他项，它提供了在 URL 中指定报表的寻址方案。

从概念上说，此文件夹层次结构与 Windows 文件系统中的文件夹层次结构相似。不过，在报表服务中，使用的文件夹是通过 Web 连接所访问的虚拟文件夹。实际上，文件夹及其内容都不在文件系统中，相反，文件夹及其内容位于报表服务器上，当通过浏览器或启用 Web 的应用程序访问报表服务器时，它们将以文件夹和项的形式显示出来。选择报表或定位到某个报表时，路径将包含在该报表的 URL 中。

13.1.3　报表服务的组件和工具

图 13.3 显示了报表服务（Reporting Services）的组件和工具。下面对其中的各个组件和工具进行具体的介绍。

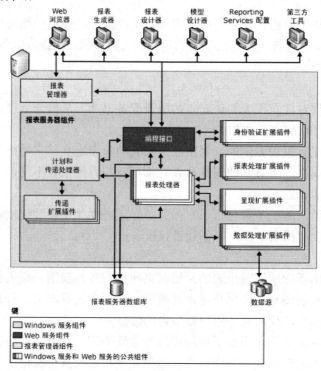

图 13.3　报表服务体系结构

1. 报表服务器

报表服务器是报表服务（Reporting Services）的主要组件。该组件提供了数据和报表处理以及报表传递。报表服务器以 Microsoft Windows 服务和 Web 服务的形式实现，可以为处理和呈现报表提供优化的并行处理基础结构。Web 服务公开了一组客户端应用程序，可用来访问报表服务器的编程接口。Windows 服务可提供初始化、计划和传递服务以及服务器维护功能。这些服务协同工作，构成单个报表服务器实例。

报表服务器通过子组件来处理报表请求，并使报表可用于按需访问或计划分发。报表服务器子组件包括处理器和扩展插件。处理器是报表服务器的核心，处理器确保报告系统的完整性，但无法修改或扩展。扩展插件也是处理器，但执行的是非常具体的功能。对于每种支持的扩展插件类型，Reporting Services 都包括一个或多个默认的扩展插件，第三方开发人员可以创建其他扩展插件，以替代或扩展报表服务器的处理能力。

2. 报表管理器

报表管理器是基于 Web 的报表访问和管理工具，可以通过 Microsoft Internet Explorer 进行访问；可以使用报表管理器通过 HTTP 连接从远程位置管理单个报表服务器实例；还可以使用报表管理器的报表查看器和导航功能。使用报表管理器可以执行以下任务。

- 查看、搜索和订阅报表。
- 创建、保护和维护文件夹层次结构，以便组织服务器上的项。
- 配置站点属性和默认设置。还可以确定"我的报表"的可用性，以支持在个人工作区中发布和创建报表。
- 配置基于角色的安全性，确定对项和操作的访问权限。
- 配置报表执行属性、报表历史记录和报表参数。
- 创建报表模型，使用这些报表模型可以连接到 SQL Server Analysis Services 数据源或 SQL Server 关系数据源，并从这些数据源中检索数据。
- 创建共享计划和共享数据源，以提高计划和数据源连接的可管理性。
- 创建可以将报表展开为大型收件人列表的数据驱动订阅。
- 创建链接报表，以便按不同方式重用现有报表和重新确定其用途。
- 启动报表生成器，这是一个用于创建和修改模型驱动的即席报表的报表设计工具。

在报表管理器中可以执行的任务取决于用户的角色分配。如果为用户分配了具有完整权限的角色，则用户可以访问用来管理报表服务器的所有应用程序菜单和页；如果为用户分配的角色具有查看和运行报表的权限，则用户只能看到支持这些活动的菜单和页。对于不同的报表服务器，甚至对于存储在单个报表服务器上的不同报表和文件夹，每个用户可以具有不同的角色分配。

3. 报表生成器

报表生成器是用于创建特殊报表的报表制作工具，它主要包括以下功能。

（1）生成报表

报表生成器工具是使用人们熟悉的 Microsoft Office 风格生成的，以便用户快速上手。若要生成表、矩阵或图表报表，请使用包含预定义数据区域的报表布局模板，并选择包含如数据字段等报表项的报表模型，然后将不同报表项拖放到模板内的相应数据区域中。用户可以对报表应用筛选器，以完善显示的数据。报表模型包含了报表生成器自动生成用于检索请求数据的查询所需的全部信息。使用报表生成器，用户可以查找与其报表中内容相关的数据、添加文本和格式、创建基于报表模型中数据的新字段和计算，以及预览、打印和发布其报表。

（2）浏览数据

使用报表生成器，用户可以按交互方式浏览报表模型中的相关数据。点击链接型报表可以自动生成，这样，报表查看者就可以通过报表模型的导航路径浏览相应的数据。只要当前项存在可访问的链接关系，报表查看者就可以继续通过单击项来查看相应的数据。查看点击链接数据时，系统将传递有关用户要用于创建其报表的数据的信息（通常是指当前数据位置的上下文），自动地生成查询。

（3）使用 Reporting Services 的功能

报表生成器是一个可从报表服务器访问的 ClickOnce WinForms 应用程序，可便捷地进行集中管理。报表生成器报表可用报表定义语言（RDL）进行发布，以便用户充分利用 Reporting Service 的所有功能。由于报表生成器报表以 RDL 形式保存，因此可使用报表设计器中的高级编程功能来打开和修改这些报表。对于报表生成器报表和报表设计器报表，在进行管理、保护和传递时所用的方法和 API 都是相同的。此外，可以通过第三方应用程序启动报表生成器，以集成报告功能。

用户需要分配有相应的权限，才能访问报表生成器。在为 Reporting Services 实现的基于角色的安全模式中，指定为"内容管理员"角色的用户可以在报表生成器中创建和编辑报表。本地管理员将自动指定为此角色。如果希望其他用户能够使用报表生成器报表，则必须为其创建角色分配，并在角色分配中包含默认角色"报表生成器"。或者，可以创建自定义的角色定义。只要自定义的角色中包含"使用报表"任务，那么，指定为该角色的用户就会具有足够的权限，可以使用报表生成器创建和修改报表。

4. 报表设计器

报表设计器为开发人员和高级报表制作人员提供了一个非常灵活和高效的报表制作环境。报表设计器是一组宿主在 Microsoft Visual Studio 环境中的设计图面和图形工具。它提供了"数据"和"预览"选项卡式视图，使用这些视图可以采用交互方式设计报表。可以添加数据集以适应新的报表设计思路，或基于预览结果调整报表布局。除了"数据"和"预览"设计图面，报表设计器还提供了查询设计工具和表达式编辑器，可以帮助用户放置图像或按步骤引导用户创建简单的报表。

5. 模型设计器

模型设计器是一种用于在 Business Intelligence Development Studio 中定义、编辑和发布报表生成器中使用的报表模型的 Reporting Services 工具。报表模型是对基础数据库的业务性说明，它对实体、属性和关系（角色）方面的数据进行了说明，报表生成器用户随后可以使用这些数据来帮助生成即席报表。模型以最终用户所熟悉的可以理解的业务术语说明基础数据库。用户可以启动模型设计器并通过使用数据源直接开始设计模型，或者使用预定义的一组规则自动生成模型。

6. Reporting Services 配置工具

使用 Reporting Services 配置工具可以配置 SQL Server Reporting Services 的安装。如果使用"仅文件"安装选项安装报表服务器，必须使用此工具来配置服务器，否则服务器将不可用。如果以前安装报表服务器时使用的是默认配置安装选项，则可以使用此工具来验证或修改在安装过程中指定的设置；如果从以前的版本升级，可以使用此工具将报表服务器数据库升级为新格式。Reporting Services 配置可以用来配置本地或远程报表服务器实例。

若要配置 Reporting Services 安装，则必须具有以下权限：

● 对承载要配置的报表服务器的计算机具有本地系统管理员权限。如果用户正在配置远程计算机，则用户还必须对该计算机具有本地系统管理员权限。

● 必须有权限在用于承载报表服务器数据库的 SQL Server 数据库引擎上创建数据库。

- Windows Management Instrumentation（WMI）服务必须启用并在任何正在配置的报表服务器上运行。Reporting Services 配置工具使用报表服务器 WMI 提供程序连接至本地和远程报表服务器。如果用户正在配置远程报表服务器，则计算机必须允许远程 WMI 访问。

7. 报表服务器命令提示实用工具

SQL Server Reporting Services 包括三个可以用来管理报表服务器的命令行实用工具：rsconfig 配置工具、rskeymgmt 实用工具和 rs 实用工具。

（1）rsconfig 配置工具

rsconfig 配置工具用来配置和管理与报表服务器数据库的报表服务器连接，还可以使用该工具来指定用于无人参与报表处理的用户账户。

（2）rskeymgmt 实用工具

rskeymgmt 实用工具是一个加密密钥管理工具。使用该工具可以备份、应用、重新创建和删除对称密钥；也可以使用此工具将报表服务器实例附加到共享的报表服务器数据库；还可以在数据库恢复操作中使用 Rskeymgmt。通过应用对称密钥的备份副本，可以在新安装中重用现有数据库。如果无法恢复密钥，此工具为用户提供了一种删除不再使用的加密内容的方法。

（3）rs 实用工具

rs 实用工具是可以用来执行脚本操作的脚本主机。使用此工具可以运行 Microsoft Visual Basic .NET 脚本，在报表服务器数据库之间复制数据、发布报表，以及在报表服务器数据库中创建项等。

8. Reporting Services 中的浏览器支持

在 Reporting Services 中，可以使用 Web 浏览器查看报表和运行报表管理器。

13.2 创建报表

报表设计器是一种功能强大的报表设计和开发环境，可以灵活地创建自由格式的报表。它可以创建一个空报表（然后添加元素来构建完整的报表），也可以对已有的报表进行修改和完善。下面以一个实例来介绍如何用报表设计器创建报表。

1. 创建 Reporting Services 项目

1）打开 Microsoft Visual Studio 2008 程序，选择"文件"→"新建"→"项目"菜单命令，打开"新建项目"对话框，如图 13.4 所示。

2）在"新建项目"对话框中，选择左窗格的"项目类型"选项组中的"商业智能项目"，然后在右窗格的"模板"选项组中选择"报表服务器项目"，并将项目名称设为 myRSProject，点击"确定"按钮。这样，就创建了一个名为 myRSProject 的空项目，如图 13.5 所示。

2. 创建空报表

1）在"解决方案资源管理器"中，右击 myRSProject 项目下的"报表"节点，在弹出的快捷菜单中选择"添加"→"新建项"命令，如图 13.6 所示，打开"添加新项"对话框。

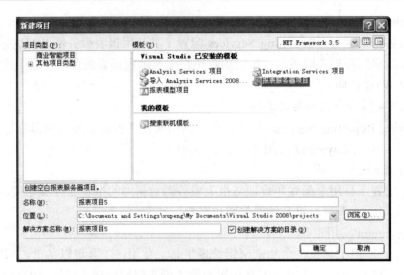

图 13.4 "新建项目"窗口

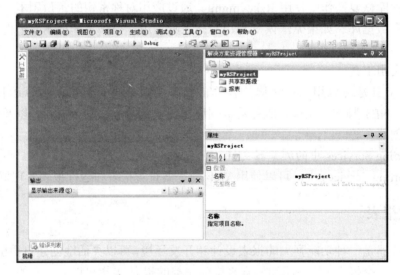

图 13.5 新创建的 myRSProject 项目

图 13.6 选择创建报表命令

2）在"添加新项"对话框中的"模板"选项组中选择"报表"选项，然后在"名称"文本框中输入 myFirstReport.rdl，如图 13.7 所示。最后单击"添加"按钮，即可在项目 myRSProject 中添加一个空的报表。这时，在解决方案资源管理器中的"报表"节点下新增一个节点——"myFirstReport.rdl"节点。

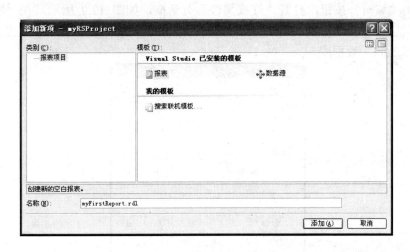

图 13.7 "添加新项"对话框

3．添加数据源

新创建的报表不但其设计界面没有任何的元素，而且也没有数据源，不跟任何的数据库相连。因此，在创建空报表以后首先需要做的就是为报表添加数据源。

1）右击刚创建完的"myFirstReport.rdl"节点，在弹出的菜单中选择"打开"命令，即可打开报表设计器。

2）将报表设计器切换到"设计"选项卡，如图 13.8 所示。

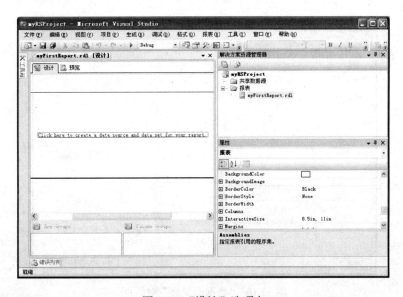

图 13.8 "设计"选项卡

3）在"设计"选项卡中，单击其中的蓝色字体 Click here to create a data source and data set for your report，打开"数据源属性"对话框。其中，设置数据源的名称为 Source_tomyFirstReport；选择"嵌入连接"单选按钮，并在"类型"下拉列表中选择 Microsoft SQL Server 选项。

4）点击"编辑"按钮，打开"连接属性"对话框，如图 13.9 所示。在"服务器名"选项中输入"Tsinghua"；选择"选择或输入一个数据库名"单选按钮，并在其下的下拉列表中选择"school"数据库。

图 13.9 "连接属性"对话框

5）点击"确定"按钮，返回"数据源属性"对话框，这时对话框中的文本框中显示了"DataSource= Tsinghua; Initial Catalog=school"的语句。设置后的"数据源属性"对话框如图 13.10 所示。

图 13.10 "数据源属性"对话框

6）单击"下一步"按钮，打开"查询设计器"对话框。在文本框中输入语句 select * from XS，创建一个操作数据集的简单查询。单击"运行查询"图标 **！运行查询**，将显示 XS 表中的所有信息，如图 13.11 所示。

图 13.11　"查询设计器"对话框

7）单击"下一步"按钮，完成数据源的添加。

4. 添加报表标题

选择"视图"中的"工具箱"命令，打开"工具箱"窗口，如图 13.12 所示。在"工具箱"的"报表项"下有 11 种用于为报表创建不同格式和元素的组件。在运用时，只需将这些组件拖到设计界面并进行相应的属性设置即可。

现在为报表添加一个标题。方法是将"报表项"下的"文本框"拖到"设计"选项卡的设计界面中。双击该"文本框"，在其中输入文字，这里输入"学生信息"，其中输入文字的属性可以在"属性"窗口中进行设置，"属性"窗口如图 13.13 所示。可以通过选取"预览"选项卡来观察所制作报表的效果，点击"预览"选项卡，看到设置后的报表标题效果如图 13.14 所示。

图 13.12　"工具箱"窗口

图 13.13　"属性"窗口

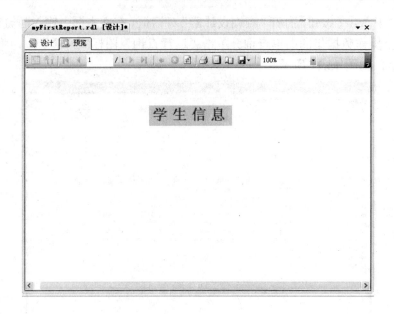

图 13.14　报表标题的设计效果

5. 添加并设置"表"组件

1）"表"组件用于显示数据集的详细信息。为此，从"工具箱"中将"表"组件拖到"设计"选项卡的设计界面中，并点选该组件，如图 13.15 所示。

图 13.15　添加"表"组件

当点选"表"组件后，组件的左侧和底部都出现灰框，它们分别为列句柄和行句柄。通过拖拉列句柄之间的交汇处可以拉伸或缩短相应列的宽度。在默认情况下，"表"组件只包含三列。右击任意一个列句柄，然后在弹出的快捷菜单中选择"插入列"、"左对齐"命令（或"插入列"、"右框线"命令），每执行一次命令都会增加一列，直至增加到要求的列数为止。对于行宽度和行数的调整也可采用类似的方法。

2）在"表"组件中增加组。为进一步实现按"性别"分组显示信息，还需要在"表"

组件中加入"组"。但在默认情况下，"表"组件只包含两行："页眉"行和"数据"行。添加"组"的方法是，右击"数据"行的句柄，然后在弹出的快捷菜单中选择"组 DetailsGroup"→"添加组"→"父组"命令，如图 13.16 所示。

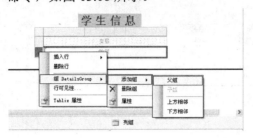

图 13.16 执行增加"组"操作

3）选择"父组"命令后，弹出"Tablix 组"对话框。在"组表达式"参数对应的下拉列表中选择"性别"选项，如图 13.17 所示。

图 13.17 Tablix 组对话框

4）点击"确定"按钮，返回"设计"选项卡的设计界面中。"预览"设置后的报表效果如图 13.18 所示。

图 13.18 报表效果

5）把鼠标放到"数据"行表格的右上角位置，会出现一个小图标。单击这个小图标，可以弹出包含数据集参数的下拉列表，如图 13.19 所示，通过列表选项可以设置报表中每格具体要显示的参数，并在"属性"对话框中设置"表头"的背景颜色为 Silver，字的大小为 12pt，设置后的表格参数如图 13.20 所示。

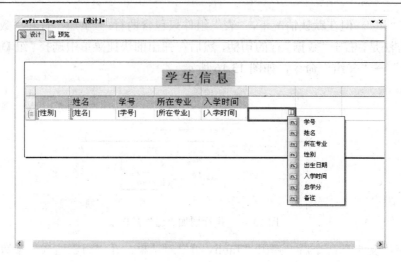

图 13.19　数据集参数选择

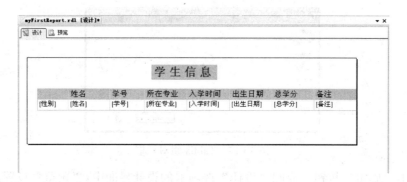

图 13.20　表格具体设置的参数

6）至此，报表 myFirstReport 的所有设置操作全部完成。在设计器中切换到"预览"选项卡，可以查看设计效果，如图 13.21 所示。

学 生 信 息

	姓名	学号	所在专业	入学时间	出生日期	总学分	备注
男	张维	06030101	计算机	2006/7/1 0:00:00	1987/2/19 0:00:00	30.0	
	李海	06030103	计算机	2006/7/1 0:00:00	1987/7/5 0:00:00	30.0	
	郭海涛	06040101	通信工程	2006/7/1 0:00:00	1987/9/9 0:00:00	32.0	
	许平	06040102	通信工程	2006/7/1 0:00:00	1988/1/3 0:00:00	32.0	
	孙立	07040101	通信工程	2007/7/1 0:00:00	1988/10/19 0:00:00	16.0	
	梁春滨	07040102	通信工程	2007/7/1 0:00:00	1988/4/5 0:00:00	14.0	一门课程不及格
女	王健	06030201	计算机	2006/7/1 0:00:00	1987/6/9 0:00:00	30.0	
	李琳琳	06030202	计算机	2006/7/1 0:00:00	1988/12/30 0:00:00	28.0	一门课程不及格
	白晶晶	06040103	通信工程	2006/7/1 0:00:00	1987/10/11 0:00:00	32.0	
	金叶	07030101	计算机	2007/7/1 0:00:00	1988/3/7 0:00:00	16.0	

图 13.21　浏览报表 myFirstReport

13.3 发布报表到服务器

前面在介绍报表的创建时，已多次用到报表的预览。但这种预览是面向设计人员的，是报表设计的组成部分。实际上，报表的最终目的是为用户提供信息查询服务，是面向用户的。为此，需要对设计好的报表进行部署，并将之发布到报表服务器上，这样用户才能使用报表（而不仅限于设计人员了）。

发布报表包含两个过程：生成报表和部署报表。报表的生成类似于程序的编译，它主要用于检测已创建的报表是否存在错误，只有没有错误的报表才能对其进行部署。报表部署一般要在服务器端进行，因此如果在异地创建和设计报表，则最好先利用报表生成操作，检查是否有错误，确认无误后才移到服务器上进行部署。当然，如果是在服务器上创建和设计报表，则可以直接使用报表部署命令进行部署。

以报表项目 myRSProject 为例，介绍发布报表的基本过程。

1）打开 Visual Studio 2008 程序，选择"文件"→"打开"→"项目/解决方案"菜单命令，打开项目 myRSProject，然后在解决方案资源管理器中右击 myRSProject 节点，并在弹出的快捷菜单中选择"属性"命令，打开"myRSProject 属性页"对话框。该对话框中，几个部署项的含义说明如下：

- OverwriteDataSources：当此项被设置为 False 时，如果服务器端已存在同名的数据源，则不能进行部署操作（操作将失败）；当设置为 True 时，则会覆盖同名的数据源。默认值为 False。
- TargetDataSourceFolder：用于定义存放数据源的虚拟目录。
- TargetReportFolder：用于定义存放报表的虚拟目录。
- TargetServerURL：用于指定报表服务器的 URL 地址。

2）在此对话框的左上角"配置"下拉列表中，选择"活动（Release）"选项。

3）确认 TargetReportFolder 项被设置为 myRSProject（当前用户要拥有在 myRSProject 文件夹上的发布权，否则部署操作将失败）。

4）TargetServerURL 项的值设置为 http://tsinghua:8080/reportserver，结果如图 13.22 所示。

5）单击"配置管理器"按钮，打开"配置管理器"对话框。在此对话框中，将左上角的"活动解决方案配置"设置为"Release"，并确保"生成"和"部署"复选框已被选中，如图 13.23 所示。

6）单击"关闭"按钮，返回到"myRSProject 属性页"对话框后，再单击"确定"按钮。

7）从 Microsoft Visual Studio 中选择"生成"→"部署 myRSProject"命令，也可以右击项目名称节点"myRSProject"，在弹出的快捷菜单中选择"部署"命令。按上面的设置，项目 myRSProject 将先被检查是否有错误，如果没有错误则部署到服务器上，否则停止部署操作。注意，部署操作一般要在服务器上完成，即在服务器上打开项目之后部署。如果部署成功的话，将在"输出"窗口内显示如图 13.24 所示的部署状况。

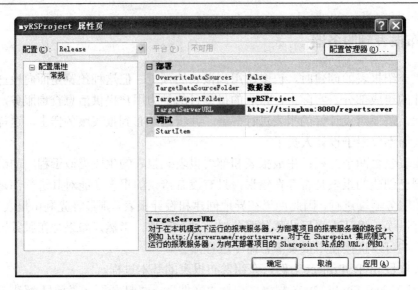

图 13.22 "myRSProject 属性页"对话框

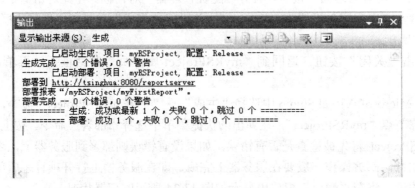

图 13.23 "配置管理器"对话框

图 13.24 "输出"窗口

8）部署成功后，生成的部署文件将保存在"C:\Program Files\Microsoft SQL Server\MSSQL.3\Reporting Services\ReportServer\"目录下。用户可以通过在 IE 浏览器的地址栏中输入地址"http://tsinghua:8080/reportserver"来访问报表。

13.4 报表生成器 Report Builder

13.4.1 什么是 Report Builder

Report Builder（报表生成器）是基于 Web 的报表开发和设计工具，其功能强大，允许用户在客户端基于报表模型创建表格、矩阵或图表格式的报表。Report Builder 具有 Offices 的操作风格，使用 Report Builder 设置报表时不要求具有太多的技术背景，其操作几乎都是通过鼠标的拖动操作来完成的。因此，Report Builder 特别适用于一般用户，它是一个 Web 工具，可以利用 IE 浏览器进行远程报表的创建和设计，因此倍受用户青睐。

运用 Report Builder 的前提是，必须已创建相应的报表模型并已将之发布到报表服务器上。报表模型是通过创建报表模型项目来生成的，一个项目可以包含一个或多个报表模型，每个报表模型中都定义了相应商业智能的基本单位，如表、字段之间的关系等。报表模型发布后，在远程客户机上通过 IE 浏览器打开 Report Builder，用户即可使用定义好的报表模型作为数据源来创建和设计报表。这时用户看到的已经不是数据库内部复杂的数据结构，而是熟悉的商业名词和数据关系。这样，一方面可方便用户根据实际需要和个人喜好设计个性化报表，另一方面还可以减轻程序开发人员开发报表的负担。

一般说来，用户创建报表是通过从预定义的报表模型中将字段拖动到预设计的报表模板上来完成的。要在报表生成器中创建报表，需要至少一个可用的报表模型。报表模型是在报表模型项目中创建的，为此，需要先创建一个报表模型项目。报表模型项目包含数据的定义（扩展名为.ds 的文件），数据源视图的定义（扩展名为.dsv 的文件）以及报表模型（.smdl 文件）。然后依次在项目中创建数据源、数据源视图、报表模型，最后发布报表模型。下面将介绍运用报表生成器创建报表模型的一般方法。

13.4.2 创建报表模型

1. 创建报表模型项目

1）打开 Microsoft Visual Studio 2008 程序，选择"文件"→"新建"→"项目"菜单命令，打开"新建项目"对话框，选择"报表模型项目"图标，并在名称参数中输入myModelRSProject，如图 13.25 所示。

2）单击"确定"按钮，关闭对话框。在"解决方案资源管理器"中，新增 myModelRSProject节点，如图 13.26 所示。

2. 定义项目的数据源

1）在解决方案资源管理器中右击"数据源"节点，然后在弹出的快捷菜单中选择"添加新数据源"命令，打开"欢迎使用数据源向导"窗口，如图 13.27 所示。

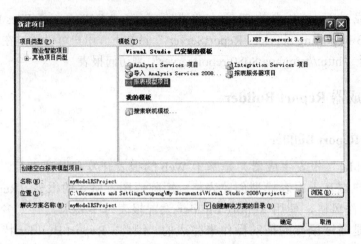

图 13.25　"新建项目"对话框

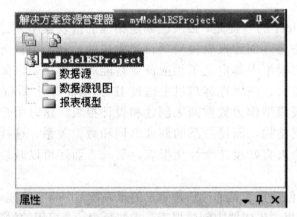

图 13.26　新创建的"myModelRSProject"节点

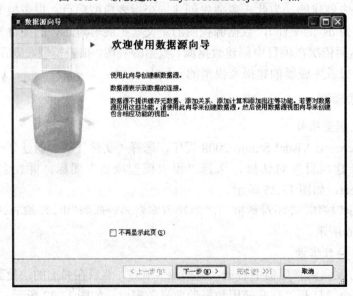

图 13.27　"欢迎使用数据源向导"窗口

2）单击"下一步"按钮，进入"选择如何定义连接"窗口。在该窗口上，通过单击"新建"按钮打开"连接管理器"对话框，如图 13.28 所示。在服务器名的参数中输入 Tsinghua；选择"使用 Windows 身份验证"单选按钮；选择"选择或输入一个数据库名"单选按钮，并在其下方的下拉列表中选择"school"数据库。

图 13.28 "连接管理器"对话框

3）单击"确定"按钮，回到"选择如何定义连接"窗口，这时"数据连接"参数中显示"Tsinghua.school"，如图 13.29 所示。

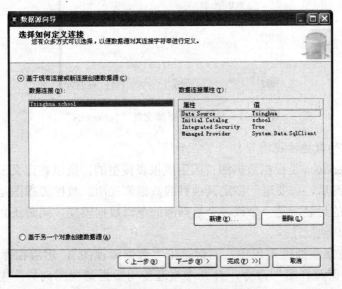

图 13.29 "选择如何定义连接"窗口

4）单击"下一步"按钮，打开"完成向导"窗口，如图 13.30 所示。

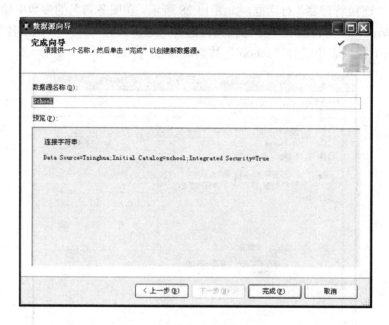

图 13.30 "完成向导"窗口

5）单击"完成"按钮，在"解决方案资源管理器"中的数据源节点下出现 School.ds 文件，如图 13.31 所示。

图 13.31 创建的数据源文件"School.ds"

3. 定义项目的数据源视图

Reporting Services 是根据数据源视图生成报表模型的，所以在定义了将在报表模型项目中使用的数据源后，需要进一步定义项目的数据源视图。数据源视图是对基础数据源中所包含物理对象的封装，是一个或多个数据源的逻辑数据模型，同时还允许在基础数据源之外创建和管理其他批注。

1）在解决方案资源管理器中，右键单击"数据源视图"，然后在弹出的快捷菜单中选择"添加新数据源视图"命令，打开"欢迎使用数据源视图向导"窗口，如图 13.32 所示。

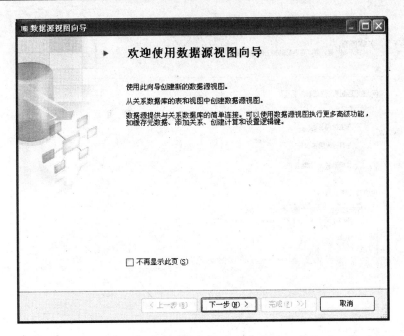

图 13.32 "欢迎使用数据源视图向导"窗口

2）单击"下一步"按钮，进入"选择数据源"窗口，如图 13.33 所示。

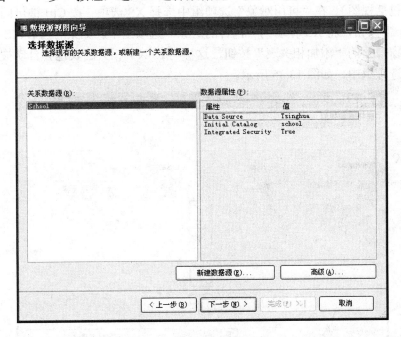

图 13.33 "选择数据源"窗口

3）数据源已经配置完成，所以该窗口中保持默认值不变。单击"下一步"按钮，进入
"名称匹配"窗口，如图 13.34 所示。在"名称匹配"窗口中，设置不同表之间的逻辑关系。
在此选用默认值。

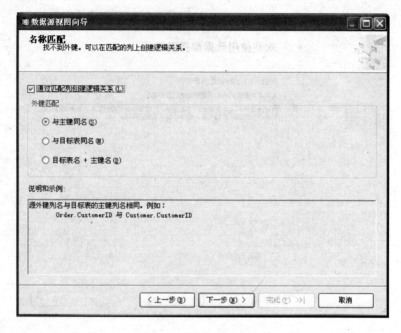

图 13.34　"名称匹配"窗口

　　4）单击"下一步"按钮，进入"选择表和视图"窗口。在本窗口中可以设置报表模型的基本表（包括视图）。在"可用对象"选项组中选择 XS 选项（按 Ctrl 键可同时选多项），然后单击">"按钮，将 XS 移动到"包含的对象"选项组中。如果有与表 XS 相关的表可以通过单击窗口上的"添加相关表"按钮，这样与表 XS 相关的表也会自动被添加到"包含的对象"选项组中，如图 13.35 所示。

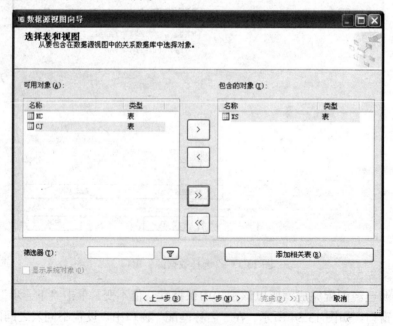

图 13.35　"选择表和视图"窗口

5）在"选择表和视图"窗口中单击"下一步"按钮，显示"完成向导"窗口，将创建的数据源视图的名称设置为 SchoolView，如图 13.36 所示。

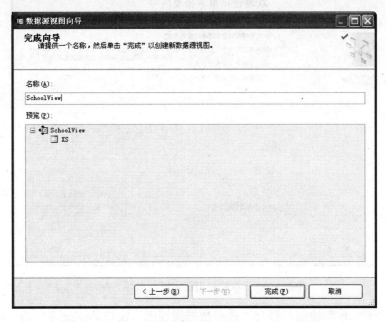

图 13.36 "完成向导"窗口

6）单击"完成"按钮，在"解决方案资源管理器"中的数据源视图节点下出现 SchoolView.dsv 文件，如图 13.37 所示。

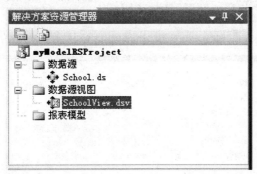

图 13.37 创建的数据源视图文件"SchoolView.dsv"

4. 创建报表模型

报表模型是由实体组成的，位于物理数据库顶部的一种元数据层，用于标识业务实体、字段和角色，它是用语义模型定义语言（SMDL）的 XML 语言定义的，其对应文件的文件扩展名是.smdl。报表模型在成功发布后，用户即可利用 Report Builder 通过鼠标的拖放操作轻松设计自己喜欢的报表，而无需用户熟悉数据库结构或了解和编写查询。

1）在解决方案资源管理器中，右键单击"报表模型"，然后在弹出的快捷菜单中选择"添加新报表模型"命令，打开"欢迎使用报表模型向导"窗口，如图 13.38 所示。

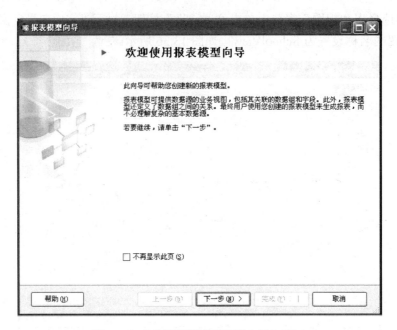

图 13.38 "欢迎使用报表模型向导"窗口

2）单击"下一步"按钮，打开"选择数据源视图"窗口。在此窗口的"可用数据源视图"选项组中确保选中前面创建的数据源视图 SchoolView.dsv，如图 13.39 所示。

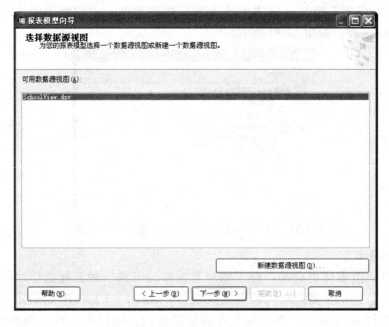

图 13.39 "选择数据源视图"窗口

3）单击"下一步"按钮，打开"选择报表模型生成规则"窗口。在该窗口中列出了各种规则，这些规则确定了从数据源生成元数据的方式，它们的具体说明见表 13.1。在此采用默认值，如图 13.40 所示。

表 13.1 规 则 选 项 及 其 说 明

选 项	说 明
为所有表创建实体	不管数据库表中是否包含数据，为每个表创建实体
为非空表创建实体	仅在数据库表中包含数据时才为表创建实体
创建计数聚合	创建包含实体中唯一实例数的聚合字段
创建属性	为每个表中的每个列创建属性
为非空列创建属性	只为数据库中包含数据的那些列创建字段
为自动递增列创建属性	创建包含数据库中自动递增数据的隐藏字段
创建日期变体	基于日期的不同部分（例如年、月或日）为日期字段创建变体
创建数值聚合	为每个数值字段创建总和、平均值、最小值和最大值字段
创建日期聚合	为每个日期字段创建首次日期聚合字段和上次日期聚合字段
创建角色	为实体之间发现的每个关系创建两个角色（一个源角色和一个目标角色）
查找实体	将只有一个字段的实体视为查找实体。这些实体将置于一个称为 Lookup 的文件夹中
小列表	在要从中选择的实体中实例少于 100 个时，创建下拉列表
大列表	在要从中选择的实体中实例超过 500 个时，要求用户从列表中进行选择
超大列表	在要从中选择的实体中实例超过 5000 个时，要求用户在从列表中选择之前进行筛选
设置标识属性	指示哪些字段对此实体是唯一的。模型设计器可标识潜在的标识属性
设置默认详细信息属性	指示当用户单击点击链接型报表中的相关项时默认显示哪些字段
仅角色名称	自动设置 Role 特性的上下文名称属性
数值/日期格式	按降序对数值和日期字段进行排序
整数/小数格式	使用数字和小数设置整数的格式
浮点格式	设置浮点字段的格式
日期格式	将日期时间字段的格式设置为仅显示字段的日期部分而不显示时间部分
禁止分组	防止用户对唯一字段进行分组。标识属性的禁止分组选项默认设置为 True
下拉值选择	为具有少于 200 个唯一值的字段的下拉列表设置"值选择"属性

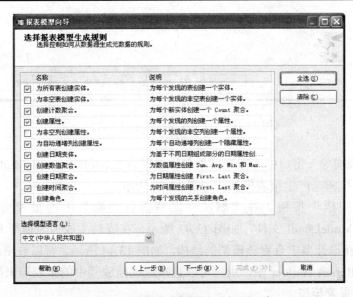

图 13.40 "选择报表模型生成规则"窗口

4）点击"下一步"按钮，打开"收集模型统计信息"窗口。在此窗口中可以生成报表模型统计信息，报表模型设计器可以收集每个实体的唯一实例数。在首次创建报表模型时，建议更新统计信息。这些统计信息与数据库统计信息不同，这些统计信息存储在数据源视图中，只能用于在报表模型中生成和设置属性。本窗口中的两个选项具体说明如下：

- 在生成前更新模型统计信息。选择此选项可创建或更新报表模型的统计信息。默认情况下，将选择此选项；不过，建议只在数据源发生了更改时才更新统计信息。
- 使用数据源视图中存储的当前模型统计信息。选择此选项可使用当前的可用统计信息。选择"在生成前更新模型统计信息"单选按钮，如图 13.41 所示。然后，点击"下一步"按钮，打开"完成向导"窗口。

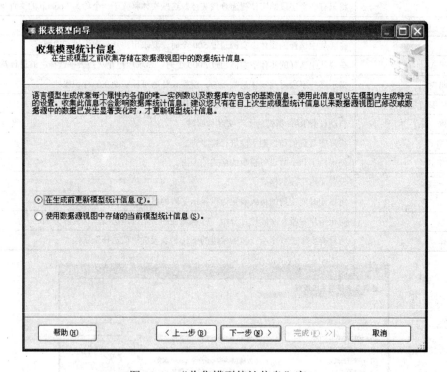

图 13.41 "收集模型统计信息"窗口

5）在"完成向导"窗口中将报表模型名称设置为 SchoolDatabase_Model。然后单击左下角的"运行"按钮，产生报表模型，如图 13.42 所示。

6）单击"完成"按钮。在"解决方案资源管理器"中的报表模型节点下出现 SchoolDatabase_Model.smdl 文件，如图 13.43 所示。在成功生成报表模型 SchoolDatabase_Model 后，可以在设计器中查看该模型的结构，如图 13.44 所示。可以看出，该模型包含一个实体 XS。在 Report Builder 中，用户可以直接通过拖放其中的报表项来构造报表，但在此之前还需发布报表模型。

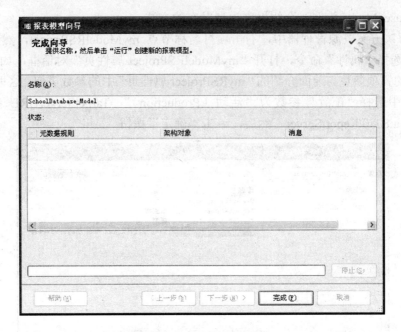

图 13.42 "完成向导"窗口

图 13.43 创建的报表模型文件"SchoolDatabase_Model.smdl"

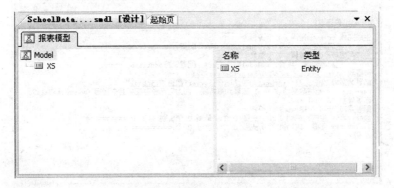

图 13.44 报表模型 SchoolDatabase_Model 的结构

13.4.3 发布报表模型

为了能够在 Report Builder 中发布报表模型,必须将该模型发布到报表服务器上。在报表模型成功部署到服务器后,数据源和数据源视图也都被部署在服务器端了。下面以

SchoolDatabase_Model 为例，介绍报表模型发布的方法。

1）在解决方案资源管理器中，右击项目名称节点 myModelRSProject，然后在弹出的快捷菜单中选择"属性"命令，打开"myModelRSProject 属性页"对话框，如图 13.45 所示。该页中的各项参数与前面介绍的"myRSProject 属性页"中的参数类似，这里不再赘述。在下拉列表中选择"配置"参数为"活动（Production）"，TargetServerURL 参数设置为 http://tsinghua:8080/ReportServer。然后，单击"确定"按钮。

图 13.45 "myModelRSProject 属性页"对话框

2）在解决方案资源管理器中，右击项目名称节点 myModelRSProject，在弹出的快捷菜单中选择"部署"命令。此后，项目将进入部署过程，这可能需要一定的时间。在这个过程中产生的任何错误或警告都将显示在"输出"窗口内（可选择菜单"视图"→"输出"命令打开此窗口），如图 13.46 所示。

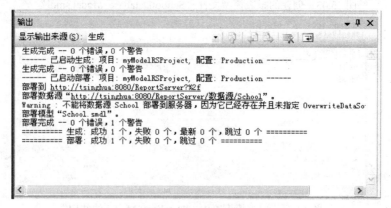

图 13.46 "输出"窗口

3）部署完成后，在 IE 浏览器地址栏中输入地址 http://tsinghua:8080/ReportServer 可以查看报表模型和数据源在服务器的部署情况。IE 浏览器显示的结果如图 13.47 所示，该图表示报表模型已经成功发布到服务器上，此后可以使用 Report Builder 设计用户需要的报表了。

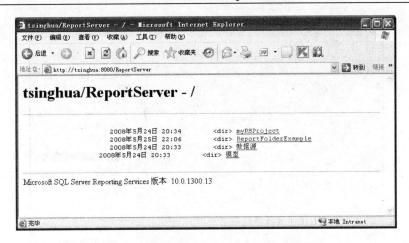

图 13.47 项目 myModelRSProject 的部署情况

13.4.4 使用 Report Builder 设计报表

Report Builder（报表生成器）需要在报表管理器中打开。报表管理器用于管理已经发布的报表、报表模型等的 Web 工具。关于它的使用方法将在下节介绍，在此仅使用它来打开 Report Builder，然后介绍如何在 Report Builder 中创建报表。

报表管理器是一种 Web 工具，所以可用 IE 浏览器打开。打开方法是在 IE 浏览器的地址栏中输入下列的 URL 地址：http://<Web 服务器名>/Reports。其中，"<Web 服务器名>"表示报表服务器的名称。在此，输入 http://tsinghua:8080/Reports，打开浏览器界面如图 13.48 所示，这也就是报表管理器主界面。

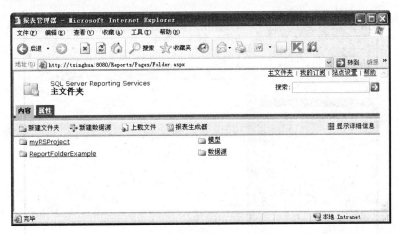

图 13.48 报表管理器主界面

下面介绍在报表生成器中创建报表的基本步骤。

1）在报表管理器主界面中单击"报表生成器"按钮，打开报表生成器。

2）在报表生成器界面右边的"新建"列表中选择报表模型 SchoolDatabase_Model。然后从"报表布局"选项组中选中"表（纵栏式）"单选按钮，表示要创建纵栏式报表，如图 13.49 所示。

图 13.49　报表生成器界面

3）单击"确定"按钮。这时报表生成器将切换到如图 13.50 所示的界面。在此界面中，
"实体"选项组列出了报表模型 SchoolDatabase_Model 所包含的实体。当选择一个实体时，
在左下方的"字段"选项组中列出了该实体所包含的报表项。

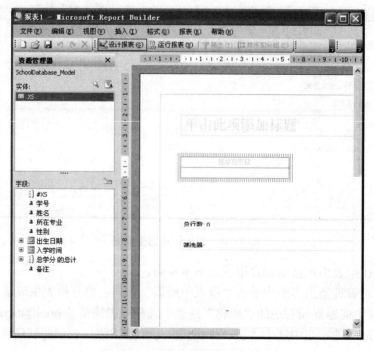

图 13.50　报表生成器的设计界面

4）在报表设计界面中的"单击此项添加标题"处，输入"学生信息"。

5）选择"实体"选项组中的 XS，在"字段"选项组中选择要显示在报表中的各个报表项，如"学号"、"姓名"、"性别"和"总学分的总计"等，依次将其拖到报表设计界面中的"拖放列字段"区域内，结果如图 13.51 所示。

图 13.51　报表的设计界面

6）在工具栏上单击"运行报表"按钮查看报表的设计效果，如图 13.52 所示。

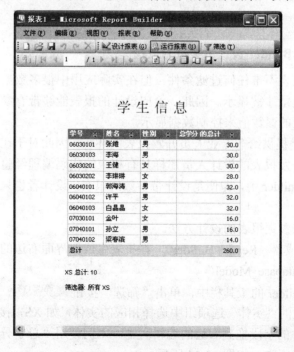

图 13.52　报表的设计效果

7）如果对报表的设计效果满意，则保存它。这时报表将被默认保存到服务器主文件夹当中。报表保存后将自动被发布，可以在 IE 浏览器中输入 http://tsinghua:8080/reportserver 来查看报表，如图 13.53 所示。

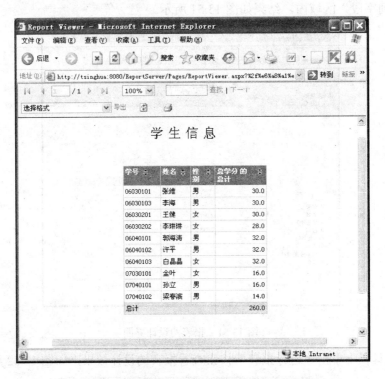

图 13.53　报表显示

13.4.5　使用 Report Builder 设计带参数的报表

之前所设计的报表不带任何过滤条件，但在实际应用中很多数据的显示是有条件的，即满足一定条件的记录才被显示。因此，希望设计的报表能够带有参数，使得在浏览报表时可以通过输入相应的参数值来控制数据显示。

Report Builder 是提供给非专业人员开发报表的环境，因此对于在参数设置上并不要求像使用报表设计器开发报表的设计人员那样具有相应的代码编程经验、了解数据库的数据结构等。在 Report Builder 中，即便是设计带参数的报表，设计者也只需通过鼠标的拖放操作来完成。

下面介绍一个带参数报表的设计方法。

1）启动报表生成器（Report Builder），在报表生成器界面右边的"新建"列表中选择报表模型"SchoolDatabase_Model"。

2）在 Report Builder 的工具栏中，单击"筛选"按钮 筛选(I)，打开"筛选数据"对话框。然后，在左边的"实体"选项组中选择相应的实体，如 XS，接着在"字段"选项组中把将作为过滤条件的字段拖到右边的编辑区中。本例使用"总学分"作为过滤条件，故将之拖到右边的编辑区中，如图 13.54 所示。

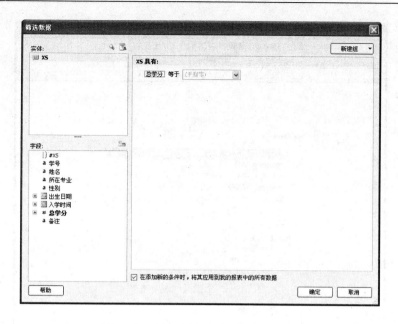

图 13.54 设置创建过滤条件用的字段

3）在图 13.54 所示的编辑区中，单击"等于"文字，弹出具有选项"等于"、"在列表中"、"大于"、"大于或等于"、"小于"、"小于或等于"和"从…到"的下拉列表，如图 13.55 所示，在其中选择"小于或等于"选项。在右边的文本框中输入 25，如果这时单击"确定"按钮，所创建的报表将用于显示总学分小于或等于 25 分的学生信息。

4）为使得报表能够显示总学分小于或等于任意指定的分值，在编辑区中单击"总学分"，并在弹出的下拉列表框中选择"提示"选项，如图 13.56 所示。设置完成后，"总学分"左边会有一个绿色的问号，表示设置成功。

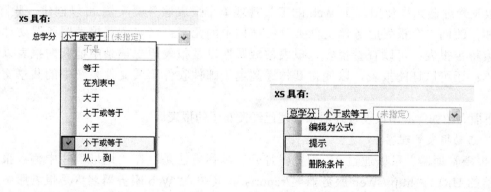

图 13.55 设置过滤条件的比较操作符   图 13.56 将字段"总学分"的值设置为运行时输入

5）单击"确定"按钮，然后在 Report Builder 中保存并运行该修改后的报表。可以看到"总学分"文本框中的默认值为 25，这时报表显示的都是总学分小于或等于 25 分的学生信息。如果要显示总学分小于或等于某一设定值的学生信息，只需在"总学分"文本框中输入这一设定值并回车即可。点击"运行报表"按钮，结果如图 13.57 所示。

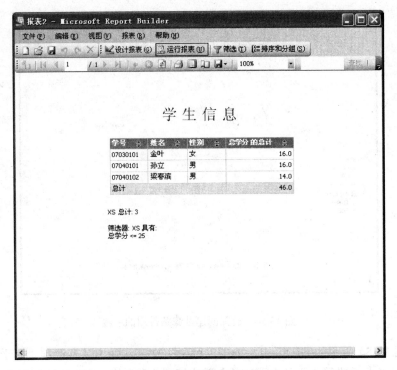

图 13.57 运行带参数的报表

13.5 报表管理

在创建并发布了报表之后，还需要经常地管理和维护报表。SQL Server 2008 提供了报表管理器来管理发布的报表和报表服务器上的其他内容。

报表管理器允许使用基于 Web 的工具管理单个报表服务器实例，可以创建、删除、保护和修改同一个报表服务器文件夹分级结构中的元素；可以浏览报表服务器文件夹或搜索特定报表；可以查看报表、报表常规属性以及报表历史记录中捕获的报表以前的副本；还可以订阅报表，以便将其传递到电子邮件收件箱或文件系统中的共享文件夹中。

下面介绍如何应用报表管理器来管理已经发布了的报表。

1. 启动报表管理器

"报表管理器"可以通过 IE 浏览器打开。具体方法是：在"地址"栏中输入报表服务器的 URL："http://Web 服务器名/reports"，其中，"Web 服务器名"是报表服务器的名称。

报表服务器具体的 URL 可以通过程序"Reporting Services 配置管理器"进行查询。具体方法如下所示：

1）在"所有程序"菜单中，选取程序 Microsoft SQL Server 2008，进而选取程序 Configuration Tools，在弹出的菜单中点击程序"Reporting Services 配置管理器"，打开"Reporting Services 配置管理器"，如图 13.58 所示。

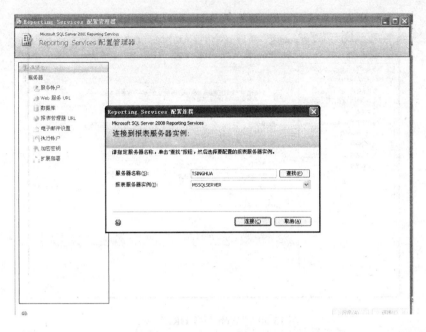

图 13.58 "Reporting Services 配置管理器"起始窗口

2）单击"连接"按钮，启动报表服务器，如图 13.59 所示。

图 13.59 "报表服务器状态"窗口

3）单击"Web 服务 URL"选择项，打开"Web 服务 URL"窗口，如图 13.60 所示。该窗口中，在"报表服务器 Web 服务 URL"栏中，显示了报表服务器具体的 URL。在本例中，显示的是 http://tsinghua:8080/reportserver。

图 13.60 "Web 服务 URL"窗口

打开 IE 浏览器，在"地址"栏中输入 http://tsinghua:8080/reports，启动"报表管理器"。"报表管理器"的窗口如图 13.61 所示。

图 13.61 "报表管理器"的窗口

现在对报表管理器主窗口中的元素说明如下。

1）界面的右上角有四个超链接，从左到右分别为"主文件夹"、"我的订阅"、"站点设置"和"帮助"。

- "主文件夹"用于转到报表管理器主界面,这使得在任何地方都可以通过点击"主文件夹"回到报表管理器主界面。
- "我的订阅"则可以用于打开管理个人订阅的界面。
- "站点设置"可用于配置站点的安全、日志与访问连接等。
- "帮助"则用于打开独立于报表管理器的帮助文件。

2)在超链接下方有一个"搜索"框,它用于查找报表服务器中的对象,如报表、文件夹等。

3)在"内容"选项卡上有五个按钮,分别为"新建文件夹"、"新建数据源"、"上载文件"、"报表生成器"和"显示/隐藏详细信息"按钮,其中"显示/隐藏详细信息"为开关按钮。这五个按钮的功能与名称相同。

4)在"内容"选项卡上,可以确定 BUILTIN\Administrators 对"主文件夹"执行的任务,可以将 BUILTIN\Administrators 分配给多个角色来扩展任务列表。

默认情况下,在打开报表管理器时将自动显示"主文件夹"中的内容,包括其中的已经创建的文件夹、报表和其他对象。

2. 管理文件夹

文件夹提供了报表服务器中存储的所有可用项的导航结构和路径。文件夹中可以包含的项包括已发布报表、共享数据源、资源和其他文件夹。文件夹还为安全性提供了基础,为特定文件夹定义的角色分配可以扩展到该文件夹内的项及该文件夹的子文件夹。处理报表服务器文件夹类似于处理文件系统中的文件夹,可以向文件夹添加内容、在文件夹之间移动项、修改文件夹名或位置,还可以删除不再需要的文件夹。

(1)创建文件夹

可以单击"工具栏"中的"新建文件夹"按钮,然后再输入一个新的文件夹名称及说明文本,如图 13.62 所示,最后单击"确定"按钮完成创建。新创建的文件夹如图 13.63 所示,即创建一个名为 MyNewOne 的新文件夹并添加说明后的效果。

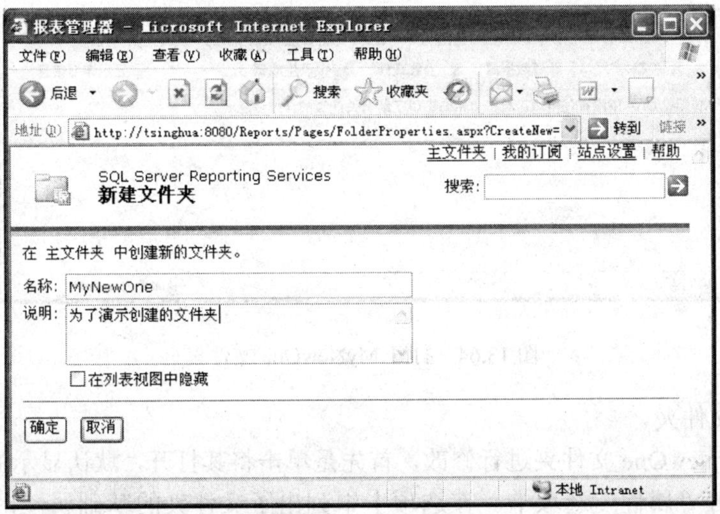

图 13.62　创建新的文件夹

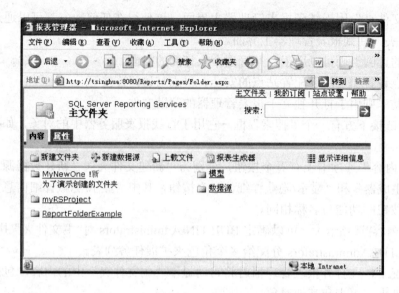

图 13.63　新创建的 MyNewOne 文件夹

（2）打开文件夹

在"报表管理器"窗口中如果要查看某个文件夹的内容，则可以单击该文件夹的名称打开它。如果该文件夹已经添加了解说或者注释，它们也将出现。如图 13.64 所示，打开 MyNewOne 文件夹后显示带有注释的"报表管理器"窗口。

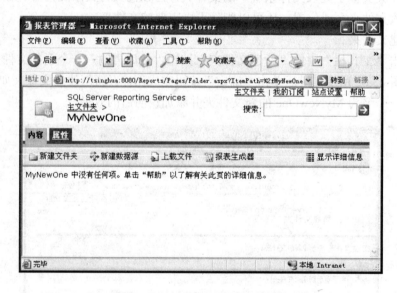

图 13.64　打开 MyNewOne 文件夹

（3）修改文件夹

下面对 MyNewOne 文件夹进行修改。首先是单击将其打开，默认显示的是"内容"选项卡，然后打开"属性"选项卡。在选项卡中列出了文件夹的基础属性，将名称修改为 ReportFolderExample，清除报表的说明文字，如果不希望在默认的"内容"选项卡显示该文件夹，可以选中"在列表视图中隐藏"复选框，这样，只有在单击"显示详细信息"按钮后，才可以看到该文件夹，如图 13.65 所示，再单击"应用"按钮保存更改。

图 13.65　修改文件夹

（4）删除文件夹

当要删除 ReportFolderExample 文件夹时，需要单击进入该文件夹；然后打开"属性"选项卡，再单击"删除"按钮从弹出的对话框中单击"确定"按钮，如图 13.66 所示，该文件夹就会被删除。

图 13.66　删除 ReportFolderExample 文件夹

（5）移动文件夹

在"报表管理器"窗口中，打开要移动的文件夹，再打开它的"属性"选项卡。从底部单击"移动"按钮，然后在"位置"文本框中输入目标文件夹名称，或从树中选择目标文件夹，如图 13.67 所示，最后单击"确定"按钮。

图 13.67　移动文件夹

3. 查看已发布的报表

如果要查看已发布到报表服务器上的报表，可以在"报表管理器"窗口中单击报表名称即可。图 13.68 所示的是在打开 myRSProject 文件夹后单击 myFirstReport 链接打开的报表。

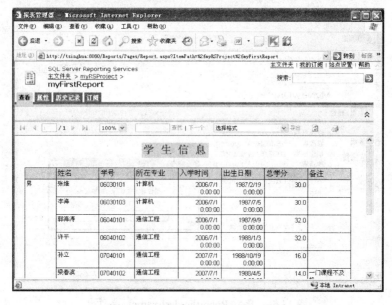

图 13.68　查看 myFirstReport 报表

4. 配置报表属性

对于每个已发布的报表，可以设置或更改该报表的许多属性，其中包括报表的名称、描述、数据源、参数信息、用户访问、报表是按请求还是按时间运行等。

对于已发布的报表，每个报表都可以有六个属性选项卡："常规"、"数据源"、"执行"、"历史记录"和"安全性"选项卡是必有项，在每个报表中都存在；"参数"选项卡仅出现在参数化报表中。

（1）"常规"属性

使用报表的"常规"属性页可以重命名、删除、移动或替换报表定义。也可以使用此页创建链接报表。页面顶部显示了有关创建或修改报表的用户以及发生更改的时间等详细信息。

若要打开此页，请选择一个报表，再单击页面顶部的"属性"选项卡，如图 13.69 所示。该页面中各项参数的具体说明如下所示：

- 名称：为报表指定名称。名称必须至少包含一个字母数字字符，还可以包含空格和某些符号。在指定名称时，不得使用字符 "；?: @ & = + , $ * < >" 和 /"。

- 说明：键入报表的说明。有权访问该报表的用户可以在"内容"页中看到此说明。

- 在列表视图中隐藏：选择此选项可以对在报表管理器中使用列表视图模式的用户隐藏该报表。在浏览报表服务器的文件夹层次结构时，列表视图模式是默认的视图格式。在列表视图中，项的名称和说明在页面上顺序排列。另一种可用格式是详细信息视图。详细信息视图不提供说明，但包括项的有关其他信息。虽然可以在列表视图中隐藏项，但无法在详细信息视图中隐藏项。如果希望限制对项的访问，则必须创建角色分配。

- 编辑：单击此选项可提取报表定义的只读副本。根据计算机上所定义的文件关联，文件将在 Visual Studio 或其他应用程序中打开。大多数情况下，报表将以 XML 文件形式打开。所打开的副本与最初发布到报表服务器的原始报表定义相同。在报表发布后对其设置的任何属性（如参数和数据源属性）不会反映在打开的文件中。

- 更新：单击此选项可将当前报表中所使用的报表定义替换为文件系统上 .rdl 文件中的其他报表定义。如果更新报表定义，则必须在更新完成后重置数据源设置。

- 更改链接：单击此选项可为链接报表选择其他报表定义。当报表为链接报表时，将会显示此选项，可以设置此属性来替换报表定义。

- 应用：单击此选项可保存所做的更改。

- 创建链接报表：单击此选项可打开"新建链接报表"页。

- 删除：单击此选项可从报表服务器数据库中删除报表。删除报表将删除所有关联的报表历史记录以及报表特定的计划和订阅。如果链接报表与报表关联时，链接报表将失效。

- 移动：单击此选项可在报表服务器文件夹层次结构中重新定位报表。单击此按钮将打开"移动项"页，使用此页可以浏览文件夹以选择新的文件夹位置。

图 13.69　"常规"属性页

（2）"数据源"属性

使用"数据源"属性页可以定义当前报表连接到外部数据源的方式；可以覆盖原先与该报表一起发布的数据源连接信息。如果一个报表有多个数据源，则每个数据源在属性页中都有其自己的特定区域。数据源按照在报表中定义的顺序列出。指定报表要使用的数据源时，可以使用多个报表共同使用的共享数据源，共享数据源是基于这些报表创建的并由这些报表分别管理。如果不希望使用共享数据源项，则可以定义要与该报表一起使用的数据源连接。

若要打开此页，请选择报表，单击页顶部的"属性"选项卡，再单击该页侧面的"数据源"选项卡，如图 13.70 所示。该页面中各项参数的具体说明如下所示：

- 共享数据源：指定报表要使用的共享数据源。
- 自定义数据源：指定报表连接到数据源的方式。

下列选项用于指定自定义数据源连接：

- 连接类型：指定用于处理数据源中数据的数据处理扩展插件。报表服务器包含 SQL Server、Analysis Services、Oracle、XML、SQL Server Integration Services、SAP、OLE DB 和 ODBC 的数据处理扩展插件。可以从第三方供应商获得其他数据处理扩展插件。
- 连接字符串：指定报表服务器用于连接数据源的连接字符串。连接类型确定应使用的语法。可将连接字符串配置为表达式，以便在运行时指定数据源。
- 连接方式：指定设置凭据获取方式的选项。
- 运行该报表的用户提供的凭据：每一名用户都必须键入用户名和密码才能访问数据源。可以定义请求用户凭据的提示文本。默认的文本字符串为"输入用户名和密码

以访问数据源"。如果用户提供的凭据为 Windows 身份验证凭据,请选择"在与
数据源建立连接时用作 Windows 凭据"。如果使用数据库身份验证(如 SQL Server
身份验证),请不要选中此复选框。

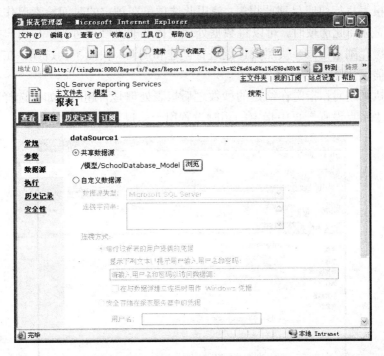

图 13.70 "数据源"属性页

- 安全存储在报表服务器中的凭据:在报表服务器数据库中存储加密的用户名和密
  码。选择此选项可在无人参与的模式下运行报表。
- Windows 集成安全性:使用当前用户的 Windows 凭据来访问数据源。如果用于访
  问数据源的凭据与用于登录到网络域的凭据相同,请选择此选项。
- 不需要凭据:指定访问数据源不需要使用凭据。注意,如果数据源要求用户登录,
  则选择此选项将不起任何作用。只有在数据源连接不需要用户凭据的情况下,才应
  选择此选项。为了使用此选项,以前必须为报表服务器部署配置过无人参与的执行
  账户。当其他凭据的源不可用时,将使用无人参与的执行账户连接到外部数据源。
  如果指定此选项,但是未配置无人参与的执行账户,则与报表数据源的连接将失败,
  并且将不进行报表处理。

(3)"执行"属性

使用"执行"属性页可以为当前选定的报表设置报表执行属性。这些选项将确定处理
报表数据的时间,可以通过设置这些选项,使报表数据的检索时间错开高峰期。如果有经
常访问的报表,则可以临时缓存其副本,这样,在每隔几分钟便有多个用户访问同一报表
的情况下,用户无需等待。

若要打开此页,请选择一个报表,单击页顶部的"属性"选项卡,再单击页侧面的"执
行"选项卡,如图 13.71 所示。该页面中各项参数的具体说明如下所示:

- 始终用最新数据运行此报表：如果希望在用户选择报表时检索报表数据，请使用此选项。如果有缓存的报表副本可用，则会将缓存副本返回给用户；否则，在用户选择报表时将执行数据检索和呈现。
- 通过报表执行快照呈现此报表：使用此选项可在预定的时间检索已作为快照存储的报表。选择此选项时，可以将数据处理安排在非高峰期进行。与用户打开报表时创建的缓存副本不同，快照按计划进行创建和刷新。快照不会过期，在使用新版本替换之前，快照始终有效。
- 报表执行超时：指定在给定的秒数之后报表处理是否超时。如果选择默认设置，则会将"站点设置"页中指定的超时设置用于此报表。

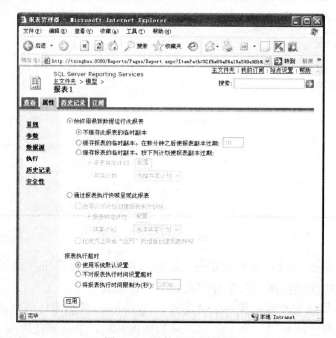

图 13.71 "执行"属性页

（4）"历史记录"属性

该页可以计划将报表快照添加到报表历史记录的时间，以及设置报表历史记录中存储的报表快照的数量限制。可以通过单击页顶部的"属性"选项卡，再单击页侧面的"历史记录"选项卡打开此页，如图 13.72 所示。该页面中各项参数的具体说明如下所示：

- 允许手动创建历史记录：选中此复选框可以根据需要将快照添加到报表历史记录中。选中此复选框后，"历史记录"页上将显示"新建快照"按钮。
- 在报表历史记录中存储所有报表执行快照：选中此复选框可以将基于报表执行属性生成的报表快照添加到报表历史记录中。可以设置报表执行属性以便从生成的快照运行报表。设置此报表历史记录属性后，可以将一段时间内生成的所有报表快照的副本放置在报表历史记录中，以保存这些报表快照的记录。
- 使用以下计划将快照添加到报表历史记录中：选中此复选框可以按计划将快照添加到报表历史记录中。可以创建专门用于此用途的计划，也可以选择包含您所需的计划信息的预定义共享计划。

● 选择要保留的快照数：从选项中进行选择，以控制保留在报表历史记录中的报表数。
各个报表的报表历史设置可以不同。

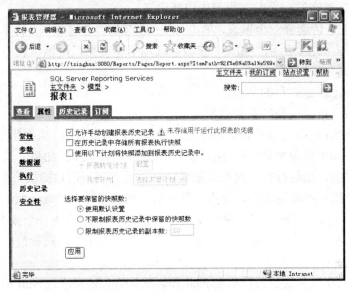

图 13.72 "历史记录"属性页

（5）"安全性"属性

使用"安全性"属性页（图 13.73）可以编辑用户和用户组的现有角色指派；创建新的
角色以及将设置还原或使用父安全。

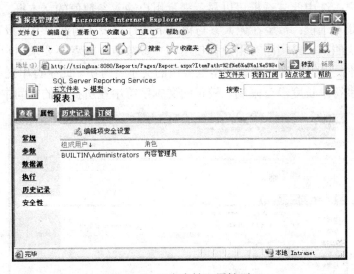

图 13.73 "安全性"属性页

（6）"参数"属性

使用"参数"属性页可以查看或修改参数化报表的参数设置。参数是在发布报表之前
在报表定义中指定的。在发布报表后，可以修改某些参数属性值。可以修改的值将取决于

在报表中定义参数的情况。例如，如果为参数定义了一个静态值列表，就可以选择另一个静态值作为默认值，但是不能在该列表中添加值或删除该列表中的值。同样，如果参数基于某个查询，则该查询的所有方面（包括所使用的数据集、是否允许 Null 值或空白值以及是否提供默认值）都在发布之前在报表中进行定义。

若要打开此页，请选择一个报表，单击页顶部的"属性"选项卡，再单击页侧面的"参数"选项卡，如图 13.74 所示。如果"参数"选项卡不可见，则该报表不包含参数。该页面中各项参数的具体说明如下所示：

- 参数名称：指定参数的名称。
- 数据类型：指定参数的数据类型。
- 具有默认值：选中此复选框可以指定参数是否具有默认值。选中此复选框会启用"默认值"。如果报表参数接受 Null 值，则还会启用 Null；如果"具有默认值"处于未选中状态，则运行报表时必须隐藏默认值或者提示用户提供一个值。
- 默认值：指定参数的值。若要指定默认值，则必须选中"具有默认值"，而不能选中 Null。可以通过报表定义提供默认值。如果"默认值"由一个或多个静态值填充，则这些值都源自报表；如果"默认值"为"基于查询"，则参数值由报表中定义的查询决定。
- NULL：选中此复选框可以指定 Null 作为默认值。如果值为 Null 值，则表示即使用户未提供参数值，报表也将运行；如果此栏中没有复选框，则参数不接受 Null 值。
- 隐藏：选中此复选框可以隐藏报表顶部的参数区域中的参数。此参数仍将出现在订阅定义页中并且仍在报表地址 URL 上指定。当要始终通过指定的默认值运行报表时，隐藏参数是非常有用的；如果要在报表中显示此参数，则清除此复选框。
- 提示用户：选中此复选框可以显示提示用户输入参数值的文本框。在下列情况下，请清除此复选框：希望在无人参与模式下运行报表（例如，生成报表历史记录或报表执行快照）、希望所有用户都使用同一参数值，或者不要求用户输入该值。
- 显示文本：提供显示在参数文本框旁边的文本字符串。此字符串提供标签或说明性文本。字符串长度没有限制。较长的文本字符串在所提供的空间中会换行显示。

图 13.74 "参数"属性页

13.6 小结

报表是一种重要的数据输出形式，方便用户打印、存档等。本章介绍了基于 Reporting Services 2008 的报表创建、设计、发布和管理方法等。经过本章的学习后，应该掌握下列内容：

- 在报表设计器中创建和设计报表。
- 发布报表。
- 使用 Report Builder（报表生成器）创建报表。
- 使用报表管理器管理报表。

第 14 章　数据库管理应用实例

在前面的章节中，介绍了数据库的基本管理、备份还原、安全性，以及自动管理等内容。在本章，将会使用一个比较典型的场景，将数据库的管理方面的内容串起来。这样既可以帮助复习前面所学过的内容，又可以让大家在学完前面的内容后，学以致用，进而可以真正地应用到工作环境当中。

在本章中，首先创建一个数据库，并在数据库当中创建一些数据表用来存放数据；然后，为了控制数据库的安全性，将会创建一些登录和用户来控制数据库的可访问性；接下来，为了对数据库进行监控，还将在 SQL Server 代理中创建一些操作员和警报；而且，为了保证数据库在发生灾难的时候可以及时恢复，还应当制定详细的备份计划，并通过维护计划来实施；最后，为了实现数据库的高可用性，可以在该数据库之上配置数据库镜像。

由于业务的需要，还会将数据库通过复制，发布到其他的服务器上，从而实现数据的收集与分发。

14.1　创建数据库

14.1.1　创建数据库

假设正在筹划建立一个网站，用来在发布一些信息，为了更为高效地存储这些信息，决定使用 SQL Server 2008 数据库作为后台的数据存储。这样，就需要在 SQL Server 中建立一个数据库来存储这些数据。

首先，在 C 盘上创建一个名为 DBFiles 的文件夹来存储数据库的文件。在 C 盘的根目录下，创建一个文件夹，并命名为 DBFiles。

然后，打开 SQL Server Management Studio，连接到一个 SQL Server 2008 的数据库实例，并新建一个查询。

在查询窗口中，输入下列脚本：

——创建数据库 WebSiteDatabase

```
USE master
GO
CREATE DATABASE [WebSiteDatabase]
ON PRIMARY
(
 NAME = N'WebSiteDatabase',
 FILENAME = N'C:\DBFiles\WebSiteDatabase.mdf ' ,
 SIZE = 3072KB ,
 FILEGROWTH = 1024KB
```

```
)
LOG ON
(
  NAME = N'WebSiteDatabase_log',
  FILENAME = N'C:\DBFiles\WebSiteDatabase_log.ldf ' ,
  SIZE = 1024KB ,
  FILEGROWTH = 10%
)
GO
```

然后点击执行，运行代码后会创建出一个新的数据库叫做 WebSiteDatabase，打开对象资源管理器，可以在"数据库"节点下看到新建的数据库，如图 14.1 所示。

图 14.1 新建的 WebSiteDatabase 数据库

而在 C 盘的 DBFiles 目录中，可以看到创建出来的两个数据库文件，其中 WebSite-Database.mdf 是数据文件，WebSiteDatabase_log.ldf 是日志文件，如图 14.2 所示。

名称 ▲	大小	类型	修改日期
WebSiteDatabase.mdf	3,072 KB	SQL Server Data...	2008-6-13 19:57
WebSiteDatabase_log.ldf	1,024 KB	SQL Server Data...	2008-6-13 19:57

图 14.2 数据库文件

这样，数据库就创建成功了。

14.1.2 创建数据表

为了存储一些和网站相关的信息，需要在这个数据库当中添加一些数据表，包括 Users、Information、Category 三个表。

其中，Users 表用来存储用户的信息，其中包括 UserID、Name、Birthday 和 HomeAddress 四列，分别用来表示用户的 ID、用户的姓名、用户的生日和用户的家庭住址。

　　Information 表则用来表示网站上要发布的一些信息，包括 InfoID、Content 和 Description 三列，分别用来表示信息的 ID、信息的主要内容以及该信息的描述；另外，该表中还包括 UserID 和 CategoryID 两列，分别用来引用 Users 和 Category 两个表当中的主键，分别表示该信息是哪个用户发布的，以及该信息所属的类型。

　　Category 表非常简单，用来描述要发布信息的类别，包括 CategoryID、Name 和 Description 三列，分别表示类别的 ID、名称和该类别的详细描述。

　　可以在查询窗口中输入下列代码来创建这三个数据表：

```
——创建 Users 表
USE WebSiteDatabase
GO
CREATE TABLE dbo.Users
(
  UserID int IDENTITY(1,1)   PRIMARY KEY,
  Name nvarchar(25) NOT NULL,
  Birthday datetime,
  HomeAddress nvarchar(200)
)
GO


——创建 Category 表
CREATE TABLE dbo.Category
(
  CategoryID INT IDENTITY(1,1)   PRIMARY KEY,
  Name nvarchar(25),
  Description nvarchar(200)
)
——创建 Information 表
USE WebSiteDatabase
GO


CREATE TABLE dbo.Information
(
  InfoID int IDENTITY(1,1)   PRIMARY KEY,
  Content varchar(max),
  Description varchar(200),
  UserID int REFERENCES Users(UserID),
  CategoryID int REFERENCES Category(CategoryID)
)
GO
```

在代码中，指定了 UserID 的类型是 int（整数）类型，并且是自增长类型，作为 Users
表的主键。

执行成功后，将可以在 WebSiteDatabase 数据库的"表"节点下看到新建的三个数据表，
如图 14.3 所示。

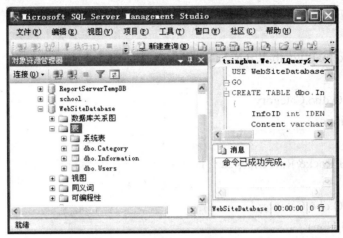

图 14.3　新建的三个数据表

14.1.3　添加数据

数据表已经创建好了，现在需要向这些数据表中添加一些数据。

可以使用下面的脚本来向数据库中添加数据。

——向 Users 表中添加数据

USE WebSiteDatabase
GO
INSERT INTO dbo.Users
(Name,Birthday,HomeAddress)
VALUES
('Tom','1988/3/21','Beijing')

INSERT INTO dbo.Users
(Name,Birthday,HomeAddress)
VALUES
('Jerry','1983/5/4','Shanghai')

INSERT INTO dbo.Users
(Name,Birthday,HomeAddress)
VALUES
('Kelly','1922/3/1','Tianjin')
GO

——向 Category 表中添加数据

```
USE WebSiteDatabase
GO
INSERT INTO dbo.Category
(Name,Description)
VALUES
('Sports','Basketball/Football/Baseball')

INSERT INTO dbo.Category
(Name,Description)
VALUES
('Music','R&B/Rock&Roll/Blues/Jazz')

INSERT INTO dbo.Category
(Name,Description)
VALUES
('Life','Freedom/Dream')
GO
```

——向 Information 表中添加数据

```
USE WebSiteDatabase
GO
INSERT INTO dbo.Information
(Content,Description,UserID,CategoryID)
VALUES
('NBA News','News from NBA',1,1)

INSERT INTO dbo.Information
(Content,Description,UserID,CategoryID)
VALUES
('Andy Law','Liu Dehua Music',2,2)

INSERT INTO dbo.Information
(Content,Description,UserID,CategoryID)
VALUES
('Something','.……',1,3)
GO
```

在成功向两个数据表中插入数据后，可以通过下面的代码查询数据表。

```
——查询已经插入的数据
USE WebSiteDatabase
GO
SELECT * FROM dbo.Users
SELECT * FROM dbo.Category
SELECT * FROM dbo.Information
GO
```

查询结果如图 14.4 所示。

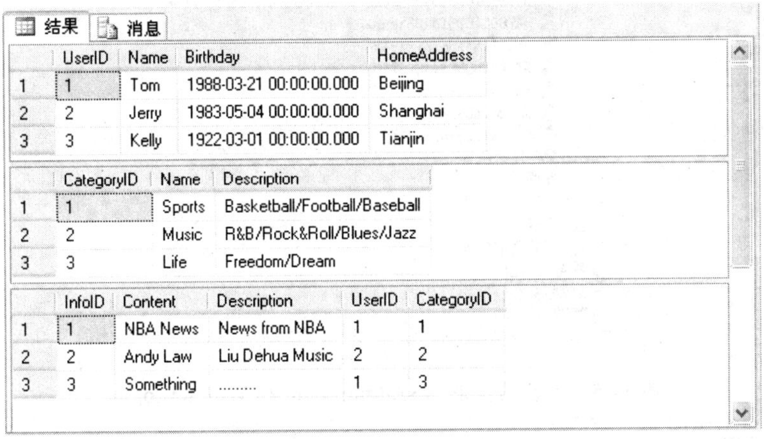

结果 消息

	UserID	Name	Birthday	HomeAddress
1	1	Tom	1988-03-21 00:00:00.000	Beijing
2	2	Jerry	1983-05-04 00:00:00.000	Shanghai
3	3	Kelly	1922-03-01 00:00:00.000	Tianjin

	CategoryID	Name	Description
1	1	Sports	Basketball/Football/Baseball
2	2	Music	R&B/Rock&Roll/Blues/Jazz
3	3	Life	Freedom/Dream

	InfoID	Content	Description	UserID	CategoryID
1	1	NBA News	News from NBA	1	1
2	2	Andy Law	Liu Dehua Music	2	2
3	3	Something	....	1	3

图 14.4 数据表中插入了新的数据

14.2 设置数据库安全性

为了保证数据库的安全性，为该数据库提供两种类型的用户：一种是管理员，可以对数据查询，也可以修改；另外一种是普通用户，只能对数据查询，而不能修改。

14.2.1 创建登录名

在 WebSiteDatabase 数据库所在的数据库实例中，先建立两个登录，分别为 WSAdminLogin 和 WSUserLogin，它们分别代表 WebSiteDatabase 的管理员和普通用户两种登录类型。

执行的脚本如下：

```
——创建登录名
USE [master]
GO
CREATE LOGIN [WSAdminLogin]
WITH PASSWORD=N'123456'
CREATE LOGIN [WSUserLogin]
WITH PASSWORD=N'123456'
GO
```

创建成功后，将可以在对象资源管理器中的"安全性"节点下的"登录"节点下看到如图 14.5 所示的两个登录名。

图 14.5　新建的登录 WSAdminLogin 和 WSUserLogin

14.2.2　创建用户

然后，需要在 WebSiteDatabase 数据库中创建用户 WSAdmin 和 WSUser，通过这两个用户可以对应刚刚创建的登录名，从而实现安全性管理。

创建用户的脚本如下所示：

——创建用户

USE [WebSiteDatabase]

GO

CREATE　USER [WSAdmin]

FOR　LOGIN [WSAdminLogin]

CREATE　USER [WSUser]

FOR　LOGIN [WSUserLogin]

GO

创建成功后，将会在 WebSiteDatabase 数据库的"安全性"节点下的"用户"节点下看到两个新建的用户，如图 14.6 所示。

图 14.6　WebSiteDatabase 数据库的用户

14.2.3　权限

对于刚刚创建的这两个用户来说，它们还无法访问数据库当中的数据表。可以通过赋权限来让这两个用户分别可以读写数据表。

首先，让 WSUser 用户可以读数据表。

——让 WSUser 可以读取数据表

use [WebSiteDatabase]

GO

GRANT   SELECT TO [WSUser]

GO

然后，再让 WSAdmin 可以读取或修改数据表。

——让 WSAdmin 可以读写数据表

use [WebSiteDatabase]

GO

GRANT DELETE TO [WSAdmin]

GRANT INSERT TO [WSAdmin]

GRANT SELECT TO [WSAdmin]

GRANT UPDATE TO [WSAdmin]

GO

这样，就正确地指定了每个用户对于数据表对象的权限。

先断开服务器连接，使用 SQL Server 身份验证方式重新登录，并输入 WSAdminLogin 作为登录名，123456 作为密码。

在连接到数据库服务器后，在窗口中输入下面的语句：

USE [WebSiteDatabase]

GO

INSERT INTO dbo.Users

(Name,Birthday,HomeAddress)

VALUES

('Test','1925/7/19','Newyork')

SELECT * FROM dbo.Users

GO

该脚本应当可以顺利地执行。

再打开一个窗口，这次使用 WSUserLogin 登录，然后执行相同的命令，则会显示如下错误："拒绝了对对象'Users' (数据库'WebSiteDatabase'，架构'dbo')的 INSERT 权限"。

也就是说，使用 WSUserLogin 登录到数据库的人是无法对该数据库中的数据表进行修改的。

14.3   配置自动化管理任务

为了保证数据库的稳定，需要进行一些日常的管理任务，这些日常的管理任务可以通过 SQL Server 代理来帮助我们实现。

14.3.1　创建操作员

首先，为了能够将数据库的一些信息及时的通知给管理员，需要在 SQL Server 代理中建立一个操作员，表示接收这些信息的一个管理员。

打开 SQL Server Management Studio，连接到一个 SQL Server 实例。在对象资源管理器中，展开"SQL Server 代理"节点，在"操作员"节点上点击右键，在弹出的菜单中选择"新建操作员"菜单项，如图 14.7 所示。

图 14.7　新建操作员

这时，将弹出图 14.8 所示的"新建操作员"窗口。在该窗口中，输入 admin 作为操作员的名称，然后指定正确的电子邮件地址，点击确定。

图 14.8　新建操作员 admin

创建成功后，将会在对象资源管理器的"操作员"节点下，看到名称为 admin 的操作员，如图 14.9 所示。

14.3.2　建立警报

为了监控数据库，需要建立一个警报。这个警报将监视数据库的大小，当数据文件大于 10G 后，会自动给管理员发送邮件通知。

在"SQL Server 代理"节点下的"警报"节点上点击右键，选择"新建警报"，如图14.10 所示。

图 14.9　新建的操作员 admin　　　　　　图 14.10　新建警报

这时，将会弹出如图 14.11 所示的"新建警报"窗口，在该窗口中，在名称文本框中输入 WebSiteDatabase_Size_Alert，然后在类型中选择"SQL Server 性能条件警报"。在下面的性能条件警报定义中，对象选择 SQL Server: Databases，计数器选择 Data File(s) Size(KB)，实例选择 WebSiteDatabase。下面的选择框中选择"高于"，并在后面的文本框中输入10000000。

图 14.11　新建警报窗口

这样，WebSiteDatabase 数据库的数据文件大小大于 10G 时，将会产生警报。然后需要定义警报执行的操作，点击左边的"响应"选择页。在该页面中，选中"通知操作员"复选框，并选择 admin 操作员的电子邮件选项，如图 14.12 所示。

图 14.12 配置警报响应

配置完成后，单击"确定"按钮。这时将会在对象资源管理器的"警报"节点下看到新建的警报，如图 14.13 所示。

14.3.3 建立维护计划

为了制定数据的备份计划，需要创建一个维护计划。在这个维护计划中，需要指定数据库的备份方式及备份的时间。

首先，需要在数据库实例的"管理"节点下的"维护计划"节点上点击右键，选择"新建维护计划"菜单项。如图 14.14 所示。

图 14.13 新建的警报   图 14.14 新建维护计划

这时，会弹出"新建维护计划"窗口。在该窗口中，输入 WebSiteDatabaseBackupPlan 作为维护计划的名称，如图 14.15 所示。

图 14.15 维护计划的名称

单击"确定"按钮，这时将会显示出维护计划的设计窗口，如图 14.16 所示。

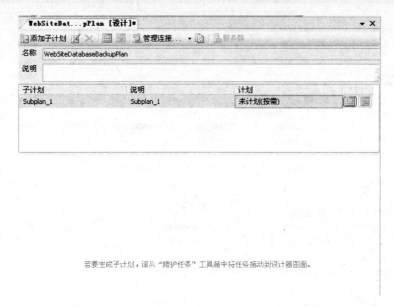

图 14.16　维护计划设计器

在"说明"文本框中，输入"为 WebSiteDatabase 数据库建立日常备份的维护计划"。在该文本框下面，可以看到一个名为 Subplan_1 的子计划。双击该计划，将会弹出如图 14.17 所示的"子计划属性"窗口。

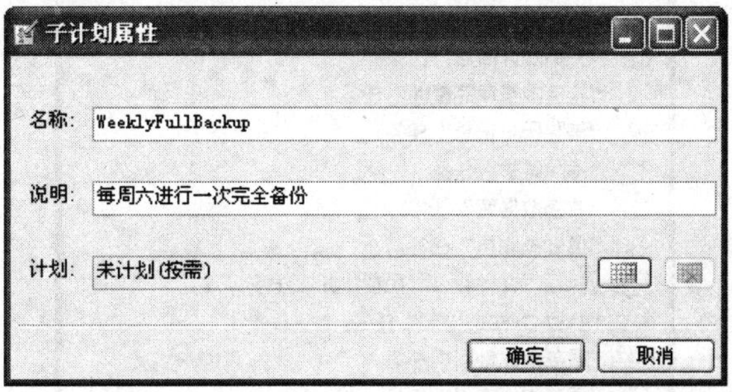

图 14.17　定义子计划的名称、描述和计划

在该窗口中，输入相应的名称和描述。

点击右下角的计划按钮（日历图示）。这时将会显示如图 14.18 所示的作业计划属性窗口。

在该窗口中，定义为每周六执行一次，在 0:00:00 时刻执行，开始日期从即日开始，无结束日期。

单击"确定"按钮关闭该窗口，单击"确定"按钮关闭"子计划属性"窗口。

接下来，需要在设计视图中设计该子计划，先通过单击"视图"菜单，选择"工具箱"。这时，将会显示如图 14.19 所示的工具箱。

图 14.18　作业计划属性

图 14.19　工具箱

点住"备份数据库"任务，将它拖拽到右侧的设计界面中，如图 14.20 所示。

双击该任务，将需要对该任务进行配置，这时会弹出"备份数据库"任务窗口，如图 14.21 所示。

在该窗口中，指定备份类型为"完整"，选择数据库为 WebSiteDatabase，并且指定要备份到的设备或文件位置，点击确定。

这时，图 14.20 中"任务数据库"任务上显示的红叉将消失。

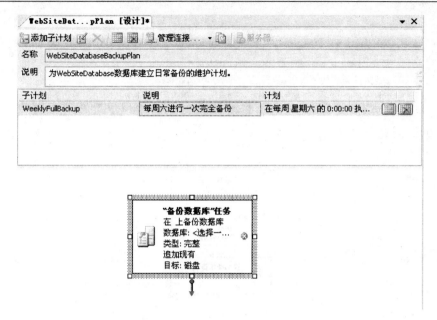

图 14.20   "备份数据库"任务

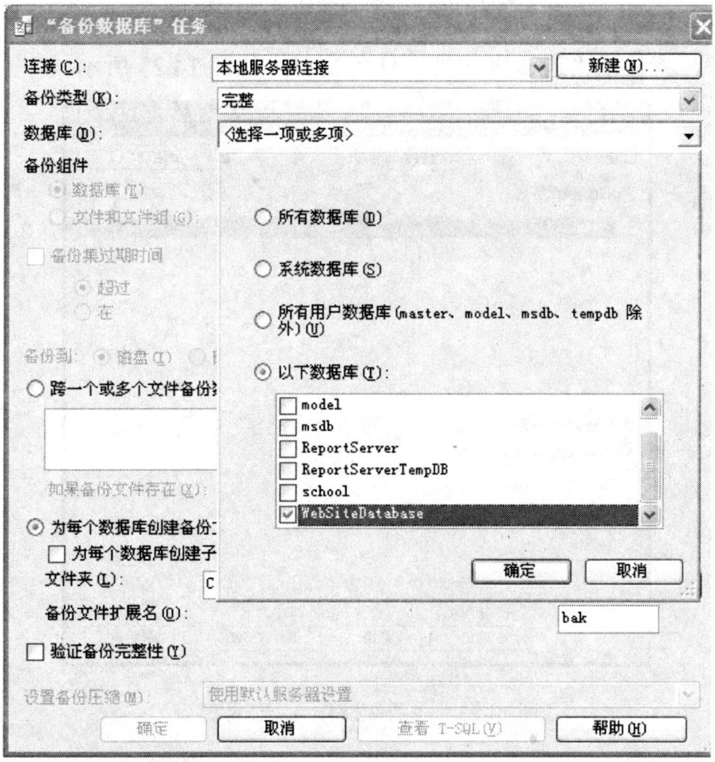

图 14.21   "备份数据库"任务

如果备份数据库失败，希望 SQL Server 自动通知管理员，那么可以从工具箱向设计器拖拽一个"通知操作员"任务，如图 14.22 所示。

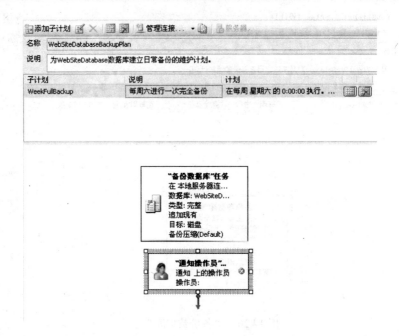

图 14.22　"通知操作员"任务

双击该任务，将显示"通知操作员"任务窗口，如图 14.23 所示。

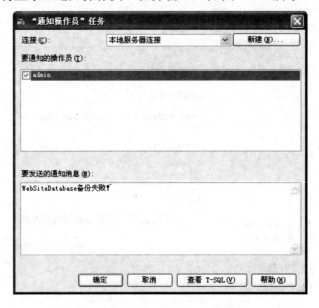

图 14.23　"通知操作员"任务窗口

在该窗口中选择 Admin 操作员，并输入一些通知消息，点击"确定"按钮。

在设计器中，选择"备份数据库"任务，这时该任务下方会显示一个绿色箭头，选中绿色箭头并将它拖拽到"通知操作员"任务上。这时，两个任务将会由绿色箭头连接在一起，如图 14.24 所示。

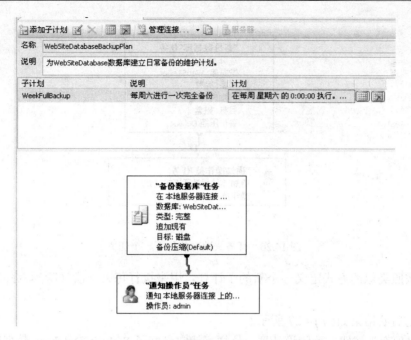

图 14.24 连接两个任务

双击绿色的箭头连接线，将会显示"优先约束编辑器"窗口，如图 14.25 所示。

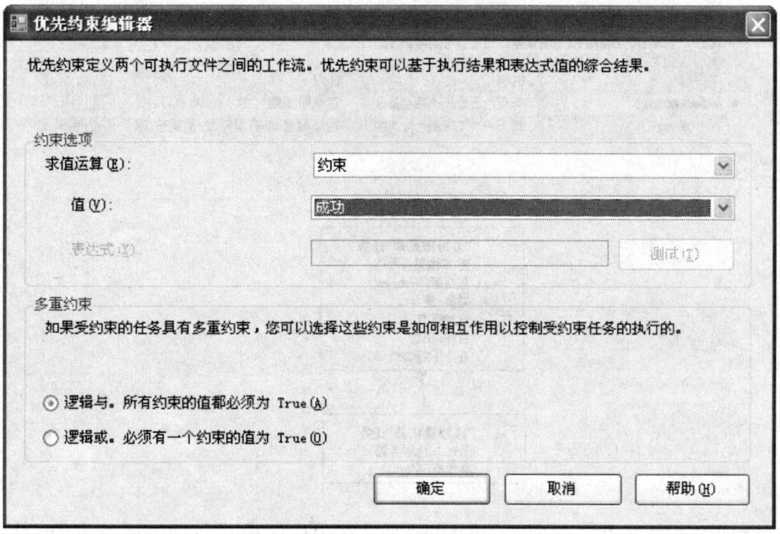

图 14.25 优先约束编辑器

在该窗口中，将"值"下拉列表中的"成功"修改为"失败"，单击"确定"按钮。这时，可以看到原来连接两个任务的绿色连接线变成了红色，也就是当"备份数据库"任务执行失败时，将执行"通知操作员"任务，如图 14.26 所示。

这样，就定义好了完全备份数据库的子计划，单击"文件"菜单中的"保存"，然后点击设计器上方的"添加子计划"按钮。

图 14.26　任务失败时执行下一个任务

　　然后按照类似的方式定义一个新的子计划，用来执行每天一次（除周六外）的差异数据库备份。

　　定义之后的结果如图 14.27 所示。

　　单击"保存"按钮，关闭设计器。这样，就定义好了 WebSiteDatabase 数据库完整的备份计划。

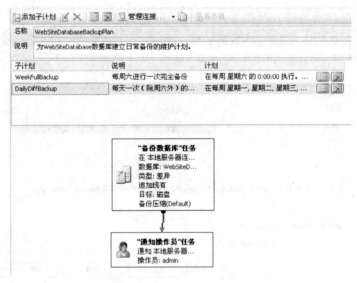

图 14.27　完成后的维护计划

14.4　小结

　　本章从建立数据库、数据表开始，通过一个实际的例子指导大家完成创建登录名、创建用户设置用户权限、创建操作员、建立警报、建立维护计划等操作。通过本章的学习应该对前面的知识有了进一步的了解，为后面的学习打下坚实的基础。

第 15 章 数据库开发应用实例

在前面的章节中，介绍了如何使用存储过程、函数、触发器等数据库对象进行数据库开发。但是，前面所介绍的数据对象只能对于数据库本身进行操作，比如插入或修改一些记录。

而对于一些特定的应用场景来说，可能会需要创建一些数据库对象，这些对象要对数据库之外的资源进行访问或修改。本章将 SQL Server 当中的一些开发特性串联起来，通过示例介绍数据库的开发。其中，主要包括 XML 开发、开发数据库对象、.NET 开发、Service Broker 开发四个部分。

继续使用第 14 章中所说的 WebSiteDatabase 的示例。现在，需要对数据库中的数据表进行访问。

首先，表 Users 添加一个表示性别的数据列 Gender，代码如下：

```
USE WebSiteDatabase
GO
——表 Users 添加一个 Gender 列
ALTER TABLE Users
ADD Gender bit
GO
```

然后，为了丰富用户的信息，添加一个 Resume 列来表示用户的个人简历，而这个 Resume 列需要用一个 XML 架构集合来约束，代码如下：

```
——创建一个 XML 架构集合，来验证 Resume 数据列
CREATE XML SCHEMA COLLECTION ResumeSchemaCollection
AS
N'<?xml version="1.0" ?>
  <xsd:schema
      targetNamespace="http://schemas.adventure-works.com/EmployeeResume"
     xmlns="http://schemas.adventure-works.com/EmployeeResume"
     elementFormDefault="qualified"
     attributeFormDefault="unqualified"
     xmlns:xsd="http://www.w3.org/2001/XMLSchema" >
    <xsd:element name="resume">
      <xsd:complexType>
        <xsd:sequence>
          <xsd:element name="name" type="xsd:string"
                       minOccurs="1" maxOccurs="1"/>
```

```
            <xsd:element name="employmentHistory">
              <xsd:complexType>
                <xsd:sequence minOccurs="1" maxOccurs="unbounded">
                  <xsd:element name="employer">
                    <xsd:complexType>
                      <xsd:simpleContent>
                        <xsd:extension base="xsd:string">
                          <xsd:attribute name="endDate"
                                       use="optional"/>
                        </xsd:extension>
                      </xsd:simpleContent>
                    </xsd:complexType>
                  </xsd:element>
                </xsd:sequence>
              </xsd:complexType>
            </xsd:element>
          </xsd:sequence>
        </xsd:complexType>
      </xsd:element>
    </xsd:schema>'
GO
——添加 Resume 列
ALTER TABLE Users
ADD Resume XML(ResumeSchemaCollection)
```

在该 XML 架构集合中,定义了这种 XML 数据类型的结构必须是以 resume 为根节点,其中有一个子节点为 name,这个节点必须且只能出现一次;另外 resume 节点中还至少要包含一个 employmentHistory 节点,该节点中要包含 employer 节点,也可以选择包含一个 endDate 节点。后面将详细介绍 XML 开发。

然后,为了更好地管理用户,将使用角色来对用户进行划分,因此需要添加一个 Roles 表来表示角色。而用户与角色之间的关系是多对多的关系,也就是一个用户可能有多个角色,一个角色也可能有多个用户,那么就需要再创建一个角色与用户关联的表 UserRole。

代码如下:

```
——创建 Roles 表
CREATE TABLE Roles
(
RoleID INT IDENTITY(1,1) PRIMARY KEY,
RoleName nvarchar(20)
)
```

——创建 Users 和 Roles 关联的表

```
CREATE TABLE UserRole
(
UserID int,
RoleID int
)
```

15.1 开发数据库对象

15.1.1 存储过程

为了维护 Users 表和 Roles 表，需要添加几个存储过程，来向数据表中插入数据。
首先是添加 Users 记录的存储过程，代码如下：

——向 Users 表中插入记录的存储过程

```
CREATE PROCEDURE NewUser
(@Name nvarchar(25)
,@Birthday datetime
,@HomeAddress nvarchar(200)
,@Gender bit
,@Resume xml
)
AS
INSERT INTO [WebSiteDatabase].[dbo].[Users]
            ([Name]
            ,[Birthday]
            ,[HomeAddress]
            ,[Gender]
            ,[Resume])
      VALUES
            (@Name
            ,@Birthday
            ,@HomeAddress
            ,@Gender
            ,@Resume)
```

该存储过程有五个参数，使用这五个参数可以向 Users 表中添加新的记录。

类似地，还需要创建一个存储过程来添加 Roles 表中的记录。

——向 Roles 表中添加记录的存储过程

```
CREATE PROCEDURE NewRole
(
```

```
@RoleName nvarchar(20)
)
AS
INSERT INTO Roles
(RoleName)
VALUES
(@RoleName)
```

另外，还需要一个存储过程来向 UserRole 表中添加记录，表示为一个用户添加一个角色。

```
——添加 UserRole 记录的存储过程
CREATE PROCEDURE AddUserToRole
(@UserID int
,@RoleID int)
AS
INSERT INTO UserRole
VALUES
(@UserID
,@RoleID)
```

好了，现在可以执行这些存储过程向数据表中添加数据了。

```
——先将以前的数据清空（清空数据前，将与 Users 表相关的外键删除）
DELETE Users
——添加用户
EXECUTE   NewUser    'Jerry','1980-1-1','Beijing',1,'<resume
xmlns="http://schemas.adventure-works.com/EmployeeResume">
                    <name>Jerry</name>
                    <employmentHistory>
                        <employer>Com</employer>
                    </employmentHistory>
               </resume>'
EXECUTE NewUser      'Tom','1982-1-1','Shanghai',0,'<resume
xmlns="http://schemas.adventure-works.com/EmployeeResume">
                    <name>Tom</name>
                    <employmentHistory>
                        <employer>Net</employer>
                    </employmentHistory>
               </resume>'
——添加角色
EXECUTE NewRole     N'管理员'
```

```
EXECUTE NewRole     N'普通用户'
EXECUTE NewRole     N'内部员工'
——将用户添加到角色
EXECUTE AddUserToRole 1,1
EXECUTE AddUserToRole 1,2
EXECUTE AddUserToRole 2,1
EXECUTE AddUserToRole 2,2
EXECUTE AddUserToRole 2,3
```

可以看到，向数据表中添加了两个用户（Jerry 和 Tom），三个角色（管理员、普通用户和内部员工），并且把两个用户添加到不同的角色，如图 15.1 所示。

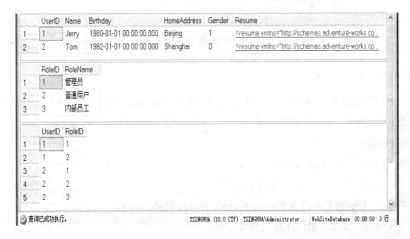

图 15.1　查询结果

15.1.2　函数

Gender 一列的查询结果返回的是 1 或 0，但是 1 和 0 到底是男还是女呢？需要将 1 或 0 转换成可以理解的语言。

在这里，创建一个函数，用来将 1 或 0 转换成中文"男"或"女"，代码如下：

```
——创建函数
CREATE FUNCTION GetGender
(
@gender bit
)
RETURNS nvarchar(1)
AS
BEGIN
RETURN    CASE @gender
            WHEN 1 THEN N'男'
            WHEN 0 THEN N'女'
```

```
        END
END
```

然后，在查询 Users 表时就可以使用该函数进行查询了。代码如下：

```
SELECT UserID,Name,dbo.GetGender(Gender) AS '性别'
FROM Users
```

函数查询结果如图 15.2 所示。

结果　消息

	UserID	Name	性别
1	1	Jerry	男
2	2	Tom	女

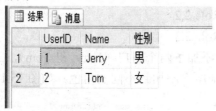

图 15.2　函数查询结果

15.1.3　视图

对于用户和角色的表，始终无法看到一个完全的结果，那么可以用视图来解决这个问题。代码如下：

```
——创建视图
CREATE VIEW UserRoleView
AS
SELECT      Users.UserID, Users.Name, Roles.RoleName
FROM            Roles INNER JOIN
                    UserRole ON Roles.RoleID = UserRole.RoleID INNER JOIN
                     Users ON UserRole.UserID = Users.UserID
```

在视图定义中，通过上面创建的三个表来返回最终的查询结果，然后可以直接对视图进行查询：

```
——查询视图
SELECT *
FROM UserRoleView
```

视图查询结果如图 15.3 所示。

结果　消息

	UserID	Name	RoleNa...
1	1	Jerry	管理员
2	1	Jerry	普通用户
3	2	Tom	管理员
4	2	Tom	普通用户
5	2	Tom	内部员工

CTP)　TSINGHUA\Administrator...　WebSiteDatabase　00:00:00　5 行

图 15.3　视图查询结果

15.2 XML 开发

本节将介绍 SQL Server 2008 中 XML 开发的相关内容,这一节对于开发的初学者来说,比较难以理解。但是如果对 XML 开发有一定的了解，就可以很快的学习本节的内容。

15.2.1 XML 数据类型

可以使用 XML 数据类型在 SQL Server 数据库中存储 XML 文档和片段。XML 片段是缺少单个顶级元素的 XML 实例。可以创建 XML 类型的列和变量，并在其中存储 XML 实例。注意，XML 数据类型实例的存储表示形式不能超过 2 GB。

可以选择将 XML 架构集合与 XML 数据类型的列、参数或变量相关联，集合中的架构用于验证和类型化 XML 实例。在这种情况下，XML 是类型化的。

XML 数据类型和关联的方法有助于将 XML 集成到 SQL Server 的关系框架中。

XML 数据类型是 SQL Server 中内置的数据类型,它与其他内置类型(如 int 和 varchar)有些相似。创建表作为变量类型、参数类型、函数返回类型时，或者在 CAST 和 CONVERT 中，可以像使用其他内置类型那样使用 XML 数据类型作为列类型。

现在可以在创建一个数据表的时候，创建 XML 数据列。例如:

```
USE WebSiteDatabase
GO
CREATE TABLE User1s
(
ID int primary key,
Name varchar(20),
Description xml
)
```

在这个数据表中,可以向 XML 数据列插入 XML 数据类型的变量,并直接将一个 XML 结构的字符串插入到 XML 数据列中。例如:

```
INSERT INTO User1s
VALUES
(1,'Jerry','<test>This is a test.</test>'
)
```

也可以对 XML 数据类型进行查询，例如:

```
SELECT *
FROM
Users
```

查询结果如图 15.4 所示:

可以点击显示的 XML 数据类型，以查看它的详细结果，如图 15.5 所示。

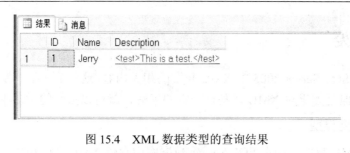

图 15.4　XML 数据类型的查询结果

图 15.5　XML 数据类型的详细结果

这种 **XML** 的数据类型为非类型化的数据类型，也就是说其中的元素和属性没有约束，可以随便定义。但是，这些 **XML** 数据都必须是结构良好的 **XML** 数据，不能向 **XML** 数据列中插入非 **XML** 结构的数据，例如：

INSERT INTO User1s

VALUES

(2,'Tom','<test>This is a test'

)

如果执行上述语句，那么插入将会失败，因为上面的 **XML** 数据没有结束节点。

15.2.2　XML 架构集合

SQL Server 使用 XML 数据类型对 XML 数据进行存储，而对于这种 XML 数据类型来说，可以是非类型化的，也可以是类型化的。所谓类型化的 XML 就是通过 XML 架构集合将 XSD 架构与 XML 类型的变量或列关联。XML 架构集合存储导入的 XML 架构，然后用于执行以下操作：

- 验证 XML 实例。
- 类型化在数据库中存储的 XML 数据。

注意，XML 架构集合是一个类似于数据库表的元数据实体，可以创建、修改和删除它们。CREATE XML SCHEMA COLLECTION（Transact-SQL）语句中指定的架构将自动导入到新建的 XML 架构集合对象中。通过使用 ALTER XML SCHEMA COLLECTION（Transact-SQL）语句可以将其他架构或架构组件导入到数据库中的现有集合对象。

存储在与架构关联的列或变量中的 XML 称为"类型化的 XML"，因为该架构为实例数据提供了必要的数据类型信息。SQL Server 使用此类型信息优化数据存储。查询处理引擎也使用该架构进行类型检查并优化查询和数据修改。

此外，SQL Server 使用相关联的 XML 架构集合（在类型化的 XML 的情况下）来验证 XML 实例。如果 XML 实例符合架构，则数据库允许该实例存储在包含其类型信息的系统中。否则，它将拒绝该实例。

另外，还可以使用 XML 架构集合类型化 XML 变量、参数和列。

1．创建 XML 架构集合

如果要创建 XML 架构集合，可以使用 CREATE XML SCHEMA COLLECTION 语句。如下所示：

```
CREATE XML SCHEMA COLLECTION DeliverySchemas
AS
N'<?xml version="1.0" ?>
<xs:schema
    xmlns="http://schemas.adventure-works.com/DeliverySchedule"
    attributeFormDefault="unqualified"
    elementFormDefault="qualified"
    targetNamespace="http://schemas.adventure-works.com/DeliverySchedule"
    xmlns:xs="http://www.w3.org/2001/XMLSchema">
  <xs:element name="DeliveryList">
    <xs:complexType>
      <xs:sequence>
        <xs:element maxOccurs="unbounded" name="Delivery">
          <xs:complexType>
            <xs:sequence>
              <xs:element name="CustomerName" type="xs:string" />
              <xs:element name="Address" type="xs:string" />
            </xs:sequence>
            <xs:attribute name="SalesOrderID" type="xs:int" />
          </xs:complexType>
        </xs:element>
      </xs:sequence>
    </xs:complexType>
  </xs:element>
</xs:schema>'
GO
```

注意到，在这个 XML 架构中，定义了一个根节点叫做 DeliveryList，下面包含一系列子节点称为 Delivery，这个子节点可以出现多次，或者没有。这个 Delivery 节点是一个 ComplexType，里面包含了 CustomerName、Address 两个子元素，并且包含了一个 SalesOrderID 属性。也可以看到 CustomerName 元素的 Address 元素的类型是字符串类型，而属性 SalesOrderID 是整数类型。

可以通过下面的语句查看已经创建好的架构集合：

select *

from sys.xml_schema_collections

查询出来的结果如图 15.6 所示。

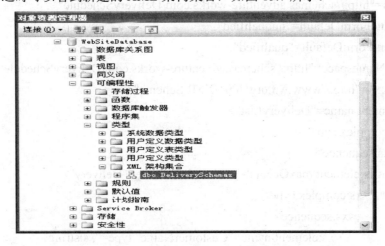

	xml_collection_id	schema_id	principal_id	name	create_date	modify_date
1	1	4	NULL	sys	2008-02-08 01:24:09.257	2008-02-08 01:24:09.700
2	65536	1	NULL	ResumeSchemaCollection	2008-06-22 22:40:47.483	2008-06-22 22:40:47.483
3	65537	1	NULL	DeliverySchemas	2008-07-02 20:57:29.857	2008-07-02 20:57:29.857

图 15.6 XML 架构集合

从对象资源管理器中，可以展开数据库中的"可编程性"节点，展开"类型"、"XML 架构集合"，这时可以看到新建的 XML 架构集合，如图 15.7 所示。

图 15.7 新建的 XML 架构集合

2. 类型化 XML 数据

创建完 XML 架构集合，就可以通过 XML 架构集合来约束 XML 数据，从而创建类型化 XML 数据了。

在创建数据表时，可以将 XML 数据列指定为使用某一个 XML 架构集合来进行约束，例如：

```
CREATE TABLE WSDTable
(
a int,
 b XML(DeliverySchemas)
)
```

这样的话，WSDTable 表中的 b 数据列就是一个由 DeliverySchemas 架构集合所约束的 XML 数据列了。

这时，再向 b 数据列中插入的 XML 数据就必须是符合 DeliverySchemas 架构集合规定的 XML 数据，例如：

```
INSERT INTO WSDTable
VALUES
```

```
(   1,
    '<DeliveryList
    xmlns="http://schemas.adventure-works.com/DeliverySchedule">
        <Delivery SalesOrderID="1">
            <CustomerName>test Customer Name</CustomerName>
            <Address>Beijing,China</Address>
        </Delivery>
    </DeliveryList>'
)
```

这样将向 WSDTable 表中插入一行数据。注意，XML 数据类型应当符合 XML 架构集合的定义，并指定正确的命名空间。

如果向 XML 数据列中插入的数据不符合 XML 架构集合的定义，那么将不会插入成功，例如：

```
INSERT INTO WSDTable
VALUES
(   1,
    '<ErrorList>
        <Delivery SalesOrderID="1">
            <CustomerName>test Customer Name</CustomerName>
            <Address>Beijing,China</Address>
        </Delivery>
    </ErrorList>'
)
```

这时，将不会插入成功。

15.2.3 返回 XML 数据

在 15.2.2 小节，介绍了 XML 数据类型的使用，下面介绍如何返回 XML 类型的数据。由于应用程序的需要，需要将 Information 表的信息格式化成 XML 格式的结果，因此创建一个存储过程来返回 XML 数据。

代码如下所示：

```
CREATE PROC GetXmlFormedInformation
AS
SELECT    Information.InfoID '@ID',
          Category.Name '@Category',
          Information.[Content] 'Content',
          Information.Description 'Description',
          Users.Name 'Contributer'
FROM    Users INNER JOIN
```

```
Information ON Users.UserID = Information.UserID
    INNER JOIN Category ON Information.CategoryID = Category.CategoryID
FOR XML PATH('Infomation'),ROOT('Informations')
```

在该存储过程中，查询了 Information 表，并关联 Users 和 Category 表获取所有与 Information 表相关的数据。最后，通过 FOR XML PATH 的方式返回。

可以在查询窗口中执行该存储过程。

```
EXEC GetXmlFormedInformation
GO
```

从而得到如下结果：

```
<Informations>
    <Infomation ID="1" Category="Sports">
        <Content>NBA News</Content>
        <Description>News from NBA</Description>
        <Contributer>Tom</Contributer>
    </Infomation>
    <Infomation ID="2" Category="Music">
        <Content>Andy Law</Content>
        <Description>Liu Dehua Music</Description>
        <Contributer>Jerry</Contributer>
    </Infomation>
    <Infomation ID="3" Category="Life">
        <Content>Something</Content>
        <Description>.........</Description>
        <Contributer>Tom</Contributer>
    </Infomation>
</Informations>
```

15.2.4　处理数据列中的 XML 数据

在前面的 Users 表中，拥有一列数据为 XML 数据类型，该数据列表示一个用户的个人简历。那么，可以创建一个存储过程，该存储过程提供用户的雇用历史。

代码如下：

```
CREATE PROC dbo.GetUserFirstEmployer
AS
SELECT Name, Birthday, UserID,
        Resume.value('declare default element namespace
                "http://schemas.adventure-works.com/EmployeeResume";
                (/resume/employmentHistory/employer)[1]',
            'varchar(max)') AS FirstEmployer
```

```
FROM Users
```

查询结果如图 15.8 所示。

	Name	Birthday	UserID	FirstEmployer
1	Jerry	1980-01-01 00:00:00.000	1	Com
2	Tom	1982-01-01 00:00:00.000	2	Net

图 15.8 简历查询结果

15.3 .NET Framework 开发

在这一节中，将主要介绍使用.NET Framework 来开发数据库对象，由于本节内容需要对.NET 开发有一定的了解，所以如果不熟悉.NET 开发，可以跳过本节，直接看下一节内容。

可以使用.NET Framework 开发数据库对象，那么需要在什么时候使用.NET Framework 开发数据库对象呢？

使用.NET Framework 上的代码，如 C#或 VB.NET 来进行开发，可以开发更为复杂的逻辑。因此，对于一些业务逻辑较为复杂的应用来说，可以使用.NET Framework 进行开发。

另外，如果在存储过程或函数中需要访问.NET Framework 类库中的一些功能，如字符串的一些函数，那么可以进行.NET Framework 进行开发。

由于使用 C#等开发语言开发的代码执行效率要比 SQL 脚本编写的代码高，所以对于一些计算过程比较复杂的逻辑，可以使用.NET Framework 进行开发。

在图 15.3 中，每个用户对应了多个角色，可能希望将这多个角色放在一行，这样比较容易查看，那么可以使用.NET Framework 来创建一个用户定义聚合。

代码如下：

```
using System;
using System.Data;
using Microsoft.SqlServer.Server;
using System.Data.SqlTypes;
using System.IO;
using System.Text;

[Serializable]
[SqlUserDefinedAggregate(
    Format.UserDefined,
    IsInvariantToNulls = true,
    IsInvariantToDuplicates = false,
```

```
        IsInvariantToOrder = false,
        MaxByteSize = 8000)
]
public class GetArray：IBinarySerialize
{
        private StringBuilder sb;
        public void Init()
        {
            sb = new StringBuilder();
        }

        public void Accumulate(SqlString Value)
        {
            if (!Value.IsNull)
            {
                sb.Append(Value.Value).Append(",");
            }
        }

        public void Merge(GetArray Group)
        {
            if (Group.sb != null)
            {
                sb.Append(Group.sb);
            }
        }

        public SqlString Terminate()
        {
            if (sb != null)
            {
                return new SqlString(sb.ToString(0, sb.Length - 1));
            }
            else
            {
                return new SqlString("");
            }
        }
```

```
#region IBinarySerialize Members

public void Read(BinaryReader r)
{
    sb = new StringBuilder(r.ReadString());
}

public void Write(BinaryWriter w)
{
    w.Write(sb.ToString());
}

#endregion
}
```

该用户定义聚合将数据聚合字符串类型的数据，通过聚合将字符串连接起来，并通过逗号分隔开来。

将用户定义聚合部署到数据库当中，然后可以使用 GetArray 聚合进行查询。

——使用用户定义聚合

```
SELECT        Users.UserID, Users.Name, dbo.GetArray(Roles.RoleName)
FROM          Roles INNER JOIN
              UserRole ON Roles.RoleID = UserRole.RoleID INNER JOIN
              Users ON UserRole.UserID = Users.UserID
GROUP BY Users.UserID,Users.Name
```

查询结果如图 15.9 所示。

图 15.9　使用用户定义聚合

可以看到，这时的角色列表就非常容易查看了。

15.4　Service Broker 开发

SQL Server 2008 Service Broker 可以帮助开发人员生成可伸缩的、安全的数据库应用程序。此项新技术是数据库引擎的一部分，它提供一个基于消息的通信平台，使独立的应用程序组件可以作为一个整体来运行。Service Broker 包含用于异步编程的基础结构，可用于单个数据库或单个实例中的应用程序，也可用于分布式应用程序。

　　Service Broker 提供了生成分布式应用程序所需的大部分基础结构，从而减少了应用程序的开发时间。利用 Service Broker 还可以轻松缩放应用程序，以容纳应用程序接收的通信流量。

　　Service Broker 是 Microsoft SQL Server 2005 中的新技术，它可帮助数据库开发人员构建安全、可靠且可伸缩的应用程序。由于 Service Broker 是数据库引擎的组成部分，因此管理这些应用程序就成为数据库日常管理的一部分。

　　Service Broker 为 SQL Server 提供队列和可靠的消息传递。Service Broker 对使用单个 SQL Server 实例的应用程序和在多个实例间分配工作的应用程序都适用。

　　在单个 SQL Server 实例中，Service Broker 提供了可靠的异步编程模型。数据库应用程序通常使用异步编程来缩短交互式响应时间，并增加应用程序总吞吐量。

　　Service Broker 还会在 SQL Server 实例之间提供可靠的消息传递服务。Service Broker 可帮助开发人员编写与称为服务的独立的、自包含的组件相关的应用程序。需要使用这些服务中所包含功能的应用程序可以利用消息来与这些服务进行交互。Service Broker 使用 TCP/IP 在实例之间交换消息。Service Broker 中所包含的功能有助于防止未经授权的网络访问，并可以对通过网络发送的消息进行加密。

　　可以创建一个 Service Broker 服务，用来接收客户端发送的 Information 数据，并作出相应的处理。

　　开发人员设计和实现使用 Service Broker 发送和接收消息的应用程序。这些应用程序使用数据库设计人员或管理员在数据库中设计和实现的 Service Broker 服务、队列和网络路由。使用 Service Broker 的开发人员通常具有如下职务：应用程序开发人员、数据库程序员或数据建模人员。

15.4.1　定义消息类型

　　可以定义一个消息类型，它需要一个 XML 架构来进行定义。因此，首先需要定义一个 XML SCHEMA 来规范 XML 消息的结构。代码如下所示：

```
USE WebSiteDatabase
GO

CREATE XML SCHEMA COLLECTION InformationSchema
AS
N'<?xml version="1.0" encoding="utf-16"?>
<xs:schema attributeFormDefault="unqualified"
                    elementFormDefault="qualified"
xmlns:xs="http://www.w3.org/2001/XMLSchema">
 <xs:element name="Infomations">
        <xs:complexType>
            <xs:sequence>
                <xs:element maxOccurs="unbounded" name="Information">
```

```
                    <xs:complexType>
                        <xs:attribute name="InfoID" type="xs:unsignedByte"
use="required" />
                        <xs:attribute name="Content" type="xs:string"
use="required" />
                        <xs:attribute name="Description" type="xs:string"
use="required" />
                        <xs:attribute name="UserID" type="xs:unsignedByte"
use="required" />
                        <xs:attribute name="CategoryID"
type="xs:unsignedByte" use="required" />
                    </xs:complexType>
                </xs:element>
            </xs:sequence>
        </xs:complexType>
    </xs:element>
    </xs:schema>'
GO
```

创建成功后，可以在对象资源管理器中看到成功创建的架构集合，如图 15.10 所示。

图 15.10　新建的架构集合

通过该架构集合，可以创建一个新的消息类型 InformationMessage。

```
USE WebSiteDatabase
GO
CREATE MESSAGE TYPE InformationMessage
VALIDATION=VALID_XML
```

WITH SCHEMA COLLECTION InformationSchema

创建成功后，可以在对象资源管理器中看到成功创建的消息类型，如图 15.11 所示。

图 15.11　新建的消息类型

然后，可以根据该消息类型创建约定。

USE WebSiteDatabase

GO

CREATE CONTRACT InformationContract

(InformationMessage sent by any)

创建成功后，可以在对象资源管理器中看到成功创建的约定，如图 15.12 所示。

图 15.12　新建的约定

15.4.2　创建服务

接下来，开始创建服务。这个服务将接收前面定义的消息类型，并通过一个队列来存储消息，该队列将通过一个存储过程来自动处理。

因此，需要定义一个存储过程来处理队列中的消息。代码如下所示：

```
CREATE PROC dbo.InformationProcess
AS
BEGIN
DECLARE @message XML;
RECEIVE
    TOP(1)
    @message = message_body
FROM [dbo].[InformationQueue];
INSERT INTO Information
(Content,Description,UserID,CategoryID)
VALUES(@message.value('(/Informations/Information/@Content)[1]','varchar(max)'),
@message.value('(/Informations/Information/@Description)[1]','varchar(200)'),
@message.value('(/Informations/Information/@UserID)[1]','int'),
@message.value('(/Informations/Information/@CategoryID)[1]','int'))
END
```

然后，创建一个存储消息的队列，该队列将使用前面定义的存储过程来处理。代码如下所示：

```
USE WebSiteDatabase
GO
CREATE QUEUE [dbo].[InformationQueue]
    WITH STATUS = ON,
        RETENTION = ON,
        ACTIVATION (
            PROCEDURE_NAME = dbo.InformationProcess,
            MAX_QUEUE_READERS = 10,
            EXECUTE AS SELF )
GO
```

创建成功后，可以在对象资源管理器中看到成功创建的队列，如图 15.13 所示。

然后，需要创建该服务的处理过程，该过程使用一个存储过程来执行。代码如下所示：

```
USE WebSiteDatabase
GO
CREATE SERVICE InformationService
    ON QUEUE [dbo].[InformationQueue]
    (InformationContract);
GO
```

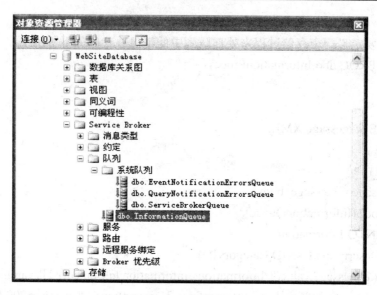

图 15.13　新建的队列

创建成功后，可以在对象资源管理器中看到成功创建的服务，如图 15.14 所示。

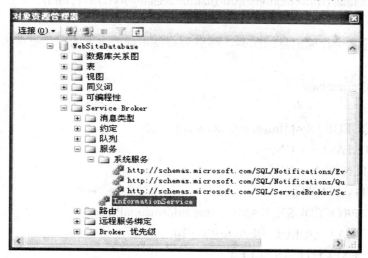

图 15.14　新建的服务

这样，应用程序就可以向该队列当中发送消息，并自动进行处理了。

15.5　小结

本章的实例是基于第 14 章基础上实现的，本章的实例主要是帮助掌握数据库高级开发所需要的技术，包括开发数据库对象、XML 开发、.NET Framework 开发、Service Broker 开发。通过本章学习，读者已经能够完成实用数据库的开发和管理了，希望在今后的学习和工作中能够通过更多的实践熟练掌握 SQL SERVER 2008。

参 考 文 献

[1] 郑阿奇. SQL Server 实用教程[M]. 3 版. 北京：电子工业出版社，2009.

[2] 贾洪峰. SQL Server 2008 管理员必备指南[M]. 北京：清华大学出版社，2009.

[3] 吴伟平. T-SQL 编程入门经典[M]. 北京：清华大学出版社，2009.

[4] 岳付强，罗明英，韩德. SQL Server 2005 从入门到实践[M]. 北京：清华大学出版社，2009.

[5] 蒋文沛. SQL Server 2005 实用教程[M]. 北京：人民邮电出版社，2009.